U0519695

中国古代审美时空观研究

詹冬华 著

图书在版编目（CIP）数据

中国古代审美时空观研究 / 詹冬华著. — 北京：商务印书馆，2024
ISBN 978-7-100-23331-6

Ⅰ. ①中… Ⅱ. ①詹… Ⅲ. ①美学思想－研究－中国－古代 Ⅳ. ①B83-092

中国国家版本馆CIP数据核字（2024）第009845号

权利保留，侵权必究。

中国古代审美时空观研究
詹冬华　著

商　务　印　书　馆　出　版
（北京王府井大街36号　邮政编码 100710）
商　务　印　书　馆　发　行
三河市尚艺印装有限公司印刷
ISBN 978 - 7 - 100 - 23331 - 6

2024 年 8 月第 1 版　　开本 710×1000　1/16
2024 年 8 月第 1 次印刷　　印张 21 3/4

定价：108.00 元

序

詹冬华教授的新著《中国古代审美时空观研究》杀青，嘱我写序，我欣然应之。我与冬华教授相识有年，经常在信件中和共同参加的学术会议期间就一些彼此都关注和感兴趣的文学理论问题与现象进行交流与讨论，相互释疑和交流研究心得，确实受益匪浅。冬华教授在其博士学位论文基础上精心结撰而成的《中国古代诗学时间研究》（中国社会科学出版社2014年版）一书出版后，惠寄我一册，认真拜读学习之后，收获颇大，使我对中国古代、尤其是中古时期以诗歌为主的文学创作、诗文评中所体现的时间审美意识之认识理解，从哲学和艺文两个层面都得到了启迪和深化。在开头叙谈这些往事，意在说明我与冬华保持着多年的学谊和友情往来，而这也是我不揣冒昧答应写此序之缘由所在。下面，就简略地谈一谈我拜读冬华此部即将面世之书稿后的一些初步的印象与感受。

詹冬华教授的这部《中国古代审美时空观研究》，系他主持完成的国家社科基金项目"中国古代时空美学研究"之最终结项成果。这一研究成果，可以看成是他在研究中国古代诗学时间后的进一步拓展、延伸之作。时间与空间，以及两者之间的关联性关系，在物理学、哲学中都是关系到存在的基本属性之关键性问题，它们及其相互之间的依存关系是事物演化的秩序表达，而文学艺术虽然与物理和哲学有别，但是在文学创作活动及作品文本之中，在绘画和书法等艺事创作活动及作品之中，时间和空间及其关系既是审美感受和艺术创造过程中的在场性参与因素，更是作品审美感受与创造的结果呈现而蕴含在作品文本之中。职是之故，时间和空间及其相互关系问题，始终是文艺创作和理论批评中的一个具有始原性、本初性的核心问题。因此，我们看到在中国传统文艺之中，凡是与时空及时空关系相关联的、或是从时空和时空关系中派生出来的一些文艺美学范畴、概念，譬如"中和""虚静""有无""物感""感兴""神思""意象""气韵""远近""虚实""疏密""浓淡"等等，往往具有本原性思辨和批评的特点，以及探溯审美生成和美感机制的元初性的认知倾向。在近年来的文学理论、艺术理论、美学研究中，时间和空间及其相互关系问题，尤其是空间艺术和美学理论研究，业已成为的一个颇具前沿性、热点性的领域，而运用时空哲学和美学的理论和方法来阐释中国传统文学理论批评和美学思想中的一系列相关问题，更是呈现出一种勃兴的态势，而这一情形无疑能对中国传统文学理论批评和艺术思想、美学思想研究在思辨路径与方法层面带来新的学术气象和新的学术增长点。因此，我个人认为，冬华这部新著的出版正得其时，并将以其敏锐的学术眼光和理论穿透力，以及丰赡的内容，为正越来越引起学界关注的中国传统文学艺术和美学中的时空观念问题研究，产生积极的推动和深化作用。

　　文艺和美学中的时间与空间并非是各自孤立的，它们虽然有各自的畛域，但是相互之间又不能划地为界互不通邮，而是始终相互关联、相互伴随着的，因此对于相关文艺和美学现象的认知与阐释，单单从时间或空间一个维度是无法得到充分的认识和说明的，而必须在时空双重维度及其相互关联、相互交织的结构性关系之中予以认知和阐发。我个人认为，詹冬华的该项研究成果正为本于此意而得之。该著内容由六章及"绪论"和"结语"组成，眉目清晰，结构谨严，笔法考究，是一部用心、用力而新意多出之作。"绪论"主要阐述了作者开展此项研究的问题意识和理论期许，并且对自己的思维路径和阐释方法作了介绍。其中，冬华在甫一进场时便开宗明义地所讲的这一段话，尤为值得重视："时间与空间是文学艺术创作中的重要内容，也是进入文艺形式问题腹地的关键线索。中国古代时空观与美学诗学中的范畴命题、艺术理论和实践有着千丝万缕的联系。一方面，时空观是中国古人认知和理解天地宇宙与万事万物的重要方式，其对时空的感悟与思考本身就带有诗性或审美的成分;另一方面,作为一种基础性的认知把握世界的方式,时空观必定影响人们的思维方式、审美理想以及形式美感,继而对艺术实践与理论批评产生重要的规导效应。即言之,时空观渗透到美学诗学的理论思考以及艺术实践的方方面面,转化为审美形态的时空观。"第一章先从宏观的层面论析了中国古代审美时空观的理论构成问题,对于审美时空观的内涵与外延、中国古代审美时空观的三个维度这两个问题进行辨析和阐释,其中对于"自然时空"的哲学化与审美化、"心理时空"的开启与提凝、"形式时空"的营构与外化三个问题的析解,亦即从自然与社会、情感与心理、符号与形式这三个维度对中国传统时空美学进行体认和阐释,切中肯綮,深得义理,并且为中国古典时空美学和诗学研究开辟出了三个重要的、具有核心理论价值的新的问题域,理论含括性和穿透力强,确实值得嘉许。第二章到第六章,分别对先秦儒家的审美时空观、先秦道家的审美时空观、佛教禅宗的审美时空观、中国美学范畴中的时空观、中国古代审美时空观的艺术表现这五大论域、或曰话语场域中的最为重要的、具有元批评性质的理论意蕴和美学问题,以古代文评艺谈论著中的关涉时空美学思想的重要的、骨干性的诸如"象""文""时中""中和""道""虚静""色空""空静""顿悟""物感""神思""气韵""意象"等一系列命题、范畴和概念、关键词、术语领起,囿别区分、敷理举统、擘肌分理、笼圈条贯,无不做出了深入的分析阐述,从而将中国古代文艺理论批评和美学中的时空问题研究大大地向前推进了一步,而其中的创辟之力、深化之功,更是值得充分肯定,尤其是谙习中国传统诗文评和书画论者,自当能会心得之。

詹冬华长期从事文艺理论批评研究与教学工作,除了深谙中西文学理论和美学而外,亦擅场于书法创作和传统书学理论批评,创获颇多,蔚然一家。而在传统艺事中,向来有书画一家、书精则画之说,更有论者说,中国画如果从整体来看是一幅画,但是分开来看都不是画而是书法,这些言论在特定程度上是成立的。同时,研究中国传统审美时空理论问题,仅仅囿于诗文创作和诗文评,无疑是不够的,因为传统书画创作中的审美时空意识或许体现的更为突出,可分析性更强一些,传统书画理论批评中的时空审美思想精义或许更加丰赡一些。因此，我们看到，冬华在书中所进行的分析阐释，往往是将传统诗文书画创作和理论批评置于同一个理论平台上观之，广泛地调动了这几个美学门类的资源，既观衢路，又照隅隙，因而可以认为他的这一传统审美时空研究，是比较全面的，同时又是具体的和鲜活的。所以，细读该书稿，我们可以肯定地说，冬华实际上以文论家、书法家、书论家之三重身份来开展此项研究工作的，其中自然融入了他在从事书法艺事时获得的诸多感受与理解，而这又无不使他的这部著作在众多的研究阐述时空美学的著述中特色鲜明、别具一格。我深信，该著面世之后，会得到学界认可的。

是为序。

党圣元

甲辰年正月初八于京西观里陋室

目 录

绪 论 / 1
 一、问题与意义 / 1
 二、基础与取径 / 4
 三、内容与方法 / 10

第一章 中国古代审美时空观的理论构成 / 14
 第一节 中国古代审美时空观的构成维度 / 14
  一、"审美时空观"的内涵 / 15
  二、中国古代审美时空观的三个维度 / 16
 第二节 中国古代审美时空观的思想渊源 / 19
  一、儒家:"德性时空" / 20
  二、道家:"道性时空" / 22
  三、佛禅:"佛性时空" / 24

第二章 先秦儒家的审美时空观 / 27
 第一节 《周易》时空观及其美学启示 / 28
  一、易学时空:自然·秩序·符号 / 28
  二、"时—变"的时间美学意义 / 39
  三、"象—文"的空间美学启示 / 46
 第二节 中和之境:儒家审美理想的时空之维 / 56
  一、"中庸而时中" / 59

二、情感：中和之美的时间性绽出 / 60

三、形式：中和之美的空间性展开 / 66

第三章 先秦道家的审美时空观 / 78

第一节 老庄的时空观 / 78

一、老子"道论"中的时空观 / 79

二、庄子对时空视域的拓展 / 91

三、时空超越与生命安顿 / 98

第二节 老庄审美心胸的自由时空 / 101

一、老庄"虚静"说的哲学意义 / 102

二、庄子审美心胸的自由时空 / 106

三、后世审美心胸论的时空拓展 / 111

第四章 佛教禅宗时空观及其美学智慧 / 122

第一节 佛禅的时空观 / 122

一、佛教宇宙论中的时空观 / 123

二、从实有到空幻：佛教时空观的演变 / 129

三、禅宗的"现象时空"观 / 133

第二节 佛禅时空观的美学智慧 / 138

一、"顿悟"与"妙悟"：禅与诗的审美体悟 / 138

二、"现量"：佛教审美直观的时间性 / 147

三、"色空"：佛禅自然观的时空体验 / 154

四、"空静"：佛禅美学的心理时空 / 159

第五章 中国美学范畴中的时空意蕴 / 165

第一节 物感与神思 / 166

一、"四时"与"物感" / 167

二、"自然时间"的情感化 / 174

三、"神思"：心理时空的开启 / 179

第二节　形势与气韵 / 183

一、"势"与"韵"：语义的迁移 / 184

二、"形势"的时空意义 / 188

三、"气—势—韵"：山水气韵的时空构成 / 194

第三节　意象与境界 / 204

一、从"象"到"意象" / 205

二、无形"大象"与"象外之象" / 209

三、"境界时空"的生成 / 213

第六章　时空视阈下的中国艺术美学 / 220

第一节　诗歌的时空形式及其美学追求 / 220

一、体验与思维：诗歌空间的两个面向 / 221

二、音义排偶：律诗空间的形式构成 / 223

三、"无限之境"：律诗的美学追求 / 228

第二节　书法经典的时空构成 / 234

一、审美与文化：书法时空的二维 / 235

二、观象传统与书法的形式时空 / 237

三、书法经典中的文化时空 / 242

第三节　山水画的空间形式及其思想渊源 / 252

一、山水画空间美感的时间性诠释 / 252

二、山水画空间的形式要素 / 259

三、山水画空间形式的思想渊源 / 263

第四节　时间与存在：古代音乐美学的时间性 / 271

一、音乐与天时 / 273

二、音乐与情感心理时间 / 280

三、"成于乐"：音乐与存在的时间秘密 / 291

第五节　流动的空间：园林之美的时空境界 / 298

一、"移天缩地"：园林空间的构成 / 299

二、园林时空的结构层次 / 306

三、园林时空的意境 / 312

结　语 / 320

参考文献 / 327

后　记 / 335

绪　论

一、问题与意义

时间与空间是文学艺术创作中的重要内容，也是进入文艺形式问题腹地的关键线索。中国古代时空观与美学诗学中的范畴命题、艺术理论和实践有着千丝万缕的联系。一方面，时空观是中国古人认知和理解天地宇宙与万事万物的重要方式，其对时空的感悟与思考本身就带有诗性或审美的成分；另一方面，作为一种基础性的认知把握世界的方式，时空观必定影响人们的思维方式、审美理想以及形式美感，继而对艺术实践与理论批评产生重要的规导效应。即言之，时空观渗透到美学诗学的理论思考以及艺术实践的方方面面，转化为审美形态的时空观。鉴于此，本书将这两个层面的时空观统贯起来加以考量，概称为"审美时空观"。考察中国古代的审美时空观，可以看作从时空维度对中国古典美学进行专题研究，这将为诠解和建构中国时空美学打下坚实的基础。

之所以选择时空角度研究中国美学，主要出于以下考虑。第一，中国美学要真正参与同世界美学的对话，必须找到与西方美学相近的角度或话题，而时空正是可以与西方美学进行比较阐发的重要问题。西方美学史对时空的研究系统且深入，尤其是康德、黑格尔、柏格森、胡塞尔、海德格尔、梅洛—庞蒂、列斐伏尔等人的美学思想中包含了丰富的时空理论思想，对两者进行比照分析，可以相互发明。第二，时空关涉哲学、宗教、心理、伦理、艺术等多个领域,从该角度研究有利于较为全面地把握中国古代美学的基本问题,如审美的思想渊源、审美心理、审美理想、审美价值等。第三,中国古代艺术美轮美奂,辉煌灿烂,在世界艺术中独树一帜,呈现出独特的形式美。但是,中国古代艺术的形式美感究竟如何,它到底来自哪里,与古代思想观念之间有何关联?这些问题对于研究古代美学甚为关键。艺术时空主要探究的是审美形式问题,这是我们打开艺术殿堂之门的一把秘钥。

众所周知,时间与空间是各种艺术分类方式中最为基础的本体论原则和重要依据,自苏联美学家莫·卡冈在《艺术形态学》中将艺术分为空间艺术、时间艺术和空间—时间艺术这三大类别以来,这一基本划分几乎成了"艺术形态学的'金律'"。[1] 国内学界对这一分类原则基本上是认同的。[2] 但也有学者指出,从时空角度对艺术进行划分,会遭遇到多个方面的困难。[3] 中国艺术的类型特征与形式构成与西方艺术之间存在较大的差异,完全仰赖或倚重西方美学及艺术理论阐发中国艺术,可能会遮蔽并泯灭其中携有文化基因活性的部分。尤其是面对具体的艺术活动或审美现场时,这种直接贯之以"时间艺术""空间艺术""时—空艺术"的贴标签式方法可能不太奏效。比如,假若按照西方的分类标准,中国古典诗词应归于时间艺术,时间性的节奏、韵律固然是诗词的形式要素,但意象、境界等空间性因素更是诗词所追求的美学目标。甚至可以说,没有空间要素,就无法造就真正的诗词艺术。再如,以方块字为基本素材的书法可以归为空间艺术,但线条的律动所带来的乐感与力势才是书法的内在生命,时间性是书法形式魅力的真正秘密。其他如建筑、园林、绘画、舞蹈等艺术也呈现出这样的复杂情形。也就是说,中国艺

---

[1] 彭锋:《艺术学通论》,北京大学出版社2016年版,第86页。
[2] 胡经之先生认为,时空关涉到艺术存在方式的本体状态。依据这种存在本体论的标准,可以将艺术分为时间艺术(音乐、戏剧)、空间艺术(书法、建筑、绘画、雕塑)和时空艺术(舞蹈、电影、文学等语言艺术)三个大的类别。参见胡经之:《文艺美学》,北京大学出版社1989年版,第292—293页。
[3] 一是真正的艺术性是超时空的,不能根据时间与空间来进行区分;二是依据时空框架做出的区分与现实不太吻合,很难找到纯粹的时间性艺术以及空间性艺术;三是新技术的发明打破了时空之间的界限,新艺术有意识地挑战时间与空间的区分,走向时空合一的形态。参见彭锋:《艺术学通论》,北京大学出版社2016年版,第86页。

术表现出一种独特的时空关系和时空结构，不能简单套用西方的艺术分类标准，更不能把西方美学与艺术理论作为唯一的理据，以西格中，或以中就西，随意裁剪和模塑中国艺术。由于中西方的时空观存在较大的差异，使得中西美学与艺术理论也显现出不同的思想倾向和审美趋尚。从时空问题入手，两者有共同的话题，比照和互鉴成为可能，中国美学的独特之处及其对世界美学的贡献将变得更为清晰。与此同时，要想真正弄清楚中国艺术的本质与特性，也有必要深入到中国古代时空观问题，考镜观念的源流，辨析理论的纠葛。如此，中国艺术的形式特质方可在确实和明晰的文化语境中得到体认，并渐次显露出自身的文化底色与精神面目。

需要进一步说明的是，中国古代时空美学是一个有待展开的理论构想，其目的是要从时空维度对中国古典美学进行整体性的重释和阐发，最终建构出一个较为完备的具有较大解释效力的理论体系。该体系对于美学、诗学、艺术理论批评等领域具有某种统摄性和辐射效应，其自身也保持着开放性，建构这个理论体系所面临的问题复杂且艰巨，难度可想而知。从宏观层面来看，中国古代时空美学包含时间美学与空间美学两大板块，但又不是两者的简单相加，而是在厘清二者的基础上进行统贯性研究，尤其关注时间与空间之间的复杂关系。从微观层面看，中国古代时空美学包括中国古代时空观的基本构成、思想渊源及其演进历程研究，中国古代文学艺术中的时空主题与形式问题研究，中国古代诗学美学相关范畴命题的时间性与空间性研究等方面的内容。无论是宏观研究还是微观研究，都是将时空问题与美学问题叠加在一起，互相贯通，使之产生新的问题视域。可以推知的是，时空与美学各自有其专属的知识演进路线，两者并非如想象中的那样水乳不分。但可以明确的是，在中国早期，时空观在传统文化思想体系中占有极为重要的位置，而且与艺术审美之间存在千丝万缕的联系，这种情形在后世的诗学、美学、艺术理论与批评、文艺创作等领域继续长期存在。我们需要审慎地对待时空与美学的复杂关系，从纷纭芜杂的问题丛中甄别并剥离出最为重要的问题枢纽，这个枢纽就是"中国古代审美时空观"。提炼并厘清"审美时空观"是时空美学研究的基础性工作，具体包括以下几个方面。

首先，研究中国古代审美时空观需要一个宽广的美学史视角，借此可以确定哪些问题与时空相关，联结点是什么，在美学史上处于什么位置？其次，时空属于哲学中的问题，也是古代思想文化中的重要组成部分，因此，研究审美时空观绕不开对儒、道、释这三大主流思想文化的探究。再次，作为一种理论研究，审美时空观要落实到具体的美学观念与范畴上。也就是说，我们要筛选出与时空相关的美学基本范畴，并从时空的角度对其做出新的阐释。最后，时空还是艺术理论的题中之义，有必要从时空角度对古代艺术美学展开专题研究，由此可使得时空美学更为丰满充实。因此，审美时空观是一种综合性研究，它既要有理论架构与逻辑思辨，又要有诗性体验与审美感悟；既要有历史性的视域，又要有当下的问题意识。中国古代审美时空观关涉到时空美学的诸多关键问题，最终呈现出时空美学的基本理论架构，可以看作中国古代时空美学的微观研究。

二、基础与取径

由于时空问题本身的复杂性，加上文学艺术、审美等内容也甚为庞杂，两者结合在一起就使得中国古代时空美学的研究范围被进一步扩大。因此，前人有关该问题的基础性研究积累得颇为丰硕，学界将中国古代时空问题引入文学、诗学、美学、艺术理论的成果不在少数。具体表现在以下几个方面：

第一，中国古代文学、诗学、美学中的时间意识研究。海外学者在这方面已着先鞭，成绩可圈可点。美籍华裔学者陈世骧在《"诗的时间"之诞生——〈离骚〉欣赏与分析》一文中的第三部分提出了"诗的时间"这一说法。孙康宜在《诗经里的时间观念》一文中区分了两种时间观念：一是"自然的"时间，一是"个人的"时间。日本学者松浦友久的《中国古典诗的春秋与冬夏》一文通过对中国四季咏叹古诗的定量分析，探讨了中国古人的审美时间意识。萧驰的《佛法与诗境》（中华书局2005年版）通过对佛禅时间与诗境关系的阐发，深化了对"境"这一诗学范畴的认识。其论文《中国抒情传统中的原型当下:"今"与昔之同在》在一个广阔的视界中探索了中国诗歌的心理文化基质——时间观及心理原型问题。国内对古代诗学时间关注较早的有肖驰的《中国诗歌美学》(北京大学出版社1986年版),该书专列一章谈到这个问题,作者结合具体的文本,从中国哲学文化的根源处来求证诗学时间意识的具体表征。史成芳的《诗学中的时间概念》(湖北教育出版社2001年版)将时间的三维与诗学的三种模式对应起来,形成了过去时间与再现诗学、当下时间与在场诗学、时序消解与解构诗学的三种关系模式。朱良志在《中国艺术的生命精神》(安徽教育出版社1995年版)一书中将中国古代时间称为"生命时间"。并从"四时模式""时空合一""无往不复""生命节律""莫若以时"这几个方面论述了生命时间对于中国艺术、美学的深刻影响,比如绘画、园林中的"四时山水"问题,音乐、书法中的节奏感,绘画中的时空统一意象,以及中国艺术、美学中的契合万物思想,都与这种"生命时间"密切相关。付松雪的《时间美学导论》(山东人民出版社2009年版)对中国儒道释美学思想的时间性进行了分析阐释,提出了以"美在生成"为主旨的时间美学见解。牛宏宝撰文提出,时间意识应被看作审美和艺术的形式动力机制,中国传统文化所形成的是一种根源于"道"的"生"与"息"双面体循环的时间观,这样的时间意识模塑了中国传统审美的独特方式。具体表现在时间的迁逝感、历史感成为艺术表现的主要来源;人与道的融合使得艺术创作与道的创生过程保持内在的一致性。[1] 笔者专著《中国古代诗学时间研究》(中国社会科学出版社2014年版)主要以中古时期的哲学、诗学文本为对象,从时间的角度对中国古代诗学命题及范畴作出了富有新意的阐发与探究,包括阮籍、郭象、僧肇等人的玄学诗学时间,魏晋时期的"文章不朽"说和"物感"论,晋唐的山水诗境观以及中古时期的文变问题等。

第二,中国古代文学艺术及美学中的空间意识研究。20世纪三四十年代,宗白华先生就开始关注中国艺术及美学中的空间问题,他以诗歌、书法、绘画、音乐、舞蹈、建筑等艺术为对象,以包孕着哲思的审美体悟为基

---

[1] 牛宏宝:《时间意识与中国传统审美方式——与西方比较的分析》,《北京大学学报》2011年第1期。

础，打通各类艺术之间的形式壁垒，对中国空间美学展开了开创性的研究。他在《论中西画法的渊源与基础》《中西画法所表现的空间意识》《中国诗画中所表现的空间意识》等文中，分析了中西绘画的形式差异以及中国诗画之间的相通性，并结合书法、音乐的时空感论证了中国山水画所表现的空间意识，认为这是一种回环往复、周旋流连的"灵的空间"。[①] 陈振濂的专著《空间诗学导论》（上海文艺出版社1989年版）从诗的时空观、意象空间、诗的格律、诗歌的造型表现等方面考察了诗学中的空间性问题。邓伟龙的《中国古代诗学的空间问题研究》（中国社会科学出版社2012年版）从空间与空间性维度，对诗歌创作手法（赋—比—兴）、诗歌文本层次（言—象—意）、意境的审美特质、诗歌创作技巧（对仗、节奏、格律）等问题展开了深入的阐发。杨春时通过与西方美学比较提出，中国美学是空间性美学。他认为，在中国美学看来，审美是空间性的活动，通过审美同情（感兴论）超越空间距离，达到人与自然的契合（情景交融）以及人与人的和谐（美善相乐）[②]。赵奎英也认为，中国古代文化具有一种"空间方位情结"，隐含着时间空间化的根源。空间化时间在空间方位上铺展开来，成为意象化的、可逆的、趋于凝缩的封闭圆环，具有非线性发展的同时性结构，隐含着诗性本源。时间的空间化直接影响了中国古代的语言文字、思维方式，也使得传统艺术在内在精神上追求天人合一的虚空境界，在形式结构上呈现为"同时性"整体[③]。作者继而提出，中国古代时间意识的空间化是"诗画交融"的深层思维基础。"文与画""书与画""诗与画"之间以空间化、视觉化的象为核心的同源性关系，则为诗画交融提供了内在形式依据[④]。作者通过分析"文""象"的词源意义入手，探析了中国古代诗歌意象、意境的空间性本质，对于理解中国古代审美空间性问题具有较大启发作用。刘继潮的《游观：中国古典绘画空间本体诠释》（生活·读书·新知三联书店2011年版）扬弃了此前学界流行的以"散

[①] 以上文章收入宗白华：《艺境》，北京大学出版社1987年版。
[②] 杨春时：《论中国古典美学的空间性》，《中山大学学报》2011年第1期。
[③] 赵奎英：《中国古代时间意识的空间化及其对艺术的影响》，《文史哲》2000年第4期。
[④] 赵奎英：《从"文"、"象"的空间性看中国古代的"诗画交融"》，《山东师范大学学报》2003年第1期。

点透视"的视觉理论来读解中国绘画的研究套路,提出了"本体之观""本体之原""游观""视觉经验""层次空间"等富有创见的概念,以易学之"观"的本体诠释为理论地基,重新梳理并阐明了中国绘画空间的整体结构。白砥的《书法空间论》(荣宝斋出版社2005年版)从汉字空间与书法艺术、传统哲学思想与书法空间形式的关系、书法空间的构成及特殊性、书法空间的规定性等方面对书法空间问题展开了深入探究;张世君的《〈红楼梦〉的空间叙事》(中国社会科学出版社1999年版)从实体的场景空间(门窗)、虚化的香气空间、虚拟的梦幻空间三个层次讨论了《红楼梦》的空间叙事。龙迪勇的《空间叙事学》(生活·读书·新知三联书店2015年版)设专章讨论了明清小说叙事模式与中国古代建筑之间的空间性关联。巫鸿的专著《重屏:中国绘画中的媒材与再现》(上海人民出版社2009年版)将美术史与物质文化结合起来,以屏风为视点,探讨了中国绘画中的内部空间与外部空间问题。

第三,中国古代诗学、美学、艺术理论时空的关联融合研究。刘若愚在《中国诗歌中的时间、空间和自我》一文中概括了三种诗歌中的时间观念:个人的、历史的、宇宙的。而这三者时间观在文学表达的过程中往往分别对应三种空间形象,个人时间倾向于房屋、庭院等;历史时间关联到城市、宫殿、废墟等;宇宙时间对应河流、山岳、星辰等[①]。黄念然在《中国古代艺术时空观及其结构创造》一文中认为,中国古代的时空一体观对艺术创造产生了深远的影响,具体呈现为"身度"的时空、"气化"的时空、"节律"的时空和"境象"的时空四种艺术时空观念,这对中国古代艺术结构创造的基本理念产生了直接影响。[②]张红运的《时空诗学》(宁夏人民出版社2002年版)力图通过追寻中国古典诗词时空的演进轨迹、考察诗学时空的表现形式去建构时空文化与诗学文化之间的关联。同时,作者还从美学层面分析了诗词的时空结构问题。马也的《戏曲艺术时空论》(中国戏剧出版社1988年版)对中国戏曲艺术的时空特性与原因、戏曲艺术的时空特性与戏曲表演以及剧诗结构

[①] 刘若愚:《中国诗歌中的时间、空间和自我》,《古代文学理论研究》丛刊第四辑,上海古籍出版社1981年版。
[②] 黄念然:《中国古代艺术时空观及其结构创造》,《文学评论》2019年第6期。

等问题展开专题研究。孟彤的《中国传统建筑中的时间观念研究》(中国建筑工业出版社 2008 年版)对中国古代建筑的空间型与时间型、建筑中的时空转换、时间观念与场所中的生命精神等问题进行论述。更有学者直接谈到中国美学的时空观问题,如朱志荣撰文认为,中国美学的时空观反映了古人对主体与自然的生命精神的体悟,体现了主体对宇宙生机的把握方式。表现在艺术中,虚实动静的生命节奏被视为艺术时空的体用特征,艺术时空中体现出浓烈的主体意识。中国艺术还通过时间空间化、空间时间化的方式拓展时空,以超越传达的有限性。[①] 高友工在《律诗的美学》《中国语言文字对诗歌的影响》《小令在诗传统中的地位》等文(见高友工《美典:中国文学研究论集》,生活·读书·新知三联书店 2008 年版)中讨论了中国抒情文艺传统中的时空观问题,尤其是其对唐代律诗形式演化历程的分析,充分结合诗人的宇宙观与现实遭际,对诗歌的时空形式展开了精彩的论述。他提出,中国抒情传统中体现出"气"的"时间架构"和"境"的"空间架构"。此外,巫鸿的专著《时空中的美术》(生活·读书·新知三联书店 2009 年版)从图像学的角度对中国古代的绘画、书法、墓志、建筑等造型艺术的时空形象加以考察,史料宏富,视野开阔。

综上,前贤已就中国古代审美时空问题做了很有价值的探索,这些成果都具有开拓性意义,能够从多方面引发后来者的思路和灵感。特别是宗白华、陈世骧、巫鸿、朱良志等资深学者的研究,为中国古代审美时空问题的学术推进创下了筚路蓝缕之功。在诸位学界前辈的引领下,后来者对这一问题的研究不绝如缕。从已有的成果来看,学界对"审美时空(观)"的研究是从两个维度展开的:其一是"审美化的时空观",也即以审美的方式去打量时空,在这种情况下,时空变成了审美的对象。在艺术领域,尤其是在文学中,它常以作品的主题内容出现,比如中国历代诗、词、赋对时间空间的抒情性叙写,诗人在诗作中表达"伤春悲秋"的迁逝感叹、"旧地故国"的历史情怀等,都属于这一类审美时空(观),实际上就是时空的审美化表达。其二是

---

① 朱志荣:《中国美学的时空观》,《文艺研究》1990 年第 1 期。

"审美中的时空观",与前者以审美的方式看时空不同,这是从时空的角度去考察审美过程。前者指向的是时空本身,可以与自然时空、哲学时空等相参照,是时空在审美艺术领域(主要是文学)中的具体表征。后者指向的是审美和艺术,是探究审美过程和艺术本质规律的一个重要维度。因此,"审美中的时空观"实际上属于审美观念与理论的范畴,它主要从时空的角度切入审美与艺术,有助于丰富和深化我们对艺术审美的思考与理解。本书所要探讨的"审美时空观"主要是第二种。需要说明的是,这两种审美时空(观)并非全无关系,二者都根源于自然时空与现实时空,是人与天地宇宙相交通的审美方式。"审美化的时空"是人们借助文学艺术审美地打量自然时空与现实时空,"审美中的时空"是人们在长期的艺术实践中自觉或不自觉地以时空的角度进行审美。前者表现为文学艺术的主题内容,后者呈现为文学艺术的审美直观形式。在具体的艺术创造中,前者会强化后者,让审美主体进入到一个特定的虚幻时空之中。后者也会反过来影响并突出前者,让审美主体加深对文本意涵的理解。有时候,两种时空还会同时出现,相互渗透交融。

目前学界关于这个问题的研究绝大多数集中在第一类审美时空观,亦即停留在对文学艺术中的时空意识进行表层的感悟分析层面,有时候又难免与第二种理解相混淆。由于不同研究者对中国古代审美时空问题各有自己的理解和认识,各种观点之间难以有效统合,往往会材料雷同,观点杂陈,因而出现了研究的程式化和知识的堆砌重复现象,对该问题的研究缺乏一种学理上的推进与增益。显然,这种散金碎银式的思考和感悟不能代替对问题深入系统的开掘研究。相对而言,学界对中国古代"审美中的时空观"的研究也不够全面深入,从现有的成果来看,多数是采取哲学时空加艺术审美的方式进行论述,即将哲学时空观直接移置到对象问题之上,为艺术审美的本质观念、思维方式、心理状态、创作模式、文本形式等寻求哲学时空方面的理论依据。这一研究方法是建立在对审美时空根源于哲学时空的预设以及这一预设的自明性的基础之上的。但实际上,这种理论预设的自明性并没有想象的那么确实。中国古代的时空学说大多属于宇宙论的范畴,主要探讨宇宙的起源、世界的本质构成、天体的结构位置与运动和静止、世界的统一性等问题。

这些形而上层面的哲学时空观对后世的艺术审美实践及理论虽然产生了影响，但其影响是间接的，表现也不甚突出。比如，中国古代书论、画论、乐论等艺术理论中的时空观念并不是直接来源于同时代某一哲学流派或哲学家的时空学说，而是从各门类艺术产生之初就保持其特定的审美时空观的演进路向。这一事实提醒我们，考察中国古代审美时空不能仅仅锁定时空本身，而要充分考虑到时空进入审美过程或领域之后所呈现出来的特殊样态。或者说，我们要把"审美时空"从时空母体中剥离出来，对其进行专门研究，而不能采取"时空加审美"的方式机械处理。既然时空可以区分出自然时空、社会时空等不同的样态，审美时空也必定是其中的一个特殊的形态。在人类文明进程中，审美意识与时空意识虽是分属于不同领域的范畴，但二者之间存在紧密的关联。在人们与外界自然打交道的过程中，时空感知是最普遍最基础的实践方式，从逻辑上说，审美感知应是后一步才出现的事情。因为，人们与自然之间首先产生的是功利性的关系，然后才有可能是非功利性的审美关系。这样一来，就存在时空感知进入审美过程之后会发生哪些变化的问题，因此，我们有必要追问"审美时空（观）"的具体内涵和特质。这就是为什么要提出"审美时空观"的原因，也是中国古代时空美学研究的核心问题。

三、内容与方法

时间和空间是人们感知世界与体验生命的方式和姿态，也是哲学、美学研究中的一个重要维度。本书的主旨是在一个还原性的思想文化地基上，考察中国古代时空意识对美学思想观念的深层影响。具体包括儒、道、释时空观及其对中国美学的思想影响，中国美学相关范畴命题所包含的时空意蕴，中国古代门类艺术中的时空观等方面的内容。结合时空维度，对中国古代美学、艺术中的审美思维、审美观照、审美体验、审美超越等问题加以论析考辨，以粗线条勾勒出中国古代时空美学的理论框架。

作为一个自成体系的理论架构，中国古代时空美学首先应该有一个前后一以贯之的主导性的美学观念；其次，是产生该主导性美学观念的思想文化基础；再次，还应清理出与时空美学血肉相关的范畴家族；最后，时空美学不应只是理论与思想的演绎，还应落实到具体的艺术形态上。也就是说，时空美学必须获得艺术文本创作与鉴赏的感性经验支撑。在上述问题之中，对主导性美学观念的追溯与审理至关重要，它是整个中国古代时空美学的统帅与灵魂。如前所述，这一主导性美学观念就是中国古代审美时空观。

那么，接下来的问题就是，中国古代审美时空观是如何发生与演进的？促成该观念形成的思想基础是什么，该观念又是如何构成的，具体包含哪些理论维度？最终又如何呈现在艺术的文本之中？这些问题均密切相关，共同支撑着中国古代时空美学的理论大厦。中国古代审美时空观所涵盖的问题非常复杂，除了确立其理论构成，还有必要从思想基础、美学范畴、艺术文本等多个维度进行深入全面的探究。

审美时空观不可能随意生成，它是文化推演积淀的产物，并必然折射出特定文化的精神光辉。因此，探究中国古代三大主流思想文化（儒、道、释）中的时空观及其美学启示是中国古代时空美学研究中的重要内容。中国古代时空观植根于古代的宇宙观、天道观之中，这在儒、道、释三种文化中各有不同表现，但又相互渗透补充，尤其是时空进入审美领域之后，更是如此，这导致了儒道、庄禅时空美学思想的兼容与互补。但由于各家时空观的侧重点不同，其与文艺审美活动之间的关联也各有差异。找准各自时空观与其美学思想的联结点，并对其进行深度开掘阐发，这是问题展开的思想地基。中国古代审美意识中就包含了特定的时空意识，它具有浓厚的情感性和文化心理特征，实际上它就是中国古人以审美的姿态去打量和思考宇宙人生的先天直观形式。中国古代审美时空意识体现在神话、巫术、宗教和文学艺术等文化形态之中。以易学时空观为思想基础，原始儒家的美学思想中活跃着一股充满生机的、具有无限创化之功的精神原动力。孔子的逝川之叹，"游于艺、成于乐"的仁学美学思考，随时而中、哀乐有度的中和之美，以及天高地卑、各正其位的礼乐秩序，这些都与儒家的时空观念密切相关。相对而言，儒家更注重时间的日新创化之功以及时机的重要性，而道家则更偏向于空间，尤其是老子，从"其小无类"的空间出发去思考宇宙人生，所以老子的哲学偏向于静观冥想、返本和退守。庄子的时空观强调"游"，在永恒而无垠的时间空间中的悠游。老庄时空观直接影响到其超功利的审美心胸的形成，"涤除玄鉴""虚静""心斋""坐忘"等范畴都关联着自由的审美心理时空。佛禅讲究破执与顿悟，"一念三千"，"一花一世界"，佛禅对时空的超越决定了其独特的审美体验方式，"触目菩提""水月两忘"，这种"一切现成"的审美感悟方式以及不立文字、不涉言筌的话语方式，同样与禅宗的时空观紧密相关。

中国古代艺术思维重形象性和具体性，是一种"喻象思维"。此外，比德、畅神、直寻、现量的审美观照方式，以时率空、盘桓流连的空间布局方式，以及追源溯流、原始要终的艺术源流论，这些都蕴含着丰富的时空意蕴。在中国美学中，有一些范畴命题与时空问题直接相关，如物感、神思、形势、气韵、意象、意境等，这些范畴彼此之间存在一定的亲缘关系，如形势与气韵、意象与意境、直寻与现量等，它们与审美时空的三个基本维度（自然、心理、形式）之间皆存在程度不一的关联，可以看作中国古代时空美学的范畴家族。

中国古代艺术具有超越性，这种超越根源于生命的有死性和人们对永恒无限的追求。超越的时间向度表现于文艺对过去、现在、未来的审美处理，超越的空间向度表现于文艺对现实空间的逃避和心灵空间的开拓。诗歌的时空形式及其境界营构、书法经典的时空性、绘画（山水画）空间美感产生的秘密、音乐的时间与存在的紧密关联、园林时空对意境的无限拓展等，都是中国古代艺术以有限超越无限的具体表现。

另外，本书充分注意到研究对象的特殊性，在研究方法上有以下几方面的考虑：一是"自下而上"与"自上而下"研究相结合的方法。从时空角度研究中国美学，必须以中国古代丰富的文艺审美活动和经验为依据，从考察具体的文艺美学文本出发，探析其中的时空观问题。但同时又不能浅尝辄止，淹没于大量的文艺审美现象之中，还必须进行一定的理论提升，坚持理论演绎与文本经验归纳相结合。二是思想还原与中西互释相结合的方法。本书力图从中国传统文化语境中研究时空美学，从材料出发，用原典说话，尽量避免先入为主式的理论套取或强制阐释。与此同时又适当借鉴西方时空美学的方法、视角与理论，对中国古代时空美学中的相关问题进行适度诠释，使得二者能够相互发明，相关问题的内涵更为丰富明朗。三是鉴于目前学界的研究现状，本书试图将中国古代时间与空间问题真正结合起来，考察艺术审美中的具体问题，这样做有利于深入问题的腹地，把握问题的腠理。

第一章
中国古代审美时空观的理论构成

审美时空观是中国古代时空美学研究中的核心命题,也是进入中国古代艺术理论问题腹地的重要线索,舍此则无法把握古代时空美学的整体格局,我们的研究则有可能陷入混乱无序的状态。中国古代审美时空观所涉及的领域较多,既关涉到中国哲学中的时空问题,又与中国美学、诗学中的范畴命题密不可分,同时又与艺术理论与实践有着千丝万缕的联系。因此,理清审美时空观的基本内涵,并对其构成维度展开理论分析是我们研究的首要任务。再在此基础上,从儒、道、释三大主流文化层面对中国古代审美时空观产生的思想渊源进行进一步的探究,以期对审美时空观的发生情形有一个大致的了解。最后,有必要结合几种有代表性的门类艺术,考察审美时空观的具体呈现样态,使我们对该观念的理解更为切实具体。

第一节 中国古代审美时空观的构成维度

如前所述,审美时空观虽然与时空问题密切相关,但并不等同于时空本身。审美时空观有着自己的发生历程、构成维度与本质属性。中外美学中都包含自己的审美时空观,但在具体的理论旨趣与艺术呈现方面不尽相同。尽管如此,我们还是可以对审美时空观的理论内涵与构成维度进行一个基本的界定,以下主要从这两个方面展开论析。

一、"审美时空观"的内涵

要想探究中国古代审美时空观是如何发生的，我们要进一步明确"审美时空观"的内涵与外延。具体而言，审美时空观是指人们的审美思想意识以及艺术审美实践中所呈现出来的时空观念，它包含广义与狭义两种内涵。广义的审美时空观指的是一切审美领域中所涵盖的时空观，包括自然美、社会美、生态美、艺术美、宗教美、科技美等。比如自然美中的宇宙星空、山河大地；社会美中的礼乐秩序、政治空间；宗教中的时空想象及艺术表现；现代高科技对宏观及微观世界的探索与超越等，都渗透着特定的时空观念。从审美的角度看，这些都可以归为审美时空观。狭义的审美时空观是专指艺术审美领域所表现出来的时空观，可以简称为"艺术时空观"。无论是广义还是狭义层面的审美时空观，均包含丰富的情感心理因素；所不同的是，"艺术时空观"最终必须以具体的符号形式作为载体，也就是说，艺术时空观最终完成于"形式时空"的建构，它关涉到艺术创造、文本构成、审美鉴赏等诸多环节。中国古代审美时空观主要体现在文学、音乐、书法、绘画、雕塑、舞蹈、建筑、园林等艺术类型中，譬如，诗歌的声律、音乐的节奏、书画的空间构成、雕塑建筑的造型、园林的空间布局等方面。需要特别说明的是，广义与狭义的审美时空观之间并不是完全隔离的，自然美、社会美等领域中的时空感知模式最终会进入到艺术领域，从而影响并决定艺术时空的形式构成。事实证明，中国传统艺术具有独特的美学追求，呈现出迥异于西方艺术的精神品格。比如，西方的诗歌是叙事性突出的史诗，不同于中国缘情言志的精短格律诗；西方十九世纪之前的绘画采取的是按照视网膜成像的标准模拟空间关系，也不同于中国古代山水画以饱游饫看、观景取象的创作思路。西方的建筑多向垂直的方向发展空间，而中国建筑则追求平面的位置关系。稍作比较不难发现，导致两者差异的主要原因是各自的审美时空观念不同，这一差异不仅表现于特定的艺术领域，还可以溯源到自然时空、社会时空、宗教时空等方面。

二、中国古代审美时空观的三个维度

审美时空观的发生与形成不是一蹴而就的事情,而要经历几个重要的形成阶段。首先是"自然时空"的哲学化与审美化。在这一阶段,人们对宇宙自然的时空感知经验已经越来越丰富,开始上升到抽象的哲学认识阶段,并自觉地运用这一认识成果解释或指引各种社会实践活动,包括艺术审美。在中国古代,自然时空主要表现为"四时"模式。在先秦时期的哲学、宗教、政治、农业、军事、艺术等文化中,"四时"扮演着非常重要的角色。殷商时期,"四时"代表着四方之"神",掌管"春夏秋冬"四季与"东南西北"四方,带有鲜明的神性色彩。西周以降,"四时"的神性光辉渐次减退,展现出人文的思想内涵。"四时"与国家政治、社会人伦、农业生产、军事斗争等重大社会活动密切关联,此时的礼乐活动多与国家事务相关,自然也受到"四时"的影响。更重要的是,"四时"模式对后世艺术审美意义重大,文学、音乐、书法、绘画、园林等艺术,无论是艺术的表现内容还是审美形式,都不同程度地接受了"四时"的影响。需要说明的是,不同的思想文化对自然时空的哲学把握是不同的,"四时"主要表现于儒道文化中,其中又以儒家为最。特别是《周易》,以"四时"为基点,推演出一套"时""位"一体化的时空模式,应用于天道人事诸多层面。老庄虽然也论及"四时",但只是将其作为道论时空思想中的一个注脚。在老庄的思想视阈中,时空内涵于宇宙大"道","道"无边无垠、无始无终,对"道"的体悟是沟通天人、超越有限追求无限的不二之途,天地之大美就蕴含在"道"中。佛禅的自然时空观则与之迥然有别。佛教以奇幻的想象建构了一个至大无外、至小无内的宇宙时空体系,儒道所津津乐道的"天地四时"在佛陀眼里只不过是沧海一粟、万劫一瞬。这种时空观为中国古代文化提供了独具特色的思想图景与美学智慧。

其次是"心理时空"的开启与提凝。审美是带有丰富情感的重要心理活动,审美时空观的确立离不开情感与心理的参与。心理时空的发生根源于人对有限与无限之间根本对立这一事实的洞见以及对自身生命"有死性"的深刻反思。人生天地之间,仰观俯察,鉴往追来,深知天行有常,恒患人命危浅。由此生出无限的感慨与哲思,即便寿比彭祖,在天地宇宙之间(自然时空）也不过弹指一瞬。中国古代无数圣贤哲人都在思考这一困扰人类存在的根本问题，寻找超越自然时空的有效途径。在这一问题上，儒家走的是外在超越之路，道家、佛教走的是内在超越之路。儒家以血亲关系的代际传递来对抗生命的衰朽，同时又辅之以"三不朽"（立德、立功、立言）的文化价值导向，试图以德性、功业、著述三种方式延续人的精神生命，以弥补肉身生命的深刻缺憾。人们在追求事功、实现价值的过程中，不可避免地会产生各种情感，或是沧海桑田的宇宙之思，或是山河易代的历史感喟，或是时乖命蹇的个体咏叹。如此，人们以特定的情感倾向面对自然、社会、历史时空，因而，时空得以情感化的面目出现。历代文人雅士有关"登高临流""伤春悲秋""抚今追昔"的文学书写，都是时空情感化的具体体现。道家、佛禅的超越方式有别于此。在道家看来，以有限追求无限是徒劳且危险的，执着于肉身生命以及功名富贵无异于南辕北辙。超越自然现实时空的唯一途径就是与大道同一（"和之以天倪"），而要与道冥合，关键要做到心灵的提凝与精神的专注，亦即"虚静"。老子的"涤除玄鉴"，庄子的"心斋""坐忘"等，皆是达至"虚静"、实现"逍遥"的心理修持功夫，同时也是摆脱自然现实时空宰治的不二法门。老庄的时空观主要体现于道论与生死观之中，"涤除玄鉴""心斋""坐忘"的目的是为了体悟大道、超越生死，其实质最终呈现为一种独特的心理时空。老庄的心理时空既是哲学的，又是审美的，为后世文艺创作的审美想象提供了直接的思想启示；特别是庄子对"逍遥"精神的诗性建构，将老子的道论哲学由宇宙论向生命论推进了一大步，其所设定的"大鹏"视角为齐万物、等生死提供了宏阔的宇宙时空观支撑，对后世文艺创作（主要是山水诗、山水画）的视野与境界产生了深远的影响。佛教对心理时空的开拓与挺进较之道家更为深入彻底。佛教中的"禅定"就是专注于内心的修习方法。大乘瑜伽行派、中国的唯识宗对心识作了极为系统精微的研究，禅宗更是以"明心见性"为要旨，以色空观为思想基础，在"万古长空、一朝风月"的"顿悟"中勘破时空的秘密。佛禅所开启的心理时空对中国古代美学与文艺理论产生了重要的启示，如"妙悟""现量""色空""空静""意境"等范畴，均与佛禅的心理时空紧密相关。

最后是"形式时空"的营构与外化。这里的"形式时空"是指艺术作品中所呈现出来的可以闻见触知的文本形式。毋庸置疑，任何艺术都要经历构思设计并制作物化的过程，艺术家心中的天才设想最终都必须以特定的物质形式将其符号化。这个由物质形式所构成的符号世界遵循独立的时空法则，因此可称之为"形式时空"。比如诗歌、音乐等主要表现为时间形式，书法、绘画、雕塑、建筑、园林等主要呈现为空间形式。事实上，这些艺术类型兼具时间与空间的形式，只是各有所偏重。对于艺术美学以及文艺理论而言，"形式时空"的完成是"审美时空"的最后确立。万流归宗，无论一件艺术作品的形成有多么艰难，受到了多少思想的影响，最后都必然携带着独特的形式面目出现，显现出光彩夺目、不可复制的"形式时空"。以下从历时性的维度对这三种时空的发生进行简要论述。

从逻辑上说，首先产生的是自然时空，其次是心理时空，最后才是形式时空。但实际情形并非全然如此。混沌初开，原始先民最早接触到的是自然时空，他们面对浩瀚星空、茫茫大地，经历日落月升、寒来暑往，逐渐形成本民族独特的时空感知模式。但由于认识水平有限，这时的自然时空观念必然带有各种想象、虚构的成分，具有宗教巫术的意味。也就是说，此时的自然时空混杂着心理时空。原始先民对世界的时空想象是直观性的、经验性的，也是诗性的、审美的。而且，这种直观性的时空构想又以特定的形式呈现于先民的艺术创作之中，转化为形式时空。比如新石器时代的彩陶，不仅彩陶的形制体现了先民对于宇宙与生命的认识，而且彩陶上的花纹线条也传达了先民的独特时空体验。这个时期的彩陶多制成葫芦形，在先民的思维中，葫芦既象征天地，也代表怀孕的女体。先民将他们对自然宇宙与生命的理解全部寄寓在葫芦形的彩陶之中。由此可见，自然时空、心理时空、形式时空实际上是同一时期之内存在的，它实际上是人们对于时空的三种感知途径与方式。当然，这三种时空在后世的演进历程并不同轨同步，因此，其在各个时期的具体情形存在较大差异。先秦时期，人们对自然时空的感知已从神性笼罩下脱离出来，开始以理性的姿态加以考量。特别是儒家，将自然时空纳入社会与历史时空，并以卦爻符号呈现出来，演绎出包罗天地的形式时空体系。

道家则将对自然时空的体悟与心理时空结合起来，以"体道"为宗旨，将心理时空推向一个前所未有的理论高度。魏晋以后，佛学东来，其独特奇幻的自然时空构想最终促使佛教走向深邃细腻的心理世界，建构出更为空幻灵妙的心理时空。佛教思想虽未直接构建形式时空（佛教艺术除外），但其独特的时空观对文艺形式所产生的启发是非常丰富的。在中国美学史、诗学史、艺术理论史上，真正完成形式时空观念的建构的，还是魏晋以后大量出现直到明清时期的美学家、文论家、艺术鉴赏家们，诸如陆机、刘勰、钟嵘、宗炳、谢赫、张彦远、张怀瓘、孙过庭、王昌龄、皎然、刘禹锡、司空图、苏轼、严羽、王夫之、叶燮、石涛、王国维等。中国古代文艺理论家虽然已经触及"形式时空"的问题，但是各人的角度不同，程度有深浅，因此对"形式时空"的揭示与阐发也并不相同。当然，除了这些理论家与鉴赏家，中国历代的能工巧匠、诗人作家、书法家、画家、音乐家、造园家们也功不可没。没有他们的艺术实践，艺术的形式时空就无法落到实处。

综上，中国古代审美时空观涉及三个维度：一是自然与社会，主要表现为"自然时空"；二是情感与心理，主要表现为"心理时空"；三是符号与形式，表现为"形式时空"。就艺术作品而言，这三个方面同时存在，缺一不可。没有"形式时空"，艺术就毫无价值，甚至形同虚设；没有"心理时空"，艺术家无法真正展开审美构思与创作，同样，艺术鉴赏也无法进行；没有"自然时空"，艺术形式就成了"无源之水、无本之木"，无复依傍。

第二节　中国古代审美时空观的思想渊源

确立了中国古代审美时空观的基本构成，再来考察审美时空观的思想基础。作为中国古代美学思想与艺术理论的一部分，审美时空观的背后必定存在深广的思想文化背景，主要体现于儒、道、释这三种主流文化之中。众所周知，先秦时期是德国哲学家雅思贝尔斯所说的"轴心时代"，诞生了诸如老子、孔子、庄子、孟子等思想巨人，他们的原创性思想对后世的思想文化以及艺术审美均产生了重大且深远的影响。因此，我们考察中国古代的审美时空观念也应以先秦诸子为重点，主要探究原始儒家、道家的时空观及其对中国美学、诗学、艺术理论等所产生的启示与影响。释迦牟尼与孔子处于同时代，佛教与原始儒道大概是同步产生的。但是佛教自西汉传入东土，慢慢与儒道合流并渗透到文人的思想及日常生活中，经历了一个漫长的发展阶段。这里不打算考察儒释道合流的整个过程，而是从整体上论析佛教的时空观，特别是禅宗，对唐宋以后的文人士大夫的影响很大，与中国古代美学之间有着紧密的思想关联，因此是本书的考察重点。

如前所述，审美时空观包含自然时空、心理时空、形式时空三个维度，我们要探究中国古代审美时空观的思想来源问题，就必须弄清楚儒、道、释各自对这三个时空维度所产生的影响。当然，由于时空观照方式与超越路径的差别，这种影响也是各有侧重的。儒家侧重于自然时空、形式时空，其对时空的情感化体验也涉及心理时空；道家与佛禅主要关注自然时空与心理时空，而对形式时空无甚兴趣。但有意思的是，道家佛禅对心理时空的开拓又对艺术审美产生了丰富深刻的思想启示，间接地提供了有关形式时空方面的美学智慧。如此，儒道释均是以自然时空为起点，以心理时空为过渡，最后指向形式时空的生成。接下来的问题是，儒道释是如何打量自然时空的，各自的思想视域与价值立场是什么？儒道释对眼前的自然时空做了哪些改造，改造后的时空具备什么样的思想特质？儒道释为中国古代时空美学提供了哪些思想启示，又具体落实到哪些范畴、命题或观念之上？以下分别从儒、道、释对这些问题展开论析。

一、儒家："德性时空"

远古先民对自然时空的感知主要表现为"四时"。在先民看来，这里的"四时"是由四位神灵推步所产生的，春夏秋冬"四时"同时对应东南西北"四方"，"四时"与"四方"一体，这种自然与神灵合一的时空秩序主宰着人们的日常生活与思想观念。周代以降，时空的宗教性逐渐减弱，人文的因素日益加强，时空逐渐由自然界、神灵界向人伦界下落。这种变革集中表现在

《周易》中，《周易》云："观乎天文，以察时变。观乎人文，以化成天下。"这里的"天文"所指就是自然时空，"人文"则是礼乐文化及其各种外在表现形式。从"天文"到"人文"，预示着人们对时空的关注焦点已经发生了重大的转变。如此一来，人们的时空观就经历了三个阶段：自然时空——神灵时空——德性时空。在儒家，对时空的认知与改造最后落实到带有人文意义与功利色彩的"德性时空"，具体表现在时空的社会化、伦理化、时机化、情感化等方面。

所谓时空的社会化，是指人们在处理重大的社会事务时会自觉或不自觉地运用所掌握的时空观念作为某种思想方法上的指导，比如政治、军事、农业、祭祀、婚丧、出行、狩猎等，都要通过占卜的方式进行预测，何时何地适宜，结果如何，是吉还是凶。所谓时空的伦理化，主要体现于儒家在从事社会事务的过程中所逐渐形成的社会理性观念或思想，如"仁""德""孝""义"等，这些观念或思想是维系社会秩序的典律或范型，用于规导百姓，垂范后世，显现出某种"超时空性"。儒家在从事社会活动的时候，尤其强调对时机的把握，讲究守时、顺时、趁时，所谓"与时消息""待时而动"，就是时机化的具体体现。这种时机化的时空情势是自然时空在社会人事中绽出的结果，是儒家对自然时空的改造与利用。与此同时，由于儒家是执着于现实中的"有"（实体）来考量时空问题的，这就使得儒家的时空观念中不可避免地带有鲜明的功利性与情感性。孔子的"逝川之叹"就是圣人在直面自然时空变幻之时所生发出的最真实自然的情感体验，它开启了后世文人对时空进行情感抒发的诗学、美学主题。需要特别指出的是，原始儒家不仅从思想上认识到这种"德性时空"的重要性，而且还将其与自然时空关联起来，寻求二者之间的内在关联，并且运用卦象这一符号形式将其表征出来。也就是说，儒家不仅将自然时空转化为社会时空与伦理时空，而且将其进一步落实到形式时空的层面，使得人们有本可依。[①]

那么，原始儒家的"德性时空"观为中国古代美学、诗学、艺术理论提

---

① 参见本书第二章第一节。

供了哪些思想启示呢？具体表现在哪些范畴、命题或观念上？总体而言，这种影响与启示主要表现在以下几个方面：第一，"德性时空"观规约了儒家的自然审美路向，儒家美学中的"比德"观实际上是儒家对自然时空进行仁德改造所产生的审美效应。孔子提出"智者乐水，仁者乐山"（《论语·雍也》），将山、水这类自然事物仁德化，是"比德"自然审美的具体体现。第二，孔子在"逝川之叹"中所表达的时空体验，不仅开启了后世文人对时空的情感抒发传统（主要是迁逝感），也为"物感"美学提供了直接的思想启示。第三，儒家注重时机化的时空情势观对其文艺本质功用论以及诗歌阐释观有着重要的影响。具体表现在孔子的文艺观（"游于艺""成于乐"）以及孔门师生对诗歌的读解方式。与此同时，儒家强调"时中"的思想还影响到其对情感的深度思考。《中庸》提出"中和"，首先就要对情感进行理性的规约，使之处于一定的限度之内。这种哀乐有度、中节合操的情感，既是一种君子德性的具体体现，也是艺术创造与鉴赏过程中所不可缺少的审美情感。① 第四，儒家除了注重仁德精神的培育之外，还特别重视外在形式（文）的修饰。所谓"言之无文，行之不远"，"文质彬彬，然后君子"，可见"文"在儒家传统中占有重要的地位。儒家的形式观主要表现在《周易》的卦象符号体系中，如"观物取象""观象制器"等空间类比思维对后世文艺创作产生了丰富的启示。《周易》卦象的交错、对称性图式对造型艺术具有重要的启发作用，尤其是古代美术中的图案设计、书法中的空间构造、建筑中的整体布局等，与卦象之间存在紧密的关联。可以说，《周易》中的形式时空蕴含了中国艺术对形式规律的基本要求，对中国古代审美形式发展路向的确立具有不可低估的影响作用。

二、道家："道性时空"

与儒家"执有"的观照方式不同，老庄对时空的思考是在其"体无"的道论哲学体系中展开的。尽管道家也论及"四时"（主要是庄子），但"四时"

---

① 参见本书第二章第二节。

并不具有"神灵"以及"仁德"的意义。在老庄的思想视域中,"四时"只不过是自然季节,是"道性时空"的自然呈现。所谓"道性时空",是指宇宙最高的本体——"道"所涵具的时间与空间,这里的时空具有永恒的意义,带有超时空性。在老子的道论哲学中,"道性时空"至大至远,往复推移。庄子则将时空推向了无穷无限、无始无终的宇宙,并且预设了一个全知全能的大鹏视角以俯瞰人世间。这一空间性想象对于中国艺术尤其是山水画的影响甚为深远。中国山水画的空间布局不同于西洋画中的焦点透视,而是以一种"游观"的全息性视角来处理画面,览者的目光随着画面缓缓延伸推进,远山近岗、溪口草舍,重重悉见,凡此种种,营造出一种或高远或深邃或空旷的山水意境。这种山水画的空间形式导源于庄子所开启的时空体验。这种"游观"性的时空体验不仅表现在山水画中,还表现于诗词、建筑、园林等艺术中。这里所说的"游"不仅是处身性的,而且是精神性的,亦即庄子所说的"逍遥游"。老庄在时空问题上的第二个理论贡献,是在"道"的哲学框架下,将自然时空与心灵精神结合起来,营造出独特的心理时空体验。老子的"涤除玄鉴"、庄子的"心斋""坐忘"是为了达到"虚静"的精神境界,以体证冥合宇宙大道。庄子说:"虚室生白",意谓"虚静"的心灵可以自然生出精神光辉,朗照自然万象。老庄的"虚静"是中国古典美学中审美心胸论的源头,对后世文艺创作及审美鉴赏产生了极为深远的影响,意义重大。庄子在心理时空方面所做的思考对后世文艺理论家影响很大,陆机、锺嵘、刘勰、宗炳、王昌龄、皎然、司空图、苏轼等人均在庄子的启发下,将审美心胸理论由单纯的心神状态的调适推进到审美意象的构思等步骤,已经触及形式时空的问题了。由于老庄的旨归是要超越世俗欲念,摆脱生死的桎梏,最终达到天人相合、物我两忘的逍遥之境,因此,老庄更注重心性功夫的修持,而轻视甚至排斥外在技艺。这种重道轻技的价值取向深刻地影响到后世文艺的创作与鉴赏。比如中国画中讲究"以逸笔写逸气",重在传神,不以形似为佳。书法中以神采为上,而不会拘泥于笔墨形相。诗文中讲求"文外之重旨""味外之味""韵外之致",不主张过于精工于词句。这些有关艺术创作与批评的理论主张与老庄的道论哲学美学不无关系。

从表面上看,儒道观照时空的方式存在很大的差别。但无论是"执有"的"德性时空"还是"体无"的"道性时空",二者所指涉的都是那个生气氤氲、化生万物的"大生命场"。从根本上说,儒家的"德性时空"建基于宇宙不断创化、日新其德的生生之功,这也是天文(四时)对人文的重要启示。老庄的"道"也包孕着无限的生命创造力,老子的"道"下落到万事万物之中就是"德","德"是"道"的具体表征,它显示了道的化生能力。因此,虽然"道相"是虚空的,但并非绝对的虚无,而是统摄群"有"的母体之"无"。这个"无",毋宁说是存在于天地之间的无形的"生命场"。因此,"德性时空"与"道性时空"存在一个共同的实体性的宇宙论依据,两者只是在观照的方式与超越的路径方面存在较大差异,但实质上存在一定的相通之处。如果与佛禅的"佛性时空"相比较,儒道之间的这种相通性就会显得更加突出。

三、佛禅:"佛性时空"

佛学东来,从根本上刷新了人们看待时空的视域与姿态。佛教有关宇宙时空的奇异想象,将儒道对于宇宙无限的浩叹转变为具体可辨的数量关系。在这种对比鲜明的数量型时空中,佛教获得了窥见宇宙奥秘的重要契机。佛教以缘起说作为哲学思考的理论根基,以"空"为万事万物命名定性,并以"解空"作为时空观照与超越的不二法门。大乘佛教诸派尤其是禅宗,将观照时空的视点由外在世界转向了人的内心,所谓"万法唯心",因此时空也是心识变现的结果。在主体的心念中,时空可以彼此涵摄包容,"一念万年""一微尘一佛国"。佛禅的"顿悟"就是对时空秘密的洞见与超越,禅者就此打破世俗时空的缧绁,进入清净自在的"佛性时空"之中。因此,所谓"佛性时空",就是在"解空"的思想视域下观照时空,在"瞬间即永恒"的当下觉解中领悟世界的妙谛,获得一种即色即空、通豁无碍的时空体验。儒家的"德性时空"表现为对现实功利价值的执着追求,是一种肯定性的时空观;道家的"道性时空"表现为对天人相契、物我两忘的精神境界的建构,对于人世间的功名富贵持鄙薄态度,对于儒家而言是否定的,但从生命的存在意义而言，却呈现出更大的肯定。佛禅的"佛性时空"以绝对否定的面目出现，排斥一切功利的、逻辑的现实桎梏，但最后指向一种梵我合一、清净无漏的大愉悦、大自由的美妙境界，因此是一种更为通透、彻底的肯定。

"佛性时空"首先表现于其独异的自然时空体验。佛禅以"色"来命名宇宙万物，并以"色空"思想来观照诸法，认为"色即是空，空即是色；色不异空，空不异色"，这种色空不二的自然审美观与儒家的"比德"观、道家的"形气"观迥然有别。儒家的"比德"是将自然物象拟人化，赋予某种特定的社会价值；道家将天地万物归并为一气，气聚而形立，气散而形灭，是对自然的本体性解答；佛禅则将万物内置于心识中进行过滤，将其还原为一种"现象"（色），并在去欲念、绝思量的思想悬搁中逼现出其本来面目。因此，儒家做的是加法，而道家、佛禅做的是减法。与道家一样，佛禅对中国美学的思想贡献主要表现在心理时空的构建上，这是"佛性时空"的重要表现领域，具体包括"妙悟"的审美思维、"现量"的审美直观方式、"空静"的审美心胸与审美境界等。

如前所述，佛禅在心念的转续任运中完成对世界的参悟，实现"瞬间即永恒"的时空超越，这既是一个关乎存在的哲学反思过程，也是一个生气活泼妙乐不尽的审美体验过程。在佛禅，称之为"顿悟"；落实到艺术审美，称之为"妙悟"。前者是宗教哲学思维，后者是艺术审美思维。就对时空的观照与领悟而言，两者并无实质性的差别。中唐以后，诗禅互渗，"妙悟"对文学的影响日渐加大。宋代严羽将"妙悟"提升到艺术创造与鉴赏的根本途径的高度，使之成为中国古代诗学、美学中的一个重要范畴。佛禅对诗歌的启发主要表现在三个方面。第一，创作灵感的产生具有时机性。诗歌创作一如参禅，既要苦苦追寻，但又不可力强而至。"顿悟"的发生是随机的，现实生活中的任何事情都有可能触发灵感，洞开佛性智慧之门。诗歌的创作亦是如此，诗人整日冥搜而不得，突然一声鸟语、一缕清风、一叶飞落，引发了诗兴，诗思汩汩而出，不可遏制。但与"顿悟"不同的是，"顿悟"一旦实现，世界的面貌则被刷新，禅者不再堕回尘网；而在诗歌创作中，"妙悟"发生后需要尽快用语言形式将其捕捉住，否则转瞬即逝，无从追寻。第二，诗歌的鉴赏也是一个"妙悟"的过程，不能斟字酌句，条分缕析，落入思量的歧途。换言之，诗歌的鉴赏也应是整体性的"悟入"，它拒绝回忆、追寻、展望等时间性的思维过程。第三，诗境与禅境的终极指向是同一的，亦即打破现实时空的宰治，由时间进入"无时间"，从世俗的现实空间进入奇幻的审美空间，从而使心神得以徜徉于无边无垠的时空境域之中。"妙悟"指向诗思或灵感的开启，主要关涉心理时空层面，而并未触及形式时空层面。"现量"作为佛教认识论的一个重要范畴，被引入艺术审美领域（主要是诗歌）之后，发挥了重要的作用。王夫之以"现量"论诗歌创作，要求诗人以审美直觉捕捉眼前景，写身边事，不涉过去、未来，营造一种真实的"性境"，洵为中的之论。王夫之认为"现量"之"现"包含"现在""现成""显现真实"三层意义，亦即在当下现前中实现对世界的本质直观。"现量"之"现"不是一般意义上的"现在"，而是一个悟入真实世界的关键瞬刻，此刻目击道存，识境浑然一体。作为一种诗歌审美感知与创作的方法，"现量"已初步触及形式时空的问题。但对形式时空具有重要启发意义的，是佛禅所提出的"空静"观。先秦道家提出"虚静"说，是中国古代审美心胸理论的重要思想基础。"空静"与"虚静"皆注重收摄心神，排遣杂念，脱离世俗时空的限制进入自由无限的心理时空，从而臻达大道，参悟佛理。但从心理时空的角度来看，佛禅比老庄走得更远。"空静"以"色空"观为基础，不仅要否弃一切色法，而且还要否定"空"这一概念。不仅超越了时空，还超越了"非时空"，进入到一种能够相互涵摄，彼此包容的佛性时空之中。因此，佛禅的时空最为空灵、自由，比道家更具有超越性。佛禅的"空静"对于艺术创作具有很大的启示作用。王维、苏轼等寝馈于佛学的诗人、艺术家均发表过深刻的见解。苏轼诗云："静故了群动，空故纳万境。"可见"空静"的审美心理与诗歌意境的开拓关系密切。"空静"虽然不是形式时空，但对于艺术意象、境界等形式时空的开创具有重要的启示意义。

第二章
先秦儒家的审美时空观

如前文所述，中国古代审美时空观的思想渊源主要有三大类：一是儒家的"德性时空"，二是道家的"道性时空"，三是佛禅的"佛性时空"。审美时空观是时空美学的理论基石，因此可以说，这三种时空观也是中国古代时空美学的思想渊源。儒道释对时空美学的贡献主要包含两大部分：一是儒道释时空观的主要理论内涵及其对美学的影响；二是儒道释美学思想（范畴、命题、观念等）中所包含的时空意蕴。就儒家而言，主要表现于儒家的经典《周易》中以及"中和"这一审美理想之中。本章的主要内容是，以《周易》为文本对象，通过文献释读与义理阐发，探究易学时空的基本构成，并在此基础上论述《周易》的时空观对中国美学的思想启示。与此同时，以《中庸》为文献基础，阐发"中和"与儒家审美时空观之间的逻辑关联，并借此对文学艺术中的"中和"法则展开论析。以上是我们研究儒家时空美学时要考察的主要问题[①]。

[①] 此外，孔门儒学中有关天道、时机及其与文艺观之间的关系等问题的思考也在考察范围之内，因该部分已完成，故不赘述。参见詹冬华：《中国古代诗学时间研究》第三章"时间境遇化与孔门文艺观"，中国社会科学出版社2014年版。

第一节 《周易》时空观及其美学启示

时空尤其是时间，是《周易》中的核心问题，研究中国古代时空美学，不可能绕开这部对中国古代思想史具有源发意义的重要文献。《周易》包含《易经》与《易传》两部分，前者成书于殷周之际，《易传》是对《易经》的解释和阐发，成书于战国中后期。经、传中都论及"时"的问题，但相对而言，《易传》中有关"时"的讨论更为系统和哲理化。本节的重心不是讨论《周易》的时空问题，而是探究《周易》的时空观为中国古代美学提供了哪些重要的启示。学界对于《周易》的时空观、《周易》的美学思想都作了充分的研究，相关的成果也不少[①]，但将《周易》的时空观与美学思想关联起来进行考察研究还不够深入全面。本节的主要任务是，结合象数与义理对《周易》（包括经、传两部分）的时空观念进行梳理概述；在此基础上，重点探究周易的时空观念为中国美学思想、艺术理论观念提供了哪些重要的启发，产生了什么样的影响。

一、易学时空：自然·秩序·符号

《易经》本是用于占卜吉凶，预测未来的。因此，《周易》对时空非常重视。后世的《易传》将其中的时空观念进一步强化，发展出一套完备的时空观念体系。《周易》所涉内容广泛，天文地理、政治军事、祭祀稼穑、婚丧嫁娶、居家出行、狩猎宴乐，甚至夜梦幻想等，无不赅博。殷周时期，人神沟

[①] 学界有关《周易》时空观的研究多见于单篇论文，尚未见专著，部分著作辟出章节研究该问题，如成中英：《易学本体论》，北京大学出版社 2006 年版；张祥龙：《从现象学到孔夫子》，商务印书馆 2001 年版；林文钦：《〈易传〉之变易思想研究》，台湾花木兰文化出版社 2009 年版。此外，已有博士论文专门讨论《周易》的时间观，参见赵娟：《论〈周易〉的时间观念——一个文化史的视角》，复旦大学 2012 年博士学位论文。有关周易美学思想方面的著作有：王振复：《周易的美学智慧》，湖南出版社 1991 年版；刘纲纪：《〈周易〉美学》，武汉大学出版社 2006 年版；张锡坤、姜勇、窦可阳：《周易经传美学通论》，生活·读书·新知三联书店 2011 年版；陈碧：《〈周易〉象数之美》，人民出版社 2009 年版；陈良运：《周易与中国文学》，百花洲文艺出版社 1999 年版；张乾元：《象外之意：周易意象学与中国书画美学》，中国书店 2006 年版。

通的权力被少数巫、史所掌控，他们负责向黔首传达天神的旨意，同时借助祭祀上达百姓的祈望。这些巫、史们通晓天文历律，掌握历史法典。因此，他们在占筮的时候，能够运用丰富的天文历法等知识以及社会生活经验对占筮的结果进行合理的解释，其宗旨是为了掌握天地人事的运行规律，祈求趋吉避凶、神人以和，以巩固王权，国祚昌盛久长。而所有这些占筮卜问的过程及结果主要通过卦象符号的形式呈现出来，卦辞、爻辞的解释只是起辅助作用。因此，在《易经》的巫筮思想体系中，包含四个方面的因素：天、神、人、卦。在周初时期，自然之天与帝神尚未完全分离，比如"四时"就由"四方之神"所掌控。先民一方面将天地自然作为仿效的对象，同时又寻求神祇的庇护。先民们希望通过祭祀、占筮等活动，调整社会人事的节奏秩序，与上天保持一致。天神的意志及自然规律最终都通过清晰而又抽象的卦象彰显出来，这些卦象与天地万物之间存在着统一的类比对应关系。就时空而言，《周易》时空也包含这几个方面：自然时空（天、神）、社会时空（秩序）、形式时空（卦象符号）。以下从这三个方面展开论述。

在先秦语境中，"时"表示的就是"四时"。《说文解字》曰："时，四时也，从日，寺声。"段玉裁注曰："本春秋冬夏之称，引申之为凡岁、月、日、刻之用。"由于"四时"与"四方"相对应，因此"四时"也包含了空间，代表自然时空。[①]海外汉学家克洛德·拉尔认为，中国古代的"时"是一种根源于"气"的生命时间，从词源学的意义上说，"时"与植物生长有关，表示"埋在泥土下的生命种子在和煦的阳光下开始抽芽。所以时间可以被设想为一种孕育'生命的本原'，即'气'"[②]。在农耕文化中，"时"显得至关重要。正如克洛德·拉尔所言："在古代农耕文化中，时间概念是与更为具体多样的'季节'概念结合在一起的。在中国各地，一年分为四季，四季的定义是异常稳定的。通过'季节'，可以轻易地获致纪元、时期和时代的概念。它所包

---

① 有关中国古代"四时"观念的演进及其在后世文艺思想中的运用问题，参见本书第五章第一节中的第一部分"'四时'与'物感'"。
② 〔法〕路易·加迪等：《文化与时间》，郑乐平、胡建平译，浙江人民出版社1988年版，第32—33页。

含的时间有时比'日历季节'长,有时则比'日历季节'短,然而,它是一种切实可行的时间周期。同时,'季节'概念还表示时间的连续,因为依照定义,四季是先后承续的;月和日也是先后承续的。……四季中的时间及其定性值所显示的能量积聚将人们的注意力引向了绵延,即时间的分割和瞬间的重复,这是绵延的一个层面。"①

《易经·归妹》九四爻辞曰:"归妹愆期,迟归有时。"② 这里的"时"是"待"的意思。意谓少女出嫁耽误了婚期,迟嫁是有所等待。可见,《易经》还没有在话语表述方面强化对时间问题的重视。在《易传》中,"时"是一个高频词,总共出现了57次,多见于《彖传》《象传》《文言》《系辞》中,其意义也不完全相同,主要有时辰、时机、随时、时令、时运、时宜、时势等。③《易传》中不仅反复出现"时",而且多次强调"四时"在天地、人事中的重要性,主要见于《彖传》:

> 夫大人者,与天地合其德,与日月合其明,与四时合其序,与鬼神合其吉凶。先天而天弗违,后天而奉天时。(《乾卦·文言》)④
> 豫顺以动,故天地如之……天地以顺动,故日月不过,而四时不忒。(《豫卦·彖传》)⑤
> 观天之神道,而四时不忒。(《观卦·彖传》)⑥
> 日月得天而能久照,四时变化而能久成,圣人久于其道而天下化成。(《恒卦·彖传》)⑦
> 天地革而四时成,汤武革命,顺乎天而应乎人,革之时大矣哉!

---

① 〔法〕路易·加迪等:《文化与时间》,郑乐平、胡建平译,浙江人民出版社1988年版,第33页。
② 《周易正义》,李学勤主编:《十三经注疏》,北京大学出版社1999年版,第222页。本书所引"十三经"均出本书,下引只标书名及页码。
③ 参见赵娟:《论〈周易〉的时间观念——一个文化史的视角》,复旦大学2012年博士学位论文,第59—62页。
④ 《周易正义》,李学勤主编:《十三经注疏》,第23页。
⑤ 《周易正义》,李学勤主编:《十三经注疏》,第83页。
⑥ 《周易正义》,李学勤主编:《十三经注疏》,第97页。
⑦ 《周易正义》,李学勤主编:《十三经注疏》,第144页。

(《革卦·彖传》)①

天地节而四时成，节以制度，不伤财，不害民。(《节卦·彖传》)②

上古先民对时间的表述多以"春秋""寒暑"来概括，到春秋战国以后，"四时"的概念才逐步得到广泛应用。因此，《易传》中的"四时"所反映的实际上是这个时期人们对时空的普遍认识。从以上所引例证看，《易传》中的"四时"基本脱去神学的色彩，主要指春夏秋冬四季，亦即自然时空。但我们要注意的是，"四时"对于《周易》的意义尤为重大，它不仅是人们处理各种社会生活的重要依据，也是卦象符号体系得以形成的最后来源。换言之，"四时"构成了社会时空与形式时空的基础和前提条件。《周易·系辞上》曰："法象莫大乎天地；变通莫大乎四时。"孔颖达疏："'变通莫大乎四时'者，谓四时以变得通，是变中最大也。"③《周易》取象于天地万物，效法"四时"循环以彰显变化的规律。因此在占筮时，"四时"是周易象数的重要依据。《周易·系辞上》云："大衍之数五十，其用四十有九。分而为二以象两，挂一以象三，揲之以四，以象四时。"④可以说，以"四时"为基础的时空观念对中国古代的哲学思想产生了极为深远的影响，从根本上决定了中国哲学的属性品格。

宗白华认为，"中国哲学既非'几何空间'之哲学，亦非'纯粹时间'（柏格森）之哲学，乃'四时自成岁'之历律哲学也"⑤。这里所说的"历律"，指的是历法与音律，两者均与时间相关，亦即"时历"与"时律"。所谓"时历"，"意指皇历。其含义看来是'那能够使太阳的视运动得以遵循的法则'"⑥。亦即天文历法。"时律"则将四时与音乐关联起来，它显示了两个方面的信息：一是"四时"本身就具备类于音乐般的节奏，是为"天籁"；二是

---

① 《周易正义》，李学勤主编：《十三经注疏》，第 203 页。
② 《周易正义》，李学勤主编：《十三经注疏》，第 240 页。
③ 《周易正义》，李学勤主编：《十三经注疏》，第 289 页。
④ 《周易正义》，李学勤主编：《十三经注疏》，第 279—280 页。
⑤ 宗白华：《中国八卦：'四时自成岁'之历律哲学》，《宗白华全集》第一册，安徽教育出版社 1994 年版，第 626 页。
⑥ 〔法〕路易·加迪等：《文化与时间》，郑乐平、胡建平译，浙江人民出版社 1988 年版，第 35 页。

音乐要依照"四时"的规律进行创作。所谓"时律","是律(音调)与月的对应。能量的特性或生命本原的复合是随季节而变化的,并可转换成音乐术语。律管中气柱的振动是宇宙的一个缩影。地洞中的空气流动 —— 这里为律管所体现 —— 显示了一种天上的音调,并引发了一种地上的声音。因为天地之间的关系是随季节而变的,所以季节的音调特征和律管的长度也就随之而变"①。宗白华将"时历"与"时律"合称为"历律",并以此概括中国哲学的基本特征,实际上就是将宇宙自然、社会秩序、艺术生命统一起来,并上升到哲学的高度,从这个意义上说,中国哲学是时空哲学。"时空之'具体的全景(Concrete whole),乃四时之序,春夏秋冬、东南西北之合奏的历律也,斯即'在天成象,在地成形'之具体的全景也。"②

显然,《周易》的时空观念并非停留于"四时"模式,在《易传》中,"天—神"合一的"四时"下落至人间社会的现实生活之中,表现为"治历明时""知几通微""与时偕行""待时而动"等时机化的时间模式。《彖传》中的"叹时十二卦"("十二叹卦")是这一模式的集中体现,以下依各卦先后顺序胪列如次:

> 天地以顺动,故日月不过,而四时不忒。圣人以顺动,则刑罚清而民服,豫之时义大矣哉!(《豫卦·彖传》)③
>
> 随,刚来而下柔,动而说,随。大亨贞无咎,而天下随时。随时之义大矣哉!(《随卦·彖传》)④
>
> 观颐,观其所养也。"自求口实",观其自养也。天地养万物,圣人养贤以及万民,颐之时大矣哉!(《颐卦·彖传》)⑤
>
> 刚过而中,巽而说行。"利有攸往",乃亨。大过之时大矣哉!(《大

---

① 〔法〕路易·加迪等:《文化与时间》,郑乐平、胡建平译,浙江人民出版社1988年版,第35—36页。
② 宗白华:《中国八卦:"四时自成岁"之历律哲学》,《宗白华全集》第一册,安徽教育出版社1994年版,第626页。
③ 《周易正义》,李学勤主编:《十三经注疏》,第83—84页。
④ 《周易正义》,李学勤主编:《十三经注疏》,第88页。
⑤ 《周易正义》,李学勤主编:《十三经注疏》,第122页。

过卦·彖传》)①

天险不可升也。地险山川丘陵也。王公设险以守其国。险之时用大矣哉！(《坎卦·彖传》)②

刚当位而应，与时行也。"小利贞"，浸而长也。遯之时义大矣哉！(《遯卦·彖传》)③

天地睽而其事同也。男女睽而其志通也，万物睽而其事类也。睽之时用大矣哉！(《睽卦·彖传》)④

蹇，难也，险在前也。见险而能止，知矣哉！……蹇之时用大矣哉！(《蹇卦·彖传》)⑤

天地解而雷雨作，雷雨作而百果草木皆甲坼。解之时大矣哉！(《解卦·彖传》)⑥

姤，遇也，柔遇刚也。……天地相遇，品物咸章也。刚遇中正，天下大行也。姤之时义大矣哉！(《姤卦·彖传》)⑦

天地革而四时成，汤武革命，顺乎天而应乎人。革之时大矣哉！(《革卦·彖传》)⑧

"旅，小亨"，柔得中乎外，而顺乎刚，止而丽乎明，是以"小亨，旅贞吉"也。旅之时义大矣哉！(《旅卦·彖传》)⑨

孔颖达疏云："叹卦有三体：一直叹时，如'大过之时大矣哉'之例是也；二叹时并用，如'险之时用大矣哉'之例是也；三叹时并义，'豫之时义大矣哉'之例是也。夫立卦之体，各象其时，时有屯夷，事非一揆，故爻来

---

① 《周易正义》，李学勤主编：《十三经注疏》，第126页。
② 《周易正义》，李学勤主编：《十三经注疏》，第130页。
③ 《周易正义》，李学勤主编：《十三经注疏》，第146页。
④ 《周易正义》，李学勤主编：《十三经注疏》，第161页。
⑤ 《周易正义》，李学勤主编：《十三经注疏》，第165—166页。
⑥ 《周易正义》，李学勤主编：《十三经注疏》，第169页。
⑦ 《周易正义》，李学勤主编：《十三经注疏》，第184页。
⑧ 《周易正义》，李学勤主编：《十三经注疏》，第203页。
⑨ 《周易正义》，李学勤主编：《十三经注疏》，第228页。

适时，有凶有吉。人之生世，亦复如斯，或逢治世，或遇乱时，出处存身，此道岂小？故曰'大矣哉'也。然时运虽多，大体不出四种者：一者治时，'颐养'之世是也；二者乱时，'大过'之世是也；三者离散之时，'解缓'之世是也；四者改易之时，'革变'之世是也。故举此四卦之时为叹，余皆可知。言'用'者，谓适时之用也。虽知居时之难，此事不小，而未知以何而用之耳。……又言'义'者，……是其时皆有义也。……今所叹者十二卦，足以发明大义，恢弘妙理者也。"① 孔颖达这段话是对豫卦进行解释的，但内容却涉及上列"十二叹卦"。正因为卦爻所象征预示的是人生的各种现实遭逢，事关存身之道，所以每一卦的时间意义均非常重大。事实上，不仅以上十二卦是这样，《周易》中的每一卦都是一个特定的"时"，王弼说"夫卦者，时也；爻者，适时之变者也"②。需要说明的是，这里虽冠之以"时"，但并不局限于时间。这里所说的"时"实际上是一个包含人物、事件、地点、环境等因素的整体情境。换言之，这里的"时"所对应的是一个时空概念，它显示了先民对建构稳固的社会秩序的美好愿望。这一秩序在易学符号体系中得到充分的体现。

《周易》以抽象的线条（爻）及其组合（卦）来概括天地万物，并且运用这些线条及其组合呈现出自然、社会中各种变幻的事象。虽然有卦辞、爻辞等文字进行解释，但还是显得艰涩难懂，所以才有后来的《易传》对《易经》作更细致深入的阐发。《易传》包含《彖传》（上、下）、《象传》（上、下）、《文言》、《系辞》（上、下）、《说卦》、《序卦》、《杂卦》七种十个部分，简称"十翼"。《周易》以一、--两种线条来代表阳与阴，通过阴阳二爻的组合形成八大经卦：☰乾、☷坤、☴巽、☳震、☶艮、☱兑、☵坎、☲离，再由八经卦两两组合，形成六十四别卦。每一卦均由两经卦相合而成，因而形成了自下而上六个爻位：初、二、三、四、五、上。阳爻数为九，阴爻数为六。初、三、五为阳位，二、四、上为阴位。如果阳爻居阳位、阴爻居阴位，

---

① 《周易正义》，李学勤主编：《十三经注疏》，第 84 页。
② （魏）王弼：《王弼集校释》，楼宇烈校释，中华书局 1980 年版，第 604 页。

是谓"得位",为吉,反之则"失位",为凶。上、下卦对应的爻即初与四、二与五、三与上之间形成比应关系,如果阴阳相对,即是"有应"、"得应",如果二爻性质相同,同为阴或同为阳,则是"无应"。前者是"和",后者则是"不和"。相邻的爻位之间又存在"乘"与"承"的关系,上爻对下爻称作"乘",下爻对上爻称作"承"。一般而言,阳在上,阴在下,也就是阳乘阴,阴承阳,则代表"顺"、预示"吉";反之,阳在下,阴在上,也就是阴乘阳,阳承阴,则代表"逆",预示"凶"。卦的六爻之中,初、二代表地,三、四代表人,五、上代表天。二、五分别处于下卦、上卦之中,表示"居中"、"得中"。①

每个爻位既是特定的空间,又表示特定的时间,是事物发生变化的符号化体现。王弼说:"夫爻者,何也?言乎变者也。变者何也?情伪之所为也。……范围天地之化而不过,曲成万物而不遗,通乎昼夜之道而无体,一阴一阳而无穷。非天下之至变,其孰能与于此哉!是故,卦以存时,爻以示变。"②"变"是宇宙万物的常态,没有不变的事物,《周易》中的六十四别卦乃至三百八十四爻各各相异,其实都是这种变化的直接呈现。从卦象来看,《周易》将宇宙万物的变化归结为两种典型形态:"变"与"覆"。孔颖达对六十四卦的组合规律进行了总结:"今验六十四卦,二二相耦,非覆即变。覆者,表里视之,遂成两卦,《屯》、《蒙》、《需》、《讼》、《师》、《比》之类是也。变者,反覆唯成一卦,则变以对之,《乾》、《坤》、《坎》、《离》、《大过》、《颐》、《中孚》、《小过》之类是也。"③ 所谓"变",就是一卦的每个爻位的阴阳属性同时发生改变,就会形成另一新卦。所谓"覆",是指将一卦自下而上颠倒过来(或自转半圈),即形成另一新卦。两个"变"卦之间、两个"覆"卦之间均是互为变卦或互为覆卦的,"变""覆"既是空间上的改移,也是时间上的变幻,它显示的是事物之间的时空关系。孔颖达所说的"变"卦

---

① 参见赵娟:《论〈周易〉的时间观念——一个文化史的视角》,复旦大学 2012 年博士学位论文,第 78—80 页。
② (魏)王弼:《王弼集校释》,楼宇烈校释,中华书局 1980 年版,第 597—598 页。
③ 《周易正义》,李学勤主编:《十三经注疏》,第 334 页。

是"变"的特殊形态。事实上，六十四卦中的任何一卦都能找到所对应的变卦，之所以如此，是因为任意一卦所有爻位发生改变所生成的新卦都存在于这六十四卦之中，且只有一卦与之相配，因此《周易》中存在 32 对变卦。同理，六十四卦中任何一卦也应有自己所对应的覆卦，但由于乾☰、坤☷、坎☵、离☲、大过、颐、中孚、小过这八卦的卦象很特殊，它们上、下卦之间形成了对称关系，因此将卦体颠倒过来还是其自身，没有自己对应的覆卦，而只有自己的变卦。因此，《周易》中只有 28 对覆卦。在通行本《周易》中，自乾卦（卦一）至未济卦（卦六十四），相邻的卦之间形成了覆变关系。除了乾、坤、颐、大过、坎、离、中孚、小过这 4 对属于纯粹的变卦之外，其余均属于覆卦（共 24 对）或覆、变一体卦（共 4 对：泰、否，随、蛊，渐、归妹，既济、未济）。

《周易》强调变化的时空观念通过卦象爻象得到充分的体现，以上所讨论的覆、变只是时空变化的典型形式。实际上，这种变化无处不在。在任意一卦中，只要稍微改变任意一爻的性质，就会从根本上改变该卦的时空情境。王弼曰："夫卦者，时也；爻者，适时之变者也。夫时有否泰，故用有行藏；卦有小大，故辞有险易。一时之制，可反而用也；一时之吉，可反而凶也。故卦以反对，而爻亦皆变。是故用无常道，事无轨度，动静屈伸，唯变所适。故名其卦，则吉凶从其类；存其时，则动静应其用。寻名以观其吉凶，举时以观其动静，则一体之变，由斯见矣。"① 爻象性质的改变立即导致卦象的变化，时之泰否、用之行藏、事之吉凶也会随之发生变化。以乾卦☰为例，如果仅改动其中某一爻的性质，则有六种可能性，最终会生成六种完全不同的新卦，从初至上依次为：姤、同人、履、小畜、大有、夬，其他各卦均是如此。这就是阴阳交感、刚柔相推所带来的直接效应，任何时空上的变化都会在卦象中体现出来。《周易·系辞下》云："八卦成列，象在其中矣。因而重之，爻在其中矣。刚柔相推，变在其中矣。系辞焉而命之，动在其中矣。吉凶悔吝者，生乎动者也。刚柔者，立本者也。变通者，趣时

---

① （魏）王弼：《王弼集校释》，楼宇烈校释，中华书局 1980 年版，第 604 页。

者也。吉凶者，贞胜者也。……爻也者，效此者也。象也者，像此者也。爻象动乎内，吉凶见乎外，功业见乎变，圣人之情见乎辞。"①《周易·系辞下》又云："《易》之为书也不可远，为道也屡迁，变动不居，周流六虚，上下无常，刚柔相易，不可为典要。唯变所适。"② 所谓"六虚"就是六个爻位，这表明它是六个性质随时发生改变的空间处所，所以称之为"虚"。王夫之对"六虚"的重要性作了充分的阐发：

> 夫阳奇阴偶，相积而六。阳合于阴，阴体乃成；阴合于阳，阳体乃成。有体乃有撰。阳亦六也，阴亦六也。阴阳各六，而见于撰者半，居为德者半。合德、撰而阴阳之数十二，故《易》有十二；而位定于六者，撰可见，德不可见也。阴六阳六，阴阳十二，往来用半而不穷。其相杂者，极于《既济》、《未济》；其相胜者，极于《复》、《姤》、《夬》、《剥》；而其俱见于撰以为至纯者，莫盛于《乾》《坤》。……由此观之，阴阳各六，而数位必十有二，失半而无以成《易》。故因其撰，求其通；窥其体，备其德；而《易》可知已。于《乾》知六阴，于《坤》知六阳也，其杂胜也，能杂于六，而有能越于十二者哉？③

所谓"撰"，是指天地阴阳等自然现象的变化规律，这里指显示出这种变化规律的卦象。所谓"德"，是指事物所具备的可能显现的属性。对于卦体的六个爻位而言，每个爻位均有阴、阳两种可能性，所以存在六阳、六阴，合起来即是十二之数。但是，卦象只能显现六种，另外六种隐藏在爻象的背面，作为一种可能性而存在。阴阳二爻交互相杂，便呈现出非常复杂的卦体情形。王夫之举出了三种典型形态：一是纯阴纯阳之卦：乾与坤；二是阴阳参半、均匀分布之卦：既济与未济；三是阳盛阴衰或阴盛阳衰之卦：复、剥、夬、姤。其余皆处于这三种情形之间。这样看来，每个爻位都同时具备阴阳

---

① 《周易正义》，李学勤主编：《十三经注疏》，第294—297页。
② 《周易正义》，李学勤主编：《十三经注疏》，第315页。
③ （清）王夫之：《船山全书》第一册，岳麓书社1996年版，第1054—1055页。

两种属性,是阴阳合爻。六个这样的"虚位"同时发生阴阳转换,最终就会形成六十四种卦象(2 的 6 次方结果为 64)。因此,《周易》中的每个别卦都具备其他六十三卦的可能性,涵具了所有卦象的信息。或者反过来,《周易》六十四卦其实就是一卦,这卦各爻阴阳合体,可以随意翻转,当它静止下来时,就会形成其中某一卦;当它动起来,就依次展现出六十四卦。①

不仅各卦之间的关系是这样,就是在一卦之内,各爻之间也不是静止不动的,而是处于变动的时空关系之中。爻既表示空间之所,又代表变易之时。爻所展现的就是卦时各个阶段的变化,实际上也就是各个小的时段。它显示了事物之间高下尊卑的空间秩序。王弼曰:"夫位者,列贵贱之地,待才用之宅也。爻者,守位分之任,应贵贱之序者也。位有尊卑,爻有阴阳。尊者,阳之所处;卑者,阴之所履也。故以尊为阳位,卑为阴位。……统而论之,爻之所处则谓之位;卦以六爻为成,则不得不谓之六位时成也。"②以乾卦为例,从初九到上九,六爻依次出现"潜""见""惕""跃""飞""亢"六个位。初九"潜龙,勿用"表示事物尚处于萌芽状态,所以要潜藏不露;九二"见龙在田",象征事情开始显露出头角,应该适当进取;九三"君子终日乾乾,夕惕若"表示事情发展到一定规模,应当时刻警惕着;九四"或跃在渊"象征事情进入到一个更高的层次,君子进德修业,及时作为。九五"飞龙在天"象征事情圆满成功,应处慎防盈。上九"亢龙,有悔"表示处于极高之位,动则必悔。事情发展到极端,开始向反面转化。这六个爻位既是事情发展的不同空间,也是六个不同的时间段,因此,爻是时位合一的统一体。但是中国古代的时位观更重视时性这一维,表现为"时位一体,以时统位"的模式。每一卦均处于一个时空坐标之中,横轴代表时间、纵轴代表空间,时间发生变化意味着空间也随之改移。因此,各爻之间的差异关系是由时间、空间共同促成的,从此爻到彼爻,实际上是时空情境的局部变化,这些变化最终形成一个前后相关的逻辑序列,这就是卦时,而各卦之间又关联成一个更大的

---

① 参见刘长林:《中国系统思维——文化基因探视(修订本)》,社会科学文献出版社 2008 年版,第 55—57 页。
② (魏)王弼:《王弼集校释》,楼宇烈校释,中华书局 1980 年版,第 613 页。

时空序列，这就是序卦。

二、"时—变"的时间美学意义

综上可见，《周易》所呈现的是一个包含了自然时空、社会时空、符号时空（形式）的时空综合体。它以"四时"为根基，将宇宙天地、社会人事诸多方面的信息全部收并归纳，化约出抽象而又简易的线条及其组合形式，亦即卦象爻象所构成的易象符号体系。《周易·系辞上》云："圣人有以见天下之赜，而拟诸其形容，象其物宜，是故谓之象。圣人有以见天下之动，而观其会通，以行其典礼，系辞焉以断其吉凶，是故谓之爻。言天下之至赜而不可恶也。言天下之至动而不可乱也。拟之而后言，议之而后动，拟议以成其变化。"[①] 易象符号通过卦、爻比拟象征事物的形态性质，所以可以显示出事物的复杂性。同时，圣人又可以通过卦象爻位的变动来观察天下事物的变化过程，判断事物的吉凶。这种据以观察、判断事物的逻辑基础就是《周易》的时空体系亦即自然时空、社会时空、形式时空之间存在着同构性与关联性，《周易·系辞下》云："《易》之为书也，广大悉备，有天道焉，有人道焉，有地道焉。兼三才而两之，故六。六者非它也，三材之道也。道有变动，故曰爻，爻有等，故曰物。物相杂，故曰文。文不当，故吉凶生焉。"[②] 天地、人、文即自然、社会、形式三个层面，人们依照卦象可以由此及彼，由过去预知未来，推知事物的变化过程及其可能的结果，"《易》彰往而察来，而微显阐幽"（《周易·系辞下》），此之谓也。

《周易》六十四卦作为一个独特的时空体系，不仅模拟了宇宙天地万事万物的运动变化过程，而且要作用于社会人事，影响到人的生命进程。因此，《周易》不仅要探究天道问题，还要解决人生的问题，它既是宇宙哲学，也是生命哲学。《周易·系辞上》云："《易》与天地准，故能弥纶天地之道。仰以观于天文，俯以察于地理，是故知幽明之故。原始反终，故知死生之

---

① 《周易正义》，李学勤主编：《十三经注疏》，第274—275页。
② 《周易正义》，李学勤主编：《十三经注疏》，第318—319页。

说。……富有之谓大业，日新之谓盛德。生生之谓易"①。所谓"生生"，就是持续不断地推陈出新，终始循环，天人相契，共奏生命的乐章，这是《周易》的宗旨。宗白华先生认为，在六十四卦当中，有两卦最能代表时间与空间，一为革卦，一为鼎卦。他说："生生之谓易也。革与鼎，生命时空之谓象也。'革'有观于四时之变革，以治历时！'鼎'有观于空间鼎象之'正位'以凝命。"②"革与鼎为中国人生观之二大原理，二大法象。即'治历明时'与'正位凝命'是也！一象征时间境，一象征空间境，实为时空合体境。"③"时中有空（天地），空中有时（命）！中和序秩之空间意象为鼎，时间意象为乐。"④宗白华先生将革、鼎二卦与既济、未济二卦合观，发现这四卦之间存在非常紧密的关联："革鼎二卦与既济、未济之关系。既济成空间之凝定，未济，求时间之变革！"⑤既济卦☲离下坎上，火下水上，上下相交，《既济·彖》曰："'既济，亨'，小者亨也。'利贞'，刚柔正而位当也。'初吉'，柔得中也。'终'止则'乱'，其道穷也。"⑥《既济·象》曰："水在火上，既济。君子以思患而豫防之。"⑦既济卦各爻处于恰当的位置上，上下相应。象征事物已经完成，安定凝固，难以改易。而革卦☱的卦象与既济卦☲只有一处不同，亦即第四爻。将既济卦的第四爻由阴爻换成阳爻，即变成革卦。革卦离下兑上，《革·彖》曰："革，水火相息，二女同居，其志不相得，曰'革'。'已日乃孚'，革而信之。文明以说，大亨以正，革而当，其悔乃亡。天地革而四时成，汤武革命，顺乎天而应乎人，革之时大矣哉！"⑧《革·象》曰："泽中有

---

① 《周易正义》，李学勤主编：《十三经注疏》，第266—271页。
② 宗白华：《革卦：中国时间生命之象》，《宗白华全集》第一册，安徽教育出版社1994年版，第631—632页。
③ 宗白华：《革卦：中国时间生命之象》，《宗白华全集》第一册，安徽教育出版社1994年版，第632页。
④ 宗白华：《中国八卦："四时自成岁"之历律哲学》，《宗白华全集》第一册，安徽教育出版社1994年版，第627页。笔者按：据上下文，此处"乐"疑为"革"，写作"乐"或为传抄之误。
⑤ 宗白华：《革卦：中国时间生命之象》，《宗白华全集》第一册，安徽教育出版社1994年版，第632页。
⑥ 《周易正义》，李学勤主编：《十三经注疏》，第249—250页。
⑦ 《周易正义》，李学勤主编：《十三经注疏》，第250页。
⑧ 《周易正义》，李学勤主编：《十三经注疏》，第202—203页。

火，革。君子以治历明时。"① 革卦卦象表示火烧泽中草木，寓意去除陈迹，改弦更张，打破既成的平衡僵局，为开创新的面貌格局创造条件。天地面貌发生改易，成就了四季的循环更替。社会人事的改易也要效法天地四时，所以说"革"时间意义非常重大。"既济"是事情完成的终结状态，既然终结，也就预示着"穷"。相反，"未济"则是有待继续努力的未成状态，就像是将一副洗好的牌又重新打乱，回到了事情的起始。未济☵坎下离上，水下火上，上下不交。而且阴阳相错，爻不正位。如此看，则显示事情的空间位置失当，有待重新调整。《未济·彖》曰："'未济，亨'，柔得中也。'小狐汔济'，未出中也。'濡其尾，无攸利'，不续终也。虽不当位，刚柔应也。"②《未济·象》曰："火在水上，未济。君子以慎辨物居方。"③ 未济虽然处位不当，但上下卦各爻阴阳相应。如此看则又是既济，未济中包含既济的因素。小狐狸不会游泳却要渡河，最后打湿了尾巴，渡河不成功。火在水上无法烹饪食物，所以未济。君子要认真谨慎地辨明事物的属性特征，调整各自的位置，方能臻至新的成功。鼎卦☴巽下离上，与未济卦☵相比，只有第三爻不同，将未济的第三爻由阴换成阳，即成鼎卦。从卦象来看，鼎卦是对未济卦的空间调整，尽管只是局部的调整，但性质却发生很大的变化。《鼎·彖》曰："鼎，象也。以木巽火，亨饪也。圣人亨，以享上帝，而大亨以养圣贤。巽而耳目聪明。柔进而上行，得中而应乎刚，是以元亨。"④《鼎·象》曰："木上有火，鼎。君子以正位凝命。"⑤ 陈梦雷《周易浅述》谓："水火不可同处，能使相合为用而不相害。易坚为柔，变生为熟，能革物也。"⑥ 鼎以水火相济，和齐生物，完成烹饪，生成新的物质。鼎卦将水火的位置关系稍作调整，就生成新物，可见其空间意义重大。而且，这四卦之间的空间关系也很特殊：革、鼎互为覆卦；既济、未济互为覆卦，同时互为变卦。革卦颠倒即为鼎卦，"既济"颠倒即为

---

① 《周易正义》，李学勤主编：《十三经注疏》，第 203 页。
② 《周易正义》，李学勤主编：《十三经注疏》，第 253 页。
③ 《周易正义》，李学勤主编：《十三经注疏》，第 253 页。
④ 《周易正义》，李学勤主编：《十三经注疏》，第 205—206 页。
⑤ 《周易正义》，李学勤主编：《十三经注疏》，第 206 页。
⑥ （清）陈梦雷：《周易浅述》，上海古籍出版社 1983 年版，第 780—781 页。

"未济",反过来亦如此。接下来要追问的是,《周易》的时空观为中国美学、艺术理论提供了哪些重要的启示?换言之,《周易》中包含了哪些时空美学的思想因素,对中国美学产生了什么样的影响,对于当代中国美学的建构具有何种意义?时空本是一体,但为了表述的方便,权且从时间、空间两个方面展开论析。

毋庸置疑,《周易》的要旨在于探究变易之道,而变易之道主要体现于时间。因此,"时—变"观是《周易》的核心思想,它的含义包含以下几个方面:一是宇宙大道的生生之功,大化流行、往来不绝的绵延时间;落实在自然生命、社会人事上,则是日新其德、革故鼎新、创获不息的新变之功;二是圣人见几察微、乘天趋时,领会"与时偕行""与时消息"的时机化时间;三是天地自然盛衰迁转、终始相续的循环时间,四时更迭、寒暑相代、往复推移的节奏化时间。这些时间含义都是《周易》"时—变"观的具体体现,对中国美学、文学艺术理论产生了深远的影响。在中国美学中,尤其是在艺术美学领域,流溢着一种生机勃勃、意趣盎然的自然生气,诗画中的鸟飞鱼跃、叶落花开,书法中的铁画银钩、万岁枯藤,乐舞中的中节合律、周匝回环,园林中的勺水拳石、亭台楼榭等,无不呈现出一派真力弥满、生气氤氲的烂漫天机。与此同时,由于受《周易》"时—变"观的影响,中国文艺传统中始终存在着一种不断创新求变的思想。《周易·系辞下》云:"穷则变,变则通,通则久。"这一思想对中国文艺的发展产生了直接且深远的影响。刘勰《文心雕龙·通变》有言:"文律运周,日新其业。变则可久,通则不乏。"不难看出,刘勰的通变论肇端于《周易》。《周易》中"趋时""乘时""与时消息"的时间观也体现于文艺审美的过程之中,比如孔门时机化的解诗方式[①]、音乐的节奏韵律、书法线条的运动感等,都是时机化时间的具体体现。《周易》的循环时间对中国艺术的内部发展规律也产生了重要影响,无往不复、盛衰正变,这是艺术的辩证法。以下主要围绕文艺的发展问题就此展开论析。

---

① 参见詹冬华:《中国古代时间意识与早期文学观念——以先秦孔门儒学为中心》,《文史哲》2012年第5期。

刘纲纪先生认为,"变"与"美"之间的关系密切:"美与阴阳分不开,而阴阳又与变化分不开。因此,在《周易》的思想中,美与变化密切相关,特别是与变化的神妙性有着深刻的联系。……后世的中国美学经常不断地在阐发这种思想,直接将它与美和艺术创造相联系。"① 王振复先生也持相同的观点。他认为,《周易》文化哲学的哲理沉思是时间型的。具体来说,时间、变化、运动、反复等构成了《周易》美学智慧文化哲学基础的概念丛,可简称为"时"。《周易》美学的诸多范畴,都以"时"作为文化哲学底蕴。② 一言以蔽之,《周易》美学智慧文化哲学的本质内涵就是"时"。③ 那么,何以"变"能够产生"美"呢?显然,"变"本身并不直接就是"美",而是说"变"为"美"的产生提供了重要的契机。这一思想包含两层意思:第一,宇宙天地是多样性的统一,单一或同质不能产生万物,亦即"同"不能生出新的事物,更不要说"美"了。"同"的反面即是"和",也即多样性的调和统一。"和"就是不同的事物交感化合产生新的事物。《周易》中所说的"变"是阴阳交感、刚柔相推产生的,实际上也就是天地交感、阴阳摩荡和合生物的过程。"变"是对同一性的突破,是产生新事物的前提条件。第二,事情在运动冲突中发生变化,必然会产生由吉到凶或由凶到吉的情势转变,《周易》作为一部占筮之书,其产生之初就是为了指导人们的社会行为实践,尽可能趋吉避凶。如果事情朝着"吉"的方向发展,则可以振奋人心,激发生活的热情。如果事情朝着"凶"的方向转变,则可以及时告诫人们警惕小心,未雨绸缪,做出妥善应对。因此,由"变"所产生的"美"实际上是"善"。在先秦语境中,"美"与"善"同义。由"变"而趋"善"("吉"),因此也是"美"的。《周易》强调"变"的时间观念对后世美学思想产生了很大的启示,尤其是新变思想在文学艺术领域中显得尤为重要。中古时期的文论家曾围绕文艺的复古与新变问题展开了激烈的争论,形成了趋新与复古两大理论阵营。趋新派的代表人物有汉代的王充、东晋的葛洪、梁代昭明太子萧统、梁代史学家萧

---

① 刘纲纪:《〈周易〉美学》,武汉大学出版社2006年版,第154页。
② 王振复:《周易的美学智慧》,湖南出版社1991年版,第116页。
③ 王振复:《周易的美学智慧》,湖南出版社1991年版,第104页。

子显。萧统《文选·序》有言：

> 《易》曰："观乎天文，以察时变；观乎人文，以化成天下。"文之时义，远矣哉！若夫椎轮为大辂之始，大辂宁有椎轮之质？增冰为积水所成，积水曾微增冰之凛，何哉？盖踵其事而增华，变其本而加厉；物既有之，文亦宜然；随时变改，难可详悉。①

很明显，萧统是以《周易》的"时—变"观作为理论基础，以论证文艺新变的合法性与必要性。相较而言，与萧统同时期的史学家萧子显的观点显得更为急切和坚决："习玩为理，事久则渎，在乎文章，弥患凡旧，若无新变，不能代雄。"（萧子显《南齐书·文学传论》）这代表了该时期文艺理论界求新求变的强烈呼声。

事实上，中国古代文艺发展观包含两个方面：一是强调文艺的新变之功，要求文艺不断突破传统的窠臼，创立新的面目格局；二是认为文艺是按照盛衰迁转的规律循环发展的。这两方面并不矛盾。艺术中"盛极而衰""衰复转盛"的观念来自《周易》。"盛"作为开始，其本身就包含了"衰"（终），事物在"盛"（始）之时就预设和携带了"衰"（终），这表明事物处于时间当中，具有时间性。②同样，"衰"（终）也必然返归于"盛"（始），这是变之势起作用的结果。如此看来，盛衰循环类同于终始循环，盛久而渐衰，衰变而复盛；一如始必有终，终必有始。《恒卦·象传》曰："天地之道，恒久而不已也。'利有攸往'，终则有始也。日月得天而能久照，四时变化而能久成。"近人尚秉和释曰："天地之道，循环往来，恒久不已。乾为日，兑为月，日月久照，恒也。震为春，巽为夏，兑秋，乾冬，四时反覆，无有穷期。恒也。"③这种循环其实就是生命迁延的基本样态。《周易·序卦》非常详细地描绘了

---

① （南朝齐）萧统编：《文选》，李善注，中华书局1977年版，第1页。
② 参见詹冬华：《时间视野中的"文章不朽"说——对曹丕文学观的一种新解》，《中国文学研究》2005年第4期。
③ 尚秉和：《周易尚氏学》卷九，中华书局1980年版，第156页。

这种循环过程："《泰》者，通也。物不可以终通，故受之以《否》。""《剥》者，剥也。物不可以终尽剥，穷上反下，故受之以《复》。"由剥而复，正如衰而反盛。剥卦的卦象是☷，一阳在上，五阴在下，阴气大盛，阳气几近于无，可谓衰极。犹如生命之将朽绝，然天道循环，生生不绝。故剥尽而复至，复卦的卦象是☷，五阴在上，一阳在下，冰封雪覆的大地下面，已经萌动着春天的消息，新的生命又开始了。艺术一如生命，循环不止，生生以继。① 所以，艺术的"衰"不是亡绝，而是由"显"归入"隐"，从在场进入不在场。只要有一丝气脉尚存，假之以"时"，它便可复盛于斯。钱锺书在谈"文体递变"的问题时说："夫文体递变，非必如物体之有新陈代谢，后继则须前仆。譬之六朝俪体大行，取散体而代之，至唐则古文复盛，大手笔多舍骈取散。然俪体曾未中绝，一线绵延，虽极衰于明，而忽盛于清；骈散并峙，各放光明，阳湖、扬州文家，至有倡奇偶错综者。几见彼作则此亡耶。"② 盛衰迁转，往复不绝，这就是艺术之时的本相。

中国古代是以循环时间观为主导的，线性时间观只是处于从属地位。循环时间观源自对自然生命现象的直接经验，它显示了中国古人思考时间的生命向度，因而可以说，这是一种"生命时间"。③ "生命时间"的说法透露的其实是一种对时间的态度，在这里，时间不是任何现成的"什么"，它拒斥先入为主的逻辑求证，也不为某种预设好了的目的所驱遣。这是一种流变不居的、不断迁化的活性时间，换句话说，这种时间展露出来的就是一种可能性，也就是古人所说的"时"。混茫无限的一维时间对于短暂的生命来说显得没有意义，而循环性将时间分成不同的"节"，节节相生相连，宇宙的盈虚消长、生命的盛衰变幻、事物的新旧更迭等，都是循环时间的生动表征。正是这种时间的循环性，显示出"新新不停，生生相续"的生命精神。"生生"不是重复式的循环，而是事物的日新富有，也即叶燮所说的"相续相禅"的结果。艺术是和生命同构的，这在中国古典艺术中表现得尤为明显。以书法为例，古

---

① 参见詹冬华：《精神文化生态问题随想》，《环境教育》2005年第7期。
② 钱锺书：《谈艺录》，中华书局1984年版，第28—29页。
③ 参见朱良志：《中国艺术的生命精神》，安徽教育出版社2006年版，第75页。

代许多书论家都将书法比作一个完整的生命,常常用人的骨胳、筋肉、血脉、气色、神采来形容作字的构架、墨色、神韵等。正如清代书法家王澍所说:"筋、骨、血、肉、精、神、气、脉八者全具,而后可为人,书亦犹是。"① 诗歌也是如此,如律诗中的"首联、颔联、颈联、尾联"之说,便是将诗歌当作完整的生命体来看待的。正是本着对艺术和生命这种同构性的深刻体认,使得古人在探析艺术演变的内部规律时,能够从生命迁谢的时间性那里找到问题的根底。

三、"象—文"的空间美学启示

《周易》对中国美学及文学艺术理论的空间性启示主要表现在两个大的方面:一是建立在"观物取象""观象制器"思维传统基础上的意象观;二是由卦象、爻象所构成的图像形式及其组合规律,亦即"文"。前者关联到卦象、爻象产生的根源与过程;后者实际上是卦象、爻象所呈现出来的形式美感。由于两者之间存在着紧密的逻辑关联,我们可以合称之为"象—文"。《周易》中多次提到"象"的重要性:

> 圣人设卦观象,系辞焉而明吉凶,刚柔相推而生变化。是故吉凶者,失得之象也。悔吝者,忧虞之象也。变化者,进退之象也。刚柔者,昼夜之象也。(《周易·系辞上》)②
>
> 圣人有以见天下之赜,而拟诸其形容,象其物宜,是故谓之象。(《周易·系辞上》)③
>
> 是故易有太极,是生两仪。两仪生四象,四象生八卦。八卦定吉凶,吉凶生大业。是故法象莫大乎天地,变通莫大乎四时,县象著明莫大乎日月,崇高莫大乎富贵。(《周易·系辞上》)④

---

① (清)王澍:《竹云题跋》卷三《欧阳率更醴泉铭》,清海山仙馆丛书本。
② 《周易正义》,李学勤主编:《十三经注疏》,第261—262页。
③ 《周易正义》,李学勤主编:《十三经注疏》,第274—275页。
④ 《周易正义》,李学勤主编:《十三经注疏》,第289页。

> 是故天生神物，圣人则之。天地变化，圣人效之。天垂象，见吉凶，圣人象之。河出图，洛出书，圣人则之。易有四象，所以示也。系辞焉，所以告也。定之以吉凶，所以断也。(《周易·系辞上》)①
>
> 圣人立象以尽意，设卦以尽情伪，系辞焉以尽其言，变而通之以尽利。(《周易·系辞上》)②
>
> 八卦成列，象在其中矣。(《周易·系辞下》)③
>
> 是故易者，象也。象也者，像也。(《周易·系辞下》)④

《周易》中的"象"包含三个层次：一是自然物象；二是心理意象；三是卦形图象。自然物象是先民从宇宙自然、社会生活中所观照到的所有事物、现象，属于自然空间，它构成了"象"的基础。心理意象是先民在观照自然物象的过程中所获取的种种心理想象与虚构，属于心理空间。卦形图象是先民在察知自然物象并进行想象、虚构的基础上运用抽象的线条符号（爻）将其抽象化约出来的卦象图形，属于形式空间。王振复先生将《周易》之"象"的内在结构概括为四个层次：一是指神秘物象，即巫术前兆（实象）；二是由这神秘物象所投射到中华古人心头的心象，即巫术前兆迷信意绪（心灵虚象）；三是指爻象、卦象（"实象"）；四是受"实象"即卦爻符号刺激产生的新的心灵虚象。这四个层次关涉到巫术占筮的全过程，是一种"象"受"意"的支配在虚实之间的运动与转换过程，这四个层次循环往复以至于无穷。⑤王振复先生对"象"结构的层次区分有点类同于艾布拉姆斯的文艺四要素。"巫术前兆"（实象）来自宇宙自然与社会人事，与"世界"相对应；"心象"（虚象）体现了占筮者（作卦者）的主体性，是"象"得以产生的主体因素，对应"作家"；"爻象""卦象"（"实象"）显现为具体的文本形式，对应"作品"；"新的心灵虚象"是问卜者受"卦象""爻象"的启发在心理唤起的对

---

① 《周易正义》，李学勤主编：《十三经注疏》，第 290 页。
② 《周易正义》，李学勤主编：《十三经注疏》，第 291 页。
③ 《周易正义》，李学勤主编：《十三经注疏》，第 294 页。
④ 《周易正义》，李学勤主编：《十三经注疏》，第 303 页。
⑤ 参见王振复：《周易的美学智慧》，湖南出版社 1991 年版，第 168—173 页。

卦象的理解，属于二次建构，对应"读者"。王振复先生从发生学的角度对"象"的动态结构进行了深度分析，对我们启发很大。实际上，占筮者（作者）与卜问者（读者）的"心象"均属于心理层面，因而从"象"所关涉的领域而言，《周易》之"象"只有三个维度：自然、心理、形式。无论是诉诸肉眼还是心眼，"象"都是一个广延的、可眼观心见的空间性概念，因此，《周易》之"象"关涉到三种空间：自然空间、心理空间、形式空间。问题的关键在于，这三种空间是如何对应并统一起来的，其内在逻辑是什么？这一问题包含两个子问题：一是卦象是如何产生的？二是卦象是如何运用的？前者涉及"观物取象"，后者关联"观象制器"。以下分述之。

《周易·系辞下》云："古者包牺氏之王天下也，仰则观象于天，俯则观法于地，观鸟兽之文，与地之宜，近取诸身，远取诸物，于是始作八卦，以通神明之德，以类万物之情。"[①]先民在创造八卦之初，运用一套具有高度统摄力的类比性思维方法，将天地万物都归至天（乾）、地（坤）、风（巽）、雷（震）、山（艮）、泽（兑）、水（坎）、火（离）这八个基本要素，而每一种基本要素都涵摄性质类似的诸多事物，比如乾卦，除了表示天外，还表示君父、金玉、寒冰、良马等各种具有阳刚属性的事物。《周易·说卦》云："乾为天，为圜，为君，为父，为玉，为金，为寒，为冰，为大赤，为良马，为老马，为瘠马，为驳马，为木果。"[②]就各卦所涉的外延来说，包含天、地、人、动物、植物、无机物等，涉及血亲人伦、政治军事、形貌病患、百工制作、人性德操等诸多方面。这种统摄万事万物并加以归并处理的类比方法就是"观物取象"，它反映了先民的空间性思维所达到的整体高度。以下略举几例别卦对此作进一步阐发。

《周易》的卦象是先民对自然万象进行观照并加以综合提炼的结果。多数卦象与自然物象之间存在着或显明或晦涩的隐喻关系。比如晋卦☷，坤下离上，离为火、日，坤为地，该卦卦象地下日上，表示太阳从地平线上升起来，

---

① 《周易正义》，李学勤主编：《十三经注疏》，第 298 页。
② 《周易正义》，李学勤主编：《十三经注疏》，第 330 页。

预示事业不断上升，光明无限。陈梦雷《周易浅述》释云："日出地上，进而益明。……不言进而言晋者，进但有前进之义，无明之义。晋则进而光明故也。"① 《晋卦·象传》曰："'明出地上'，晋。君子以自昭明德。"② 明夷卦䷣则正好相反，该卦卦象离下坤上，表示太阳落入地平线以下，预示事情处于艰难境地，君子要外表隐晦而内心洞明。《明夷卦·象传》曰："'明入地中，明夷'，君子以莅众，用晦而明。"③ 晋卦与明夷卦是一对覆卦，两者在卦象与卦义上正相反。再如颐卦䷚，该卦震下艮上，震为动，艮（山）为止，下动上止。颐卦卦辞云："观颐，自求口实。"④ "颐"即面颊，吃东西时鼓起，这是自养。该卦包含自养、养人双重意义。陈梦雷《周易浅述》释云："颐卦，下震上艮。上下两阳，中含四阴。上止下动，颐之象也。口所以饮食，故卦名颐，而取义于养。……六爻下震动，多言求人之养。求养者多不正，故多凶。上艮止，多言养人。养人者多得正，故多吉。此全卦六爻之大旨也。"⑤ 《颐卦·象传》云："山下有雷，颐。君子以慎言语，节饮食。"⑥ 从颐卦卦象图形看，很像人的面颊口腔，上、初二爻很像上下嘴唇，中间四爻像是满口的牙齿。再如颐卦的变卦大过卦䷛，该卦巽下兑上，巽为木，兑为泽，《大过卦·象传》曰："泽灭木，大过。"⑦ 木在水下，象征水覆舟，预示王朝因为犯了大的过错被百姓推翻了。

这种空间性思维不仅表现于卦象形成环节，还体现在运用卦象来创造器物，亦即"观象制器"。《周易·系辞下》胪列了先民日常生活中一些关系到国计民生的重大事务，并明确指出这些事务及工具的发明创造都是受到《周易》卦象的启发而得以完成的：

---

① （清）陈梦雷：《周易浅述》，上海古籍出版社 1983 年版，第 579 页。
② 《周易正义》，李学勤主编：《十三经注疏》，第 152 页。
③ 《周易正义》，李学勤主编：《十三经注疏》，第 155—156 页。
④ 《周易正义》，李学勤主编：《十三经注疏》，第 122 页。
⑤ （清）陈梦雷：《周易浅述》，上海古籍出版社 1983 年版，第 473 页。
⑥ 《周易正义》，李学勤主编：《十三经注疏》，第 122 页。
⑦ 《周易正义》，李学勤主编：《十三经注疏》，第 126 页。

作结绳而为罔罟，以佃以渔，盖取诸离。包牺氏没，神农氏作，斫木为耜，揉木为耒，耒耨之利，以教天下，盖取诸益。日中为市，致天下之民，聚天下之货，交易而退，各得其所，盖取诸噬嗑。……黄帝、尧、舜垂衣裳而天下治，盖取诸乾、坤。刳木为舟，剡木为楫，舟楫之利，以济不通，致远以利天下，盖取诸涣。服牛乘马，引重致远，以利天下，盖取诸随。重门击柝，以待暴客，盖取诸豫。断木为杵，掘地为臼，臼杵之利，万民以济，盖取诸小过。弦木为弧，剡木为矢，弧矢之利，以威天下，盖取诸睽。上古穴居而野处，后世圣人易之以宫室，上栋下宇，以待风雨，盖取诸大壮。古之葬者厚衣之以薪，葬之中野，不封不树，丧期无数，后世圣人易之以棺椁，盖取诸大过。上古结绳而治，后世圣人易之以书契，百官以治，万民以察，盖取诸夬。①

结网捕鱼取之于离卦、农具耕作取之于益卦、聚市易货取之于噬嗑卦、制衣作裳取之于乾坤两卦、舟楫摆渡取之于涣卦、牛车运重取之于随卦、重门防盗取之于豫卦、杵臼利民取之于小过卦、弓箭降敌取之于睽卦、宫室建造取之于大壮卦、棺椁厚葬取之于大过卦、书契治民取之于夬卦等。这些事项与特定的卦之间建立了空间性的类比象征关系，与卦象形成时的"观物取象"异曲同工。比如离卦与网罟，离卦☲离上离下，重离，离为目，像是网眼相重。《周易集解》云："虞翻曰：'离为目，巽为绳。目之重者唯罟，故结绳为罟。'"再如农具耕作与益卦，益卦☳震下巽上，巽为木，震为动，木锄、木犁在田地里翻动土，即利用农具进行耕作。其余各项事务与卦象之间也存在类似的比喻引申关系。正如有的学者所言，中国古代的生产技术、工具器物、市场交易、社会管理、风俗礼仪、书契文字等各个领域的发明创造都受到周易意象思维的启发，都需要利用图象模型，充分发挥想象和联想，才能完成创造与制作。②

---

① 《周易正义》，李学勤主编：《十三经注疏》，第 298—302 页。
② 参见刘长林：《中国系统思维——文化基因探视（修订本）》，社会科学文献出版社 2008 年版，第 83 页。

《周易》的这种空间类比思维对后世的文学艺术创作、鉴赏以及艺术理论、美学思想的发展均有着极为重要的启示意义。综上可知,《周易》的卦象并不是一个单纯的图像形式,而是包含着丰富的情感、心理、观念等"意义"在内的复合型概念。王振复先生认为,《周易》之"象"的各个层面均与"意"相关,因此实际上是一种"意象"结构。《周易》的巫术意象与美学意象是异质同构的,其对中国美学以及文学艺术理论产生了深远的影响,比如文艺中的以小见大、以简寓繁、以有限启无限、重表现轻模仿、重抒情轻叙写等特征,与《周易》的意象观之间有着非常密切的关联。[1] 中国古代的文学、书法、绘画、音乐、建筑、工艺等艺术,无不受到《周易》意象观的启发和影响。[2] 以下主要以书法为例,对此展开分析。

中国古代书论家在谈论书法文字的根源和形构问题时都会围绕一个重要的问题展开,此即"象"。古人认为,文字书法直接从天地之间的万类取其形象制作而成,所以在形容书法之美时,多以天地之景象来比拟。如崔瑗谈草书之象:

> 书契之兴,始自颉皇,写彼鸟迹,以定文章。……观其法象,俯仰有仪。方不中矩,圆不副规。抑左扬右,兀若竦崎,兽跂鸟跱,志在飞移,狡兔暴骇,将奔未驰。或黝黭黭黭,状似连珠,绝而不离,畜怒怫郁,放逸生奇。或凌邃惴慄,若据高临危,旁点邪附,似蜩螗捃枝。绝笔收势,余綖纠结,若杜伯捷毒,看隙缘巇,腾蛇赴穴,头没尾垂。是故远而望之,摧焉若阻岑崩崖,就而察之,一画不可移,几微要妙,临

---

[1] 参见王振复:《周易的美学智慧》,湖南出版社1991年版,第173—184页。
[2] 王弼从"言—象—意"三者关系入手,对《周易》的"象"理论作了充分阐发,在中国古代意象观念史上产生了重大影响。其谓:"夫象者,出意者也。言者,明象者也。尽意莫若象,尽象莫若言。言生于象,故可寻言以观象;象生于意,故可寻象以观意。意以象尽,象以言著。故言者所以明象,得象而忘言;象者,所以存意,得意而忘象。犹蹄者所以在兔,得兔而忘蹄;筌者所以在鱼,得鱼而忘筌也。然则,言者,象之蹄也;象者,意之筌也。是故,存言者,非得象者也;存象者,非得意者也。象生于意而存象焉,则所存者乃非其象也;言生于象而存言焉,则所存者乃非其言也。然则,忘象者,乃得意者也;忘言者,乃得象者也。得意在忘象,得象在忘言。故立象以尽意,而象可忘也;重画以尽情,而画可忘也。"参见(魏)王弼:《王弼集校释》,楼宇烈校释,中华书局1980年版,第609页。

时从宜。略举大较，仿佛若斯。①

崔瑗在这里提出了一个重要的美学命题："观其法象"。法象，本指人的合乎礼仪规范的仪表举止，借用到草书直观上，则指其合乎法度而又独具特色的艺术形象。因此，"观其法象"，就是观赏草书的艺术形象。书法本是空间艺术，是静止的，这里的鸟兽想要飞移；狡兔突然受惊将要奔驰，给人强烈的时间艺术的动态感。②成公绥谈隶书之象，同样是遍述书体与自然物象之间的空间关联：

> 皇颉作文，因物构思，观彼鸟迹，遂成文字。……彪焕碟硌，形体抑扬，芬葩连属，分间罗行。烂若天文之布曜，蔚若锦绣之有章。……或若虬龙盘游，蜿蜒轩翥，鸾凤翱翔，矫翼欲去；或若鸷鸟将击，并体抑怒，良马腾骧，奔放向路。仰而望之，郁若霄雾朝升，游烟连云；俯而察之，漂若清风厉水，漪澜成文。垂象表式，有模有楷，形功难详，粗举大体。③

后世直至唐宋的书家均继续沿用这种思路，只是表述上略有简化，但始终不忘书法与易象之间的关联：

> 臣闻庖牺氏作而八卦列其画，轩辕氏兴而灵龟彰其彩。古史仓颉览二象之爻，观鸟兽之迹，别创文字，以代结绳，用书契以纪事。④
>
> 古者画卦立象，造字设教，爰置形象，肇乎仓史，仰观俯察，鸟迹

---

① 崔瑗：《草势》，转引自卫恒《四体书势》，上海书画出版社编：《历代书法论文选》，上海书画出版社 1979 年版，第 16—17 页。
② 参见潘运告编著：《汉魏六朝书画论》，湖南美术出版社 1997 年版，第 2 页。
③ 成公绥：《隶书体》，上海书画出版社编：《历代书法论文选》，上海书画出版社 1979 年版，第 9—10 页。
④ （魏）江式：《论书表》，上海书画出版社编：《历代书法论文选》，上海书画出版社 1979 年版，第 63 页。

垂文。至于唐、虞，焕乎文章，畅于夏、殷，备乎秦、汉。①

《易》曰："观乎天文，以察时变；观乎人文，以化成天下。"况书之为妙，近取诸身。假令运用未周，尚亏工于秘奥；而波澜之际，已濬发于灵台。②

案古文者，黄帝史苍颉所造也。颉首四目，通于神明，仰观奎星圆曲之势，俯察龟文鸟迹之象，博采众美，合而为字，是曰古文。③

缅想圣达立卦造书之意，乃复仰观俯察六合之际焉：于天地山川，得方圆流峙之形；于日月星辰，得经纬昭回之度；于云霞草木，得霏布滋蔓之容；于衣冠文物，得揖让周旋之体；于须眉口鼻，得喜怒惨舒之分；于虫鱼禽兽，得屈伸飞动之理；于骨角齿牙，得摆牴咀嚼之势。随手万变，任心所成，可谓通三才之品汇，备万物之情状者矣。④

自包牺氏画八卦，造书契，皇颉制字，取天地法象之端，人物器皿之状，鸟兽草木之文，日月星辰之章，烟云雨露之态而为之，初无工拙之意于其间也。⑤

在古人看来，"画卦立象"与"造字设教"是同样重要的两件大事，但在发生的时间上，卦象要早于造字。也就是说，仓颉造字可能受到八卦的启发。

不唯书法，古人谈绘画时，也将绘画的源头追溯到《周易》，认为绘画与书法一样，源自卦象：

> 黄帝制衣裳有章数或绘，皆画本也。故舜十二章，山龙、华虫，曰：

---

① （唐）虞世南：《书旨述》，上海书画出版社编：《历代书法论文选》，上海书画出版社1979年版，第114页。
② （唐）孙过庭：《书谱》，上海书画出版社编：《历代书法论文选》，上海书画出版社1979年版，第130页。
③ （唐）张怀瓘：《书断·古文》，上海书画出版社编：《历代书法论文选》，上海书画出版社1979年版，第157页。
④ （唐）李阳冰：《论篆》，崔尔平选编点校：《历代书法论文选续编》，上海书画出版社1993年版，第38页。
⑤ （宋）郝经：《移诸生论书法书》，崔尔平选编点校：《历代书法论文选续编》，上海书画出版社1993年版，第174页。

"观古人象。"《尔雅》曰："画，象也。"言象之所以为画尔。《易》卦说观象系辞谓此。①

史皇与仓颉皆古圣人也。合颉造书，史皇制画，书与画非异道也，其初一致也。天地初开，万物化生，自色自形，总总林林，莫得而名也，虽天地亦不知其所以名也。有圣人者出，正名万物，高者谓何，卑者谓何，动者谓何，植者谓何，然后可得而知之也。于是上而日月风霆雨露霜雪之形，下而河海山岳草木鸟兽之著，中而人事离合物理盈虚之分，神而变之，化而宜之，固已达民用而尽物情。然而非书则无纪载，非画则无彰施，斯二者其亦殊途而同归乎？吾故曰：书与画非异道也，其初一致也。②

天地之大，万物挺生，山川起伏，草木繁兴，此中万象缤纷，皆劳造化一番布置。世间妙景纯任自然，人欲肖形全凭心运。③

此外，文学、音乐、舞蹈、建筑、园林、工艺等门类艺术均受到《周易》意象观念的影响，此处不再赘述。

《周易》空间观还表现于由卦象所构成的图形以及受此启发所制作的纹饰方面，亦即"文"。《说文解字》释"文"："错画也，象交文。"在古汉语中，"文"的本义是指各种色彩交错的花纹或者纹理，引申为包括文字在内的各种典章制度和具有象征意义的符号、标识、图腾等，后又引申为装饰加工、文德教化等。《周易》中多次提到"文"：

"见龙在田"，天下文明。(《乾卦·文言》)④
"黄裳元吉"，文在中也。(《坤卦·象传》)⑤

---

① (宋) 郭熙、郭思：《林泉高致·序》，俞剑华：《中国古代画论类编》，人民美术出版社2007年版，第631页。
② (明) 宋濂：《画原》，俞剑华：《中国古代画论类编》，人民美术出版社2007年版，第95页。
③ (清) 松年：《颐园论画》，俞剑华：《中国古代画论类编》，人民美术出版社2007年版，第323页。
④ 《周易正义》，李学勤主编：《十三经注疏》，第20页。
⑤ 《周易正义》，李学勤主编：《十三经注疏》，第30页。

"大人虎变",其文炳也。……"君子豹变",其文蔚也。(《革卦·象传》)①

内文明而外柔顺,以蒙大难,文王以之。(《明夷卦·彖传》)②

道有变动,故曰爻;爻有等,故曰物。物相杂,故曰文。文不当,故吉凶生焉。(《周易·系辞下》)③

在《周易》中,不同等级类别的事物通过不同的爻显示出来,这些不同性质的事物相互错杂形成"文",错杂得当与否,决定着事情的吉凶。可见,《周易》中的"文"是指"由阴爻、阳爻相杂、交错构成的,能显示人事吉凶的卦象"④。但这些卦象是万事万物相杂而成,构成一定的形式感,因此可以用"文"来称述。换言之,《周易》中的"文"就是卦象所显示出来的形式美感。《周易》对卦象的形式构成规律有一个总的概括:"参伍以变,错综其数。通其变,遂成天下之文;极其数,遂定天下之象。"(《周易·系辞上》)孔颖达疏云:"'参伍以变'者,参,三也。伍,五也。或三或五,以相参合,以相改变。略举三五,诸数皆然也。'错综其数'者,错谓交错,综谓总聚,交错总聚其阴阳之数也。'通其变'者,由交错总聚,通极其阴阳相变也。'遂成天下之文'者,以其相变,故能遂成就天地之文。若青赤相杂,故称文也。'极其数,遂定天下之象'者,谓穷极其阴阳之数,以定天下万物之象。"⑤ 所谓"参伍以变,错综其数",就是"在变化中求对称,在对称中求变化"⑥。这是艺术创造中的重要形式法则,中国的绘画、书法、文学、建筑等艺术均沾溉于《周易》所开启的这一审美法则。

刘纲纪先生对《周易》卦象"参伍以变,错综其数"的对称规律进行了归类分析。他认为"错"就是左右交错,使得相关的一对卦象形成横向对

---

① 《周易正义》,李学勤主编:《十三经注疏》,第 204—205 页。
② 《周易正义》,李学勤主编:《十三经注疏》,第 155 页。
③ 《周易正义》,李学勤主编:《十三经注疏》,第 318—319 页。
④ 刘纲纪:《〈周易〉美学》,武汉大学出版社 2006 年版,第 203 页。
⑤ 《周易正义》,李学勤主编:《十三经注疏》,第 284 页。
⑥ 刘纲纪:《〈周易〉美学》,武汉大学出版社 2006 年版,第 212 页。

称关系。比如乾卦☰与坤卦☷、既济卦䷾与未济卦䷿，均属左右对称。所谓"综"，就是上下织综，构成纵向的上下对称关系。比如泰卦䷊与否卦䷋，属于上下对称。刘纲纪先生还区分了阴爻阳爻之间的正对、反对关系，两卦中同类爻处于不同位置上的对称（刚对刚、柔对柔）属于正对，两卦中异类爻处于不同位置上的对称（刚柔相应）属于反对。具体包括每一卦的纵向对称、各卦之间的横向对称、各卦之间的纵向对称等情形。[①] 这些对称规律对中国艺术尤其是造型艺术产生了重要的启示，包括建筑、绘画、书法等。中国古代的建筑平面排列与周易卦象有相通之处，古代的美术尤其是周代铜器、秦汉瓦当、汉代画像砖上的图案设计，与卦象的对称关系颇为相似。文字书法的空间造型，尤其是篆、隶、楷三类正书的间架结构与卦象之间也存在某种关联。

综上，《周易》的"象—文"观对后世艺术理论与美学的影响是巨大且深远的。实际上，《周易》的"象—文"观与"时—变"观各自从空间与时间的维度，构成了中国古代艺术审美形式法则得以产生的思想基础。也即是说，《周易》时空观蕴含了中国艺术对形式规律的基本要求，它从时间性、空间性两个维度规约着中国古代审美形式的大致发展路向。在这方面，道家、佛禅没有什么贡献，《周易》在中国古代时空美学上的作用与地位是不可低估的。

第二节　中和之境：儒家审美理想的时空之维

自 20 世纪中叶以来，学界关于中和之美的研究日渐丰富与深入，取得了粲然可观的成果。张国庆先生曾综合诸家之说，将前人有关中和的研究归为三个大类：第一类观点，将中和之美与儒家诗教相等同，代表人物是朱自清；第二类观点，将和、中和主要看作对立面的谐和，代表人物是于民；第三类观点，将中和之美视为一种艺术辩证法。该派没有突出的代表人物，观

[①] 参见刘纲纪：《〈周易〉美学》，武汉大学出版社 2006 年版，第 212—226 页。

点散见于 20 世纪 80 年代发表的零星论文中。①张国庆分梳了以上各家的主要观点、致思理路，肯定了各自的学术贡献，也指出了其不足之处。他认为，朱自清打通先秦诗、礼、乐来研究儒家诗教，指出"温柔敦厚"与先秦儒家"中""和"思想之间的深层联系，并得出温柔敦厚就是中和之美的结论，该观点对后世的研究产生了巨大的影响。但朱自清关注的重点是温柔敦厚而非中和之美，其对中和之美与艺术和谐观或艺术辩证法之间的联系就极少注意到，研究的视野与观点难免具有历史局限性。②于民的研究视野更为开阔，具有开创性、系统性，观点也有相当的合理性。但他将和、中和看作对立面的谐和，却又将怨、忿之类的情感发抒看作非中和思想，并进而认为中国美学史上存在一条中和与非中和的对立斗争线索，这就使得其理论产生了一个很大的内在矛盾。③因为，如此一来，中国文艺史上发愤抒怨的名篇佳制都成了不和谐的作品。在张国庆看来，于民的理论矛盾根源于这样的思维等式："和谐＝中和＝温柔敦厚"，亦即将一种普遍的艺术和谐观念与一种特定的艺术要求（温柔敦厚）混淆等同了。这与第三种观点的局限是一样的。④在这样的情形下，张国庆采取"两分论中和"的办法，将这两种"中和"理论分而述之，这可以看作第四种观点。他认为，在中国古代有关中和之美的看法中，可以归纳出两个内涵实质不同的理论类型：一是以《乐记》为代表的作为一种富含辩证精神的普遍的艺术和谐观的中和之美；二是以儒家诗教（温柔敦厚）为代表的作为一种特定的艺术风格论的中和之美。⑤前者以先秦的尚中思想、孔子的中庸思想与先秦的尚和思想为哲学基础，后者则与《中庸》首段的中和思想有密切的关系。在文艺实践中，前者表现为一种普遍的艺术和谐关系、关系结构，后者表现为一种具体的艺术风格。⑥张国庆深受庞朴有关中庸研

---

① 张国庆：《再论中和之美》，《文艺研究》1999 年第 11 期。
② 张国庆：《再论中和之美》，《文艺研究》1999 年第 11 期。
③ 张国庆：《再论中和之美》，《文艺研究》1999 年第 11 期。
④ 张国庆：《再论中和之美》，《文艺研究》1999 年第 11 期；张国庆：《中和之美——普遍艺术和谐观与特定艺术风格论》，中央编译出版社 2009 年版，第 4—12 页。
⑤ 张国庆：《再论中和之美》，《文艺研究》1999 年第 11 期。
⑥ 张国庆：《中和之美——普遍艺术和谐观与特定艺术风格论》，中央编译出版社 2009 年版，第 12—17 页。

究①的影响和启发,将朱自清、于民等人有关中和的观点进行综合、融汇、修正,提炼出两种"中和"的理论类型。这是笔者目前所能见到的有关中和问题的最为全面深入的研究,是后续研究不应绕开的重要学术成果。

综上,前贤已就"中和"之美的本质作了详明透彻的研究。但仍然留下较大的研究空间,还有些问题没有被解决。"中和"虽是儒家的审美理想,是一种艺术风格,但"中和"与美之间的逻辑关系是什么?换言之,"中和"何以是美的?其深层的审美心理、艺术法则是什么?这一追问迫使我们对该问题的研究由本质追问转向发生学及形态学的探讨,由追问"是什么"转向探究"如何去是",亦即追问"中和"作为一种美是如何发生的,其具体的表现形态是什么。

长期以来,由于历史及时代的诸种原因,"中庸"被冠以"骑墙""乡愿""保守""落后"等帽子打入历史的冷宫。而"中和"也作为随葬品遭到了冷遇,被看作平庸、无个性、无创新的表现。即使是在当下,"中和"在多数情况下也只是被当作一种艺术风格看待,没有提到普遍的艺术辩证法和审美通则来理解。在儒、道、释的美学谱系中,道家与佛禅几乎未触及艺术的法则问题,庄子虽然大谈技艺,但从未探讨技艺的制作方法和准则。不能否认的是,形式法则对于艺术来说至关重要。以书画为例,书法虽以魏晋为宗,但必须经过崇尚法则的唐代才真正完成书法的历史使命。②同样,"文人画"虽可远溯王维、苏轼,但由于这个时期多数人的山水画技巧还不够娴熟,真正的文人画要等到功力深湛的"元四家"出现才算告成。学界的普遍看法是,中国古代缺乏形式美学,然而问题是,中国古代各类艺术的形式之美到底来自哪里?其思想渊源是什么?相较而言,儒家在这方面有一定的关注。笔者认为,"中和"这一范畴应有多个层次。表现于个人的情感及德性操守方面,"中和"是一种精神境界;落实到具体的审美类型上,"中和"是一种特定的

---

① 庞朴有关中庸的研究主要见于其著述:《"中庸"平议》,《中国社会科学》1980年第1期;《沉思集》,上海人民出版社1982年版;《儒家辩证法研究》,中华书局2009年版。庞朴在谈中庸时,也涉及中和的问题。
② 几千年书法史可以唐代为分水岭,自殷商至唐代,是逐步寻求法则、完成书法经验体系建构的漫长历史时期。自宋开始,则开始了打破规则,寻求个人意绪、情态、趣味表达的过程。

艺术风格；与此同时，"中和"还关涉到艺术审美的法则问题。以下，从情感（时间性）与形式（空间性）这两个方面探析"中和"的审美层次，以期深化对这一问题的理解。

一、"中庸而时中"

"中庸"与"中和"是两个密切关联的范畴。"中庸"是儒家的思维方法论和实践本体论，是儒家尚中思想的集中体现。在前孔子时代，尚中思想广泛出现于早期的经典文献。《尚书·大禹谟》云："人心惟危，道心惟微，惟精惟一，允执厥中。"《周易》有言："'得尚于中行'，以光大也"、"中以行正也"。《左传》云："民受天地之中以生，所谓命也。"尚中思想概括起来就是"执两而用中"，也就是在行事时尽量做到中正、中行，避免事物走向两个极端。在先秦古籍中，"中"有三层意思：其一指中间或两者之间；其二指适宜、合适、合乎标准；其三指人心、内心的和谐境界。① 除了"尚中"，先秦还有"尚和"的思想。先秦的"和"主要强调不同或对立物的协调统一。② 但这个时期谈"和"主要从听觉、视觉、味觉等生理官能的感受方面着眼，追求各类感觉中诸种要素的和谐调适，所谓"声一无听，物一无文，味一无果，物一不讲"（《国语·郑语》）。这里的"和"就是听觉、视觉、味觉之美③，换言之，感官的生理快适（善）就是美。实际上，先秦的"中""和"思想已经超越了烹饪、音乐、绘画等方面，被广泛用于政治、法律、道德等领域。《周礼》卷十云："以五礼防万民之伪，而教之中；以六乐防万民之情，而教之和。"春秋末期，"尚中"思想经孔子进一步发挥，用于日常的人伦大用之中，《论语·雍也》谓："中庸之为德也，其至矣乎！民鲜久矣。"庞朴认为，《论语》所载孔子的中庸，是孔子之前中和观念的逻辑发展。其最大的发展之处，是提出了一个"庸"字，亦即提出了对待"中"的看法和态度，从而使得中

---

① 参见王岳川：《〈中庸〉在中国思想史上的地位——〈大学〉〈中庸〉讲演录（之三）》，《西南民族大学学报》（人文社科版）2007 年第 6 期。
② 于民：《春秋前审美观念的发展》，中华书局 1984 年版，第 164 页。
③ 陈良运：《中国艺术美学》，江西美术出版社 2008 年版，第 214 页。

和观念哲理化了。①

在儒家文化中,"时中"思想是一种高妙精微的时间思维,它始终留存在传统文化的命脉中。明儒薛瑄曾说:"时中是活法而不死,执中是死法而不活"②,可见"时中"这一思想的生命力之强。"时中"是中庸的核心,没有"时中",就达不到中庸的境界。《中庸》有言:"仲尼曰:'君子中庸,小人反中庸。君子之中庸也,君子而时中;小人之中庸也,小人而无忌惮也。'"③ "时中"思想在易学传统中也表现得非常突出,正如清代著名易学家惠栋所说:"易道深矣!一言以蔽之,曰:时中"(惠栋《易汉学·易尚时中说》)。君子就应该随着实际情况把握好分寸,时时调整自己的方式与策略,以有效地应对事情的变化。所谓"时止则止,时行则行,动静不失其时"(《周易·艮卦·象传》),就是人的行动实践与最佳时机相契合,这便是"时中"。这样一来,"时中"就包含了三个向度:时(时间)、位(空间)、中(限度)。到孟子、荀子时期,"时中"思想被具体表述为"权变""与时屈伸",亦即根据实际情况做出相应的改变。庞朴认为,这是中庸的一种特殊形式,从某一具体时段看,可能有些走极端,但从时间和过程的全体看,这也是用中。④ 所以,庞朴总结说,"执两用中、用中为常道、中和可常行,这三层互相关联的意思,就是儒家典籍赋予'中庸'的全部含义"⑤。

二、情感:中和之美的时间性绽出

《中庸》第一章有言:"天命之谓性,率性之谓道,修道之谓教。道也者,不可须臾离也,可离非道也。是故君子戒慎乎其所不睹,恐惧乎其所不闻。莫见乎隐,莫显乎微,故君子慎其独也。喜怒哀乐之未发,谓之中;发而皆中节,谓之和。中也者,天下之大本也;和也者,天下之达道也。致中和,

---

① 庞朴:《儒家辩证法研究》,中华书局2009年版,第82页。
② (明)薛瑄:《读书录》卷一,清正谊堂全书本。
③ (宋)朱熹:《四书章句集注》,中华书局1983年版,第18—19页。
④ 庞朴:《儒家辩证法研究》,中华书局2009年版,第92页。
⑤ 庞朴:《儒家辩证法研究》,中华书局2009年版,第83页。

天地位焉，万物育焉。"①

这段话包含三层意旨：第一，突出天命（令）与性（理）之间的密切关系，强调遵循自然本性、修道教化的重要性；第二，道不可须臾脱离，君子应当慎独（时中）；第三，君子应控制情感，臻至中和之境，这与天地万物化育自然同理。值得我们追问的是，为何《中庸》开篇即提出"慎独"的问题，君子为何要"慎独"？所谓"慎独"，就是在自己处于独立的时空情境之下，不为或自以为不为他人所知晓（睹、闻）之时，自己更要保持警戒、谨慎。这时警戒的对象不是他人，而是自己。每个人心中都住着一个神灵与魔兽，在众目睽睽之下，魔兽被"礼"的枷锁桎梏住了，但在"礼"不在场的时候，魔兽则会伺机而动，出来作祟。所以孔子提出"仁"，来强化"礼"的规约作用。换言之，所谓"慎独"就是要求人们在摘掉面具（礼）的时候能够保持守护礼仪规范的自觉性（仁）。要做到这一点，就要求自己的心灵是澄明无翳、光明磊落的，此即没有受到尘滓污染的本心，儒家把这种状态称之为"诚"。以上是"慎独"的第一种情境。"慎独"的第二种情境是当自己"不睹""不闻"其言行个性的"恶端"的时候要保持警戒②。也即当自己我行我素、习焉不察之时，心性中的"恶"逃逸出来而不自知，这时也许别人已经感受到"虎兕行于途"的危险了，而自己却茫然不知。这就要求自己从潜意识的层面进行警戒，将仁、礼的约束控制推进到人性的腹地。只有这样，才能做到"中庸"，成为一个真正的君子。弗洛伊德曾提出著名的"冰山理论"，即人的意识结构类似于冰山，浮在水面上的只是很小的一部分，这是意识。大部分隐藏在水下，是潜意识。弗洛伊德认为潜意识主要是力比多，即性意识。为了弥补这一理论的不足，他后期又提出人格理论，即本我、自我、超我。本我遵循快乐原则，类似于潜意识。自我遵循现实原则，强调自我约束，遵守各种社会法则，以保证自己不受到伤害。超我即道德自我，具有超越性。儒家提出的"慎独"，实际上就是将超我（仁）与自我（礼）结

---

① （宋）朱熹：《四书章句集注》，中华书局1983年版，第17—18页。
② 关于"慎独"两种情境的区分和理解受到了王岳川先生的启发，参见其《大学中庸讲演录》，广西师范大学出版社2008年版，第96—97页。

合起来，并推进到本我（性）的层面，寻求更深层次的道德自律。孔子说："七十，从心所欲而不逾矩"，就是说经过近一辈子的修炼，仁、礼的规范已经从外层的意识渗透到无意识的内部。这时的"心"，无欲无求，"心"的每一次闪念，都与中庸准则自然相契，也冥合于人性天道，这才达到了真正的自由之境。

《中庸》的作者非常重视情感控制的意义，首次将情感与"中""和"关联起来，并连缀使用："喜怒哀乐之未发，谓之中；发而皆中节，谓之和。中也者，天下之大本也；和也者，天下之达道也。致中和，天地位焉，万物育焉。"陈良运认为，"和"是由听觉、视觉与味觉而发生的审美观念，东西方皆有，其内涵也基本一致。而"中和"则是作为对人的感情规范被提出来的，是中国文化所特有的一个美学观念，冠之以"中"，便附加了一种规范性的内涵。① 这里的"中和"不是"中"与"和"的简单相加，而是一个涵盖了"中庸"思想、内涵更为丰富的范畴。

对这段话，朱熹注曰："喜、怒、哀、乐，情也。其未发，则性也，无所偏倚，故谓之中。发皆中节，情之正也，无所乖戾，故谓之和。大本者，天命之性，天下之理皆由此出，道之体也。达道者，循性之谓，天下古今之所共由，道之用也。此言性情之德，以明道不可离之意。"② "致，推而极之也。位者，安其所也。育者，遂其生也。自戒惧而约之，以至于至静之中，无少偏倚，而其守不失，则极其中而天地位矣。自谨独而精之，以至于应物之处，无少差谬，而无适不然，则极其和而万物育矣。盖天地万物本吾一体，吾之心正，则天地之心亦正矣，吾之气顺，则天地之气亦顺矣。故其效验至于如此。"③

那么，《中庸》为何要将情感心理放在篇首开宗明义？如果说"中庸"是一种思维方法论，是儒家处理一切关系及事务的总原则，为什么首先要谈及情感的"中庸"？性情关乎天命，与天相合、感应相发。控制自己的情感情

---

① 陈良运：《中国艺术美学》，江西美术出版社2008年版，第219页。
② （宋）朱熹：《四书章句集注》，中华书局1983年版，第18页。
③ （宋）朱熹：《四书章句集注》，中华书局1983年版，第18页。

绪，掌控心理，这是修身的关键和第一要务。蒙培元认为，儒家哲学是一种情感哲学。他说："儒家哲学从一开始就从人的存在问题入手，赋予情感以特殊的意义，居于重要地位。人是怎样的存在呢？在儒家看来，人首先是情感的存在，就是说，人是有情感的动物，用现在的语言来表述，情感是人的最基本的存在方式或存在样式。……人就其为人而言，首先是情感的存在，情感具有内在性，直接性，而且对于人的其他活动具有重要影响和作用，甚至起核心作用。……儒家未能建立纯理论的伦理学、道德哲学和形式化美学，原因就在这里。但是，儒家始终关注人的'存在'问题，由此出发建立人的意义世界与价值世界，这又是非常难得而又可贵的。"①同理，儒家美学也主要偏向于情感，是一种情感美学。从这一点看，儒、道、佛具有相通之处。道家所说的"涤除玄览""虚静""心斋""坐忘"，佛禅所说的趺坐静修、入定参禅，也是为了情感心理始终处于"中"的状态。情感主要受欲望及外物的牵引与影响，在内外都无搅扰的情况下，喜、怒、哀、乐等情感自然不会发生，心中万虑皆消，处于最本源最初始的状态，这既是本心（性）的自然状态，也合乎天的自然状态（理）。对于"中和"这段话，孔颖达疏曰："'喜怒哀乐之未发谓之中'者，言喜怒哀乐缘事而生，未发之时，澹然虚静，心无所虑而当于理，故'谓之中'。'发而皆中节谓之和'者，不能寂静而有喜怒哀乐之情，虽复动发，皆中节限，犹如盐梅相得，性行和谐，故云'谓之和'"②。当喜怒哀乐没有生发时，情感处于零点的位置。当情感发生时，如果处在礼所设定的区间内，表示符合中庸之道，即"中节"。但如果越过了底线，那就表示情感释放过度。任何过度的情感都会伤己伤人，中医说"怒伤肝、气伤心"。当情感归零，处于虚静的状态时，我与天地万物同一轨辙，与天（理）相谐相契。但是，这种情况不可能是常情，人总会陷入各种物欲利害的情感纠葛当中，所以掌控情感的生发过程和效应至关重要。当情感受内（欲）外（物）的激发驱使而发动时，个体就进入到一个主客相待的"间性"情境之中，就

---

① 蒙培元：《人是情感的存在——儒家哲学再阐释》，《社会科学战线》2003年第2期。
② 《礼记正义》，李学勤主编：《十三经注疏》，第1424页。

要考虑"我"与"我"、"我"与"他"之间的关系。"我"的情感若合乎人伦大礼,不违性命之本,无害于人我,则属于"和"。所以,"和"是一个与关系相涉的哲学美学范畴。在《中庸》的语境里,"中"处理的是天人关系,是"和"的极致与最高境界,"和"则是"中"的时间性展开。这里的"中和"既是伦理学范畴,也是心理学范畴,而且还是美学范畴。在日常的社会交往中,中和表现为一种德性,有礼有节,进退裕如;在个人的情感生活中,中和表现为对情感情绪的控制,不温不火,不激不厉;在艺术审美领域,中和则是在抒发情感过程中的中节合度,情美相谐。在前两种情况下,中和是善;在第三种情形中,中和是真,也是美。

那么,中和何以是艺术创造的审美通则?中和最重要的方法论因素与审美标识是"中节",也即"度"的把握。从这个层面而言,中和就是经由"用中"臻达和悦之境,中和表现为一种艺术审美的行为和过程,亦即"中—和"。从时间性层面来说,中和最重要的方面就是对情感的掌控。艺术情感不同于日常情感,后者可以是纯粹的宣泄,但艺术情感必须有理性的参与,舍此便不能形成美。波兰现象学美学家罗曼·英加登在谈到诗歌时认为,应该严格区分抒情主体(自我)和真正的诗人:"抒情主体是一个纯粹意向性客体,是由诗歌句子的全部内容及其表现功能投射的,它以这样一种方式构成诗中的一个再现客体。它和诗中描绘的其他客体以及诗歌本身不可分离地结合成一个整体。与此相对照,严格意义上的'诗人'是一个实在的人,他'创作'了这首诗并把它写下来。他完全停留在他的诗歌的外面,此外还具有许多同抒情自我毫不相关的确定性。……抒情主体必须完全从诗的全部内容(包括所表现的东西)中构成,所有次要的信息必须不予考虑。在诗人的意向中,抒情主体根本不必是他自己。"[①] 英加登对诗歌中抒情主体与诗歌外真正诗人的区分从文学文本层面的角度厘清了审美情感与日常情感之间的关系。日常情感是产生审美情感的基础,但并不能与之等同。因为日常情感在事实

---

① 〔波兰〕罗曼·英加登:《对文学的艺术作品的认识》,陈燕谷、晓未译,中国文联出版公司1988年版,第272—273页。

上做不到"用中",而审美情感则必须做到。诗歌的这种审美情感法则也适用于其他艺术。

陈望衡在谈到孔子的诗学思想"乐而不淫,哀而不伤"时认为,这是非常精辟的审美心理学说。该观点涉及艺术情感"度"的把握问题。在日常生活中,情感的"过"或"不及"都可以存在,但在艺术中,却要考虑一个"度"的问题。具体表现为:"强烈饱满然而不能过分,微妙含蓄然不能隐晦。就创作者的情感来说,创作前的情感积累是必要的,必得情感激荡,有强烈的创作冲动方好动笔;但情感的陶冶也是有必要的,否则,情感太冲动、太粗野,会将艺术应有的精巧、美妙杀掉,因此,创作者的情感既要热烈,又要冷静。就作品中的情感表现来说,也应有所节制。"①陈望衡认为,特别是对于戏剧、舞蹈、绘画等艺术来说,其艺术形象直接诉诸欣赏者的感官,所以这时尤其要考虑情感表现问题。比如"戏曲舞台表现哭,既要哭得很悲切、很感人,又不能与现实生活中的哭一个样,其动作都要经过艺术加工,使之典型、简洁、明快,在悲伤之外还能给人以美感"②。汉儒说"发乎情,止乎礼",这个"礼"不仅是日常生活中的规范,还可以引申到"文"(纹饰),亦即艺术的情感规范和形式法则。艺术既要因情而生,所谓"发乎情",但也要注意到艺术的审美旨归,其目的在于给人以美感,而不是一己之情感宣泄。"止乎礼",就是情感的抒发以恰到好处地打动人、感染人并达到美的效果为限度,"过"或"不及"都不能形成真正的美。

我们可以文学为例,谈谈艺术作品中情感与美的关系。苏东坡的词《江城子·十年生死》为悼念爱妻王弗而作。王弗十六岁嫁给苏轼,端庄贤淑,聪颖过人,不仅是苏轼的文学知音,也是他政治、人生道路上的贤内助。两人感情甚笃,无奈天不与寿,王弗于宋英宗治平二年(1065)就亡故了,时年27岁。该词作于宋神宗熙宁八年(1075),苏轼在山东密州任知州,与王弗辞世隔了十年。王弗葬于家乡四川眉山,与山东密州相距千里。苏轼在

---

① 陈望衡:《中国古典美学史》(上卷),武汉大学出版社2007年版,第105页。
② 陈望衡:《中国古典美学史》(上卷),武汉大学出版社2007年版,第106页。

《亡妻王氏墓志铭》中说："治平二年五月丁亥，赵郡苏轼之妻王氏，卒于京师。六月甲午，殡于京城之西。其明年六月壬午，葬于眉之东北彭山县安镇乡可龙里先君先夫人墓之西北八步。"① 看得出，此时作者的情绪表面上很平稳，墓志铭上有条不紊地叙述爱妻的亡故时间、下葬地点。陈师道云："有声当彻天，有泪当彻泉"（陈师道：《妾薄命二首》），与这首词的情感表达完全相符。也就是说，这首悼亡词看似平静，实则下面隐藏着深沉汹涌的情感波澜，更何况在当时那个情境下！所以，要让苏轼在爱妻亡故的时候写出感天动地、绝唱千古的佳作来，恐怕不太可能。原因很简单，这时的苏轼沉浸在炽盛的痛感之中，悲不自胜，怎会有余力来拾掇、整理这种情愫？就算是勉强为之，他又如何能转心回神来编织意象、推敲字句、营造意境？可以说，这时的情只会破坏美感。只有等到这段情感慢慢冷却，由热烈激越变得深沉绵长，伤痛的记忆如影随形，成为生活的一部分（"不思量，自难忘"），当作者处身于一个遥远的时空情境之中（相隔十年，相距千里）且经意或不经意间反刍这段凄美的哀伤时，情才有可能成就美。此时作者从容释放、中节合度，随意点染、满纸云烟，令览者驰情动容，获得隽永深长的审美享受。

此外如汤显祖的《牡丹亭》、徐渭的书法、八大的画都是至情至美之作，但并非情感的泛滥，而同样是"中节"的艺术制作。当然这里的所"中"之"节"不是儒家所说的"礼""仁"，而是人的情感与艺术准则。

三、形式：中和之美的空间性展开

中和之美不仅需要情感中节合度，而且还要落实到形式层面。情感的中和，是中和之美的前提条件，而形式的中和，是中和之美的最后保障。庞朴认为，先秦时期的"中"已经超越了道德范畴而进入到认识领域，也就说，"中"不仅是善，而且也是真。② "和或中，不仅是善，不仅是真，而且也是美。这个美，不仅带来感官上的享受，还可以'平心'，因而又能促进善和真。真

---

① （宋）苏轼：《苏轼全集》（中），傅成、穆俦标点，上海古籍出版社2000年版，第962页。
② 庞朴：《儒家辩证法研究》，中华书局2009年版，第80页。

可谓中和之用大矣哉!"①

"中"在上文已做考察,下面就"和"在先秦语境中的含义进行一番梳理。《国语·郑语》中记载了西周末年郑国史官伯对郑桓公说的一段话:

> 夫和实生物,同则不继。以他平他谓之和,故能丰长而物归之,若以同裨同,尽乃弃矣。故先王以土与金木水火杂,以成百物。是以和五味以调口,刚四支以卫体,和六律以聪耳,正七体以役心,平八索以成人,建九纪以立纯德,合十数以训百体。出千品,具万方,计亿事,材兆物,收经入,行姟极。故王者居九畡之田,收经入以食兆民,周训而能用之,和乐如一。夫如是,和之至也。于是乎先王聘后于异姓,求财于有方,择臣取谏工,而讲以多物,务和同也。声一无听,色一无文,味一无果,物一不讲。②

史伯在这里提出了"和"的重要思想:"和实生物,同则不继",其对"和"的解释是"以他平他谓之和",所谓"平",即交合、交媾。因此,这里的"和"是天地间不同事物之间的交合、交感行为。③意思是说,不同的事物相互媾和就能够生殖出新物,如果相同的事物在一起,虽能在数量上补凑,但用尽之后该事物就彻底消亡了。所谓"声一无听,物一无文,味一无果,物一不讲",就是对"以同裨同,尽乃弃矣"的详细注解。声调单一,不能形成乐音;颜色单一,不能构成文彩;味道单一,不能产生美味;事物单一,无法成就和美。于民认为,史伯这段话的中心思想是"和",即不同或对立物的谐调统一。"和实生物""物一无文""声一无听"是中国古

---

① 庞朴:《儒家辩证法研究》,中华书局 2009 年版,第 82 页。
② 徐元诰:《国语集解》,王树民、沈长云点校,中华书局 2002 年版,第 470—472 页。
③ 有学者认为,"和"在先秦儒家美学中指审美关系。审美之"和"具有三层含义:第一层含义指人与对象建立起感知关系,这在古代美学中属于"交感"的内容;第二层含义指人与对象在找到相通之处的基础上的情感关系,这是审美的核心关系,在先秦儒家美学中集中体现为"比德";第三层含义是指人与对象找到了一个共同的根源,体验到了本体("诚")的存在,这是审美的最高境界,即孟子所说"反身而诚"。参见张黔:《先秦儒家美学中审美之"和"的三个层次》,《宁夏社会科学》2003 年第 6 期。

代对美和艺术产生所作出的最早的规律性的认识，其从不同的角度突出了同一个规律。前者强调不同物的统一、合一，后者从反面突出相同之物的增加不能产生新的事物，因此也无法产生美。① 日本美学家笠原仲二认为，中国古人的审美对象，并不局限于味、香、声、色等感官物欲的事物，而是向自然界、社会生活、精神文化等所有能带来美的效果的领域扩大、推移。他在《古代中国人的美意识》一书中列述了十七类对象，涵盖自然、政治、伦理道德、纹饰、形式、艺术、人的容姿才情等诸多方面。其中第六点就是形式："其形式或者性质，姿态性是中庸的某些东西，或者是有着相称的、调和、均整的安定感的某些东西（对此的论证，参照'和'与'美'的关系）及动作优婉的东西。"②

再看春秋末期齐国卿大夫晏婴对齐景公说的一段话：

> 齐侯至自田，晏子侍于遄台，子犹驰而造焉。公曰："唯据与我和夫！"晏子对曰："据亦同也，焉得为和？"公曰："和与同异乎？"对曰："异。和如羹焉，水、火、醯、醢、盐、梅，以烹鱼肉，燀之以薪。宰夫和之，齐之以味，济其不及，以泄其过。君子食之，以平其心。君臣亦然。君所谓可而有否焉，臣献其否，以成其可；君所谓否而有可焉，臣献其可，以去其否，是以政平而不干，民无争心。故《诗》曰：'亦有和羹，既戒既平。鬷嘏无言，时靡有争。'先王之济五味，和五声也，以平其心，成其政也。声亦如味，一气，二体，三类，四物，五声，六律，七音，八风，九歌，以相成也；清浊、小大、短长、疾徐、哀乐、刚柔、迟速、高下、出入、周疏，以相济也。君子听之，以平其心。心平，德和。故《诗》曰：'德音不瑕。'今据不然。君所谓可，据亦曰可；君所谓否，据亦曰否。若以水济水，谁能食之？若琴瑟之专一，谁能听之？

---

① 于民：《春秋前审美观念的发展》，中华书局1984年版，第164—165页。
② 〔日〕笠原仲二：《古代中国人的美意识》，杨若薇译，生活·读书·新知三联书店1988年版，第54页。

同之不可也如是。"(《左传·昭公二十年》)①

齐景公行暴政，子犹唯其马首是瞻，所以齐景公认为只有子犹与自己是协和的。晏婴否定了这一点，认为子犹（梁丘据的字）只是同一，而非协和。在齐景公看来，同一即和。晏婴以调羹为例，论说君王治理国家的道理。"宰夫和之，齐之以味，济其不及，以泄其过。君子食之，以平其心。"厨师以各种佐料调和羹汁，使得味道适中，调料不足的进行增补，过多的就冲淡些。这样君子吃了内心平和。②君臣之间也是这样，臣子就好比是厨师，其职责就是要发现君王言论施政当中的可行与不可行之处，以不同的因素加以调和，使得事情最终得以成功。声与味同理，需要各种对立的因素相辅相成，让人听了之后内心平适和顺。

于民认为，西周末年谈"和"，从五行之物的相杂而生物推及到音色的审美。是就事物的合成而论及音声、色彩之和，它偏于形式、结构，而未涉及内容上的情性之和。这个时期的"和"，是与"同"相对立的，突出的是统一之"一"，反对和否定单一之"一"。春秋末年谈"和"则在五行与阴阳结合的基础上，将音声色彩至于矛盾的发展变化之中，并与情性联系起来，进一步触及艺术的本质。这个时期的"和"，对立面是"不和"，强调对立面的谐和，其核心是持中不过度，中成了和的灵魂与实质。西周末年的"和"与"同"，区分的审美艺术与非审美艺术的界限；春秋末年的"和"与"不和"是在审美内部进一步讨论美、丑的问题。前者是美的本质问题，后者是审美标准问题。③不难看出，西周末年所谈的"和"着眼于形式与结构，涉及的主要是空间性问题。春秋末年以后，由于情、礼因素的介入，使得"和"的思想变得更为复杂，持中合度非常关键。"和"过渡到"中和"。这时，除了空间性之外，还有时间因素的介入（"时中"），中和与审美艺术的关联更为紧密。中国古代艺术审美的"中和"形式法则主要体现在以下两个方面：第一，

---

① 《春秋左传正义》，李学勤主编：《十三经注疏》，第1400—1406页。
② 参见蔡仲德注译：《中国音乐美学史料注译》上册，人民音乐出版社1990年版，第36页。
③ 于民：《春秋前审美观念的发展》，中华书局1984年版，第168—169页。

多种因素的对立统一，表现为集大成式的艺术，如王羲之的书法。第二，艺术审美过程中的适度与共鸣，比如音乐中的发声、书法中的用笔等，创作主体需要拿捏好分寸，否则无法达到最佳的状态。因此，"和"是天人、心手、物我合一的状态。"和"即是"真"，没有"和"，便没有美。以下分述之。

明代书论家项穆认为，人格高尚的人写出来的字是"中和"的。这里的"中和"既有伦理意义，又有美学意义。其谓："评鉴书迹，要诀何存？温而厉，威而不猛，恭而安。宣尼德性，气质浑然，中和气象也。执此以观人，味此以自学，善书善鉴，具得之矣。"① 这段话可以看作中和人格在书法主体中的具体表现。但是，仅仅是谈人格，未免有些空泛，中和的审美特质最终还要落实到形式上："圆而且方，方而复圆，正能含奇，奇不失正，会于中和，斯为美善。中也者，无过不及是也；和也者，无乖无戾是也。然中固不可废和，和亦不可离中，如礼节乐和，本然之体也。礼过于节则严矣，乐纯乎和则淫矣，所以礼尚从容而不迫，乐戒夺伦而嚽如。中和一致，位育可期，况夫翰墨者哉。"② 方圆、奇正等对立因素统一在中和的审美通则之下，中节合度，违而不犯，中与和相辅相成，二者合则双美，离则两伤。在项穆看来，中和之美达到极致就是"穷变化，集大成，致中和"。而王羲之就是达到中和之美的伟大书法家："是以尧、舜、禹、周，皆圣人也，独孔子为圣之大成；史、李、蔡、杜，皆书祖也，惟右军为书之正鹄。"③ 这与历代书论家对王羲之书法的评价是一致的：《书苑菁华·王羲之别传》说王羲之的书法"千变万化，得之神功。"赵孟頫《论书体》也说其"总百家之功，极众体之妙。"孙过庭《书谱序》谓："当缘思虑通审，志气和平，不激不厉，而风规自远。"正因为王羲之的书法融汇了各种审美的形式因素，具备"众体之妙"，所以，后世许多书法家都从王羲之这里得到养料，但都是学得其中某一个方面，无法

---

① （明）项穆：《书法雅言·知识》，上海书画出版社编：《历代书法论文选》，上海书画出版社1979年版，第538页。

② （明）项穆：《书法雅言·中和》，上海书画出版社编：《历代书法论文选》，上海书画出版社1979年版，第526—527页。

③ （明）项穆：《书法雅言·古今》，上海书画出版社编：《历代书法论文选》，上海书画出版社1979年版，第514页。

复制,遑论超越。项穆胪列了隋唐至宋的各大书家的书法风格得失,从各个侧面烘托出王羲之的伟大:

> 智永、世南,得其宽和之量,而少俊迈之奇。欧阳询得其秀劲之骨,而乏温润之容。褚遂良得其郁壮之筋,而鲜安闲之度。李邕得其豪挺之气,而失之竦窘。颜、柳得其庄毅之操,而失之鲁犷。旭、素得其超逸之兴,而失之惊怪。陆、徐得其恭俭之体,而失之颓拘。过庭得其逍遥之趣,而失之俭散。蔡襄得其密厚之貌,庭坚得其提蚓之法,赵孟頫得其温雅之态。然蔡过乎抚重,赵专乎妍媚,鲁直虽知执笔,而伸脚挂手,体格扫地矣。苏轼独宗颜、李,米芾复兼褚、张。苏似肥艳美婢,抬作夫人,举止邪陋而大足,当令掩口。米若风流公子,染患痈疽,驰马试剑而叫笑,旁若无人。数君之外,无暇详论也。①

以上讨论的是艺术审美中"和"的第一层含义,亦即多重因素的谐调统一、兼收并蓄、广大赅博。"和"的第二层含义是艺术审美诸因素中对立双方持中合度、互济相谐、共感共鸣。两者都关联到艺术审美形式的空间性问题,特别是第二种情况,涉及艺术审美中形式美的生成问题,容易被忽视。

日本美学家笠原仲二认为,美感是一种主体与对象相谐调、协和的结果,既是感性共感,也是理性共鸣。他说,美感"意味着某一美德对象,接近或完全合乎个人生理的、本能要求的生命的节奏,或者在本能性方面(官能性方面)憧憬、欲求,在理性方面成为理想的物象时(这些都可以看作神秘的或由不可言状的那种究极的、根源的生命强烈要求和冲动的东西)所引起的感性的共感或者理性的共鸣。……也可说是美的对象具有的生命的、在跃动的生命感中洋溢着的节奏,与人的内部搏动的生命的节奏相谐调、协和的结果。"②他以音乐为例,说明不同年龄段的人从中获取美感的对象不同:"青少

---

① (明)项穆:《书法雅言·取舍》,上海书画出版社编:《历代书法论文选》,上海书画出版社1979年版,第533页。
② 〔日〕笠原仲二:《古代中国人的美意识》,杨若薇译,生活·读书·新知三联书店1988年版,第46—47页。

年作为美来憧憬、喜爱的,一般是使其心血沸腾、活动兴旺的东西——疾速、运动、勇壮、喧骚等等。相反,老人所憧憬、喜好的,一般是使精神沉静、闲寂安稳的诸环境、诸条件等等。"① 笠原仲二不仅指明了美感生成过程中的两个条件:"感性共感"与"理性共鸣",而且还注意到审美主体生命情状的独特性与审美对象之间的谐和共感关系,对于我们理解中国古代"中和"之美具有很大的启发意义。在先秦,政治家、思想家、音乐家、美食家等都围绕中和发表了深刻的见解。特别是音乐,与人心、治乱的关系紧密,音乐的"中和"成了先秦艺术审美的价值鹄的。

《国语·周语下》中记载,周景王将要铸造无射大钟,卿士单穆公谏言反对:

> 二十三年,王将铸无射,而为之大林。单穆公曰:"不可。……钟不过以动声,若无射有林,耳弗及也。夫钟声以为耳也,耳所不及,非钟声也。……耳之察和也,在清浊之间,其察清浊也,不过一人之所胜。是故先王之制钟也,大不出钧,重不过石。律度量衡于是乎生,小大器用于是乎出,故圣人慎之。今王作钟也,听之弗及,比之不度,钟声不可以知和,制度不可以出节,无益于乐,而鲜民财,将焉用之!夫乐不过以听耳,而美不过以观目,若听乐而震,观美而眩,患莫甚焉。夫耳目,心之枢机也,故必听和而视正。听和则聪,视正则明,聪则言听,明则德昭,听言昭德,则能思虑纯固。以言德于民,民歆而德之,则归心焉。……若视听不和,而有震眩,则味入不精,不精则气佚,气佚则不和,于是乎有狂悖之言,有眩惑之明,有转易之名,有过慝之度。"②

蔡仲德认为,这里所说的"铸无射,而为之大林"是要求无射钟兼发林

---

① 〔日〕笠原仲二:《古代中国人的美意识》,杨若薇译,生活·读书·新知三联书店1988年版,第47页。
② 徐元诰:《国语集解》,王树民、沈长云点校,中华书局2002年版,第107—110页。

钟之声，即要铸能发无射、林钟二音的钟。林钟声过大，无射声过小，二音不和，所以说"耳弗及"。①耳朵所能感受到的和谐之声处在一定的高音与低音之间，而且高音、低音均以人的耳力为限度。所以先王铸钟非常慎重，大不出一钧，重不过一石。钟的律数、长度、容量、重量都以此为依准。音乐是为了使耳朵感动快适，美是为了让眼睛感到愉悦。耳目是心的关键，必须听和声、视正色、口进正味，这样就能生殖元气。如果听乐感到震耳，观美感到眩目，吸收的就不精美，元气散失，内心不平和。于是就会口出狂悖的言论，心生混乱的主张，号令随时更改，酝酿邪恶的谋划。②

《吕氏春秋》对音乐的限度有更进一步的规定。该书作者认为，音乐的声音不可太大、太小、太清、太浊，而应该大小清浊适中合宜："夫音亦有适：太巨则志荡，以荡听巨，则耳不容，不容则横塞，横塞则振；太小则志嫌，以嫌听小，则耳不充，不充则不詹，不詹则窕；太清则志危，以危听清，则耳谿极，谿极则不鉴，不鉴则竭；太浊则志下，以下听浊，则耳不收，不收则不抟，不抟则怒。故太巨太小太清太浊，皆非适也。何谓适？衷音之适也。何谓衷？大不出钧，重不过石，小大轻重之衷也。黄钟之宫，音之本也，清浊之衷也。衷也者，适也。以适听适，则和矣。"③作者围绕声、志、耳、心、情五个方面之间的连带关系来论述音乐的中和，并列出了四种"不和"的情况：（声）太巨——志荡——耳不容——（心）横塞——（情）振；（声）太小——志嫌——耳不充——（心）不詹——（情）窕；（声）太清——志危——耳谿极——（心）不鉴——（情）竭；（声）太浊——志下——耳不收——（心）不抟——（情）怒。如果音乐的声音太大，心志就会摇荡，耳朵无法容受，心胸充塞郁滞，情感振荡不宁；如果声音过小，则心生厌恶之感，耳朵难得充盈，耳根清虚寡淡，情感细微幽渺；如果声音太清，则心志高扬无凭，以高扬之心听过清之音，耳朵难以企及，心里无法辨识鉴别，则情感疲困枯竭；如果声音太浊，心志就会低落下行，耳朵收拢不了音，心

---

① 蔡仲德注译：《中国音乐美学史料注译》上册，人民音乐出版社1990年版，第9页。
② 参见蔡仲德注译：《中国音乐美学史料注译》上册，人民音乐出版社1990年版，第14页。
③ 《吕氏春秋》，《诸子集成》第6册，上海书店1986年版，第49—50页。

志难以集中,听了很容易动怒。因此,只有声音大小清浊合度,以适中的心情听适中的音乐,才能达到中和的至美之境。

音乐是时间性艺术,但在演绎过程中存在一个空间性的问题,这就是"度"的把握。声音不可过大,也不可太小;不可过清,也不可太浊。此外还有"短长,疾徐,哀乐,刚柔,迟速,高下,出入,周疏",声音的各种性状相济互泄,维持在一个恰当的关系区间内,此即"中和"之境。需要说明的是,这种"中和"状态是美感生发的必要条件,是艺术之真。所以,中和构成了艺术审美的基本法则,舍此则无美。

音乐是这样,与之有相通之处的书法也是如此。下面以书法用笔为例,对此做一番分析。颜真卿曾著文记载了向张旭请教笔法的一段逸事:

> (真卿)曰:"敢问长史神用执笔之理,可得闻乎?"长史曰:"予传授笔法,得之于老舅彦远曰:'吾昔日学书,虽功深,奈何迹不至殊妙。后问于褚河南,曰:'用笔当须如印印泥'。思而不悟,后于江岛,遇见沙平地静,令人意悦欲书。乃偶以利锋画而书之,其劲险之状,明利媚好。自兹乃悟用笔如锥画沙,使其藏锋,画乃沉着。当其用笔,常欲使其透过纸背,此功成之极矣。真草用笔,悉如画沙,点画净媚,则其道至矣。如此则其迹可久,自然齐于古人。"①

颜真卿向张旭请教神妙的执笔用笔之道,张旭告知其舅父陆彦远的观象悟书心得。陆彦远说他曾向褚遂良请教笔法,褚告知用笔要如"印印泥",但未得要领。后亲见江边湿平沙地,偶尔以尖锐之物画书,始悟用笔要如"锥画沙"。

沈尹默说:"锥画沙是怎样一种行动,你想在平平的沙面上,用锥尖去画一下,若果是轻轻地画过去,恐怕最容易移动的沙子,当锥尖离开时,它

---

① (唐)颜真卿:《述张长史笔法十二意》,上海书画出版社编:《历代书法论文选》,上海书画出版社1979年版,第280页。

就会滚回小而浅的槽里，把它填满，还有什么痕迹可以形成，当下锥时必然要深入沙里一些，而且必须不断地微微动荡着画出去，使一画两旁线上的沙粒稳定下来，才有线条可以看出，这样的线条，两边是进出的，不平均的，所以包世臣说书家名迹，点画往往不光而毛，这就说明前人所以用'如锥画沙'来形容行笔之妙，而大家都认为是恰当的，非以腕运笔，就不能成此妙用。"① 而有的观点却认为，沈尹默对锥画沙的理解是错误的，不符合生活实际："锥画沙是什么样的感觉呢？有经验者都知道：第一，绝不是重按，而是提起来轻轻松松的画过去，愈是利器愈要提起来画，否则利器深入沙地内动弹不得；第二，手需稳健地平动，不能忽高忽低的上下乱动，否则亦难以运行。"② 表面上看，这一说法与沈尹默的观点相左。事实上，两种观点是从不同的角度立论来谈中锋用笔的问题，并没有于文所认为的那样不可兼容。

前者结合文献，返回到具体的生活场景，复现以锥画沙地的手感体验，从而证悟古人中锋用笔的要妙之处，这样理解并无乖谬。沈尹默本是书法大家，自然不会无视这段文献的重要性。但他所说的沙地，显然不是平实的湿沙地，而是松散的干沙地，这与古人的原始文献确有些出入。但他对"锥画沙"的理解并非无端臆造，相反却是深得书法用笔三昧的真知灼见。毛笔在宣纸上书写，即使下笔不深，线条也不会出现"沙粒"滚回沟槽里的现象。沈尹默要说明的是，毛笔的锥面与宣纸相互摩擦时的效果对于线条的质量好坏至关重要，纸笔相摩擦时，会产生一定的阻力，书写性就产生于毛笔锥面推力与纸面阻力之间的微妙对抗关系。当两者的对抗与妥协处于一个合适的区间内，阴（宣纸）阳（毛笔）相互交合摩荡（"和"），"笔软则奇怪生焉"（蔡邕语），美才会真正产生。如果笔锋入纸过浅，推力大于阻力，走出来的线条单一，缺乏质感。所谓"险劲之状，明利媚好"根本无从谈起。只有将笔锋按压到一定程度，"画乃沉着"，但此时不可一味平向拖行，而需要

---

① 朱天曙：《沈尹默论艺》，上海书画出版社 2010 年版，第 89 页。
② 于忠华：《书写与真理——现象学视野下的中国书法艺术研究》，浙江大学 2012 年博士学位论文，第 96 页。

借助腕力，略带波动，将力宛转送出，亦即推力克服阻力前进，这样出来的线条方称得上是"透过纸背"。当然，这里所说的压笔、抖笔均不可太过，否则便适得其反。这便是书法用笔里的"中和"法则，它强调用笔时的提与按、放与收、平与曲、虚与实、徐与疾等多重因素之间的对立统一，自然合度。

不独音乐、书法，文学、绘画、建筑等艺术中都存在"中和"的法则要求与价值诉求。在中国传统文化中，"中和"是架通政治、伦理、艺术的重要桥梁，它发轫于先秦儒家，对后世美学、艺术沾溉甚广，影响深远。

综上，儒家在先秦"中"、"和"思想的基础上提出了"中和"这一范畴，实际上成了中国古代艺术的审美通则。道家、佛禅均未关注艺术的形式法则问题，而是将注意力放在审美心胸、审美体验、审美超越等形而上的层面。因此，儒家所发展的"中和"概念实际上支撑了中国古代艺术美学的法则基础这一要求。这种作为法则的"中和"要回溯到先秦语境，方能知其要髓。汉以后，"中和"逐渐政治化为儒家的诗教原则，最后定型为一种"温柔敦厚"的艺术风格。在孔子、子思子、孟子、荀子时期，中和主要作为人的情感、心理、德性、行为的调适和规约标准，带有较强的伦理和政治意义。在前孔子时期，"中""和"主要着重于眼、耳、鼻、舌等生理感官的适悦与愉快，中和作为形式法则的意义尚未被政治、伦理所遮蔽。因此具有更为广泛的形式美学意义。这个时期的"中""和"虽然也有"善"的价值诉求，但主要是"真"。孔孟时期的"中和"主要着眼于"善"，也涉及"美"。汉以后的"中和"与诗教合二为一，美善一体，虽着眼于"善"，但经后世的不断强化，逐渐成为一种偏于审美的艺术风格。

整体来看，"中和"表现为三种审美形态或层次：法则、境界、风格，我们可以用三个同心圆表示：最大的是法则，这是所有艺术创造都必须遵循的审美通则。中间是境界，这是儒家美学、伦理学所要追寻的审美及文化理想。最小的是风格，是儒家诗教传统中最为突出的艺术风格及审美形态。三者之中，"风格"最为外露，也最容易被识别；"境界"属于形而上的层面，处于中间位置，也不难被触及；"法则"看似形而下，却隐藏得最深，不容易被发现。这就是艺术的辩证法。这三者并非是"中和"的三种本质，而是中和之美的三个逻辑层面、三种出场的方式和形态。法则（真）、境界（善）、风格（美）共同构成了"中和"，它涵摄了真、善、美三种价值，是真善美三位一体。

第三章
先秦道家的审美时空观

在中国古代时空美学中，原始道家扮演了非常重要的角色。中国古代美学中的诸多范畴如"虚实""气韵""动静""意境"等，均受到老庄时空观念的影响。中国古代门类艺术如文学、绘画、书法、园林等，都与老庄的时空观念有着或深或浅的联系，其中又以山水画最为突出。儒家对时空美学的贡献主要表现于提供了具体的形式美学法则，而道家的意义则表现在为心理时空的拓展提供了重要的思想地基。老庄对"虚静"范畴的哲学演绎包含了丰富的美学意蕴，是中国古代审美心胸理论的重要基础。本章从探究老庄的时空观入手，对审美心胸理论进行论析，由此考察原始道家时空观及其所产生的美学效应。

第一节　老庄的时空观

时空是哲学研究的重要问题，也是一切终极追问展开的重要起点和基始，甚至可以说，中西哲学史上的诸种"形而上"之思多多少少都包含或涉及时空问题。在先秦诸子中，老庄对时空的言说最为丰赡透彻，在这一问题上，它不仅对战国时期的《易传》产生了一定的影响，而且与汉代传入中土的佛学思想也有颇多暗合之处。但是，老子与庄子在时空问题上存在不小的差异。老子并未直接谈到时空，其时空观念都包含在他的道论之中。老子所说的

"道",就是恒久无限且往复变动的时间本身,这是"宇宙时间"。他所说的"德"是自然天"道"下落到世间人事所呈现出来的状态和过程,这是"历史时间"。但由于老子《道德经》采取了格言警句的言说方式,其关于时空问题的认识还不是特别详明深透。到庄子,则在老子的基础上做了非常大的拓展和深入。庄子在老子的宇宙时间、历史时间之外,开启了与人的存在密切相关的"生命时间"。在老子的道论中,空间也多以隐喻的方式呈现。但庄子则以大鹏的视角为我们敞开了一个阔大、高渺、无限的宇宙时空。庄子的时空观对后世的文学、绘画、建筑等艺术审美体验及思想观念都产生了重大和深远的影响。比如中国古代诗词当中常见的"登高"主题,对有限生命与无限宇宙尖锐矛盾的叩问与咏叹,山水画中的"游观"思想,园林中的时空呈现等,都可以从庄子的时空观中觅得端绪。

一、老子"道论"中的时空观

老子是中国第一位真正意义上的哲学家,其自撰的《道德经》从宇宙论和本体论的高度,将"道"作为哲学的基本范畴进行了多层次的论证,并借此建立了以"道"为核心的哲学体系,《道德经》可视为中国哲学形而上思维展衍的滥觞之作。老子与孔子同时代,比孔子长20岁左右。两人所面临的社会文化和思想背景是一样的。春秋时期,周朝的礼乐文化和政治制度已经失去了约束力,诸侯争霸,穷兵黩武,尔虞我诈。孔子矢志于维护与恢复周代的礼乐文化,而老子则反其道而行之,抨击"礼"的虚伪性,崇尚人性的自然。老子的思路是,从现实的生存经验往上推,结合他自己所掌握的社会历史经验教训,一直上溯到宇宙的创生这一本源性问题,并借此构建他的"道论"哲学体系。正如有的学者所言:"老子是提出'世界本原'的哲学问题之第一人,也是第一位试图解答宇宙生成以及万物变动历程等哲学问题者。"[①] 尽管如此,我们仍不可过分夸大老子与孔子这两位思想"巨子"之间的差异。二者之间并非冰炭不容,孔子曾四次向老子请教,两者的出发点

[①] 陈鼓应:《老庄新论》,商务印书馆2008年版,第15页。

和旨归都是人的生存这一根本性问题。徐复观说："老子思想最大贡献之一，在于对此自然性的天的生成、创造，提供了新的、有系统的解释。在这一解释之下，才把古代原始宗教的残渣，涤荡得一干二净；中国才出现了由合理思维所构成的形上学的宇宙论。不过，老学的动机与目的，并不在于宇宙论的建立，而依然是由人生的要求，逐步向上面推求，推求到作为宇宙根源的处所，以作为人生安顿之地。因此，道家的宇宙论，可以说是他的人生哲学的副产物。他不仅是要在宇宙根源的地方来发现人的根源；并且是要在宇宙根源的地方来决定人生与自己根源相应的生活态度，以取得人生的安全立足点。"①

　　老子要从宇宙论展开其人生哲学和道德哲学，首先要思考的就是时空问题。上古时期，人们的时空观念主要来自与农耕文化密切相关的"观象授时"，这一时期人们对时空的探究也建立在这一基础之上。最早将上古先民的时空经验进行归纳和理论提升的应属管子，《管子》有言曰："岁有春秋冬夏，月有上下中旬，日有朝暮，夜有昏晨半，星辰序各有其司，故曰：天不一时。"②（《管子·宙合》）"天覆万物，制寒暑，行日月，次星辰，天之常也。治之以理，终而复始。……故天不失其常，则寒暑得其时，日月星辰得其序。……天未尝变其所以治也。故曰：天不变其常。"③（《管子·形势解》）"天覆万物而制之，地载万物而养之，四时生长万物而收藏之，古以至今，不更其道。故曰：古今一也。"④（《管子·形势解》）这都是从往古先民"观象授时"的经验总结基础上总结归纳出来的观点，管子认识到时间无时无刻不在流逝（"不一时"），同时时间又依照循环往复的法则流逝（"常"），所以从古至今的时间没有本质上的区别（"古今一也"）。

　　春秋时代晋国的程本撰《子华子》一书，最早提出"宇宙"这一概念，

---

① 徐复观：《中国人性论史·先秦篇》，上海三联书店2001年版，第287—288页。
② （清）黎翔凤：《管子校注》，中华书局2004年版，第234页。
③ （清）黎翔凤：《管子校注》，中华书局2004年版，第1167—1168页。
④ （清）黎翔凤：《管子校注》，中华书局2004年版，第1169页。

并被人们所广泛接受，直至今天。①子华子②说："惟道无定形，虚凝为一气，散布为万物，宇宙也者，所以载道而传焉者也。"（《子华子·孔子赠》）"万物一也，夫孰知其所以起，夫孰知其所以终，凝者主结，勇者营散，一开一敛，万形相禅。"（《子华子·孔子赠》）"凡物之有所由者，事之所以相因也，理之所以相然也。……宇宙之宙，理由是以有传也。"（《子华子·执中》）子华子的观点有几点值得我们注意。第一，"道"与"宇宙"并非一回事。道是万物之母，宇宙则是载负、传递万物的所在，这就是时空。第二，"宇宙"与"万物"不可离析，万物均在宇宙中，宇宙也不在万物之外。第三，"宇"、"宙"不可离析。万物聚散开阖，形质递变，无始无终，这种空间上的转化迁移即是"宇"。而事物变化的因果相续，前后相继，则是时间的绽出方式。时空（宇宙）于万物的生灭变现中得以统一。

我们现在无法知晓老子与子华子的思想之间是否具有承传关系，但二者之间的相通之处是不难发现的。如果管子的时空观还只是停留于对"观象授时"经验的总结提升层面，那么，子华子则在"道""万物""宇宙"三者之间的关系中探究这一问题，将中国古代的时空观念往前大大推进了一步。与子华子一样，老子也是从"道""万物"的角度来思考时空的，但老子更着重于"道论"，他将"道"推到宇宙本源（同时也是哲学本体）的高度，将"万物"与"时空"都涵摄于其中，建构了一个以"道"为核心的哲学体系。因此，老子的宇宙创生论、道论、德论中都自然涵盖了他的时空观念。相对而言，老子关于"道"的衍说更符合时间的本相，换言之，在老子看来，时间比空间具有某种优先性。

若从观照时间的方式来看，中国古代有"执有观时""体无观时""解空观时"这三大类型。③这是从"观"者主体的视角来考察时间的。若从"观"的对象角度来考察时间，则大致可以分出"道体时间""历史时间""生命时间"这三个类型。所谓"道体时间"，是指宇宙最高的本体——"道"所涵

---

① 参见李烈炎：《时空学说史》，湖北人民出版社1988年版，第18页。
② 汉代刘向为《子华子》一书作序。刘向说："子华子，程氏名本，字子华，晋人也。"
③ 参见詹冬华：《中国古代三种基本的观时方式》，《文史哲》2008年第1期。

具的时间。"道体时间"处于宇宙自然界，它周流六虚，上下不滞，亘古如斯。它可以遍现于一切自然现象之中，日月寒暑、星空大地、山川草木，都是"道体时间"的一种直接呈示。① 老子的时间内含于其道论中，因此我们不妨将其称为"道体时间"。有学者认为，老子的"道"论从古代天文历象之学即所谓"天道"学说衍变而来，因此，老子"道—德"学说，首先是关于时间与变化的哲学。"道"是变化的依据，"德"既是变化的过程，又是变化的显现，并且"道"又以"德"为中介过渡到"物"中之"道"。因此，"道"与"物"的关系，即是时间与万物生成发展的关系。② 这一说法颇有见地。那么，"道"如何绽出时间？老子的道论中包含了哪些时间性意涵？有关老子"道"的内涵，学界的研究已颇为详备。③ 尤其方东美从"道体""道用""道相""道征"四个方面讨论了老子哲学中"道"的内涵，在前人众说中颇显新意。他认为，就道体而言，道是无限真实存在之太一或元一；就道用而言，道周溥万物、遍在一切之"用"或"功能"，取之不尽，用之不竭。就道相而言，可以分为天然本相与意然人为属性。前者涵盖一切天德，具于道，须从永恒的角度加以观照。后者来自以个人主观的妄加臆测，并以拙劣的语言来进行描绘表达。就道征而言，高明至德显发之，成为上述天然本相，源出于道，而圣人、道之表征，即道之当下呈现，堪称道成肉身。④ 方东美有关道的体、用、相、征的内涵分析符合老子的意旨。结合方东美等学界诸人有关"道"之内涵的理解，我们可以将"道"的性状列述如次：第一，道无形；第二，道无终始；第三，道无限；第四，道无名；第五，道无所不在；第六，道无为而无不为。道的这些性状都适合时间，可以说，唯有"时间"才能与老子深邈玄远的"道"相冥合。以下分述之。

---

① 詹冬华：《中国古代诗学时间研究》，中国社会科学出版社2014年版，第45页。
② 程二行：《时间·变化·对策——老子道论重诂》，《武汉大学学报》（人文科学版）2004年第2期。
③ 陈鼓应在《老子哲学系统的形成和开展》一文中详细列述了"道"的各种意义，并就《老子》各章中出现的"道"（七十三次）的意义一一作了辨述，理清了"道"的脉络的意义，颇有价值。见其《老子今注今译》，商务印书馆2003年版，第23—48页。
④ 刘梦溪主编：《中国现代学术经典·方东美卷》，河北教育出版社1996年版，第122—126页。

第一，就"道体"而言，道是具有无限创化之功的"太一"，是"宇宙之母力"①。在老子看来，宇宙的创生都源自"道"。它不是某种具体的"有"，而是"无"，但又不是绝对的"虚无"："无，名天地之始；有，名万物之母"。对于"道体"，老子作了这样的描述：

> 有物昆（混）成，先天地生。萧（寂）呵漻（寥）呵，独立而不孩（改），可以为天地母。吾未知其名也，字之曰道。（帛书《老子》乙本二十五）②

老子将这个"道体"暂称为"物"，但这个物具有时间上的优先性，在天地形成之前就已然存在了。它无形无声，独立长存，循环运行，生生不息，是天地万物的根源。这里的"混成"，学界多释为浑然一体，这固然不错，但遗漏了老子道论中的一条重要信息，尽管老子反复申明"道"不可坐实到任何的"有"，但为了更好地说明"道体"，老子还是引入了"水"这一日常喻象。徐梵澄说："曰'有物混成'者，何也？——'混'，非谓混浊或混合，《孟子》：'源泉混混，不舍昼夜'，言水溃涌也，相续长流。溃涌必相续，故《许书》曰'丰流也'。'混成'，谓涌流长在者，即源源不断而生。与下言逝言远言返合谊。盖谓道非静物，乃时变而时进者。"③再如，"道渢（氾）呵，其可左右也。"（帛书《老子》乙本三十四）。④王弼注："言道氾滥无所不适，可左右上下周旋而用，则无所不至也。"⑤徐绍桢《道德经述义》曰："氾兮若水之氾滥无涯也，道之大如此，故左之右之，无所不在也。"⑥正如有的学者

---

① 高亨将"道"的性质归纳为十个方面：一曰道为宇宙之母；二曰道体虚无；三曰道体为一；四曰道体至大；五曰道体长存而不变；六曰道运循环而不息；七曰道施不穷；八曰道之体用是自然；九曰道无为而无不为；十曰道不可名不可说。其谓："道运循环而不息者，即宇宙之母力，无处不有，无时不动，未尝稍息。若日月之更递，岁时之往复，皆此力之鼓荡也。"参见其《（重订）老子正诂》，中华书局1956年版，第2—3、5页。
② 高明：《帛书老子校注》，中华书局1996年版，第348—350页。
③ 徐梵澄：《老子臆解》中华书局1988年版，第36页。
④ 高明：《帛书老子校注》，中华书局1996年版，第405页。
⑤ （魏）王弼：《王弼集校释》，楼宇烈校释，中华书局1980年版，第86页。
⑥ 转引自徐志钧：《老子帛书校注》，学林出版社2002年版，第268页。

所言，这里的"混""氾"，皆取水之丰沛奔流为喻，以水之奔流，比喻时间的流逝，老子开其端绪。孔子有逝川之叹，取喻与老子同。郭店楚简"太一生水"之说，也由老子这一喻义发展而来。① 楚简《太一生水》对宇宙生成进行了系统的描述：

> 大一生水，水反辅大一，是以成天。天反辅大一，是以成地。天地〔复相辅〕也，是以成神明。神明复相辅也，是以成阴阳。阴阳复相辅也，是以成四时。四时复相辅也，是以成沧热。沧热复相辅也，是以成湿燥。湿燥复相辅也，成岁而止。故岁者，湿燥之所生也。湿燥者，沧热之所生也。沧热者，〔四时之所生也〕。四时者，阴阳之所生。阴阳者，神明之所生也。神明者，天地之所生也。天地者，大一之所生也。是故大一藏于水，行于时，周而或〔始，以己为〕万物母。一缺一盈，以己为万物经。②

《太一生水》将老子的宇宙创生论进行了更为具体的衍说，老子说："道生一，一生二，二生三，三生万物。〔万物负阴而抱阳，冲气〕以为和。"（帛书《老子》乙本四十二）③ 在《太一生水》中，"一"被具体化为"水"，"水"这一具象中涵盖了天地、神明、阴阳、四时、寒热、燥湿，而这些自然因素之间的相辅相成、循环往复又产生了"岁"（时间）。《太一生水》由老子的道论发展而来，由此可反证老子对"水"的重视。

第二，就"道用"而言，老子强调"反"的重要性。老子谓："反也者，道之动也；〔弱也〕者，道之用也。"（帛书《老子》乙本四十一）④ 钱锺书认为，这里的"'反'有两义。一者、正反之反，违反也；二者、往反（返）之反，回反（返）也（'回'亦有逆与还两义，常作还义。……《老子》之

---

① 程二行：《时间·变化·对策——老子道论重诂》，《武汉大学学报》（人文科学版）2004 年第 2 期。
② 转引自丁四新：《郭店楚墓竹简思想研究》，东方出版社 2000 年版，第 88 页。
③ 高明：《帛书老子校注》，中华书局 1996 年版，第 29 页。
④ 高明：《帛书老子校注》，中华书局 1996 年版，第 26 页。

'反'融贯两义,即正、反而合,观'逝曰远,远曰反'可知。"①钱锺书这里所说的"反"之二义是相互关联的。一方面,事物会朝着相反的方向转化,如月满则亏、否极泰来;另一方面,事物最终都会返回其本根,"至(致)虚极也,守静督(笃)也,万物旁(并)作,吾以观其复也。天(夫)物芸芸,各复归于其根"②。阐明了"反者道之动",老子紧接着又说"天下之物生于有,有〔生〕于无"③。这是对"反"之含义的进一步解释。徐梵澄说:"窥老氏之意,曰'有生于无'者,此'无'即前所云'无之以为用'之'无'。(《道》,第十一章)。虚也。……空待物而实,时待事而纪。物岂有出时、空以外者耶?盖谓万物皆生于时间、空间之内而已。"④可见,"有""无"皆在时空之内,"有""无"的生出与归复其实都是时间的演呈。随着道的运行,事物向相反的方向转化,呈现出"小循环"的时间轨迹。但同时,事物(有)从本根的"无"中产生,最终又复归到这个"无"之中,这是"大循环"的时间轨迹。大循环(归根)是小循环(反转)的终极原因,在事物生灭成毁的过程中,无数次小循环最终促成了大循环的实现。

第三,老子对"道相"的描绘亦符合时空的性状。尽管老子在描述"道体"时说"有物混成",并以"水"喻之,但"道"不能与任何形器性的实体相等同。它不是物,但它又普遍存在于一切有形无形的物之中。道体超越于人的视听之外,也难为人的知性所穷究。道无先无后,混而为一。其谓:

  视之而弗见,〔名〕之曰微。听之而弗闻,命(名)之曰希。捪之而弗得,命(名)之曰夷。三者不可至(致)计(诘),故緟(混)而为一。一者,其上不谬(皦),其下不忽(昧),寻寻呵不可命(名)也,复归于无物。是胃(谓)无状之状,无物之象,是胃(谓)汹(忽)望(恍)。随而不见其后,迎而不见其首。执今之道,以御今之有,以知古

---

① 钱锺书:《管锥篇》第二册,中华书局1986年版,第445—446页。
② 高明:《帛书老子校注》,中华书局1996年版,第298—300页。
③ 高明:《帛书老子校注》,中华书局1996年版,第28页。
④ 徐梵澄:《老子臆解》,中华书局1988年版,第62页。

始，是胃（谓）道纪。（帛书《老子》乙本十四）①

徐梵澄说："此章于道乃作直述"，"进而论之，谓首尾后先皆不可得，是综合观于空间、时间，空无际，时亦无穷也。若谓因生缘起，则因无限，缘亦无尽也。""是于究极皆不可知，于人生有尽之时空内，得其今之少分而已矣。故曰'执今之道，以御今之有'，意即以今世之理，治今世之事。"②虽然老子并没有将"道"直接指陈为时空，但是，只有时空才能符合老子对道体所作的这种描绘。因为时空也是非物质的，它超越于形而下的感知之外，没有先后，没有开始和终结。③

第四，所谓"道征"，即"道"在万事万物之中的显现与表征，这便是万物的自然本性。老子将这一本性称为"德"。高亨说："老子所谓德，虽非玄名奥理，然亦难骤晓其真谛。今详审老氏之书，略稽庄生之言，而予以定义曰，德者万类之本性也。万类殊体，各有本性。体具而性存。性见而体章。性乃自然，人为者不入性之域。性乃固有，后天者不归性之范。故曰本性。万类之本性，老庄胥名之曰德。"④道为万物之母，但是道并不直接决定万物的性质，因为各物都有其独一无二的本性，这一本性就是"德"，天覆地载，日暖月寒，任何事物都有其不可替代的体和用。所以，"德"是"道"与万物相关联的中介，是事物内在的本质规定性，也可看作"道用"："道者宇宙母力之本体。德者宇宙母力之本性。本性之发，是为作用。故切实言之，德者宇宙母力之作用，亦可云德者道之用也。"⑤

由此，老子的"德论"就是"道论"在历史、政治、人生等领域的延伸与运用，对"道"的遵循和持守就是"德"，"孔德之容，唯道是从"。（帛书《老子》乙本二十一）"道生之，德畜之，物刑（形）之而器成之。是以万物尊道而贵德。道之尊也，德之贵也，夫莫之爵也，而恒自然也。道生之、畜

---

① 高明：《帛书老子校注》，中华书局1996年版，第282—288页。
② 徐梵澄：《老子臆解》，中华书局1988年版，第19—20页。
③ 参见詹冬华：《中国古代三种基本的观时方式》，《文史哲》2008年第1期。
④ 高亨：《（重订）老子正诂》，中华书局1956年版，第8页。
⑤ 高亨：《（重订）老子正诂》，中华书局1956年版，第9页。

之、〔长之、育〕之、亭之、毒之、养之、复（覆）之。〔生而弗有，为而弗恃，长而〕弗宰，是胃（谓）玄德。"（帛书《老子》乙本五十一）① 道与德顺任自然，生成并畜养万物，万物各安其性，物化为形，形成而为器。但道并不据之为己有，德长养万物而不为主宰，这是道与德的可尊可贵之处。

"德"是"道"下落到万事万物之中的具体表征。从时间的角度看，"道"与"德"的关系，就是时间与变化的关系。试以水为例作进一步阐发。老子以"水"喻"道体"，也以水来衍说"道征"（"德"）：

> 天下莫柔弱于水，〔而攻坚强者莫之能胜〕，以其无以易之也。水（柔）之朕（胜）刚也，弱之朕（胜）强也，天下莫弗知也，而〔莫能行〕也。（帛书《老子》乙本八十）②
>
> 天下之至〔柔〕，驰骋乎（于）天下〔之至坚〕。（帛书《老子》乙本四十三）③
>
> 上善如水，水善利万物而有争（静）。居众人之所亚（恶），故几于道矣。（帛书《老子》乙本八）④

老子从天下至柔之物——水这里所获得的启示非常丰沛。水与空气是人类生存所必需的物质基础，老子将水、气上升为哲学概念。尤其是水，在老子的"道论"与"德论"中发挥了关键性的作用。老子之后，庄子与稷下道家将气化理论发扬壮大，而尚水学说则隐没不彰。⑤ 老子从尚水思想直接推演出他的守雌哲学。在老子看来，"物壮则老""柔弱胜刚强"，"坚强者死之徒，柔弱者生之徒"。正因为"反者道之动，弱者道之用"，所以，柔弱看似不堪一击，但却有极盛的生命力，而刚坚强悍则预示着衰败和覆亡。这一切都是万物自身的"德"所内含的规定性，并非是外力所致。而产生这种不可

---

① 高明：《帛书老子校注》，中华书局1996年版，第69—73页。
② 高明：《帛书老子校注》，中华书局1996年版，第208—210页。
③ 高明：《帛书老子校注》，中华书局1996年版，第35页。
④ 高明：《帛书老子校注》，中华书局1996年版，第253—255页。
⑤ 参见陈鼓应：《老庄新论》，商务印书馆2008年版，第114页。

改易的规定性的终极原因，就是时间。徐梵澄说："老氏盖深明时间之妙用者也。观万物之化，因其时而任自然之化，故能清静无为，徐动徐生，不轻不躁。固言柔弱胜刚强矣，亦言'上善如水，水善利万物而又静'。而此章言'天下莫柔弱于水，而攻坚强者莫之能先也'。水之以柔弱而能攻坚强者，因时间之力。……强者，壮也。物壮则老，自然之序。物之成也熟也，以时间而攻之杀之者，亦以时间也。皆潜移于不觉，以成其万物之化。智者因之，以柔弱胜刚强。其在《易》曰：'坤至柔而动也刚'。物之成，用力；其毁，亦当用力也。刚者，力之凝聚；柔者，力之弛散。摧刚者柔，柔之力特因时间浸渐而施之，其'动也刚'无异也。所谓绳锯木断，水滴石穿者。"[①] 正因为天下至柔之物——水具有如此特殊的性质和作用，老子将其推衍到政治、伦理、人生等诸多层面，强调守弱、示弱、持弱，自然任化，无为而无不为。领悟了这种妙道玄德并遵循行事的人，就是老子所说的圣人，这是"道征"最集中的显现。

综上，道体、道用、道相、道征基本上涵盖了老子道论的主要内容。道论的核心思想是时间观，其中也包含了空间观。老子尚水的宇宙创生论构成了其时间观的重要理论基础，"水"作为"道"的重要喻象，不仅为宇宙的起源创生提供了另一种暗示性的解释，同时更为"道"之体用的展开准备了最好的哲学道具。水的绵绵不绝、浩渺渊深、逝而不返、柔而克坚等性状都无不与时间相冥合。与老子哲学的"道论"与"德论"相对应，其时间观也表现为"道体时间"与"德性时间"，前者处于宇宙本体层面，后者则处于现实的政治、历史、人生等层面。两者密切关联，构成了老子"道—德"哲学体系的核心思想。

以上讨论的主要是老子"道论"中的时间观，下面就其中所包含的空间观略作分析。先秦的空间观念主要建基于天文观象实践以及日常的空间经验。吴国盛认为，能够直接提示出空间概念（spatial concepts）的空间经验主要有三种：1. 处所经验。说任何事物存在，一定意味着它在什么地方，不在

[①] 徐梵澄：《老子臆解》，中华书局 1988 年版，第 115—116 页。

什么地方的物体是不存在的,这就是所谓的位置、地方、处所(place)经验;2.虚空经验。亦即事物所具有的"空"的状态,比如房子中空无一人,椅子无人坐,这就是虚空(void)经验;3.广延经验。任何物体都有大小和性状之别,具有长宽高亦即体积,这就是广延(extension)经验。① 老子"道论"中的空间观念应属第二种,亦即虚空。老子谓:"卅(三十)楅(辐)同一毂,当其无,有车之用也。燃(埏)埴而为器,当其无,有埴器之用也。凿户牖,当其无,有室之用也。故有之以为利,无之以为用。"(帛书《老子》乙本十一)② 河上公曰:"无谓空虚"③。正是因为有虚空(无),才有可能发挥器物的最大功用。老子将这种虚空思想推衍到宇宙天道的层面。老子说:"天地之间,其犹橐籥舆?虚而不淈(屈),勤(动)而俞(愈)出。"(帛书《老子》乙本五)④ 老子以"橐籥"象天地,其旨归是强调"虚空"的重要性。河上公曰:"天地之间空虚,和气流行,故万物自生。"⑤ 王弼注:"橐,排橐也。籥,乐籥也。橐籥之中空洞,无情无为,故虚而不得穷屈,动而不可竭尽也。天地之中,荡然任自然,故不可得而穷,犹若橐籥也。"⑥ 所谓"橐籥",即冶炼用的风箱。"橐"是用兽皮做的制风主体,籥以竹管做成,上有吸气排气的孔眼。"橐"受压力鼓动,空气从"籥"的空洞中排出。吴澄说:"'橐'象大虚,包含周徧之体;'籥'象元气,絪缊流行之用。"⑦

先秦时期,有关宇宙虚空的想象并非老子独见,管子也有类似的表述,《管子·宙合》曰:"天地万物之橐,宙合有橐天地。"⑧ 石一参云:"囊之无底者曰橐。万物生存于天地之间,犹处于囊橐之内"⑨。橐,即口袋。"宙"指时间,"合"指空间。天地是万物的口袋,包容万物。但天地又被"宙合"所包

---

① 吴国盛:《希腊空间概念》,中国人民大学出版社2010年版,第2—3页。
② 高明:《帛书老子校注》,中华书局1996年版,第270—272页。
③ 王卡点校:《老子道德经河上公章句》,中华书局1993年版,第42页。
④ 高明:《帛书老子校注》,中华书局1996年版,第244页。
⑤ 王卡点校:《老子道德经河上公章句》,中华书局1993年版,第18页。
⑥ (魏)王弼:《王弼集校释》,楼宇烈校释,中华书局1980年版,第14页。
⑦ 高明:《帛书老子校注》,中华书局1996年版,第245页。
⑧ (清)黎翔凤:《管子校注》,中华书局2004年版,第206页。
⑨ (清)黎翔凤:《管子校注》,中华书局2004年版,第210页。

容，意即天地亦处于时空之中。相对于管子，老子更关注宇宙天地的"虚空"本身，亦即天地元气周遍流行、创生万物的自然之功。

老子的虚空思想还直接被用于对"道体"的描绘上："道冲（盅），而用之有（又）弗盈也。渊呵，似万物之宗。"（帛书《老子》乙本四）①"〔大〕盈如冲（盅），其〔用不穷〕。"（帛书《老子》乙本四十五）②段玉裁《说文解字注》云："凡用冲虚字者，皆'盅'之假借。《老子》：'道盅而用之'。今本作'冲'是也。"③朱谦之释曰："'冲'，傅奕本作'盅'，'盅'即'冲'之古文。《说文解字·皿部》：'盅，器虚也。《老子》曰：道盅而用之'。"④正因道体"空虚"，所以"道用"无穷。综上，虚空思想是老子空间观念的重要义项，道既是虚空的，也是广大无限的。因此，老子的"道论"中也自然包含了空间无限的思想。

道的循环归复过程不仅体现于时间，同时也是空间开拓的过程。老子说："吾未知其名也，字之曰道。吾强为之名曰大，大曰筮（逝），筮（逝）曰远，远曰反（返）。"（帛书《老子》乙本二十五）⑤这里的"大"是老子对"道"的别称，"大"从空间维度对道的性状作了规定。徐梵澄解释说："'大曰逝，逝曰远，远曰反'，——'曰'，爰也。（见《尔雅释诂》）义为大于是乎逝。逝者，往也。（见《说文解字》）大者必非小者，小者可在于定处，而至大者必在于徧处，徧无不在，即徧无不往也。徧无不往，即弥漫而远到，往于是乎远。然大者非多而为一，必还于自体而成其为一，反，返也。可谓：道，大也；爰逝爰远，爰远爰返。"⑥此处所谓"徧"，即"遍"⑦，亦可释为"边远"，说明"道"的普及周遍，所以说"徧无不在""徧无不往"。徐氏此处从空间维度衍说道的广大周全，弥漫远到。至大之道无处不在，庄子对这个

---

① 高明：《帛书老子校注》，中华书局1996年版，第239页。
② 高明：《帛书老子校注》，中华书局1996年版，第42页。
③ （清）段玉裁：《说文解字注》，上海古籍出版社1988年版，第547页。
④ 朱谦之：《老子校释》，中华书局1984年版，第18页。
⑤ 高明：《帛书老子校注》，中华书局1996年版，第350页。
⑥ 徐梵澄：《老子臆解》中华书局1988年版，第36页。
⑦ "徧"可用作"遍"的假借字，普遍之意。

空间概念作了详备深入的演绎。《庄子·大宗师》谓:"夫藏舟于壑,藏山于泽,谓之固矣。然而夜半有力者负之而走,昧者不知也。藏小大有宜,犹有所遁。若夫藏天下于天下而不得所遁,是恒物之大情也。"① 郭注、成疏皆从时间的层面加以衍说,强调造化舍故趋新、无时不在改移的变化之功。但这段话也包含了空间意涵。舟、山皆是"小者",可以也必然有一个空间性的所在(壑、泽皆"定处")。但天下则是"至大者",它本身无所遁藏,也无所改移,所以天下可以维持"恒"的状态。吴国盛在讨论古希腊空间概念时引证了高尔吉亚在《论非存在或论自然》中论证"无限不在任何地方"的一段话,可以与此相发明:"处在一个地方,就是为他物所包围;被物包围,就不再无限,因为包围者大于被包围者;但没有什么比无限更大,所以无限不在任何地方。"② 由此,老子所说的道(大)、庄子说的"天下"在时空上都是无限的,万物都内含于其中,时时改易,但其自身却不在某时某处。

二、庄子对时空视域的拓展

庄子继承老子的思想,进一步展开其道论:

> 夫道,有情有信,无为无形;可传而不可受,可得而不可见;自本自根,未有天地,自古以固存;神鬼神帝,生天生地;在太极之先而不为高,在六极之下而不为深,先天地生而不为久,长于上古而不为老。(《庄子·大宗师》)③

庄子这段有关"道"的描绘基本上没有脱离老子道论的理路,"道"真实不虚,可以心悟体知却不可耳闻目见。道以自己为本根,天地鬼神由之而生。道在空间与时间上占有绝对的优先地位,没有高卑之分,没有久暂之别。这与老子所说的道几无二致。在宇宙论的问题上,庄子也表现出自己的困

---

① (清)郭庆藩:《庄子集释》第一册,王孝鱼点校,中华书局1961年版,第243页。
② 吴国盛:《希腊空间概念》,中国人民大学出版社2010年版,第6页。
③ (清)郭庆藩:《庄子集释》第一册,王孝鱼点校,中华书局1961年版,第246—247页。

惑:"天其运乎?地其处乎?日月其争于所乎?孰主张是?孰维纲是?孰居无事推而行是?意者其有机缄而不得已邪?意者其运转而不能自止邪?"(《庄子·天运》)①究竟是谁主宰并推动天地的运行?是机关拨动所致还是其自行运转不能停止?在庄子看来,这些问题似乎没有答案。在描述"道"的时候,老庄都涉及宇宙论,但是,老子之道与庄子之道又有区别。牟宗三认为,二者在义理的形态上存在区别。老子之道有客观性、实体性及实现性,至少有这样的姿态。而庄子则对此三性一起消化而泯之,成为纯粹的主观境界。所以,老子之道为"实有形态",或具备"实有形态"的姿态,而庄子之道则纯为"境界形态"。②同理,老庄在时空的问题上也呈现出这种差异。老子道论中的时空多以"水""橐籥"等日常具象喻之,所以具备一定的客观性、实体性和实现性。但庄子并不寻求对时空"实有形态"的确定性解释,而是以种种"无端崖之辞"(寓言、重言、卮言)将这一问题转化上升到纯主观的精神境界,由此,庄子的时空可以称之为"境界时空"。这种纯精神的"境界时空"是中国古代审美时空观念最终得以形成的一大关捩。

方东美认为,庄子不仅继承了老子的思想,而且还受到孔孟、惠施的影响。老子哲学系统中的种种疑难困惑,到庄子一扫而空。与老子将"无"作为宇宙的始基不同,庄子将万有的"重复往返""顺逆双运"历程推向了无穷无限,由此,他实际上消弭了时间与永恒之间的"变常对反"。与孔子关注时间的过去不同,庄子只接受时间展向未来,无穷延伸。庄子深知如何根据"反者,道之动"的原理探索"重玄"(玄之又玄),所以,毋须停留于辽远之过去的任何一点上。实际上,无论就过去或未来而言,时间都是无限的,其本身就是绵绵不绝,变化无已的自然历程,无始无终。③

《庄子·齐物论》谓:"有始也者,有未始有始也者,有未始有夫未始有始也者。有有也者,有无也者,有未始有无也者,有未始有夫未始有无也者。俄而有无矣,而未知有无之果孰有孰无也。今我则已有谓矣,而未知吾

---

① (清)郭庆藩:《庄子集释》第二册,王孝鱼点校,中华书局1961年版,第493页。
② 牟宗三:《才性与玄理》,吉林出版集团有限责任公司2010年版,第156页。
③ 刘梦溪主编:《中国现代学术经典·方东美卷》,河北教育出版社1996年版,第128—129页。

所谓之其果有谓乎，其果无谓乎？"①庄子在这里展开了一段"三进式"的本源追问。②但是，庄子并不是要对宇宙本源作纯知识论的追问，而是将宇宙本源放在该问题自身的逻辑框架中作连环式的穷诘，使这一本源之问在逻辑悖谬中自行展开其无解性。张祥龙说："既'有始'，那么，这种说法本身和'始'本身的含义就允许人合乎规范地想到'未始有始'；这样，也就必须允许向'未始'处的进一步的回溯。于是知'始'之靡常。""如此三进，'始'与'未始'被损之又损，以至于无一是处。"③所谓"始"，就是时间的开端。在庄子看来，齐物首先要齐的就是时间，因为任何事物都不会落在时间之外，人世间所有物事均在时间之内发生并消亡，而宇宙的发生是所有物事发生的总根源，解决了这个问题，其他问题均有根可循。但庄子很快发现，只要这个问题一设定，它就会陷入不断前伸的穷诘泥淖之中。既然有一个点是"开始"，那就在时间之轴上找到了一个位置，也就形成了前与后的次序关系，时间问题被置换成空间，因而也永远不可能得到确解。所以，庄子将时间放在"始—始前—始更前"的对待关系中，从某种意义上取消了对时间开端问题的反思。换言之，在庄子这里，宇宙时间是无始无终的绝大的"无限"。

接下来，庄子又用相同的办法处理"有无"的问题。设定了"有"，也就牵出了"无"，而"有"本身（having, being）就关涉到时间，庄子又用"未始"这一词继续连环追问有无问题，使得这些看似自明的概念渐次丧失其"定性"。张祥龙说："'化声相待'，实实虚虚，直接显示'有''无'之

---

① （清）郭庆藩：《庄子集释》第一册，王孝鱼点校，中华书局1961年版，第79页。
② 我们不难想到奥古斯丁在《忏悔录》中有关时间的痛苦叩问。上帝是否在时间之中？如果上帝在时间之中，那必定有开端和结束，既有终始，那就不是永恒的；如果上帝不在时间之中，那上帝又如何知晓时间之中发生的事情？我们知道，康德在《纯粹理性批判》中论及的第一个"二律背反"就是时空问题。康德认为，如果用"量"去规定世界整体这一理念，就会产生时空的有限与无限之间的矛盾。正题是，世界在时间上有开端，在空间上有界限。反题是，世界在时空上没有开端，都是无限的。康德用归谬法论证了正反题都是成立的，这就构成了"二律背反"。就时间而言，如果世界是无限的，那么对于任何给定的瞬间点而言，一段无限的时间就已经逝去了。但既然是无限的，就不可能已然逝去。所以，世界在时间上必须有一个开端。但是，如果世界真的有一个时间上的开端，那么，在开端之前的时间里却没有世界，但任何事物都不可能在空虚的时间里产生。所以，时间应该是无限的。空间的"二律背反"同此理。
③ 张祥龙：《海德格尔思想与中国天道》，生活·读书·新知三联书店1996年版，第308页。

靡常。顺势而下，则'有谓（肯定判断）'与'无谓（否定判断）'的定性亦被化去。这样，我们就面临一个有无、是非都不足据的终极局面。"① 甚言之，庄子还顺此逻辑进一步否定了言说本身的自性。"今我则已有谓矣，而未知吾所谓之其果有谓乎，其果无谓乎？"（《庄子·齐物论》）庄子《齐物论》"完全致力于从各个角度（有无、是非、彼我、生死、真伪、同异）剥离出被概念名言框架遮蔽的那非有非无、无可无不可的底蕴，彰显老子道中的'玄'意。"② 庄子所开启的，是不同于易学传统的时间观照路向。庄子一死生、齐彭殇，在消解时间差别之后进入"道通为一"的终极境域。张祥龙认为，庄子齐物去差别只是第一步，还要"透过有无是非而化入一个根本的生发境域，从而取得生存本身的构成势态。"③《庄子》中的'游'讲的就是进入了这种构成境域后的任势而游、依天乘时而游。这才是活的和有境界的齐物。"④ 可见，无论是"任势而游"，还是"依天乘时而游"，庄子之游都离不开时间，或者说，庄子之游的实质就是"游于时"。庄子要自由地遨游于时间之域，首先就要破除对于时间的执念，而对这一执念的破解就以无限的时间为前提。在日常经验里，人们最关心的就是自己年寿的长短，庄子将人的年寿放在一个长短极为悬殊的相对性关系中，试图改造人们这种"流俗"性的时间经验。《庄子·逍遥游》谓：

> 小知不及大知，小年不及大年。奚以知其然也？朝菌不知晦朔，蟪蛄不知春秋，此小年也。楚之南有冥灵者，以五百岁为春，五百岁为秋；上古有大椿者，以八千岁为春，八千岁为秋。而彭祖乃今以久特闻，众人匹之，不亦悲乎！⑤

朝菌、蟪蛄、冥灵、大椿、彭祖，无论是小年还是大年，均属生命时间。

---

① 张祥龙：《海德格尔思想与中国天道》，生活·读书·新知三联书店1996年版，第309页。
② 张祥龙：《海德格尔思想与中国天道》，生活·读书·新知三联书店1996年版，第310页。
③ 张祥龙：《海德格尔思想与中国天道》，生活·读书·新知三联书店1996年版，第311页。
④ 张祥龙：《海德格尔思想与中国天道》，生活·读书·新知三联书店1996年版，第311—312页。
⑤ （清）郭庆藩：《庄子集释》第一册，王孝鱼点校，中华书局1961年版，第11页。

庄子开篇即向世人呈现出有关世间生命短长差异化的时间图景，其目的就要告诫人们，不要为年寿的久暂而伤情累神。因为，相对于无限的宇宙时间而言，任何事物都在弹指一挥间。生命的"有死性"内涵于生命的全部过程，企图延长年岁来缓释其悲情完全是徒劳的。虽然寿有更寿，夭有更夭，但对于无始无终的宇宙时间而言，最终结局都一样。同样，庄子将大鹏、蜩鸠所飞越的空间并置在一起进行对照，庄子首先以大鹏神鸟为喻象，展现了一个阔大辽远的宇宙空间：

> 北冥有鱼，其名为鲲。鲲之大，不知其几千里也。化而为鸟，其名为鹏。鹏之背，不知其几千里也；怒而飞，其翼若垂天之云。是鸟也，海运则将徙于南冥。南冥者，天池也。《齐谐》者，志怪者也。《谐》之言曰："鹏之徙于南冥也，水击三千里，抟扶摇而上者九万里，去以六月息者也。"野马也，尘埃也，生物之以息相吹也。天之苍苍，其正色邪？其远而无所至极邪？其视下也，亦若是则已矣。（《庄子·逍遥游》）①

方东美说，"世间事物，自高处遥遥视之，其寻常之怪现状顿成一片浑融，故可忽之恕之。远望观之，但呈象征天地大美之诸层面。……大鹏神鸟绝云气，负苍天，翱翔太虚，其观点所得之景象，固永胜地上实物百千万倍不止。然以视无限大道之光照耀宇宙万象，形成统摄一切分殊观点之统观所得，则又微不足道矣。真正圣人，乘妙道之行，得以透视一真，弥贯天地宇宙大全。一切局部表相，无分妍丑，从各种不同角度观之，乃互澈交融，悉统汇于一真全界整体。一切分殊观点皆统摄于一大全瞻统观，而'道通为一'"②。这里有三点值得进一步探究。一、庄子既以大鹏为道具，为什么还要增设一个"鲲"的喻象？二、庄子为什么要再三强调鲲鹏之大？三、如此强大的神鸟为何还要依凭外力而飞（"去以六月息"）？综合来看，这三方面

---

① （清）郭庆藩：《庄子集释》第一册，王孝鱼点校，中华书局1961年版，第2—4页。
② 刘梦溪主编：《中国现代学术经典·方东美卷》，河北教育出版社1996年版，第134页。

关涉到时空问题。首先,神鸟为鲲所化,"化"即与时间相关,《庄子》集中谈"化",即变化之道,对后世影响颇深。陈鼓应说:"'化'字,《诗经》、《易经》及《论语》均未见,《老子》三见('自化'连言),《庄子》全书则多达七十余见,如'造化'、'物化'、'变化'等有关宇宙大化的概念,却出自《庄》书。此外,'万物化生'、'与时俱化'等重要哲学命题,亦出自《庄子》,而直接为《易传》所继承。"①其次,这里的"大"与空间相关,是对老子道论中有关"大"的思想进一步拓展和深化②。老庄所提出的"大"是中国古典哲学、美学中的一个重要范畴,它直接开启了后世文艺(文学、绘画、建筑等)的阔大境界。第三,大鹏南徙须借六月大风而起,强调的是一种时机性,亦即"有待",这为他后面要说的逍遥游做好了铺垫。庄子借大鹏这一意象展开了一番具有超前意识的空间想象。大鹏依凭飓风上升到九万里高空,野马般的游气开阖排挞,随风飘荡。庄子反问,向上遥看,天空有没有边界?天空是苍茫的一片,这是不是太空的本来面目?这几乎完全是我们凭借现代高科技手段所看到的太空景象。

正是因为宇宙时空的无限性,所以世间万物的大小久暂都是相对的。庄子在《秋水》篇中作了充分的论析,该篇与《逍遥游》遥相呼应,是庄子时空观的补充与完善。北海若向河伯这样衍说"大"的道理:

> 天下之水,莫大于海,万川归之,不知何时止而不盈;尾闾泄之,不知何时已而不虚;春秋不变,水旱不知。此其过江河之流,不可为量数。而吾未尝以此自多者,自以比形于天地而受气于阴阳,吾在[于]天地之间,犹小石小木之在大山也,方存乎见少,又奚以自多!计四海之在天地之间也,不似礨空之在大泽乎?计中国之在海内,不似稊米之

---

① 陈鼓应:《庄子今注今译》,中华书局 2009 年版,第 4 页。
② 老子多次说到"大"。《老子》二十五章谓:"吾不知其名,强字之曰'道',强为之名曰'大'。大曰逝,逝曰远,远曰反。故道大,天大,地大,人亦大。域中有四大,而人居其一焉。"《老子》三十四章云:"大道氾兮,其可左右。……万物归焉而不为主,可名为大。以其终不自为大,故能成其大。"《老子》三十五章曰:"执大象,天下往。"

在大仓乎？（《庄子·秋水》）①

庄子借北海若之口先强调海之"大"，但海并不自以为大，因为同天地相比，大海也只不过是大仓之一粟。但庄子的逻辑并非仅此一途，他一方面向更大的空间延伸，突出空间的无限性；同时又向微观空间不断推溯，"至大无外，至小无内"。如此，则空间大小相待，难得其究竟，庄子不以惯常的生活经验来打量时空，芥末之微，尽显三千世界；弹指一瞬，却是万朝风月。

为了进一步弄清楚这一宇宙空间问题，庄子又借重古圣贤汤、棘的对话来申说："汤问棘曰：'上下四方有极乎？'棘曰：'无极之外，复无极也'。"（《逍遥游》）"若夫乘天地之正，而御六气之辩，以游无穷者，彼且恶乎待哉？故曰：至人无己，神人无功，圣人无名。"（《逍遥游》）所谓"乘天地之正"，就是顺着天地万物的本性规律，把握"阴阳风雨晦明"这"六气"的变化法则，在无限的时空境域中自由遨游，如此他就无所依待，无所牵制，精神高举，心灵安适。

在论及宇宙之"始""有无"的问题后，庄子要打破常人的时空界限。其谓：

> 天下莫大于秋毫之末，而大山为小；莫寿于殇子，而彭祖为夭。天地与我并生，而万物与我为一。（《齐物论》）②

> 夫物，量无穷，时无止，分无常，终始无故。是故大知观于远近，故小而不寡，大而不多，知量无穷；证曏今故，故遥而不闷，掇而不跂，知时无止；察乎盈虚，故得而不喜，失而不忧，知分之无常也；明乎坦途，故生而不说，死而不祸，知终始之不可故也。计人之所知，不若其所不知；其生之时，不若未生之时；以其至小求穷其至大之域，是故迷乱而不能自得也。由此观之，又何以知（毫）〔豪〕末之足以定至细之

---

① （清）郭庆藩：《庄子集释》第三册，王孝鱼点校，中华书局1961年版，第563—564页。
② （清）郭庆藩：《庄子集释》第一册，王孝鱼点校，中华书局1961年版，第79页。

倪！又何以知天地之足以穷至大之域！(《秋水》)①

在一个被拓展了的绝大时空视域中，任何日常经验中的大小久暂都失去了其绝对意义。以道观之，天地万物皆与我为一体，宇宙就是无始无终的万化流行，任何生命的跃入与出场都改变不了这一自然进程。所以，只有放下执念，游心于宇宙时空，才会获得真正的逍遥。正如有的学者所言："庄子虽然有意忽略相对事物中的绝对性，……然而庄子的目的，却不在对现象界作区别，乃在于扩展人的视野，以透破现象界中的时空界线。若能将现象界中时空的界线一一透破，心灵才能从锁闭的境域中超拔出来。"②

综上，庄子在老子的基础上进一步明确了道之时空的无限性，并且通过大鹏的视角将时空从宇宙论的认知层面转向了哲学美学的精神境界层面。这对于中国古代的艺术、美学、诗学的致思路向、审美心胸、境界旨趣等方面产生了重要的影响。

三、时空超越与生命安顿

庄子在老子的宇宙时间、历史时间之外，拓展出与人的存在密切相关的生命时间，具体体现在生死观、时命观、心理时间等方面。本节主要围绕生死问题展开论析。

世人之所以悦生恶死，是因为将生与死区别对待。对每个人来说，生是"有"，是获得世界；而死就是"无"，是失去世界。换言之，生是存在，死是虚无。西方存在主义哲学家海德格尔用现象学的方法追问存在，逼视存在的本来面目。海氏认为，存在即是在世界中存在，与他人共在于世界之中。此在无法选择自己的"生"，每个人来到世界上是偶然的，海氏称之为"被抛"。但是，作为此在最本己且最大的可能性，"死"一开始就如影随形般地伴随着"生"而存在，"死"会先行到"生"的全过程之中，也因此，最本真

---

① (清)郭庆藩：《庄子集释》第三册，王孝鱼点校，中华书局1961年版，第568—569页。
② 陈鼓应：《庄子今注今译》，中华书局2009年版，第82页。

的生应该是"向死而生"。在这种存在境域中,时间的问题就凸现出来了,对生死的超越就植根于对时间的超越。庄子对生死问题的致思路径虽然有点类同于现象学,但比海德格尔要更进一步。庄子以气化论为基础,将生命主体与天地万物的生灭成毁都归结为气之聚散,气聚而生,气散而死,道通为一。这样,"死"与"生"就没有价值高下的区分。就生命个体来说,生是对世界的获取,是意义绽出的基础。而死是向世界交出世界,是意义的退场。但对于道来说,万物此消彼长,荣枯交替,无所得也无所失。庄子将个体与道相沟通,"天地与我并生,而万物与我为一"(《齐物论》),在心灵境界上寻求最终的超越。《大宗师》谓:"彼方且与造物者为人,而游乎天地之一气。彼以生为附赘县疣,以死为决疣溃痈,夫若然者,又恶知死生先后之所在!假于异物,托于同体;忘其肝胆,遗其耳目;反覆终始,不知端倪;芒然彷徨乎尘垢之外,逍遥乎无为之业。"① 庄子将气化哲学落实到生命问题上,既是认识论的,又是价值论的。肉身源自阴阳二气,身体形迹生灭变化乃是气之聚散的结果。气聚而生,就像身体上的赘瘤一样;气散则死,一如肿瘤溃泄。这样一来,生死之间哪有什么优先性可言呢?庄子继承并发展了老子的生死观,认为生死是同一类的事情:"生也死之徒,死也生之始,孰知其纪!人之生,气之聚也;聚则为生,散则为死。若死生为徒,吾又何患!故万物一也,……'通天下一气耳'。圣人故贵一。"(《知北游》)② 既然生与死都是气之聚散的结果,生死就是相属相连的事情了。庄子妻死,惠子去吊唁,庄子却箕踞鼓盆而歌。在惠子看来,庄子做得有些过。但庄子却说:"不然。是其始死也,我独何能无概然!察其始而本无生,非徒无生也而本无形,非徒无形也而本无气。杂乎芒芴之间,变而有气,气变而有形,形变而有生,今又变而之死,是相与为春秋冬夏四时行也。人且偃然寝于巨室,而我噭噭然随而哭之,自以为不通乎命,故止也。"(《至乐》)③ 庄子将生死放在时间的流程中加以考察可知,生、死不是独立发生的单个事件,而是首尾一贯的整体。生

---

① (清)郭庆藩:《庄子集释》第一册,王孝鱼点校,中华书局1961年版,第268页。
② (清)郭庆藩:《庄子集释》第三册,王孝鱼点校,中华书局1961年版,第733页。
③ (清)郭庆藩:《庄子集释》第三册,王孝鱼点校,中华书局1961年版,第614—615页。

命由气聚而成形,来自芒芴,最终又归于芒芴。

生死问题从根本上说是时间问题,对生死的超越即是对时间的超越。因此,庄子将生死与昼夜、四时这些时间表征关联起来,认为生死与昼夜四时一样,都是天地自然变化的结果。所以,要超越时间,首先要学会"观化":

> 死生,命也,其有夜旦之常,天也。人之有所不得与,皆物之情也。(《大宗师》)①
>
> 生者,假借也;假之而生生者,尘垢也。死生为昼夜。且吾与子观化而化及我,我又何恶焉!(《至乐》)②
>
> 万物一齐,孰短孰长?道无终始,物有死生,不恃其成;一虚一满,不位乎其形。年不可举,时不可止;消息盈虚,终则有始。是所以语大义之方,论万物之理也。物之生也,若骤若驰,无动而不变,无时而不移。何为乎,何不为乎?夫固将自化。"(《秋水》)③

庄子对时间的迁逝有着深刻的感受,白驹过隙,往者莫存。在时间面前,唯一可做的,就是顺时适变,随之自化。

> 仲尼曰:"……夫哀莫大于心死,而人死亦次之。日出东方而入于西极,万物莫不比方,有目有趾者,待是而后成功,是出则存,是入则亡。万物亦然,有待也而死,有待也而生。吾一受其成形,而不化以待尽,效物而动,日夜无隙,而不知其所终;薰然其成形,知命不能规乎其前,丘以是日徂。吾终身与汝交一臂而失之,可不哀与!"(《田子方》)④

庄子借孔子之口再一次道明了时间的本相。万物无时无刻不在变化,庄

---

① (清)郭庆藩:《庄子集释》第一册,王孝鱼点校,中华书局1961年版,第241页。
② (清)郭庆藩:《庄子集释》第三册,王孝鱼点校,中华书局1961年版,第616页。
③ (清)郭庆藩:《庄子集释》第三册,王孝鱼点校,中华书局1961年版,第584—585页。
④ (清)郭庆藩:《庄子集释》第三册,王孝鱼点校,中华书局1961年版,第707—709页。

子称之为"日徂"。正因为事物随时变现,所以不可执着于这些现象,与道相推移。换言之,只有参悟了时间的本质,才能做到不迷失于外物。这样的人,庄子称之为"才全":

> 哀公曰:"何谓才全?"仲尼曰:"死生存亡,穷达贫富,贤与不肖毁誉,饥渴寒暑,是事之变,命之行也;日夜相代乎前,而知不能规乎其始者也。故不足以滑和,不可入于灵府。使之和豫,通而不失于兑;使日夜无郤而与物为春,是接而生时于心者也。是之谓才全。"(《德充符》)①

庄子将存在的诸种情状都归结为事物的变化、命运的流行,就像日夜交替一样,就算是智识才全之士也不能通晓其端始。当理性的思量在这些问题面前止步时,心灵就会安然闲适,通豁无碍,与外物相接相随,与时推移,一同跃入春机一片的自然大化之中。

第二节 老庄审美心胸的自由时空

审美心胸理论②是中国古典美学及艺术理论中的重要问题,尤其是在先秦道家美学中,该理论占有极为重要的位置。新时期以来,学界有关中国古代审美心胸理论的研究已是日臻宏富与深入了。综而论之,前贤的研究路向主要体现在四个方面:一是对先秦老子、管子、荀子、庄子的"虚静"说进行

---

① (清)郭庆藩:《庄子集释》第一册,王孝鱼点校,中华书局1961年版,第212页。
② 所谓"审美心胸",是指审美主体在进行审美观照、审美体验时所达到的心理状态与精神境界。这时,观照者要摆脱世俗功利的束缚,摒弃逻辑思量的羁绊,形成一种自由无碍、澄明无翳的襟怀与心境。审美心胸与西方美学所说的审美态度相对应。叶朗认为,老子提出的"涤除玄鉴"命题是中国古典美学关于审美心胸理论的发端,庄子有关"心斋""坐忘"的论述是审美心胸的真正发现。此后宗炳提出的"澄怀观道"、郭熙的"林泉之心"等,都是对老庄审美心胸理论的继承与发挥。参见叶朗:《中国美学史大纲》,上海人民出版社1985年版,第119页;叶朗:《美学原理》,北京大学出版社2009年版,第103—105页。

考辨释解，探究审美心胸理论的哲学依据；二是集中围绕庄子的"心斋""坐忘""物化""神游"等范畴进行论析，并将庄子定为审美心胸论的奠基者；三是在论述老庄"虚静"说的基础上，进一步探究老庄审美心胸论在后世的演进与运用，如宗炳、陆机、刘勰、刘禹锡、苏轼、郭熙、王国维等人；四是将中国古代审美心胸理论与西方美学中的审美态度理论进行比较研究，探析二者之间的异同。前人的研究对于我们理解审美心胸问题无疑具有重要的奠基性意义。但随着研究的深入和展开，也呈现出一些新的问题：第一，老庄"虚静"说的终极旨归不在于审美，而是关乎存在的生命超越问题。"虚静"与生命超越之间的关联理应得到更深入的探究；第二，审美心胸论虽肇端于老庄，但老庄与后世文艺理论家的理解是有区别的。前者谈得最多的是哲学问题（包含美学），却未涉及艺术学；而后者却是从门类艺术（绘画、书法、诗词等）入手对审美心胸理论加以运用和深化。由此，本节拟从时空的角度对古代审美心胸理论择要加以梳理，并作适度阐释，以期深化对这一问题的理解。

一、老庄"虚静"说的哲学意义

学界讨论中国古典美学中的审美心胸问题，一般都将源头追溯到老子哲学和美学。[①] 其中最重要的是老子提出的"涤除玄鉴"（《老子》十章）及"虚静"（《老子》十六章）这两大命题。

所谓"涤除玄鉴"，即是老子为"体道"而提出的一种心性修持功夫，而"虚静"则是"涤除玄鉴"之后的心理状态与精神境界。老子说："修（涤）除玄监（鉴），能毋有疵乎？"[②] 徐梵澄解释说："自来人之知觉性清明，所谓'清明在躬，志气如神'，则可说其心如明镜，此境界不可常保。常人二六时中，有其心极清明之时，有其心极昏暗之时；即上智亦有其下愚之时。故当勤加修治之，如镜，使之'无疵'瑕，则能明照。——此属深邃之心理学，

---

① 参见叶朗：《中国美学史大纲》第一章，上海人民出版社 1985 年版；陈望衡：《中国古典美学史》（上卷）第一章第三节，武汉大学出版社 2007 年版。
② 高明：《帛书老子校注》，中华书局 1996 年版，第 265 页。

取譬之说曰'玄鉴'。"①高亨释曰："玄者形而上也，鉴者镜也，玄鉴者，内心之光明，为形而上之镜，能照察事物，故谓之玄鉴。……'玄鉴'之名，疑皆本于《老子》。《庄子·天道》篇：'圣人之心，静乎天地之鉴，万物之镜也。'亦以心譬镜。洗垢之谓涤，去尘之谓除。《说文解字》：'疵，病也。'人心中之欲如镜上之尘垢，亦即心之病也。故曰：'涤除玄鉴，能无疵乎！'意在去欲也。"②叶朗将"涤除玄鉴"分开来理解，认为该命题包含两层含义。一是把观照"道"作为认识的最高目的，所谓"玄鉴"即"鉴玄"。二是排斥主观欲念和成见，保持内心的虚静，即"涤除"。③

在涤净内心的种种尘念，心如明镜朗照万物之时，心灵就会进入一个"虚静"的巅峰状态。老子谓："至（致）虚极也，守静督（笃）也，万物旁（并）作，吾以观其复也。天（夫）物芸芸，各复归于其根。"④这里的"虚"一般理解为"空""无"，从排除各种尘欲杂念，内心空明，了无挂碍的层面来说可通。但"虚""静"都是为"观复"作准备的，并非一片死寂空杳。朱谦之说："虚无之说，自是后人沿《庄》、《列》而误，《老子》无此也。'虚而不屈，动而俞出'，此乃《老子》得《易》之变通屈伸者。"⑤徐梵澄释曰："虚其心，静其意，然后能观。事萦于怀则不虚，方寸间营营扰扰，则亦不能静。此与大学之言'静而后能安'也同。致虚守静，于以观万事万物之动。动者，'作'与'复'，往与返，大化之循环也。"⑥

老子"涤除玄鉴"及"虚静"的命题涉及的主要还是哲学、心理学方面的问题，属于认识论。战国时期的管子学派⑦、荀子、韩非子都对该命题作了继承和发挥。但对审美心胸理论贡献最大的还是庄子，他在老子"涤除玄鉴"

---

① 徐梵澄：《老子臆解》，中华书局1988年版，第14页。
② 高亨：《（重订）老子正诂》，中华书局1956年版，第24页。
③ 叶朗：《中国美学史大纲》，上海人民出版社1985年版，第38—39页。
④ 高明：《帛书老子校注》，中华书局1996年版，第298—300页。
⑤ 朱谦之：《老子校释》，中华书局1984年版，第65页。
⑥ 徐梵澄：《老子臆解》，中华书局1988年版，第23页。
⑦ 有学者认为《管子》四篇是审美心胸论链条中的重要一环，叶朗《中国美学史大纲》第四章第三节有专论，惜未详透。另见张峰屹：《〈管子〉四篇审美心胸论及其历史地位》，《管子学刊》1993年第2期。

的基础上提出"心斋""坐忘"的命题,建立了审美心胸的理论。①

庄子在《人间世》一篇里虚设了一个孔颜对话的场景。颜回要到卫国去劝说国君不要行暴政,临行向孔子辞别。孔子表示担忧,认为颜回此去可能遭受杀身之祸,并问颜回有什么具体的想法和对策。颜回说面对国君恭谦有礼、勤勉专一("端而虚","勉而一"),内心诚直、外表恭敬,并引用成说上比于古人("内直而外曲","成而上比","与古为徒")。孔子说颜回没有克制名利的心念,而且太过执着于自己的成见,对他的办法都一一加以否定。颜回于是向孔子请教:

> 颜回曰:"吾无以进矣,敢问其方。"仲尼曰:"斋,吾将语若!有[心]而为之,其易邪?易之者,暤天不宜。"颜回曰:"回之家贫,唯不饮酒不茹荤者数月矣。如此,则可以为斋乎?"曰:"是祭祀之斋,非心斋也。"回曰:"敢问心斋。"仲尼曰:"若一志,无听之以耳而听之以心,无听之以心而听之以气!听止于耳,心止于符。气也者,虚而待物者也。唯道集虚。虚者,心斋也。"
>
> 颜回曰:"回之未始得使,实自回也;得使之也,未始有回也;可谓虚乎?"夫子曰:"尽矣。……瞻彼阕者,虚室生白,吉祥止止。夫且不止,是之谓坐驰。夫徇耳目内通而外于心知,鬼神将来舍,而况人乎!"(《庄子·人间世》)②

庄子借孔子之口所说的"心斋"是其心性修持的重要步骤,也是臻至"虚静"、体悟大道的前提条件。《说文解字》释"斋"曰:"戒,洁也。""心斋"即"斋心",也就是戒拒各种超出基本需要之外的种种欲念,让心保持纯粹洁净的状态。在这个过程中,首要的是保持心志专一("一志"),在这种状态下可以做到不用耳朵听而用心听,不用心听而用气去感应。③这里的"气"

---

① 参见叶朗:《中国美学史大纲》,上海人民出版社1985年版,第39页。
② (清)郭庆藩:《庄子集释》第一册,王孝鱼点校,中华书局1961年版,第146—150页。
③ 参见陈鼓应:《庄子今注今译》,中华书局2009年版,第134页。

是指心灵活动到达极纯精的境地。或者说，"气"即是高度修养境界的空灵明觉之心，所以能够容纳外物。① 庄子通过耳（肉身感官）——心（心理知觉）——气（纯粹意识）的逐步拔升，使得心志主体受到的限制越来越小，因而变得愈加空灵、澄明。因为"道"只能聚集在清虚的气中，要想体道，就必须保持清虚的心境，这就是"心斋"。庄子特别强调，"耳止于听，心止于符"，也就是说耳、心只要发挥各自的功能（耳朵只是听，心只是感应），而不要掺杂其他的觉知思量。所谓"无听之以耳而听之以心，无听之以心而听之以气"，就是在注意力高度集中的情况下将耳、心的效能发挥到最大。那么，如何做到"一志"呢？这就要靠"坐忘"。

> 颜回曰："回益矣。"仲尼曰："何谓也？"曰：回忘仁义矣。"曰："可矣，犹未也。"他日复见，曰："回益矣。"曰："何谓也？"曰："回忘礼乐矣。"曰："可矣，犹未也。"他日复见，曰："回益矣。"曰："何谓也？"曰："回坐忘矣。"仲尼蹴然曰："何谓坐忘？"颜回曰："堕肢体，黜聪明，离形去知，同于大通，此谓坐忘。"仲尼曰："同则无好也，化则无常也，而果其贤乎！丘也请从而后也。"（《庄子·大宗师》）②

《说文解字》释"坐"："止也。从土，从畱省。土，所止也。此与畱同意。""畱"，留也。从字面意思来说，所谓"坐忘"，就是主体之我在肉身滞留于世俗处境的情况下遗忘抛却各种欲念与思量。老子说，"贵大患若身"，庄子也说，"大块载我以形"。老庄无法否弃肉身，因此，"坐忘"必须在葆有肉身形体的前提下完成，而不是羽化登仙，这便构成了矛盾。接受并克服这个矛盾才有可能与大道相接。庄子的办法是做减法，与现象学的"悬搁""还原"有相通之处。徐复观认为，达到心斋、坐忘的历程，主要通过两条途径。一是消解基于生理的各种欲望，让心解放出来；二是放弃对外物知识的追问

---

① 陈鼓应：《庄子今注今译》，中华书局 2009 年版，第 130 页。
② （清）郭庆藩：《庄子集释》第一册，王孝鱼点校，中华书局 1961 年版，第 282—285 页。

探究，剿绝是非判断和思量计较。前者是"堕肢体""离形"，后者则是"黜聪明""去知"。两者同时摆脱，就是"无己""丧我"、亦即"坐忘"。① 康德认为，主体具备三种基本的心理活动能力：知（认知、概念）、情（情感、审美）、意（意志、欲念），当"知""意"被排除出去后，主体就剩下"情"之一途了。但在庄子，这种人之常"情"也在排遣之列，所谓"安时而处顺，哀乐不能入"（《庄子·养生主》），"不足以滑和，不可入于灵府。"（《庄子·德充符》）"心斋"之后，心便"无欲""无知"甚而"无情"，这样的"心"犹如光澈的明镜，能够朗照万物："至人之用心若镜，不将不迎，应而不藏，故能胜物而不伤"（《庄子·应帝王》）。所以，徐复观将这个"心斋"之心看作艺术精神的主体。他认为，庄子本无意于今日所谓的艺术，但是顺庄子之心所流露出来的，自然是艺术精神，自然成就其艺术的人生，也由此可以成就最高的艺术。② 这一论断主要建基于康德的审美无功利的思想，又结合中国古典美学的特质作了发挥，确为中的之论。

二、庄子审美心胸的自由时空

如果我们顺着徐复观的思路作进一步追问，"心斋"之"心"既是艺术精神的主体，那这一审美主体最后又落实到意识心理的什么层面呢？在具体的艺术（技艺）活动中，它又是如何发挥作用的呢？要回答这一问题，必须从审美心理学的角度对"心斋"之"心"进行还原。在人与物、主与客的对待中，存在三种基本关系：占有、认知、审美。主体通过排除占有、认知的活动重新调整了"物—我"关系，从日常的认知、实用心理转向审美心理，从现实时空秩序中超拔出来，在新的"物—我"关系中构建虚幻的心理时空。

实际上，"心斋""坐忘"最终指向的是时间与空间，庄子要从心理、精神的层面完成生命的超越，达到自由的神游之境，最后也是最难跨越的是时空障碍。当然，"心斋""坐忘"所对应的是心理时空，而非自然时空。从字

---

① 徐复观：《中国艺术精神》，华东师范大学出版社 2001 年版，第 43 页。
② 徐复观：《中国艺术精神》，华东师范大学出版社 2001 年版，第 42 页。

面上理解，"心斋"主要解决心理空间的问题，摒弃、清理心中的各种杂念，腾出心理空间，才有可能容纳万象，进行审美静观。庄子谓："瞻彼阕者，虚室生白，吉祥止止。"（《庄子·人间世》）"阕"即"空"，"室"喻"心"，"止"即凝静之心。意即观照那个空明的心境，从中可以生出光明来，福善之事止于凝静之心。① 所以，这种清明无念的心境即是一个可开可阖、进退裕如的心理空间，它既是道的聚集之所（"虚"），也是美（"白"）、善（"吉祥"）的生发之地。相较而言，"坐忘"关涉的则主要是心理时间。所谓"坐忘"，即是在滞留世俗境域的情况之下"忘却"各种"现实时间"的干扰，包括欲望与知识，乃至与欲念相连的情感。"忘"是"记忆"的反向动作，而记忆就是对过去时间的滞留。陈鼓应认为，"心斋"着重写心境之"虚"，"坐忘"则要在写心境之"通"。② 两者都是为了营造一个自由的审美心境，"虚"着意于杳渺辽阔、通豁无碍的心理空间，"通"关注的是流变不滞、"与物为春"的心理时间。虽然在进行实际的心理修持过程中，"心斋"与"坐忘"密不可分，心理时间与空间浑然一体，二者同时出场。但从逻辑上说，"坐忘"（时间）对"心斋"（空间）具有某种优先性，这种优先性根源于生命的有死性，这也是庄子反复言说的存在论难题：

> 死生存亡，穷达贫富，贤与不肖毁誉，饥渴寒暑，是事之变，命之行也；日夜相代乎前，而知不能规乎其始者也。（《庄子·德充符》）③
>
> 死生，命也，其有夜旦之常，天也。人之有所不得与，皆物之情也。（《庄子·大宗师》）④
>
> 生者，假借也；假之而生生者，尘垢也。死生为昼夜。且吾与子观化而化及我，我又何恶焉！（《庄子·至乐》）⑤

---

① 参见陈鼓应：《庄子今注今译》，中华书局2009年版，第135页。
② 陈鼓应：《庄子内篇的心学（下）——开放的心灵与审美的心境》，《哲学研究》2009年第3期。
③ （清）郭庆藩：《庄子集释》第一册，王孝鱼点校，中华书局1961年版，第212页。
④ （清）郭庆藩：《庄子集释》第一册，王孝鱼点校，中华书局1961年版，第241页。
⑤ （清）郭庆藩：《庄子集释》第三册，王孝鱼点校，中华书局1961年版，第616页。

正因为"小知不及大知,小年不及大年。……众人匹之,不亦悲乎?"(《庄子·逍遥游》),有限与无限的尖锐对立,使得生死之大情折磨着每个人的思维神经,要摆脱现实时间秩序的捆绑与煎迫,首先就要做到"忘年":"忘年忘义,振于无竟,故寓诸无竟"(《庄子·齐物论》)。唯有忘掉生死(时间),是非双遣(知识),方能臻达无穷无尽的境界,将自己寄寓于无穷的自由境域之中。

陈鼓应认为,"坐忘"中最基本的范畴"忘"以及"同于大通"、"化则无常"等命题,是理解"坐忘"说的关键语词①。"忘"与"化",也正是心灵活动达到"大通"之境的重要通道;而"忘"为与外界适然融合而无心,"化"则参与大化流行而安于变化。"两忘而化其道"——物我两忘而融合在道的境界中,这也正是"坐忘"工夫而达于"同于大通"的最高境界。② 要从日常的流俗时间转到自由无滞的道的时间(审美时间),需要主体不断地抛却、排遣与本心无关的事物,庄子将这一步骤命名为"外":

> 吾犹守而告之,参日而后能外天下;已外天下矣,吾又守之,七日而后能外物;已外物矣,吾又守之,九日而后能外生;已外生矣,而后能朝彻;朝彻,而后能见独;见独,而后能无古今;无古今,而后能入于不死不生。杀生者不死,生生者不生。其为物,无不将也,无不迎也;无不毁也,无不成也。其名为撄宁。撄宁也者,撄而后成者也。(《庄子·大宗师》)③

所谓"外",就是一个将本己之心从各种世俗缧绁中"剥离"出来的过程,其方法类于现象学的"悬搁"。从外"天下"("世故"、礼仪交往世界)到外"物"(货殖等身外之"物")再到外"生"(生死),要经历三日、七日、九日的不同阶段。只有不以生死为念,才能做到心境明澈("朝彻"),之后

---

① 陈鼓应:《庄子内篇的心学(下)——开放的心灵与审美的心境》,《哲学研究》2009年第3期。
② 陈鼓应:《庄子内篇的心学(下)——开放的心灵与审美的心境》,《哲学研究》2009年第3期。
③ (清)郭庆藩:《庄子集释》第一册,王孝鱼点校,中华书局1961年版,第252—253页。

才有可能体悟到"道"("见独"),证悟大道,就能勘破时间的谜团("无古今"),最后随顺徜徉于"不生不死"、迎来送往、有成有毁的大化流行之中。这个先"外"后"入"的过程,庄子名之为"撄宁"。唐陆德明释曰:"撄,迫也。物我生死之见迫于中,将迎成毁之机迫于外,而一无所动其心,乃谓之撄宁。置身纷纭蕃变交争互触之地,而心固宁焉,则几于成矣,故曰撄而后成。"①"撄宁"与"坐忘"相通,撄而能宁,坐而能忘,这是"心斋"的重要保证。由此可见,庄子并没有逃避悲苦污秽的"人间世",一味驰情于虚幻的"乌何有之乡",而是在当下的尘俗中实现精神的涅槃与飞升,完成"坐忘"—"心斋"—"虚静"—"物化"—"游心"的审美历程。"坐忘""撄宁"是直面各种欲念的纷扰,坐怀不乱、闹中求静,它呈现出荡涤审美心胸的阶段性和复杂性,因为常人只能做到"坐驰"(《庄子·人间世》:"夫且不止,是之谓坐驰",成玄英疏:"形坐而心驰"),只有"才全"之士方能一步步外物净心,朝彻见独,进入"大美至乐"之境。

从纷纭扰攘的尘俗中进入到"无古今"的道境,是长期修炼心性而达到的高峰体验。但是,这种"至美至乐"的高峰体验并非必然发生,"坐忘""撄宁"本身就涵具了时间性,庄子又称之为"丧我"。

> 南郭子綦隐机而坐,仰天而嘘,嗒焉似丧其耦。颜成子游立侍乎前,曰:"何居乎?形固可使如槁木,而心固可使如死灰乎?今之隐机者,非昔之隐机者也。"子綦曰:"偃,不亦善乎,而问之也?今者吾丧我,汝知之乎?女闻人籁而未闻地籁,女闻地籁而未闻天籁夫!"(《庄子·齐物论》)②

所谓"似丧其耦",意即心灵活动不为形躯所牵制,亦即精神活动超越与肉体匹对的关系而达到独立自由的境界。严灵峰说,"今之隐几"与"昔之隐

---

① (清)郭庆藩:《庄子集释》第一册,王孝鱼点校,中华书局1961年版,第255页。
② (清)郭庆藩:《庄子集释》第一册,王孝鱼点校,中华书局1961年版,第43—45页。

几"乃指子綦在同地所行之事，不过在时间上稍有距离。庄子的"坐忘"，犹如佛家的"入定"。子綦由"隐机"至于"吾丧我"，就像和尚由"打坐"至于"入定"。① 可见，由"隐机"而转入"吾丧我"的境界，这是一种时机绽出的结果。就如和尚，"打坐"可以常常进行，但"入定"却要等待特定的时机。可见，庄子所说的"心斋""坐忘"也是有时间性的。换句话说，"心斋"之"心"这一艺术精神主体的养成并不是一个如探囊取物般的现成性事件，而是时机绽出的结果。因此，审美不是主体对客体美之属性的发现，而必须有赖于主体审美心胸的养成。由此，美不是现成的，而是生成的。

以上分析了"心斋""坐忘"的时间意义，最后看一下庄子对"虚静"的论述：

> 圣人之静也，非曰静也善，故静也；万物无足以铙心者，故静也。水静则明烛须眉，平中准，大匠取法焉。水静犹明，而况精神！圣人之心静乎！天地之鉴也，万物之镜也。夫虚静恬淡寂漠无为者，天地之平而道德之至，故帝王圣人休焉。休则虚，虚则实，实则伦矣。虚则静，静则动，动则得矣。静则无为，无为也则任事者责矣。无为则俞俞，俞俞者忧患不能处，年寿长矣。夫虚静恬淡寂漠无为者，万物之本也。……"静而与阴同德，动而与阳同波"。故知天乐者，无天怨，无人非，无物累，无鬼责。故曰："其动也天，其静也地，一心定而王天下；其鬼不祟，其魂不疲，一心定而万物服。"言以虚静推于天地，通于万物，此之谓天乐。（《庄子·天道》）②

在"虚静"说的问题上，庄子在老子的基础上作了较大的推进。庄子提出勿使外物搅扰内心，并以镜喻心，这是老子"涤除玄鉴"说的详明解释。值得注意的是，庄子突出了老子"虚静"当中的动静关系，并作了一定的发

---

① 参见陈鼓应：《庄子今注今译》，中华书局2009年版，第41页。
② （清）郭庆藩：《庄子集释》第二册，王孝鱼点校，中华书局1961年版，第457—463页。

挥。老子提出在静中"观复",却未有更具体的说明。庄子作了三个渐次递进式的推演:第一层重申"心斋""坐忘"与"虚静"的关系。从"休"(即"心斋""坐忘"。成玄英疏:"休虑息心")的心理功夫推到"虚"的精神状态,再到"实"且"伦"(充实完备,马叙伦:"伦"即"备")。第二层指明"动静"的辩证关系。在"虚"—"静"—"动"—"得"的逻辑推进中,"虚静"的积极意义得以彰显。第三层阐述"虚静"的效用。"静"而"无为","无为"而"俞俞"(愉愉,安逸),如此则无忧患,长年寿。

至此,老庄基本上奠定了以"虚静"为核心的审美心胸理论,两者在心性修养功夫上的思路也大体一致,只是表述有些差异。老子提出"涤除玄鉴",庄子则是"心斋""坐忘"("撄宁""丧我")。庄子的"虚静""物化""游心"的审美心胸及审美体验对古代文艺创作理论产生了极其深远的影响,魏晋以后被广泛运用到诗、书、画、乐等方面。这在陆机、刘勰、锺嵘、宗炳、刘禹锡、司空图、苏轼、郭熙、王国维等人的诗文书画理论中都有不同程度的阐发。

三、后世审美心胸论的时空拓展

从后世文艺理论家的表述中,我们可以清楚地发现其祖述老庄虚静说的观念及话语痕迹。比如陆机的"伫中区以玄览"本自老子的"涤除玄鉴"(通行本作"涤除玄览");刘勰的"陶钧文思,贵在虚静,疏瀹五藏,澡雪精神"直接沿用庄子的"疏瀹而心,澡雪而精神"(《庄子·知北游》);宗炳的"澄怀"可以看作"涤除玄鉴""心斋""坐忘"的另一种表述;司空图的"古镜照神",实际上也是老庄以镜喻心的形象概括;苏轼提出的"静故了群动,空故纳万境"是对老庄"虚静"说中动静关系的领会与运用,可见老庄审美心胸论影响之深远。若从时空维度看,则既有继承也有发展,具体表现在自然时空("四时")、心理时空("游心")、形式时空("意象")三个方面。

在先秦文化语境中,"四时"(春夏秋冬)是一个非常重要的概念,它与四方（东南西北）、四风、四神是紧密联系在一起的。① 可见，"四时"是一个包含时间空间在内的宇宙论概念。在中国古人看来，人与自然天地之间存在一种感应关系，四时物候的变化更迭与人的生命情感同源同构，二者之间能够形成节律共鸣。因此，"四时"具有丰富的哲学美学意蕴。在《庄子》一书中，"四时"一词凡十八见，但已经退去了神学色彩，主要表示四季物候、阴阳节律等意义，如：

> 其心志，其容寂，其颡頯；凄然似秋，煖然似春，喜怒通四时，与物有宜而莫知其极。（《庄子·大宗师》）②
>
> 夫至乐者，先应之以人事，顺之以天理，行之以五德，应之以自然，然后调理四时，太和万物。四时迭起，万物循生；一盛一衰，文武伦经；一清一浊，阴阳调和，流光其声；蛰虫始作，吾惊之以雷霆；其卒无尾，其始无首；一死一生，一偾一起；所常无穷，而一不可待。（《庄子·天运》）③

在庄子看来，"四时"是沟通天人的重要中介，也是生命情感、艺术审美需要效法的重要对象，它与大道至美相通。庄子谓：

> 天地有大美而不言，四时有明法而不议，万物有成理而不说。圣人者，原天地之美而达万物之理，是故至人无为，大圣不作，观于天地之谓也。今彼神明至精，与彼百化，物已死生方圆，莫知其根也，扁然而万物自古以固存。六合为巨，未离其内；秋豪为小，待之成体。天下莫不沈浮，终身不故；阴阳四时运行，各得其序。惛然若亡而存，油然不形而神，万物畜而不知。此之谓本根，可以观于天矣。（《庄子·知北游》）④

---

① 参见李学勤：《商代的四风与四时》，《中州学刊》1985 年第 5 期；郑慧生：《商代卜辞四方神明、风名与后世春夏秋冬四时之关系》，《史学月刊》1984 年第 6 期。
② （清）郭庆藩：《庄子集释》第一册，王孝鱼点校，中华书局 1961 年版，第 230—231 页。
③ （清）郭庆藩：《庄子集释》第二册，王孝鱼点校，中华书局 1961 年版，第 502 页。
④ （清）郭庆藩：《庄子集释》第三册，王孝鱼点校，中华书局 1961 年版，第 735 页。

这段话可以看作庄子关于"美"的总结，其中包含以下几层意思：首先，天地间的大美、四时运行的法则、万物生成的规律都源自本根的大道，三者同质而异名。或者说，天地万物依照自然法则运行生成本身就是美的彰显。"道法自然"，因此，天地之大美就始终如其所是地存在着，无须言说（概念演绎与逻辑思辨），也不能言说。其次，"圣人"既是体道者，自然同时也是美的体验者。体道及审美的过程不是对自然的实践改造或是推演玩索（"作"），而是效法天地、委顺自然（"无为"）。最后，天地万物随四时推行而沉浮变化，美就在这一变化中自然生成。所以，美不是现成存在，而是在天人相合的过程中感兴生发，所谓"美不自美，因人而彰"。①

后世文论及美学家将四时与人的情感直接关联起来，发展成"物感"说，这与庄子的思路是一致的。陆机《文赋》云："遵四时以叹逝，瞻万物而思纷。悲落叶于劲秋，喜柔条于芳春。心懔懔以怀霜，志眇眇而临云。"唐大圆释曰："文之思维，不独由读书而生，亦有时遵随春夏秋冬四时之迁易，而瞻观万物之变化，则思想纷纭而生。如何瞻观乎？或有时观木叶之脱落，而悲秋风之劲健，亦有时睹树枝之嫩柔，而喜春光之芬芳，皆有生文思之机会者也。"② 又对后两句释云："有时心极洁净，懔懔恐惧，如冬晨早起之畏霜，其文思多得之于俯察。……有时志气高尚，眇眇悠悠，似大鹏抟扶摇羊角而上者九万里，其文思多得之于仰观。"③ 此后，刘勰在《文心雕龙·物色》中作了更充分的发挥：

> 春秋代序，阴阳惨舒，物色之动，心亦摇焉。盖阳气萌而玄驹步，阴律凝而丹鸟羞，微虫犹或入感，四时之动物深矣。若夫珪璋挺其惠心，英华秀其清气，物色相召，人谁获安？是以献岁发春，悦豫之情畅；滔滔孟夏，郁陶之心凝。天高气清，阴沉之志远；霰雪无垠，矜肃之虑深。岁有其物，物有其容；情以物迁，辞以情发。一叶且或迎意，虫声有足

---

① 柳宗元：《邕州柳中丞作马退山茅亭记》，《柳河东全集》，中国书店1991年版，第304页。
② 张少康：《文赋集释》，人民文学出版社2002年版，第24页。
③ 张少康：《文赋集释》，人民文学出版社2002年版，第25页。

引心。况清风与明月同夜，白日与春林共朝哉！

黄侃高足骆鸿凯释曰："此言写景文之所由发生也。夫春庚秋蟀，集候相悲，露本风荣，临年共悦，凡夫动植，且或有心，况在含灵，而能无感？是以望小星有嗟实命，遇摽梅而怨愆期，风诗十五，信有劳人思妇触物兴怀之所作矣。何况慧业文人，灵珠在抱，会心不远，眷物弥重，能不见木落而悲秋，闻虫吟而兴感乎？"①与刘勰同时代的钟嵘也有类似的表述："春风春鸟，秋月秋蝉，夏云暑雨，冬月祁寒，斯四候之感诸诗者也。"（《诗品·序》）

综上可见，"四时"这一自然时空对诗人的触物感兴与文思的生发都起着至关重要的作用。钟嵘说，"气之动物，物之感人，故摇荡性情，形诸舞咏。"（《诗品·序》）这里的"气"即阴阳二气，阴阳相推而四时成序，所以实际上是四时的更替导致物色的变化。"物"即外界的自然风物，"物"由"气"所推动而发生改易，这必然会触动人的情感。四时对后世的文学抒情模式与意象选择产生了深远的影响。不仅如此，四时还在山水画中扮演了重要的角色，不仅决定了山水云气烟岚的画法，还与审美主体的情感投射直接相关，宋代画论家郭熙《林泉高致·山水训》谓：

> 真山水之云气，四时不同：春融怡，夏蓊郁，秋疏薄，冬黯淡。……真山水之烟岚，四时不同：春山澹冶而如笑，夏山苍翠而如滴，秋山明净而如妆，冬山惨淡而如睡。……春山烟云连绵人欣欣，夏山嘉木繁荫人坦坦，秋山明净摇落人肃肃，冬山昏霾翳塞人寂寂。②

刘勰说"春秋代序，阴阳惨舒，物色之动，心亦摇焉"（《文心雕龙·物色》），这句话涉及的不仅是触物感兴、写气图貌的文学创作问题，而且还有更为本源性的心物关系问题。《淮南子·缪称训》："春，女思；秋，士悲，而

---

① 黄侃：《文心雕龙札记·附录》，上海古籍出版社2000年版，第225页。
② 俞剑华：《中国古代画论类编》，人民美术出版社2007年版，第634—635页。

知物化矣。""物化"亦即"春秋代序,阴阳惨舒",人们伤春悲秋的实质就是"心"对"物化"的敏锐感知。由于生命的有限与无限之间的尖锐对立,使得人们在自然时空中产生了强烈的"异己感",人们渴望征服并驾驭时空。当这种时空异己感与渴望超越时空的愿望发生冲突时,就激发了人们的时空意识由现实领域向审美领域的迈进。① 这种转化的关键,在于主体对自然时空的心理塑形与超越。

庄子在《庄子·田子方》中设置了一段孔老对话:

老聃曰:"吾游心于物之初。"孔子曰:"何谓邪?"
曰:"……至阴肃肃,至阳赫赫;肃肃出乎天,赫赫发乎地;两者交通成和而物生焉,或为之纪而莫见其形。消息满虚,一晦一明,日改月化,日有所为,而莫见其功。生有所乎萌,死有所乎归,始终相反乎无端而莫知乎其所穷。非是也,且孰为之宗!"
孔子曰:"请问游是。"
老聃曰:"夫得是,至美至乐也,得至美而游乎至乐,谓之至人。"②

所谓"物之初",也就是天地剖判之前、万物形成之初,亦即时间的源头。"游心于物之初"即遨游于浑沌鸿濛宇宙初始的境域。在阴惨阳舒的相推过程中,万物消长交替、明晦相待,终始循环且未有穷尽,这是万物的本源,实际上也就是"道"。而能够游心于宇宙之初、万物之始,也就能臻达至美至乐的境界,成为"至人"。游心于源初的时空境域,是一个超越现实时空进入审美时空的心理体验过程。

陆机《文赋》有言:"精骛八极,心游万仞";"观古今于须臾,抚四海于一瞬"。刘勰《文心雕龙·神思》亦谓:"古人云:'形在江海之上,心存魏阙之下。'神思之谓也。文之思也,其神远矣。故寂然凝虑,思接千载;悄焉动

---

① 童庆炳:《现代心理美学》,中国社会科学出版社1993年版,第581—582页。
② (清)郭庆藩:《庄子集释》第三册,王孝鱼点校,中华书局1961年版,第712—714页。

容,视通万里;吟咏之间,吐纳珠玉之声;眉睫之前,卷舒风云之色;其思理之致乎!故思理为妙,神与物游。"陆机、刘勰说的是在为文构思的过程中所展开的时空想象,与庄子的"游心"是一致的。在"虚静"的心理状态下,想象超越现实时空的限制,瞬间跨越千年万里,实际上就是进入了一个虚幻的时空境界。马斯洛认为,人一旦进入到高峰体验的状态,会丧失时间空间定向的能力,特别是当艺术家进入到审美创作的巅峰状态的时候,往往对周遍的事物漠然无视,也忘却了时间的流逝,不知道自己在什么地方,恍如大梦初醒一般。① 所谓丧失时空定向能力,就是在虚静的状态下忘却时空,从现实时空的缧绁中摆脱出来,一任心神在另一个虚幻的时空中自由翱翔。这时,物我的界限被打破,主客悠然冥合,进入一个物我不分的时空幻境:"昔者庄周梦为胡蝶,栩栩然胡蝶也,自喻适志与!不知周也。俄然觉,则蘧蘧然周也。不知周之梦为胡蝶与,胡蝶之梦为周与?周与胡蝶,则必有分矣。此之谓物化"②(《庄子·齐物论》)这种"虚静致幻"的情形也即审美的高峰体验。对此,明代哲学家吴廷翰在《醉轩记》一文中有一段玄妙的描述:

> 吾每坐轩中,穷天地之化,感古今之运,冥思大道,洞贤玄极,巨细始终,含濡包罗,乃不知有宇宙,何况吾身,故始而茫然若有所失,既而怡然若有所契。起而立,巡檐而行,油油然若有所得,欣欣然若将遇之。凭栏而眺望,恢恢然、浩浩然不知其所穷,反而息于几席之间,晏然而安,陶然而乐,煦煦然而和,盎然其充然,澹然泊然入乎无为。志极意畅,则浩歌颓然,旅舞翩然,恍然、惚然、怳然,不知其所以也!③

清末词论家况周颐在谈及词境的营造时也有类似的表述:

> 人静簾垂。镫昏香直。窗外芙蓉残叶飒飒作秋声,与砌虫相和答。

---

① 参见〔美〕马斯洛:《存在心理学探索》,云南人民出版社1987年版,第72页。
② (清)郭庆藩:《庄子集释》第一册,王孝鱼点校,中华书局1961年版,第112页。
③ (明)吴廷翰:《吴廷翰集》,容肇祖点校,中华书局1984年版,第247页。

据梧冥坐，湛怀息机。每一念起，辄设理想排遣之，乃至万缘俱寂，吾心忽莹然开朗如满月，肌骨清凉，不知斯世何世也。斯时若有无端哀怨怅触于万不得已；即而察之，一切境象全失，唯有小窗虚幌、笔床砚匣，一一在吾目前。此词境也。①

以上两者描述的情形与庄子所说的"隐机者"（《庄子·人间世》）何其相似。静坐息机，心便在时空中自由穿越，"穷天地之化，感古今之运"，嗒然忘身（"乃不知有宇宙，何况吾身"），遗世而立（"不知斯世何世也"）。在虚静的时空幻境中，审美的意象就纷至沓来。庄子说"虚室生白，吉祥止止"，意谓心境保持虚静空灵就能放出光明，美与善皆停驻于凝定安闲的内心。这时，空泛不定的心理时空幻化为纷纭曼妙的审美意象，此即康德所说的"表象"，我们可以称之为"形式时空"。康德认为，对物的直观实际上就是对物的时空形式的把握，"感官对象的经验的直观，其基础是（空间的和时间的）纯直观，即先天的直观。这种纯直观之所以可能作为基础，就在于它只是感性的纯粹形式，这种感性形式先行于对象的实在现象，在现象中首先使对象不涉及现象的质料，也就是说，不涉及在现象里构成经验的感觉，它只涉及现象的形式——空间和时间"②。在审美领域，形式时空的意义极为重大，没有它，审美也就失去了依傍。朱光潜认为，"主体在审美对象中忘却自己，感知者和被感知者之间的差别消失了，主体和客体合为一体，成为一个自足的世界，与它本身以外的一切都摆脱了联系。在这种审美的迷醉状态中，主体不再是某个人，而是一个纯粹的、无意志、无痛苦、无时间局限的认识主体，客体也不再是某一个个别事物，而是表象（观念）即外在形式"③。唯有主体与客体都离却了它各自所是，主体去掉一切欲念，进入到最为沉醉、空明的状态；客体被剥离各种物质属性，只剩下表象形式，到此时，心与物才能真正交通。概言之，仅有虚静的"心理时空"是不够的，还必须与"形式时空"

---

① （清）况周颐：《蕙风词话》，王幼安校订，人民文学出版社1960年版，第9页。
② 康德：《未来形而上学导论》，庞景仁译，商务印书馆1978年版，第43页。
③ 朱光潜：《悲剧心理学》，人民文学出版社1983年版，第136页。

（审美意象）结合起来，才能达到"神与物游"的审美至境。

有的学者将审美心理时空看作一个由力的关系所构成的心理场，它既非生命本身也不是心理因素本身，或者说，它只是一种心理图式而不是心理内容。正因为它是一种审美图式、审美构架、审美场，所以，它是一种最纯粹的审美意识，是一种净化了的自由感。它相当于中国历代文人士大夫所孜孜追求的审美心胸。如老子的"涤除玄览"，庄子的"象罔"，陆机的"伫中区以玄览"，宗炳的"澄怀味象"，司空图的"空潭泻春，古镜照神"等。① 就审美心理时空的实质而言，该观点很有见地。

陆机在《文赋》中描述了文学创作中意象的生发情形："其始也，皆收视反听，耽思傍讯，精骛八级，心游万仞。其致也，情曈昽而弥鲜，物昭晰而互进，倾群言之沥液，漱六艺之芳润，浮天渊以安流，濯下泉而潜浸。于是沉辞怫悦，若游鱼衔钩，而出重渊之深，浮藻联翩，若翰鸟婴缴，而坠曾云之峻。"② 从"其始"到"其致"，陆机展示了审美的"心理时空"向"形式时空"转化的过程。"其始"以下四句承前段"伫中区以玄览"，强调虚静的审美心胸在构思中的作用。许文雨释曰："盖言先绝耳目之纷扰，而后能深思博虑，穷极宇宙，驰骛物表也。此明文家静思之功用，想象之伟造。"③ 程会昌释曰："心神虚静，则思无不通，理无不浃，无复时空之限制也。"④ 唐大圆曰："如佛家闭目冥坐，修习禅定。……其思讯之至，遂令其精神横骛八极之远，心思竖游万仞之高。"⑤ 拓展了心理时空，情感才会由朦胧变为鲜明，物态意象竞相并呈，形式时空依此营构而成。刘勰说，"枢机方通，则物无隐貌"（《文心雕龙·神思》），陆机谓"情曈昽而弥鲜，物昭晰而互进"，可以看作对"物无隐貌"的进一步说明。程会昌释此二句曰："此谓宇宙物象，以虚静之心神驭之，则视焉而明，择焉而精，无复平庸杂乱之患。"张少康按："此指艺术形象之逐渐形成，亦《文心雕龙·神思》篇所谓'独照之匠，窥意

---

① 陶水平：《审美态度心理学》，百花文艺出版社2001年版，第72页。
② 郭绍虞主编：《中国历代文论选》，上海古籍出版社1979年版，第170页。
③ 张少康：《文赋集释》，人民文学出版社2002年版，第38页。
④ 张少康：《文赋集释》，人民文学出版社2002年版，第39页。
⑤ 张少康：《文赋集释》，人民文学出版社2002年版，第38页。

象而运斤'中意象之产生。"①

宗炳在《画山水序》中提出"澄怀味象""山水以形媚道"的命题。其谓:

> 圣人含道暎物,贤者澄怀味象。至于山水质有而趣灵,是以轩辕、尧、孔、广成、大隗、许由、孤竹之流,必有崆峒、具茨、藐姑、箕首、大蒙之游焉。又称仁智之乐焉。夫圣人以神法道,而贤者通,山水以形媚道而仁者乐,不亦几乎?……夫理绝于中古之上者,可意求于千载之下;旨微于言象之外者,可心取于书策之内。况乎身所盘桓,目所绸缪,以形写形,以色貌色也。②

徐复观认为,山川的形质之有可以作为道的供养(媚道)之资,所以,山川可以成为贤者澄怀味象之象,贤者由玩山水之象而得与道相通。"澄怀"即庄子的虚静之心,以虚静之心观物,实际上就是对美的观照,而所味之象,便成为美的对象。③《说文解字》释"媚":"说也",段玉裁《说文解字注》云:"'说'今'悦'字也。《大雅·毛传》曰:'媚,爱也'。"所谓"以形媚道"、"澄怀味象",即是说山川凭借其绝尘无滓的形质让人心神怡悦,贤者以对山水之象的审美观照而通达于大道。宗炳的这些命题将审美的形式时空进一步落实在山水(画)之上了。后世论者更注重审美心理时空与形式时空之间的辩证关系。如苏轼《送参寥师》诗云:"静故了群动,空故纳万境。"明代画论家李日华《竹嬾论画》云:"点墨落纸,大非细事,必须胸中廓然无一物,然后烟云秀色,与天地生生之气,自然凑泊,笔下幻出奇诡。若是营营世念,澡雪未尽,即日对丘壑,日摹妙迹,到头只与髹采垸墁之工,争巧拙于毫厘也。"④无论是作诗,还是绘画,艺术创作与鉴赏都需要审美主体从日常的时空中脱离出来,进入特定的心理时空之中,胸中虚旷无尘滓,才能与

---

① 张少康:《文赋集释》,人民文学出版社2002年版,第40页。
② 俞剑华:《中国古代画论类编》,人民美术出版社2007年版,第583页。
③ 徐复观:《中国艺术精神》,华东师范大学出版社2001年版,第142—145页。
④ 俞剑华:《中国古代画论类编》,人民美术出版社2007年版,第131页。

天地之气相接，生出神妙无穷的艺术至境。

需要进一步说明的是，庄子的"心斋"、"坐忘"是为了解决存在的精神自由问题，最终是要形成一贯且稳定的人生态度与心灵境界，而不是为了暂时的审美调适自己的心态和看事物的角度。所以，从逻辑上说，庄子的"虚静"首先是"体道心胸"，其次才是"审美心胸"。或者说，在庄子这里，只有"体道"了的心胸才有可能是"审美心胸"。但"道"指向的是"大全""虚空"（无），道本身无法成为审美的对象。没有具体的意向对象，审美也就无从发生。所以，从审美心胸过渡到真正的审美体验还需要一个中介，这个中介在庄子这里就是技艺。虚静之心正是凭着种种技艺（物）完成自身的修持和凝练，达到天人相契、神与物游的美妙境界，庄子将心物之间的双向转化过程称为"物化"。有学者认为，庄子哲学上的"虚静"理论与后世艺术创作之间有一个联结的桥梁，这就是《庄子》中出现的技艺神化故事。[①]朱自清也认为，这些技艺故事对中国文艺理论产生了很大的影响："特别是那些故事里表现着的对艺术或技艺的欣赏，以及从那中间提出的'神'的意念，影响后来的文学和艺术、创造和批评都极其重大。"[②]

徐复观认为，庄子虽然不是以追求某种美为目的，但他体证人生的精神则是艺术性的，自然包含某种性质的美。他不仅从艺术的眼光考察了庄子的人生观、宇宙观、生死观、政治观，还具体分析了庄子的艺术创造、欣赏，艺术的共感与想象等问题。[③]这里的"艺术性"不是一般性的表述，而是可以上升到类似于俄国形式主义"文学性"的美学范畴，亦即使得技艺活动及其结果成为艺术（品）的内在规定性。在庄子，重要的不是制作什么（作品），也不是如何制作（方法与流程），而是与制作过程相终始的心理功夫与精神状态。所以，在庄子笔下，几乎看不到他对某一"作品"的描绘，而只有大量的技艺展演的动作与过程。正因为获得了更为根本的"艺术性"（艺术精神），血腥的解牛过程具有音乐般的节奏动感（"合于桑林之舞，乃中经首之会"）；

---

① 张少康、刘三富：《中国文学理论批评发展史》上卷，北京大学出版社1995年版，第72页。
② 朱自清：《好与妙》，《朱自清古典文学论文集》，上海古籍出版社1981年版，第129页。
③ 参见徐复观：《中国艺术精神》第二章第十至十七节，华东师范大学出版社2001年版。

危险的蹈水动作可以"披发行歌"、笑傲于波涛之中。此外如操舟、运斤、削镶、斫轮、捶钩、承蜩等，无不是在"虚静"的"体道心胸"下展开的审美体验过程。当庄子在虚静的基础上进入"物化"继而"神游"的阶段以后，物我两忘，天人合一，这种"体道心胸"自然就包含了"审美心胸"。在庄子的审美心胸论中，最为关键的是通过"坐忘""心斋"臻达"虚静"的"心理时空"。这一心理时空的开启，又植根于其对现实时空（自然、生命）的深度参悟与超越。需要指出的是，庄子虽然以丰富的想象创造了很多的意象，但他并未过多正面的谈论意象。老子谓："大音希声，大象无形"（《老子》四十一章），庄子继承老子的思想，对"象"之形迹持否定态度："化育万物，不可为象"（《庄子·刻意》），"芒乎芴乎，而无从出乎！芴乎芒乎，而无有象乎。"（《庄子·至乐》）《庄子·天地》中"象罔得珠"的寓言说明，象之若有似无，不皎不昧，才是庄子所认同的，其谓："视乎冥冥，听乎无声。冥冥之中，独见晓焉；无声之中，独闻和焉。"（《庄子·天地》）

由于时代的原因，庄子关注的只是技艺动作，而不是诗文、绘画、书法、音乐等艺术的创造法则，其对（意）象保持一种不即不离的态度。因此，庄子的审美心胸仅止于心理时空层，而未能达到真正的形式时空层。老庄之后，"虚静"说被后世文艺理论家用于各个艺术领域，在老庄的"道性时空""审美心理时空"之外，拓展了审美直观的形式时空，审美心胸理论才实现了从哲学到美学、艺术学的完美变身，并逐步得到充实与完善。

第四章
佛教禅宗时空观及其美学智慧

从存在论的意义上说，无论是儒家、道家，还是佛禅，其最终的目的都是要超越无限对有限的诸种桎梏，最大限度地实现生命的自由，而中国古代艺术的奥义也正体现于此。儒家"执有"观时空，以"不朽"去对抗生命的"有死性"；道家"体无"观时空，通过返本与悠游的方式将个体生命融入自然大化之流中；佛家"解空"观时空，从本源上将诸法看空，以观心顿悟的方式实现生命的大超越。比较而言，佛禅的超越方式更为彻底。以譬喻言之，儒家似抱薪救火，不仅难以消除有限与无限之间的矛盾，反而使其更为尖锐，使自身陷入更大的生命悖论与痛苦之中。道家如扬汤止沸，虽然可以暂时缓解矛盾，但不能从根本上解决问题。佛家则是釜底抽薪，准确地找到了问题的源头，并果断地截断了一切痛苦烦恼的根因。那么，就时空问题而言，佛教禅宗提供了什么样的思想图景呢？这种独特的时空观对中国古代美学又产生了哪些启示呢？以下从这两个方面进行论述。

第一节 佛禅的时空观

与原始儒家、道家相比，佛教禅宗的时空观显示出独特的思想图景。儒家执着于现实人生与社会秩序，强调人对时空的规约与利用，主张因时而动、与时消息，并通过世代赓续、立德立功立言等方式对抗滚滚不息的迁逝之流。

也因此，儒家的时空观带有鲜明的情感性与功利性，这在儒家经典《周易》中得到了充分的体现。道家的时空观主要体现在老庄的"道"论中。"道"无终始，无古今，它周流六虚，遍在于天地宇宙的万事万物之中。老子的"道"论，演绎了一个广袤无限的自然时空。庄子又借大鹏的视角，消解自然时空久暂大小之间的差异，指引人们从精神的维度超越时空的束缚。佛教不仅认识到时空的无限性，而且还借助具体且奇幻的宇宙构想将这种无限性呈现出来。原始佛教通过具体的数量关系展现了宇宙时空的无穷大与无穷小，时空的久暂广狭远远超出人的想象。但是，在佛教看来，这种看似具体的无限宇宙只不过是人之心造幻象，所谓"一念三千"，三千大千世界只在一闪念间生灭。佛教以缘起论为理论基础，认为任何事物都是缘起性空的，没有自性，不是实体，时空亦是如此。特别是禅宗，提倡顿悟，实际上就是在刹那间勘破时空的秘密，证悟真如佛性。由此可见，儒、道、释三家观照、超越时空的方式各不相同，儒家是执着于现实的"有"来观照时空，道家是体证大道之"无"来打量时空，佛禅则是破除"假有"、证得性"空"，从根源上消除时空对有情众生的精神桎梏。相对儒道来说，佛禅对时空问题的思考更为宏富精严，其在时空超越的道路上也走得更远、更彻底。

一、佛教宇宙论中的时空观

佛教以想象的方式建构了以一个多层次的、立体的宇宙结构。从层次级别来分，世界可分为佛国与三界[①]。佛国即佛土，亦即佛所安住之地，就空间位置来说，远超于众生之上，但大乘佛教中有的教派主张佛国与众生世界不二，佛国就在现实世界之中。有情众生所安住的地方称之为"三界"，包括欲界、色界、无色界。三界依照众生欲望与形色的不同，分处在从底到高的不同空间层次。欲界最低，其中包含地狱、饿鬼、畜生、阿修罗、人、天，亦即"六道"，他们依次住在地下、地面上的坟地、山洞等地、水中、须弥山周围低处、南赡部洲、天空等不同的空间。天（天神、梵天）这类生物高

---

① 关于"三界"的内容，参见方立天：《佛教哲学》，中国人民大学出版社1991年版，第177—184页。

于人类，但仍然没有摆脱欲望，也有生死之痛，欲界有六类天，合称"六欲天"，自下而上分别是：四王天、忉利天、夜摩天、兜率天、他化天、他化自在天。四王天离人最近，位于须弥山腰；忉利天居于须弥山巅；夜摩天在忉利天之上八万由旬①处；兜率天在夜摩天之上十六万由旬处；他化天在兜率天之上三十二万由旬处；他化自在天在他化天之上六十四万由旬处。欲界之上是色界。"色"即物质现象和身体，色界的物质有色有光但无重量，这样的物质构成的身体轻盈无碍，是一种"清净妙色"，可以自由飞升。这一类生存者的居住地（宫殿、国土），称之为"色界"，它高居于欲界之上。色界分为四禅十七天，分别是初禅三天，二禅三天，三禅三天，四禅八天。四禅中的"色究竟天"是色界中最高的天，据说从这里丢一块石头往下坠落，即使没有任何障碍，也要经过 65 535 年才能到达人类居住的南赡部洲，其高度可想而知②。色界之上是无色界，这是三界中最高的层次。无色界的生物既无欲望又无形体，因此不需要固定的宫室住所。无色界住有四无色天，分别是空无边处天、识无边处天、无所有处天、非想非非想处天。无色界的高度又远在色界之上。

佛教在"三界"的空间架构基础上，又提出"三千大千世界"来统摄有情世界。佛教以须弥山为中心，包括周边环绕的九山八海、四大洲、太阳、月亮，一直往上到色界四禅天中的初禅天合为一个空间单位，称之为"小世界"。相当于一个太阳系。一千个这样的"小世界"合称为"小千世界"，归色界中的二禅天所管辖；一千个"小千世界"合称为"中千世界"，由三禅天所管辖；一千个"中千世界"合称为"大千世界"，由四禅天所管辖。一个大千世界包含小、中、大三种"千世界"，故称为"三千大千世界"。这样一来，"三千大千世界"就包含十亿个小世界。一个"三千大千世界"就是一佛的化境，称之为"一佛土"，是佛祖释迦牟尼教化众生的世界，也称"娑婆世

---

① "由旬"，古印度长度单位，佛学常用语，梵语 yojana 之音译。又作逾阇那、逾缮那、瑜膳那、俞旬、由延。意译合、和合、限量、一程、驿等。梵语 yojana 乃"附轭"之义，指公牛挂轭行走一日之旅程。《大唐西域记》卷二载，一由旬指帝王一日行军之路程，大约七英里，即 11.2 千米。参见丁福保：《佛学大辞典》，上海佛学书局 1994 年版，第 882 页。
② 参见戴继诚：《心包太虚：佛教时空观》，宗教文化出版社 2009 年版，第 127 页。

界"。①《大智度论》云："百亿须弥山，百亿日月，名为三千大千世界。如是十方恒河沙三千大千世界，是名为一佛世界，是中更无余佛，实一释迦牟尼佛。"②佛教认为，这样的"佛土"在宇宙中只不过是一粒微尘，宇宙中的佛土如恒河沙数，无边无量。可见宇宙的空间是无限的。现代天文学证实，整个银河系的直径约为10万光年，银河系中类似于太阳系的"小世界"就有2500亿之多。银河系之外的空间称为河外星系，河外星系中存在约10亿个类似于银河系的星系。目前科技所能知晓的宇宙尽头距离地球约为140亿光年。

佛教认为，宇宙不仅在空间上是无限的，在时间上也是无限的。之所以无限，是因为每一个三千大千世界都要经历成、住、坏、空四个阶段，亦即"四劫"③。整个宇宙就是在"四劫"中此消彼长、终始循环。所谓"劫"，梵语 kalpa，音译为劫波、劫簸，意译为长时、大时。这是佛教用来说明世界形成及毁坏的过程，与"刹那"（极短时间）相对。佛教把"劫"分为"小劫"、"中劫"和"大劫"三种。关于"小劫"的具体时长，按照《俱舍论》的说法，以人的寿命无量岁作为参照，从10岁开始，每100年增加一岁，增至8万岁，称为增劫；再又从8万岁开始，每100年减少一岁，减至10岁，称为减劫。增劫减劫合在一起，为一"小劫"。二十个"小劫"为一"中劫"，四个中劫（八十个"小劫"）合成一个"大劫"。④根据佛教对"劫"的定义可算得，一小劫约为1600万年，一中劫为约3.2亿年，一大劫约为12.8亿年。⑤每一个大劫包含了"成、住、坏、空"四劫。"成劫"是世界的生成期，经历二十小劫。第一小劫形成器世间，亦即水、空气、大地、草木等适宜各类生物居住的生态系统。此后十九小劫形成有情世间，亦即一切具备情识的生物世界，亦称作"众生世界"。"住劫"是世界安住的时期，包含二十增减劫。众生得以安住，人寿先增后减，在减劫末期，会有饥馑、疾疫、刀兵三

---

① 参见方立天：《佛教哲学》，中国人民大学出版社1991年版，第188—189页。
② （后秦）鸠摩罗什译：《大智度论》卷九，载《大正藏》第25册，台湾新文丰出版股份有限公司1972年版，第125页。本书所引《大正藏》均为此版本，下引只标书名及页码。
③ 参见丁福保：《佛学大辞典》，上海佛学书局1994年版，第1221页。
④ 参见戴继诚：《心包太虚：佛教时空观》，宗教文化出版社2009年版，第77—79页。
⑤ 参见方立天：《佛教哲学》，中国人民大学出版社1991年版，第194—197页。

灾，称作"三小灾"，人横死无数。"坏劫"是世界毁坏的时期，也是二十小劫。前十九劫毁坏有情世间，亦称"趣坏"（"六趣"毁坏，六趣指的是地狱、饿鬼、畜生、阿修罗、人、天这六道众生），最后一小劫毁坏器世间，成为"界坏"，亦即"三界"毁坏。"趣坏"阶段，从地狱开始，各类有情众生依次毁灭。之后，世界依次经历火灾、水灾、风灾这"三大灾"，火灾自地狱至色界初禅天，中间一切器物全部付之一炬，称"火烧初禅"；水灾自地狱淹至二禅天，其间一切皆冲散荡涤殆尽，称作"水淹二禅"；风灾自地狱吹至三禅天，三禅天以下全部吹毁，空无一物，称作"风吹三禅"。这个阶段，三界内一切动植飞潜都在劫难逃。"空劫"是最后一个时期。经过"坏劫"，欲界、色界四禅天以下悉数毁灭，世界处于虚空之中，没有昼夜，唯有死寂般的大冥。这样经历二十小劫之后，世界又进入下一个成、住、坏、空的周期。整个宇宙处于形成、安住、毁坏、虚空的往复循环之中，虚空无量、劫运不已。①

"劫"以人寿为参照，以一百年为单位，不断递增递减，这样由 10 岁增加到 8 万岁，复又从 8 万岁减至 10 岁，两者相加是谓一小劫，约为 1600 万年。但是，普通教众对于这个数字没有什么概念，为了让信众更好地理解"劫"的时间长久，佛教常用种种譬喻来形容"劫"，常见的有"草木劫""芥子劫""拂石劫"等。所谓"草木劫"，就是将三千大千世界的草木尽斩为 1 寸长的筹，每过一百年取走一根筹，全部取完所经过的时间，就是"草木劫"。所谓"芥子劫"，就是在宽高各百里的四方城中放满芥菜籽，每隔一百年取走一粒，全部取完所经过的时间，就是"芥子劫"；所谓"拂石劫"，就是一块长宽各 2 由旬（约 22.4 千米），厚度为 0.5 由旬（约 5.6 千米）的大石头，每经过一百年用六铢衣轻轻拂拭一遍，直到把这整块石头擦拭打磨成了粉末，所经过的时间就是"拂石劫"。以上三种常见的譬喻，显然要比具体的 1600 万年要长得多。佛经中还常用"阿僧祇劫"来表示无量难计的时间，一

---

① 参见方立天：《佛教哲学》，中国人民大学出版社 1991 年版，第 194—196 页；戴继诚：《心包太虚：佛教时空观》，宗教文化出版社 2009 年版，第 81—85 页。

"阿僧祇劫"就是一千万万万万万万万兆年①。

以上说的是佛教的宏观时空，佛教还对微观世界的时空进行了细致精微的构想。与"劫"对应的时间用词是"刹那"。"刹那"为梵语 Ksana 的音译，在佛教里，"刹那"是最短的时间单位，约为七十五分之一秒。所谓"壮士一度疾弹指顷，六十五刹那"②《俱舍论颂疏》卷十二又云："刹那百二十为一怛刹那，六十怛刹那为一腊缚，三十腊缚为一牟呼栗多，三十牟呼栗多为一昼夜。"③《摩诃僧祇律》卷十七："二十念名一瞬顷，二十瞬名一弹指，二十弹指名一罗豫，二十罗豫名一须臾，日极长时有十八须臾，夜极短时有十二须臾，夜极长时有十八须臾，日极短时有十二须臾。"④将以上文献综合起来，可得出以下数量换算关系：

120 刹那为 1 怛刹那（1.6 秒）

60 怛刹那为 1 腊缚（96 秒）

30 腊缚为 1 牟呼栗多（1 牟呼栗多 = 1 须臾 = 48 分 = 2880 秒）

1 刹那约为 0.013 秒

20 念为 1 瞬（20 念 = 1 瞬 = 0.006 分 = 0.36 秒）

20 瞬为 1 弹指（20 瞬 = 1 弹指 = 0.12 分 = 7.2 秒）

20 弹指为 1 罗豫（20 弹指 = 1 罗豫 = 2.4 分 = 144 秒）

20 罗豫为 1 须臾（20 罗豫 = 1 须臾 = 48 分 = 2880 秒）

30 牟呼栗多为 1 昼夜（30 须臾 = 1 昼夜 = 1440 分 = 86 400 秒）

1 念约为 0.018 秒

"劫"这种"大时"用以说明宇宙成、住、坏、空的演化过程，"刹那"这种微观时间则是用以描述心念的生灭。同样，佛教用"三千大千世界""华

---

① 参见戴继诚：《心包太虚：佛教时空观》，宗教文化出版社 2009 年版，第 79 页；丁福保：《佛学大辞典》，上海佛学书局 1994 年版，第 1221 页"磐石劫芥子劫"条。
② 智敏上师集注：《俱舍论颂疏集注》，上海古籍出版社 2014 年版，第 443 页。
③ 智敏上师集注：《俱舍论颂疏集注》，上海古籍出版社 2014 年版，第 446—447 页。
④ 《摩诃僧祇律》卷十七，《大正藏》第 22 册，第 360 页。

藏世界""佛土"等来描述宇宙大空间，又用"极微"来描述微观世界中极小的空间。《俱舍论颂疏》卷第十二："七极微为一微量，积微至七为一金尘，积七金尘为一水尘，积七水尘为一兔毛尘，积七兔毛尘为一羊毛尘，积七羊毛尘为一牛毛尘，积七牛毛尘为一隙游尘，积七游隙尘为一虮，积七虮为一虱，积七虱为一穬麦。积七穬麦为一指节，三节为一指，二十四指横布为一肘，竖积四肘为一弓，谓寻，竖积五百弓为一俱卢舍，一俱卢舍者，计是从村至阿练若中间道量，说八俱卢舍为一逾缮那。"① 按照比例关系，可以将上述事物的长度全部换算成极微数：

  1 微尘 = 7 极微

  1 金尘 = 7 微尘 = 49 极微

  1 水尘 = 7 金尘 = 343 极微

  1 兔毛尘 = 7 水尘 = 2401 极微

  1 羊毛尘 = 7 兔毛尘 = 16 807 极微

  1 牛毛尘 = 7 羊毛尘 = 117 649 极微

  1 隙游尘 = 7 牛毛尘 = 823 543 极微

  1 虮 = 7 隙游尘 = 5 764 801 极微

  1 虱 = 7 虮 = 40 353 607 极微

  1 穬麦 = 7 虱 = 282 475 249 极微

  1 指节 = 7 穬麦 = 1 977 326 743 极微

也就是说，一只小小的虱子就包含了 4 千多万个极微的长度，可见"极微"小到何种程度，真是微乎其微。

现代科学证明，佛教对世界宏观时空与微观时空的构想包含了相当大的真理成分，与现代天文学、量子物理学等学科揭示的时空秘密竟有惊人的相通相似之处。所不同的是，现代科学采用的是向外的观测及数据测量等手段，

---

① 智敏上师集注：《俱舍论颂疏集注》，上海古籍出版社 2014 年版，第 445—446 页。

而佛教采用的是向内的冥想及体悟的方法。

二、从实有到空幻：佛教时空观的演变

以上关于宇宙无限时空的构想多出于印度佛教中说一切有部的经典《俱舍论》，可看作小乘佛教时空观念的集中体现。大乘佛教尤其是中观学派，以缘起性空理论为基础，对小乘佛教的时空观加以改造，以般若中观的思想将时空解空，破除了小乘佛教的时空实有观，从而将佛教时空观由宇宙论引向心识论与人生论。

印度佛教经历了四个发展阶段。[①] 公元前6世纪至前4世纪中叶，这是佛祖释迦牟尼创教及其弟子们传教的时期，为原始佛教阶段。公元前4世纪中叶至公元1世纪，佛教分裂为上座和大众两部，并演化出许多教团，后称作18部或20部，这是部派佛教阶段。公元1世纪左右至7世纪的大乘佛教阶段，包括中观学派与瑜伽行派。公元7世纪后，大乘佛教部分派别与婆罗门神教混合而成密教，至13世纪初，佛教在印度趋于衰落。佛教东来进入中土以后，与儒家道家相互融汇，产生了许多佛教流派：如天台宗、华严宗、唯识宗、禅宗、密宗、净土宗等，其中以禅宗对文人士大夫的影响最大，对中国古代美学的贡献也最为突出。从小乘到大乘，再发展到中国的禅宗，佛教的时空观念发生了一定的变化，以下就此展开论析。

在佛教的思想视域中，时空既可以无限大，也可以无限小，可谓"其大无外，其小无内"。作为一种宗教，佛教由禅定冥想所获致的这种宏大且精微的时空观并不主要用以解决宇宙的生成以及结构问题，尽管其客观上揭示了宇宙的某种真相。但事实上，佛教的时空观是为其人生解脱论做准备的。小乘佛教认为，人生处于由十二因缘构成的三世（过去、现在、未来）轮回之中，前世的业力造成现世的果报，而现世诸行也会在来世产生报应。这种"感业受报"的因果报应思想建立在"三世实有""法体恒有"的时间观基础上。说一切有部认为，过去、现在、未来三世都是实际存在的，世间万象虽

---

① 参见方立天：《佛教哲学》，中国人民大学出版社1991年版，第14—15页。

然生灭变化，但这只是法体之用，法体本身是不会变异消逝的。这里的"法体"有点类似于柏拉图所说的"理念"（理式），现象界的一切事物均处于时间迁变之流中，但这只是"理念"的影子，理念本身则是永恒不动的。小乘佛教将时间视为一种实体，认为时间是一切因果产生的第一因，这就为其因果报应论奠定了坚实的理论根基，但却为人生的解脱设置了思想上的障碍。《阿毗达磨集异门足论》卷三云：

> 过去世云何？答：诸行已起已等起，已生已等生，已转已现转，已聚集已出现，落谢过去尽灭离变，过去性、过去类、过去世摄，是谓"过去世"。未来世云何？答：诸行未已起未已等起，未已生未已等生，未已转未已现转，未聚集未出现，未来性、未来类、未来世摄，是谓"未来世"。现在世云何？答：诸行已起已等起，已生已等生，已转已现转，聚集出现，住未已谢，未已尽灭，未已离变和合现前，现在性、现在类、现在在世摄，是谓"现在世"。①

所谓"诸行"，即"诸法"，也就是因缘所产生的世间万象。"三世"之所以确立，是依据世界诸种事物现象的发生、变化、消亡等状态而说的。事物已经产生、转化、消亡，这段过程就属于"过去世"；事物还没有产生、转化，还处于可能性之中，这是"未来世"；事物已然产生、转化，但还没有完全消失，处于安住的状态，这就是"现在世"。《大宝积经》卷九十四亦云："三世，所谓过去、未来、现在。云何过去世？若法生已灭，是名过去世。云何未来世？若法未生未起，是名未来世。云何现在世？若法生已未灭，是名现在世。"② 如此可见，小乘佛教对时（空）的理解也是建立在事相基础上的，因物而有时（空）。但是，小乘佛教未能抛开时空的实体性，亦即执着于时空本身，这是大乘佛教首先要破除的。

---

① 《阿毗达磨集异门足论》卷三，《大正藏》第26册，第378页。
② 《大宝积经》卷九十四，《大正藏》第11册，第535页。

大乘佛教认为,因为有情众生会因为现世的种种"执取"而陷于"无明"之中,因此人生的本质是苦的。要解脱痛苦,关键是要摆脱"无明"状态,那就要从根本上领悟世界的本相。万事万物均是缘起而生、缘尽而灭,万物本身没有自性,无时无刻不是处于生灭变现之中,因此万物是"空"的。小乘佛教开启了时空的两个极限,一是无限的久长广阔,一是无限的短暂微渺。在这两个极限的强烈对比中,大乘佛教因此获得了一种将时空勘破的可能性。有情众生的寿命再长,相对于宇宙时间来说,也是微不足道的。整个宇宙包括其中的万事万物都处于"成住坏空"的轮回之中,所谓"永恒"只不过是一个空幻的泡影。《大乘阿毗达磨杂集论》卷二云:"时者,谓于因果相续流转,假立为时。何以故?由有因果相续转故。若此因果、已生、已灭,立过去时;此若未生,立未来时;已生未灭,立现在时。"[1]大乘佛教将三世与因果的次序颠倒过来了。不是因为三世(时间)的实体性存在导致因果的产生,而是因为因果构成了一种前后相续的次序,才给人以时间的假象。因此,在大乘佛教这里,时间的实体性已经被破除了。龙树《中论·观时品》云:"若因过去时,有未来现在。未来及现在,应在过去时。""若过去时中,无未来现在,未来现在时,云何因过去?""不因过去时,则无未来时,亦无现在时,是故无二时。""以如是义故,则知余二时。上中下一异,是等法皆无。"[2]龙树从中道空观的立场来打量时间,目的是要破除人们对时间的执念。他采用归谬法,将过去、现在、未来三世纳入到惯常的逻辑序列之中,让这三世无法在众生的心识中安立。按因果论理解,现在、未来(果)都是经由过去(因)而出现的,如果是这样,那就说明过去已经包含了现在、未来,所以现在、未来就在过去。如果过去没有现在、未来之因,那么因果的链条也就断了,现在与未来就不能因过去而存在。如果没有过去时之因,那么,现在时、未来时也是不存在的。也即是说,现在时、未来时之所以存在,是因为过去时的缘故。但过去时存在的同时又包含了现在、未来,实际上也就取消了现

---

[1] 《大乘阿毗达磨杂集论》卷二,《大正藏》第31册,第700页。
[2] 韩廷杰释译:《中论》,台湾佛光文化事业有限公司1997年版,第399—404页。

在、未来二时，如此只剩下过去时。但过去又是相对于现在、未来来说而存在的。这样一来，相互之间就出现了矛盾。因此过去、现在、未来这三时都是一种名相，是假象。此外如上中下、一异等空间性事物都是没有的。《中论·观时品》云："时住不可得，时去亦叵得。时若不可得，云何说时相？因物故有时，离物何有时？物尚无所有，何况当有时？"[①] 时间无论是流逝还是安住，都无法获得其真实的本相，因为时相是建立在物相的基础之上的，但万物皆受因缘而起，不是实体，是性空假有，因此时间也自然是空幻的。

不独时间，大乘佛教对空间的实体性也进行了破除。《大智度论》卷十二云：

> 至微无实，强为之名。何以故？粗细相待，因粗故有细，是细复应有细。复次，若有极微色，则有十方分，若有十方分，是不名为极微；若无十方分，则不名为色。复次，若有极微，则应有虚空分齐，若有分者，则不名极微。二复次，若有极微，是中有色香味触作分，色香味触作分，是不名极微。以是推求微尘则不可得。如经言：色若粗若细，若内若外，总而观之，无常无我。不言有微尘。[②]

小乘以"极微"来命名微观空间的极限，并且以具体的事物和数量关系求取其量的大小，由此可知"极微"是实有。但大乘认为，"极微"也是勉强命名的，并非实体。因为粗细大小都是相对的，小的还有小的，但只要给定了，就可以再进行细分。佛教认为，一粒微尘中也有无数个佛土。所以，"极微"中包含"十方"的空间，但如果能分出十方，那就说明"极微"并不小，就不能称之为"极微"。同理，"极微"中还"有虚空分齐"、"有色香味触作分"，也因此同样不能称之为"极微"。这种归谬法，使得"极微"这一概念陷入矛盾之中。大乘中观学派主张"是非双遣，不落边见"，去除"我执"之

[①] 韩廷杰释译：《中论》，台湾佛光文化事业有限公司1997年版，第406页。
[②] 《大智度论》卷十二，《大正藏》第25册，第147—148页。

后，诸法也就呈露本相。这样一来，空间的实有性也就从根本上被破除了。

三、禅宗的"现象时空"观

禅宗在大乘佛教中观学派的基础上，进一步破除对时空的执念。尤其是慧能所创立的南宗禅，主张修禅者应放下执念，自在任运，在当下顿悟中证得真如佛性。所谓"直指人心，见性成佛"。这种"顿悟"就是一种神秘的时空体验。在佛教禅宗看来，三界中的万法皆是心识变现的结果，所以禅宗非常注重对心识的修持与觉证，凡佛之间，只在一念，迷则凡，悟则佛。因此，禅宗也被称为"佛心宗"。

大乘中观学派主要从缘起性空论及名相逻辑方面对时空进行破解，其理论色彩虽然突出，但显得有些勉强。尤其是作用于禅者的修行，对于佛性的证悟未必有足够的阐释力。禅宗的独特之处在于，它放弃了对执念本身的逻辑性破除，而是紧紧抓住"万法唯心"这一佛学要旨，将关注的重心由外层世界（色）转向了内在世界（心），在完成了对世界的本体改造与确证之后，再来考虑时空超越问题。因此，在时空超越的道路上，禅宗比大乘佛教走得更远。在禅宗看来，世界中任何事物现象无不呈现于心念之中，就时空而言，时间的久暂、先后、断续，空间的广狭、上下、高低等，都会在心念中产生反应。如果完全依照自然现实时空的逻辑行事，让心念自缚于时空的缧绁，就会产生执着之念，人的主体精神就会丧失。要想自开佛性，证得菩提，臻达清净空明之境，首先就要打破时空对心的桎梏。禅宗的时空超越集中体现在"顿悟"修行之中。具体包含以下几个方面：一是将时空转化为心念，认为万法唯心，心外无时空，亦即将时空心灵化、精神化；二是主动消除记忆，防止心念受外界时空的牵制；三是颠倒并消解自然时空的现实逻辑，将不同时空中的事物加以并置，阻绝人们对时空的拟议思量，并且营构时空圆融之境，进一步打破时空的现实壁垒；四是在行住坐卧、饥餐困眠的日常修行中寻求"顿悟"的契机，在念念相续中获致截断众流的"断念"，实现"瞬间即永恒"的时空超越。从思想渊源来看，禅宗的时空观所受的影响是多方面的。小乘佛教对宏观及微观世界无限时空的宇宙构想为禅宗提供了宏阔的思想理论视域，尤其是"刹那"与"念"，对于南宗禅的"顿悟"观来说极为关键。大乘佛教尤其是中观学派的中道空观及般若直观思想为禅宗提供了思维方法及佛性体悟方面的智慧。此外，天台宗的"一念三千"说，华严宗的"一即一切""圆融无碍"说，也为禅宗的时空观提供了直接的思想启示。以下从上述几个方面展开论述。

禅宗继承了佛教的法我无常观，认为任何事物都是处于不断流变的时间之中。而人的心识也处于连续不断的一个个闪念之中。《仁王经》曰："九十刹那为一念，一念中一刹那，经九百生灭。"[①] 如果没有心念的次第相续，人们的时间感就无从产生。因此，外界时间的流变实际上建基于主体内在时间意识之上。因此，要勘破时间的秘密，必须廓清外界诸色所布下的层层迷雾，以"无念"的清净之心重新打量世界，世界的真实意义才会呈现出来。从精神超越的意义上说，禅宗可谓直指时空问题的要害。正如有的论者所言，佛教禅宗的时间是一种心灵化的时间[②]，所以，通常所见的现实时空只不过是一种假象，禅宗通过澄清心念，从而消解了时空的表象，发现其"本来面目"[③]。从思维的方法来看，禅宗与现象学之间不无相通之处。现象学以悬搁的方法，排除"自然的观念"与"历史的观念"，对西方哲学中的形而上学传统进行了颠覆性的质疑与批判，否定了主体对客体的那种看似通透的"自明性"以及所有未经证实的"成见"。在此基础上，通过本质直观的方法对事物加以"还原"，使事物回到其自身，呈露出其"本来面目"。禅宗对世界现象的"悬搁"从"无相""无住""无念"这"三无"开始，《坛经》云：

何名无相？无相者，于相而离相；无念者，于念而不念；无住者，为人本性，念念不住，前念、今念、后念，念念相续，无有断绝；若一念断绝，法身即离色身。念念时中，于一切法上无住，一念若住，念念

[①] 丁福保：《佛学大辞典》，上海佛学书局1994年版，第28页"一刹那"条。
[②] 参见刘广峰：《作为心灵显现的时间——禅宗时间观初探》，《武汉大学学报》（人文科学版）2010年第4期。
[③] 参见韩凤鸣：《佛教及佛教禅宗的时间哲学解读》，《哲学研究》2009年第8期。

即住，名系缚；于一切上，念念不住，即无缚也。此是以无住为本。①

所谓"无相"，是对于外界事物现象来说的，主体之心虽映现出种种事相，但并不胶着于此，是为"无相"。"无住"包含两个方面，一是外界事物变化无常，时间迁逝，须臾不驻；二是心念相续，不可断绝。断念一起，便是涅槃。因此，"无念"并非真的一念不起，摒弃种种思量，若是如此，色身离散，形体不存，如何谈超越？此处所说的"无念"即"不以之为念"，如鸭背上过水，对诸法不作黏滞计较。为了使修禅者对此不产生误解，《坛经》对此作了更详明的解释："无念法者，见一切法，不著一切法，遍一切处，不著一切处，常净自性，使六贼从六门走出，于六尘中不离不染，来去自由，即是般若三昧，自在解脱，名无念行。若百物不思，当令念绝，即是法缚，即名边见。"②色、声、香、味、触、法从眼、耳、鼻、舌、身、意中自然经过，既不躲避，也不沾染，自性清净，自由无碍，禅者无须"起身看净"，"时时勤拂拭"。如果有意识地剿绝思量，使得念头完全断绝（实际上无法做到），"无念"反而成为一种捆缚心灵的绳索。

常见执着于时间主要有三种表现：一是将时间分成若年、月、日、时等若干片段，并以此规范自己的行动，使心灵完全为"时间"所框定；二是依照事物出现的先后抽象出时间的一维性，过去、现在、未来前后相续，处于因果关联的铁律之中；三是执着于世俗时间的长短，特别是生命的寿夭、功名利禄的久暂等③。禅宗有意识地打破种种世俗的时间观念，以忘记时间、颠倒时间、不计时间等方式对抗无情的迁逝之流：

（武）后尚问师甲子。对曰："不记"。帝曰："何不记耶？"师曰："生死之身，其若循环，环无起尽，焉用记为？况此心流注，中间无间，

---

① 郭朋校释：《坛经校释》，中华书局1983年版，第32页。
② 郭朋校释：《坛经校释》，中华书局1983年版，第60页。
③ 参见刘广峰：《作为心灵显现的时间——禅宗时间观初探》，《武汉大学学报》（人文科学版）2010年第4期。

见沤起灭者,乃妄想耳。从初识至动相灭时,亦只如此。何年月而可记乎?"①

问:"如何是高峰孤宿底人?"师曰:"半夜日头明,日午打三更。"②

(洞)山云:"汝父名什么?"师曰:"今日蒙和尚致此一问,直得忘前失后。"……闽师问曰:"寿山年多少?"师曰:"与虚空齐年。"曰:"虚空年多少?"师曰:"与寿山齐年。"③

佛教对宇宙空间无限性的构想以及华严宗的圆融无碍观念为禅宗的空间超越提供了思想支撑。禅宗从心性论重新阐释佛教的宇宙论,认为心识才是宇宙的根本。同时,又将现象空间看作虚妄不实的"虚空",在空性认知中使得世俗的空间感消失,显现出清净的空间情态。④《大方广佛华严经》卷三十九有言:"或随心念,于一尘中置一世界须弥卢等一切山川,尘相如故,世界不减;或复于一微尘之中置二、置三,乃至不可世界须弥卢等一切山川,而彼微尘体相如本,于中世界悉得明现。"⑤华严宗认为,"一即一切",诸法圆融无碍,就像华严珠网,每一颗珠子都映现出其他珠影,整个珠网交相辉映,彼此涵摄,周遍一切。所谓"一花一世界""一叶而知秋",呈现的就是这种独特的空间感。《梵网经》说:"一叶世界,复有百亿须弥山,百亿日月,百亿四天下,百亿南阎浮提,百亿菩萨释迦,坐百亿菩提树下。"⑥禅宗广泛吸纳了华严宗的这种空间观,以一种大小互摄、圆融周遍的清净空间取代了那种绝对广延、彼此间隔的世俗物理空间:

洞山梵言禅师:"一尘一佛土,一叶一释迦。"⑦

---

① 妙音、文雄点校:《景德传灯录》卷4,《嵩岳慧安国师》,成都古籍书店2000年版,第59页。
② 妙音、文雄点校:《景德传灯录》卷12,《池州鲁祖山教和尚》,成都古籍书店2000年版,第227页。
③ 妙音、文雄点校:《景德传灯录》卷11,《福州寿山师解禅师》,成都古籍书店2000年版,第196页。
④ 参见韩凤鸣:《主体空间叙事——禅宗的空间哲学》,《华南师范大学学报》2009年第5期。
⑤ 《大方广佛华严经》卷三十九,《大正藏》第10册,第207页。
⑥ 《梵网经》卷十,《大正藏》第24册,第997页。
⑦ (宋)普济:《五灯会元》,苏渊雷点校,中华书局1984年版,第1154页。

  九仙法清禅师:"万柳千华暖日开,一华端有一如来。妙谈不二虚空藏,动著微言徧九垓。"①

  东林道颜禅师:"一叶落,天下秋;一尘起,大地收。"②

  禅宗实现时空超越的关键在于对禅者心念修持功夫的强调。禅宗认为,心识若外界所撄扰,就会受制于外在世界的种种幻象,因而遮蔽了世界的本来面目。心念执着于外在时空的幻象,就会自行远离真如佛性,无论如何修行,也难以修得正果。若得清净之心,佛土只在眼前。《坛经》云:"心但无不净,西方去此不远;心起不净之心,念佛往生难到。……若悟无生顿法,见西方只在刹那;不悟顿教大乘,念佛往生路遥,如何得达?"③禅宗的时间体验实际上就是由时间进入"无时间",禅宗的空间体验是从世俗空间转入"虚空",所谓"无边刹境,自他不隔于毫端;十世古今,始终不离于当念"④。唯有"虚空",才可以跨越广狭的物理边界;唯有"无时间",才能脱离"三世"的因果桎梏。从这个意义上说,禅宗所开启的是一种现象学意义上的时空,可称之为"现象时空"。

  至此不难发现,儒、道、释在时空的观照体验方面显示了不同的思想路向。儒家、道家均在"天人合一"的思维模式下展开对时空问题的思考,但二者的着眼点与旨归各不相同。儒家非常注重对自然、社会、历史时空的规律以及之间关系的探究,试图通过"三不朽"等现实方式对抗无限的时空,其观照与超越模式均表现出一种自觉且强烈的"执着"。道家以归根返本与悠游逍遥的姿态看待世界与人生,认识到以有限追求无限的虚妄性,因而主张齐差别、等寿夭,将短暂的生命时空融入无限的自然大化之流中,"乘天地之正""和之以天倪",以此求得精神的逍遥与心灵的自由,其观照与超越的路向是"体道"。佛家对时空的思考要比儒道显出更为宏阔的视野,其对无限

---

① (宋)普济:《五灯会元》,苏渊雷点校,中华书局1984年版,第1204页。
② (宋)普济:《五灯会元》,苏渊雷点校,中华书局1984年版,第1330页。
③ 郭朋校释:《坛经校释》,中华书局1983年版,第66页。
④ (宋)普济:《五灯会元》,苏渊雷点校,中华书局1984年版,第614页。

时空的构想已不再是一句空洞的浩叹，而是实实在在的数量关系或奇绝譬喻。显然，这种数量与譬喻能够大大开拓人们对时空无限的想象空间。它就像在悬崖坚壁上凿出许多可以安放支点的孔洞，使人们可以攀援而上，瞭望混芒无边的宇宙。但即便如此，时空对于人来说还是一个谜。大乘佛教，尤其是禅宗，将探索的焦点由外在宇宙转向内在宇宙（心），从根本上刷新了人们的时空观，以类于现象学的还原与直观法，揭开了时空的面纱，使其呈露出本来面貌。佛禅观照与超越时空的路向是从"心"着眼的，表现为"解空"的模式。佛禅这种独特的时空观对中国古代的美学、文学、艺术学产生了重要的影响。尤其是中国古代的自然观、审美认识方式、审美心胸理论、意境理论等方面，与佛禅的时空观有着密切的关联。

第二节　佛禅时空观的美学智慧

近三十年来，学界对佛教美学、佛教与文学艺术的关系等领域的研究日渐深入详备，产生了不少的学术成果，主要可以分成三类：一是对佛教禅宗中的美学思想及意蕴进行论析阐发；二是探究佛教禅宗对于中国古代美学、诗学的影响；三是对宣扬佛教的各类艺术进行研究。可见，前贤已从思想、观念、范畴、命题等角度探究了佛教对于中国美学、诗学、艺术理论等领域的影响，为我们思考中国古代时空美学提供了宽广的问题视域与方法论指导。本节的主要任务，是要在前人研究的基础上，结合佛教的时空观对中国美学中的相关问题进行专题考察，从时空角度对相关的美学、诗学理论命题加以重新阐释，以厘清佛教对中国古代时空美学所产生的影响和贡献。

一、"顿悟"与"妙悟"：禅与诗的审美体悟

中唐以后，禅与诗就开始结合起来，刘禹锡、皎然、司空图等人的诗学观念中就包含了禅学的因素。宋以降，苏东坡、黄庭坚等人多以禅论诗，特别是严羽，独标妙悟，将诗与禅之间的紧密且微妙的关联呈现出来，构建了

一个较为完备的诗学理论体系，刷新了中古以还的诗学观念，谱写了近古诗学的新篇章。此后，叶燮、沈德潜、王士禛、袁枚、况周颐等人踵武前贤，皆好以禅论诗，且不乏精彩之语。[①] 接下来的问题是，禅与诗之间存在哪些内在关联？如何从时间维度进行阐释？

　　佛禅的最终目的，是要摆脱由无明所带来的诸种烦恼，自证佛性，清净无漏，臻达自由圆融的人生胜境。但在如何修习证悟的问题上，南北禅宗有不同的看法。北宗禅主张"静虑修观""起心看净"，通过打坐念经等方式渐修而悟。南宗禅则主张在日常的生活中体味佛法大意，穿衣吃饭、行住坐卧皆是修行，在随缘任运的生命行程中获致顿悟的契机。常见以为南宗禅的顿与北宗禅的渐悟之间存在巨大的差别。事实上，这种差别不应该过分夸大。无论是渐悟还是顿悟，其目的都是为了证得菩提，摆脱现实的种种束缚。在修习方法上，顿悟也离不开对佛法禅理的专心追求，并非简单的不计名利、自在逍遥就可以获得顿悟。禅宗公案史记载了许多高僧大德如何苦苦追寻佛性、求得正果，但经年累月终一无所获。他们之所以不得，不是因为他们自陷于欲念之中，而是因为仍不能真正摆脱佛性本身对自己的束缚，他们距离开悟实际上只有半步之遥。所谓"迷来经累劫，悟则刹那间"。（《坛经》三六）在经历了长时间的苦苦追寻之后，他们在禅师的棒喝质疑、机锋接引下，或者在自放于山水的日常坐卧中，突然觅得了窥见世界本来面目的契机，改变了他们打量世界的眼光与姿态，是为顿悟。顿悟与渐悟的根本区别不在于修习佛理的难易之别，而在于对佛理性质的认识以及修习过程的理解。事实上，两者的区别体现了小乘与大乘之间时间观的差别。渐悟将佛理分成"十地"亦即十个不同的阶段，要求修习者按照要求渐次实现。这实际上就是将佛性纳入到时间的逻辑序列中，依照先后次序逐层分级完成。换言之，渐悟是建立在日常的时间逻辑基础之上的。完成这一过程，就是对时间的超越。顿悟则不然。在大乘教看来，佛理是整一，不可渐次参悟，累加获知。唐释元康《肇论疏》云："第一竺道生法师大顿悟云，夫称顿者，明理不可分，悟

---

① 参见蒋述卓：《佛教与中国古典文艺美学》，岳麓书社2008年版，第72页。

语照极。以不二之悟,符不分之理。理智恚释,谓之顿悟。"竺道生认为,佛理是不可分的,没有办法按照步骤一点点地领会。"悟"就是"觉",觉就是全然醒悟,没有"半觉""大半觉"之可能。当然,在顿悟到来之前,修禅者的心理状态还是要按照一定的要求进行禅定。如百丈怀海禅师对顿悟的解释,颇有启发意义:

> 问:"如何是大乘顿悟法要?"
> 师曰:"汝等先歇诸缘,休息万事。善与不善,世出世间,一切诸法,莫记忆,莫缘念,放舍身心,令其自在。心如木石,无所辨别。心无所行,心地若空,慧日自现,如云开日出相似。但歇一切攀缘,贪嗔爱取,垢净情尽。对五欲八风不动,不被见闻觉知所缚,不被诸境所惑,自然具足神通妙用,是解脱人。对一切境,心无静乱,不摄不散,透过一切声色,无有滞碍,名为道人。善恶是非俱不运用,亦不爱一法,亦不舍一法,名为大乘人。不被一切善恶、空有、垢净、有为无为、出世世间、福德智慧之所拘系,名为佛慧。是非好丑、是理非理,诸知见情尽,不能系缚,处处自在,名为初发心菩萨,便登佛地。"①

可见,顿悟的要诀在于解除诸法对心的束缚,"莫记忆、莫缘念,放舍身心,令其自在",消除时间秩序对于心识的宰治,跳出是非善恶的逻辑藩篱,与外境自然相接但又不染于外境,圆融自若,通透无碍。这是从修习方法及效果方面对顿悟所做的理解。若从存在本体论的角度来说,顿悟的本质就是实现"瞬间永恒"。所谓"瞬间永恒",其实就是对时间的一种独特体悟。而顿悟就是要在瞬刻完成对宇宙生命本质的"透入"与证悟。李泽厚认为,禅宗顿悟"最突出和集中的具体表现,是对时间的某种神秘领悟,……这可能是禅宗的哲学秘密之一"②。铃木大拙也认为:禅要贯穿时间与非时间,禅的

---

① (宋)普济:《五灯会元》,苏渊雷点校,中华书局 1984 年版,第 133—134 页。
② 李泽厚:《庄玄禅宗漫述》,《中国古代思想史论》,天津社会科学院出版社 2003 年版,第 196 页。

生命呈现在时间与非时间的矛盾。①这种瞬间开显世界本相、臻至清净妙乐之境的顿悟，也就是佛禅所说的妙悟。朱良志认为，禅的精神就是瞬间永恒的精神，而审美妙悟的根本特点之一，就是瞬间永恒。②禅宗所说的妙悟，就是在"刹那间截断"，亦即截断时间之流。禅宗常常将妙悟比作一把利剑，截断众流，斩断尘念。在忽然的体验中，放弃对虚幻不真的色相世界的关注。由此，妙悟就是从虚妄的时空之中进入无时间的境界之中。"刹那"是一个"临界点"，是时间与非时间的界限，是由有时间的感觉进入到无时间感觉的一个"时机"。它只是一个"现在"，虽然可以关联过去，但绝不联系未来，这一"现在"将禅者由过去"透入"非时非空的审美境界之中。所以，"刹那"之一念是"断念"，由念而无念，由一念而不念。③叶秀山也谈到佛禅顿悟的这个"瞬间"："'瞬间'对于'过去'也不是'连续性'的'继往'，而是'清空''过去'，'断绝''前因—前缘'得一个'正果'（佛家）。'正果'即是'无因'之'果'，就佛家而言也是'无果（后）'之'果'，是一个'终极关怀'，既'无'前因，也不再作为'因'而'再''产生''果'，即'脱离''因果''轮回'"。④叶秀山认为，在欧洲哲学传统中，"瞬间"是一个绝对的、自由的"起点"，处于"时空"的"断裂"之中，因其不包含任何经验材料而成为"空洞"的，与佛教的"空"相通。但"空"并非"无"，作为自由的"点"，"瞬间"又是实在的，它并不阻遏"时空"自身的变化发展。相反，"瞬间"作为"第一因"有权开辟"未来"的新的因果系列。⑤

顿悟与妙悟实际上是佛禅认识论的不同表达，在本质上是同一的。但两者所运用的领域不同，顿悟多用于佛教哲学，妙悟多用于艺术审美。

妙悟最早出自中土佛学著作，姚秦时期的僧肇多次使用这一概念，其《涅槃无名论·妙存》有言："玄道在于妙悟，妙悟在于即真，即真则有无齐

---

① 转引自傅伟勋：《从西方哲学到禅佛教》，生活·读书·新知三联书店1989年版，第310页。
② 参见朱良志：《大音希声——妙悟的审美考察》下卷，百花洲文艺出版社2009年版，第92页。
③ 参见朱良志：《大音希声——妙悟的审美考察》下卷，百花洲文艺出版社2009年版，第103—105页。
④ 叶秀山：《论"瞬间"的哲学意义》，《哲学动态》2015年第5期。
⑤ 叶秀山：《论"瞬间"的哲学意义》，《哲学动态》2015年第5期。

观,齐观则彼已莫二,所以天地与我同根,万物与我一体。同我则非复有无,异我则乖于会通,所以不出不在而道存乎其间矣。"① 在僧肇看来,妙悟是一种把握"玄道"的独特认识方式,通过去除有无、物我、彼此之间的差别实现对"道"的体悟。这与庄子的齐物论有异曲同工之妙。唐代以后,这一概念进入文艺理论领域,在画论中被广泛使用②。中唐以后,由于诗禅互渗,妙悟说对文学的影响越来越大。宋代严羽将妙悟当作艺术创造与鉴赏的根本途径,并成为其诗学体系的核心概念,其妙悟说影响最大。自此,妙悟遂成为中国美学史、文艺理论史上一个重要的范畴,对此后的文艺审美产生了深远的影响。③ 严羽《沧浪诗话》谓:

> 禅家者流,乘有小大,宗有南北,道有邪正。学者须从最上乘,具正法眼,悟第一义。若小乘禅,声闻辟支果,皆非正也。论诗如论禅,汉魏晋与盛唐之诗,则第一义也;大历以还之诗,则小乘禅也,已落第二义矣。晚唐之诗,则声闻辟支果也。学汉魏晋与盛唐诗者,临济下也;学大历以还之诗者,曹洞下也。大抵禅道惟在妙悟,诗道亦在妙悟。且孟襄阳学力下韩退之远甚,而其诗独出退之之上者,一味妙悟而已。惟悟乃为当行,乃为本色。然悟有浅深,有分限,有透彻之悟,有但得一知半解之悟。汉魏尚矣,不假悟也。谢灵运至盛唐诸公,透彻之悟也;他虽有悟者,皆非第一义也。④

严羽依照佛禅的不同类别将唐诗分成三个层级:汉魏晋与盛唐之诗属于大乘禅,为第一层次(第一义);大历以后的诗,属于小乘禅,为第二层次(第二义);晚唐的诗则属于"声闻辟支果"一类,落入三个层次。"辟支"是

---

① 石峻等编:《中国佛教思想资料选编》第 1 册,中华书局 2014 年版,第 162 页。
② 如李嗣真《续画品录》云:"顾生思侔造化,得妙悟于神会。"张彦远《历代名画记》云:"凝神遐想,妙悟自然,物我两忘,离形去智。"王维《山水诀》云:"妙悟者不在多言,善学者还从规矩。"郭若虚《图画见闻志》卷六有言:"艺必以妙悟精能取重于世,然后可著于文,可宝于笥。"
③ 参见朱良志:《大音希声——妙悟的审美考察》上卷,百花洲文艺出版社 2009 年版,第 6—8 页。
④ 郭绍虞:《沧浪诗话校释》,人民文学出版社 1961 年版,第 11—12 页。

梵语，意译为"缘觉"，与"声闻"同属于小乘佛教修行觉悟的两种重要方式。"声闻"是指直接听闻佛陀的教说，思考修证苦集灭道四谛而开悟，称为"声闻乘"；"缘觉"是指未曾听闻佛陀教说，独自观察领会十二因缘，观叶飞花落，了悟生死，证得佛理。是为"缘觉乘"。"声闻""辟支"所得正果，是小乘的最高果位。严羽将"声闻""辟支"与小乘区别对待，看成是比小乘更底的层次，可见其并未真正懂得佛教，而只不过是借禅说诗①。严羽认为，妙悟是禅诗的共同要诀。就诗歌的创作而言，关键在于能够妙悟，这是诗歌（实际上可以包含其他艺术）本质特征的体现。与顿悟不同的是，妙悟也可分成不同的层级，有"透彻之悟"，有"一知半解之悟"。可见，宗教哲学与审美艺术并不能完全等同。严羽提出诗在妙悟是针对宋人以理入诗，以文字为诗的风气而发的。他认为诗歌创作是一种特殊的才情，有其独特的审美旨趣与价值追求。好诗犹如禅境，不以名理推想为要，不可以言语道得，空灵通透，奇幻难踪。但是，好诗并不排斥读书穷理，相反还要多读书多识理，只是不能在诗中直言铺排，洵为切中肯綮之论。《沧浪诗话》云：

> 夫诗有别材，非关书也；诗有别趣，非关理也。然非多读书，多穷理，则不能极其至。所谓不涉理路，不落言筌者，上也。诗者，吟咏情性也。盛唐诸人惟在兴趣，羚羊挂角，无迹可求。故其妙处透彻玲珑，不可凑泊，如空中之音，相中之色，水中之月，镜中之象，言有尽而意无穷。近代诸公乃作奇特解会，遂以文字为诗，以才学为诗，以议论为诗。夫岂不工，终非古人之诗也。盖于一唱三叹之音，有所歉焉。且其作多务使事，不问兴致，用字必有来历，押韵必有出处，读之反覆终篇，不知着到何在。其末流甚者，叫噪怒张，殊乖忠厚之风，殆以骂詈为诗。诗而至此，可谓一厄也。②

---

① 郭绍虞说："沧浪于禅，并无深得，只是于时风众势之下，拾得一些口头牙慧，本身也常多错误。"见其《沧浪诗话校释》，人民文学出版社1961年版，第25页。
② 郭绍虞：《沧浪诗话校释》，人民文学出版社1961年版，第26页。

严羽对自己以禅喻诗、以禅论诗的创见颇为自信，他在《答出继叔临安吴景仙书》中说：

> 仆之诗辨，乃断千百年公案，诚惊世绝俗之谈，至当归一之论。其间说江西诗病，真取心肝刽子手。以禅喻诗，莫此亲切。是自家实证实悟者，是自家闭门凿破此片田地，即非傍人篱壁、拾人涕唾得来者。李杜复生，不易吾言矣。而吾叔靳靳疑之，况他人乎？所见难合固如此，深可叹也！
>
> 吾叔谓：说禅非文人儒者之言。本意但欲说得诗透彻，初无意于为文，其合文人儒者之言与否，不问也。高意又使回护，毋直致褒贬。仆意谓：辨白是非，定其宗旨，正当明目张胆而言，使其词说沉著痛快，深切著明，显然易见；所谓不直则道不见，虽得罪于世之君子，不辞也。①

严羽认为，其"以禅喻诗"不是踵武前贤、拾人牙慧的浅俗之见，而是通过自己的诗歌创作、鉴赏实践亲证亲悟所得出的真知灼见，没有比"以禅喻诗"更为贴切周到的观点了。其叔谓"说禅非文人儒者之言"，是说儒者与禅者在思想路向上并不同轨，所以担心严羽的观点有违众议，特别是其对江西诗派诸公的评鉴，用语激烈，贬斥过多，恐会开罪于他人。但严羽以"惊世绝俗"之论说诗，其旨在于说理透彻痛快，深切明白，并不在意众人的反应。自信若此，或言过其实。

那么，禅道与诗道究竟存在哪些相通之处呢？明代都穆《南濠诗话》中列叙了前人关于学诗与学禅二者关系的诗作：

> 严沧浪谓论诗如论禅："禅道惟在妙悟，诗道亦在妙悟。学者须从最上乘，具正法眼，悟第一义。"此最为的论。赵章泉尝有诗云："学诗

---

① 郭绍虞：《沧浪诗话校释》，人民文学出版社1961年版，第251页。

浑似学参禅,识取初年与暮年。巧匠曷能雕朽木,燎原宁复死灰然。"其二:"学诗浑似学参禅,要保心传与耳传。秋菊春兰宁易地,清风明月本同天。"其三:"学诗浑似学参禅,束缚宁论句与联。四海九州何历历,千秋万岁永传传。"①

赵诗诠释了学诗与参禅的相通之处。学诗像参禅一样,应当初心早萌,自见佛性。不可等到尘念厚积、暮气沉沉之时再去学禅,如朽木死灰,难以救药。这里强调的是学诗要澡雪精神、去除尘念,乘兴感发,养成一团氤氲生气。与此同时,学诗不可被眼前诸法所系缚,所谓"青青翠竹,尽是法身;郁郁黄花,无非般若"。所以,秋菊春兰、清风明月皆是引发诗兴的重要物象。学诗更不可被句联所拘,落入言筌。四海九州,历历在目;千载万代,只是一瞬。明乎此,方可妙悟诗禅之道。

  吴思道诗云:"学诗浑似学参禅,竹榻蒲团不计年。直待自家都肯得,等闲拈出便超然。""学诗浑似学参禅,头上安头不足传。跳出少陵窠臼外,丈夫志气本冲天。""学诗浑似学参禅,自古圆成有几联?春草池塘一句子,惊天动地至今传。"②
  龚圣任诗云:"学诗浑似学参禅,悟了方知岁是年。点铁成金犹是妄,高山流水自依然。""学诗浑似学参禅,语可安排意莫传。会意即超声律界,不须炼石补青天。""学诗浑似学参禅,几许搜肠觅句联。欲识少陵奇绝处,初无言句与人传。"③
  予亦尝效颦云:"学诗浑似学参禅,不悟真乘枉百年。切莫呕心并剔肺,须知妙语出天然。""学诗浑似学参禅,笔下随人世岂传?好句眼前吟不尽,痴人犹自管窥天。""学诗浑似学参禅,语要惊人不在联。但写

---

① (明)都穆:《南濠诗话》,清知不足斋丛书本。
② (明)都穆:《南濠诗话》,清知不足斋丛书本。
③ (明)都穆:《南濠诗话》,清知不足斋丛书本。

真情并实境,任他埋没与流传。"①

以上诸诗,主要论及写诗要注重自然,不要拘泥于现成的诗法甚至袭用前人的句子,要写眼前实景,超越声律的限制,自出机杼,语出天然。当然,这种参悟的过程也是很漫长的,而且开悟也具有时机性,"竹榻蒲团不计年","悟了方知岁是年"。只有经过长期的修炼,才能获得妙悟的契机。智闲苦苦参禅,未得正果,"一日芟除草木,偶抛瓦砾,击竹有声,忽然省悟"②。学诗也是如此,明代谢榛《四溟诗话》卷二云:"诗有天机,待时而发,触物而成;虽幽寻苦索,不易得也。"③一旦天机开露,则万象在旁。明代胡应麟《诗薮》云:"严氏以禅喻诗,旨哉!禅则一悟之后,万法皆空,棒喝怒呵,无非至理。诗则一悟之后,万象冥会,呻吟咳唾,触动天真。然禅必深造而后能悟,诗虽悟后仍须深造。"④胡应麟这段话对于我们辩证理解禅与诗之间的关系非常重要。禅与诗毕竟属于不同的体验形式,要求也各不相同。修禅者顿悟之后,万法皆空,见任何事相皆豁然无碍,不会黏着,无有计较。正如希运《黄檗断际禅师宛陵录》所言:"如言前念是凡,后念是圣,如手翻覆一般,此是三乘教之极也。据我禅宗中,前念且不是凡,后念且不是圣。前念不是佛,后念不是众生。所以一切色是佛色,一切声是佛声。举着一理,一切理皆然。见一事,见一切事;见一心,见一切心;见一道,见一切道,一切处无不是道;见一尘,十方世界山河大地皆然;见一滴水,即见十方世界一切性水。又见一切法,即见一切心。一切法本空,心即不无,不无即妙有,有亦不有,不有即有,即真空妙有。既若如是,十方世界,不出我之一心,一切微尘国土,不出我之一念。"⑤但诗人在妙悟之后,只是完成了审美心理的第一步,还需要将心中所悟用语言形式表达出来,此即胡应麟所说的"深造"。换言之,对于诗歌(包括其他艺术)而言,妙悟所开启的是心理时空,

---

① (明)都穆:《南濠诗话》,清知不足斋丛书本。
② (宋)普济:《五灯会元》,苏渊雷点校,中华书局1984年版,第537页。
③ (明)谢榛:《四溟诗话》卷二,清海山仙馆丛书本。
④ (明)胡应麟:《诗薮》卷二,明万历十八年胡氏少室山房刻本。
⑤ 石峻等编:《中国佛教思想资料选编》第5册,中华书局2014年版,第229页。

而"形式时空"则需要通过更为具体的审美感知与传达方式进行构建。在佛教美学中,"现量"与形式时空密切相关。

综上,禅对诗的启发主要表现在三个方面:第一,创作灵感的发生与禅悟相似,都具有时机性与瞬刻性;第二,诗歌(艺术)鉴赏犹如佛禅的"悟入",要不落言筌,超越时空逻辑;第三,禅境与诗境(艺境)具有相类似的心理体验基础,均是由时间进入"无时间",达到清净妙乐、圆融一体的自由之境。

二、"现量":佛教审美直观的时间性

无论是渐悟或是顿悟(妙悟),尽管证悟的结果无法用言语表达出来,但可以肯定的是,"悟"必然是以获取某种"知识"作为前提的。当然,这种"知识"并不局限于日常的闻见之知,更主要的是对世界意义的某种神秘体验,是一种"体知"("体道之知")。但是这种"体知"并非自然而然地降临在每个人的头脑中,它建立在对世界的各种认识的基础之上。佛教将这种认识以及结果称之为"量"。

"量"是梵语波罗麻那的意译,表示估量、计量、衡量的意思,引申为尺度、标准、方法、结果等意义。古印度学者将"量"的意义引入认识论,将获得认识的手段、形式,认识的过程、内容以及证明,都称为"量"。因明学所说的"量",就是对事物的认识及其结果,亦即知识[①]。佛教将这种认识及所得到的知识分成两个大的类型:"现量"与"比量"。所谓"现量",就是"人的智力离开了分别,并且不错乱,循着事物自相所得的知识"[②]。这里所说的"分别",是指运用名言概念对事物进行分别的思维活动。"错乱"指的是由于主客观的诸种原因对事物产生了错误的感觉。因此,"现量"是以"离分别"与"不错乱"作为前提条件的。"比量"是"人的智力循着共相从比度中认识事物"[③],是以事物的共相为对象,由记忆、联想、比较、推度等思维活动

---

① 参见方立天:《佛教哲学》,中国人民大学出版社1991年版,第331页。
② 石村:《因明述要》,中华书局1986年版,第121页。
③ 石村:《因明述要》,中华书局1986年版,第120页。

所获得的知识①。意大利表现主义美学家克罗齐认为,"知识有两种形式:不是直觉的,就是逻辑的;不是从想象得来的,就是从理智得来的;不是关于个体的,就是关于共相的;不是关于诸个别事物的,就是关于它们中间关系的;总之,知识所产生的不是意象,就是概念"②。"现量"是凭借感觉器官把握事物的个性(自相)并获取正确的认识,不需要概念的分析推理。这种依靠直观的方式所获取的知识,就是直觉。"比量"则是依靠记忆、联想,凭借逻辑分析与推断对事物的本质属性与内部规律的认识,属于理性知识。

王夫之在《相宗络索》中对"现量""比量""非量"这"三量"作了重要阐发,尤其是其对"现量"的理解,言他人所未言:

> 量者,识所显著之相,因区画前境为其所知之封域也。境立于内,量规于外。前五以所照之境为量,第六以计度所及为量,第七以所执为量。"现量"现者,有现在义,有现成义,有显现真实义。现在,不缘过去作影。现成,一触即觉,不假思量计较。显现真实,乃彼之体性本自如此,显现无疑,不参虚妄。前五于尘境与根合时,即时如实觉知是现在本等色法,不待忖度,更无疑妄,纯是此量。……"比量"比者,以种种事,比度种种理。以相似比同,如以牛比兔,同是兽类;或以不相似比异,如以牛有角,比兔无角,遂得确信。此量于理无缪,而本等实相原不待比。此纯以意计分别而生,故唯六识有此。……"非量"情有理无之妄想,执为我所,坚自印持,遂觉有此一量,若可凭可证。第七纯是此量。③

大乘瑜伽行派认为人的认识总共有八个,称为"八识"。前六识即眼、耳、鼻、舌、身、意,对应色、声、香、味、触、法这六境。前五识表现出

---

① 叶朗:《中国美学史大纲》,上海人民出版社1985年版,第461页注释。
② 〔意〕克罗齐:《美学原理》,朱光潜译,《朱光潜全集》第11卷,安徽教育出版社1989年版,第131页。
③ (清)王夫之:《船山全书》第十三册,岳麓书社1996年版,第536—537页。

单纯的感官作用，第六识（意识）能对内外境与过去、现在、未来三世产生认识，表现为记忆、判断、推理等作用。它综合感觉所形成的知觉、思维等，对一切事理有思虑分别的作用。第六识以整个世界现象（诸法）为对象，所以也称法识。第七识为末那识，"末那"是梵语音译，意译为"意"，即思维量度。第八识为阿赖耶识，"阿赖耶"为梵语音译，意译为"藏"。这是一切众生的根本心识，是一切现象得以产生的根源。末那识以阿赖耶识为对境，将其作为一个常存的实体看待，不断地进行思维度量，从而形成强烈的自我中心，并以此影响、制约前六识。瑜伽行派的末那识与阿赖耶识与近代心理学所说的潜意识有相通之处[①]。王夫之以印度瑜伽行派、中国唯识宗的"八识"说为基础，对"三量"展开论析。在这里，王夫之只谈到前七识。"现量"对应前五识，"以所照之境为量"；"比量"对应第六识，"以计度所及为量"；"非量"对应第七识，"以所执为量"。王夫之从三个方面对"现量"之"现"的含义进行论析：一为现在，二为现成，三为显现真实。所谓"不缘过去作影"，也就是前五识对五种外境（色、声、香、味、触）的当下感觉，不需要凭借记忆调动诸色的过去之相。所谓"一触即觉，不假思量计较"，就是不需要分别心的作用，没有拟议思量，凭借感官对外境直观地进行整体性把握。克罗齐说："对实在事物所起的知觉和对可能事物所起的单纯形象，二者不在起分别的统一中，才是直觉。在直觉中，我们不把自己认成经验的主体，拿来和外面的实在界相对立，我们只把我们的印象化为对象（外射我们的对象），无论那印象是否关于实在。"[②] 也就是说，去除"我执"与"物执"，不起分别心。没有主客之分，这样产生的单纯形象，才是直觉。所谓"彼之体性本自如此，显现无疑，不参虚妄"，即是说通过对色法自相（特殊）的把握已经直观到其共相（一般），触及事物的本质。综合以上三义，"现量"的时间意蕴就呈现出来了。心识在与外境相合时，既"不缘过去作影"，亦无忖度思量，没有疑妄的"前摄"之念。时间三际中，只剩下"现在"。而且这个

---

① 参见方立天：《佛教哲学》，中国人民大学出版社1991年版，第155—159页。
② 〔意〕克罗齐：《美学原理》，朱光潜译，《朱光潜全集》第11卷，安徽教育出版社1989年版，第134页。

"现在"是一瞬间，当人与世界猝然相遇，色法当下现前，识境浑然契合，所谓目击而道存。如此，从时间意义上说，"现量"与"妙悟"可谓同出一辙。从概念上看，"现量"对应的是"现在"这一时间维度。但细作论析，这表现为一瞬刻的"现在"通向的是诸法的真如本性，此即大乘佛教所说的"现观""亲证"。实际上，"现在"已然不是日常意义上的现在时间（片段）了，而是一个直接嵌入本真世界的时间点（"刹那"）。真如佛性是永恒的（无时间），换言之，"现量"实际上是从时间进入"无时间"的一瞬间完成对世界的本质直观。

康德将时间空间看成是人的认识得以形成的两种直观形式，而且是与生俱来的先验感性形式。克罗齐在论及直觉与时空概念时则认为，直觉并不一定依靠时间空间而存在。有些直觉品，比如"天的一种颜色，一种情感的色调，一声苦痛的嗟叹，一种意志的奋发"等，可以在意识中直接成为对象，其形成与时间空间无关。有的直觉品有时间性而无空间性，有的则相反；有的虽然兼有时间性与空间性，但却是因为事后回想才知觉其为有。时间空间"混化于直觉品，正和直觉品的其他原素一样，只是材料因而不是形式因，只是组合的分子而不是组合的作用。除非回想的活动暂时闯入凝神观照，谁在看一幅画或一片风景时，能想到空间呢？谁在听一个故事或一首乐曲时，能想到时间次第呢？直觉在一个艺术作品中所见出的不是时间和空间，而是性格，个别的相貌"①。克罗齐采用"性格""个别相貌"来描述直觉，实际上也就是肯定了直觉的无时间性。

王夫之将"现量"引入到诗歌艺术之中，使之成为一个重要的诗学美学概念，其《姜斋诗话》云：

"僧推月下门"，只是妄想揣摩，如说他人梦，纵令形容酷似，何尝毫发关心？知然者，以其沉吟"推敲"二字，就他作想也。若即景会心，

---

① 〔意〕克罗齐：《美学原理》，朱光潜译，《朱光潜全集》第11卷，安徽教育出版社1989年版，第135页。

则或推或敲，必居其一，因景因情，自然灵妙，何劳拟议哉？"长河落日圆"，初无定景；"隔水问樵夫"，初非想得。则禅家所谓现量也。①

王夫之主张作诗直写眼前景，即景会心，寓目辄书。反对沉吟思量，推敲字句。王维诗句"长河落日圆"（《使至塞上》）、"隔水问樵夫"（《终南山》）均是当下现前，不劳斟酌，却又如此真切自然，似舍此则道不出此间真情实景，读来诗味隽永。王夫之以"现量"说诗，其思想旨趣与锺嵘之"直寻"说相类："'思君如流水'，既是即目，'高台多悲风'，亦惟所见；'清晨登陇首'，羌无故实，'明月照积雪'，讵出经、史。观古今胜语，多非补假，皆由直寻。"②所谓"直寻"，是指中国古代诗学的重要创作方法。陈延杰释曰："锺意盖谓诗重兴趣，直接由作者得之于内，而不贵于用事。"③诗人直接面对外境时，情与景会，产生审美感兴，不借助议论或用典，而是诉诸感性的"兴象"。许文雨将"直寻"与"现量"并论："直寻之义，在即景会心，自然灵妙，即禅家所谓'现量'是也。"④王夫之认为，写景之作，就其是否与真实相合而言，存在由低到高的三个层次：最低为用词语勉强连缀，较高为以意贯穿，最高的是"即目即事"，呈露天真。第三个层次即佛家所谓"现量"。王夫之评刘桢《赠王官中郎将》云：

  自然佳致，不欲受才子之名。景语之合，以词相合者下，以意相次者较胜；即目即事，本自为类，正不必蝉连，而吟咏之下，自知一时一事有于此者，斯天然之妙也。"风急鸟声碎，日高花影重"，词相比而事不相属，斯以为恶诗矣。"花迎剑佩星初落，柳拂旌旗露未干"，洵为合符，而犹以有意连合，见针线迹。如此云："明灯曜闺中，清风凄已寒"，上下两景，几于不续，而自然一时之中，寓目同感，在天合气，在地合

---

① （清）王夫之：《姜斋诗话》，舒芜校点，人民文学出版社1961年版，第147页。
② （南朝梁）锺嵘：《诗品注·总论》，陈延杰注，人民文学出版社1961年版，第4页。
③ （南朝梁）锺嵘：《诗品注·总论》，陈延杰注，人民文学出版社1961年版，第12页。
④ 许文雨：《锺嵘诗品讲疏》，成都古籍书店1983年版，第22页。

理，在人合情，不用意而物无不亲，呜呼，至矣！①

"风急鸟声碎，日高花影重"两句，对仗工整，声律合辙。但所写之事并无关联，于理不合。"花迎剑佩星初落，柳拂旌旗露未干"两句皆写同时同地之景，但用意直露，不够自然。"明灯曜闺中，清风凄已寒"两句词句虽不工，两景逻辑关联度不大，但皆触目即感，合情合理，当下显露，不由思量。这就是克罗齐所说的审美直觉。王夫之特别强调诗人写景要亲历亲见，《姜斋诗话》卷二谓："身之所历，目之所见，是铁门限。即极写大景，如'阴晴众壑殊'、'乾坤日夜浮'，亦不必逾此限。非按舆地图便可云'平野入青徐'也，抑登楼所得见者耳。隔垣听演杂剧，可闻其歌，不见其舞；更远则但闻鼓声，而可云所演何齣乎？前有齐、梁，后有晚唐及宋人，皆欺心以炫巧。"②目遇身触，识境冥合，是为"现量"之境。

王夫之以"现量"论诗，改变了中国古代"诗言志"的诗学传统。自先秦起，中国诗学就背负了沉重的包袱，孔子"兴观群怨"说赋予诗歌无所不能、无所不包的使命与职责。魏晋"缘情"诗学的兴起，多少改变了这一状况，但未取代"诗言志"的主体地位。宋以后，宋人以文字入诗、以议论为诗，使得诗道误入歧途。严羽以禅喻诗，匡正时弊，功不可没。王夫之乃通儒大哲，又为诗歌行家里手，弥纶群言，独具法眼，于内典中拈出"现量"一词说诗，直逼世界之真义，包孕天地之圣谛，可谓诗之正法眼藏。从时间诗学、美学的层面而言，"现量"一语正好弥补了传统诗学的不足。闻一多认为，"诗言志"中"志"有三义：一为记忆，二为记载，三为怀抱。前二者涉及过去时间，第三义关涉未来时间（也包含现在，但主要指向未来）。"现量"以当下现前为务，不涉过去、未来，只道眼前景，写身边事，无须典实，离绝议论。实际上就是以个别的感官形象（自相）为载体，直指背后的实相，还原世界的本来面目。以现量作诗，营造的是一种真实的"性境"。从以上所

---

① （清）王夫之：《船山全书》第十四册，岳麓书社1996年版，第671页。
② （清）王夫之：《姜斋诗话》，舒芜校点，人民文学出版社1961年版，第147—148页。

引诗句可见，作为一种诗歌创作的方法，"现量"说已经超出了"妙悟"这一审美体悟的阈限，它不再局限于"心理时空"的层面，而呈现出"形式时空"的初步构想。试看王夫之以下几例诗评：

"池塘生春草"，"蝴蝶飞南园"，"明月照积雪"，皆心中目中与相融浃，一出语时，即得珠圆玉润，要亦各视其所怀来而与景相迎者也。"日暮天无云，春风散微和"，想见陶令当时胸次，岂夹杂铅汞人能作此语？①

只于心目相取处得景得句，乃为朝气，乃为神笔。景尽意止，意尽言息，必不强括狂搜，舍有而寻无。在章成章，在句成句。文章之道，音乐之理，尽于斯矣。②

"日落云傍开，风来望叶回"，亦固然之景，道出得未曾有，所谓"眼前光景"者此耳。③

所谓"心中目中与相融浃""心目相取"，所描绘的实乃心目与会、情景交融的理想诗境。以"现量"之审美直觉捕捉眼前景，并用平实且精准的言语直接道出，此为王夫之所赞赏的"神笔"。如前文所述，"现量"之"现"并非指一般意义上的"现在"，而是一个当下的瞬刻。正是这一瞬刻，使得识境浑然相契，诗人已从世俗的时间（过去、现在、未来）超脱而出，进入"无时间"的审美之境。但此境又与纯粹的"禅境"有别，"禅境"开悟，万法皆空，不执取，无留恋，了无挂碍。审美之境则不然，眼前"性境"朝气勃勃，生机盎然，并不必然为诗人看空后方可获致。如此，"现量"所开启的"性境"必定是真实的、具体的，是心识所显现的"形式时空"。

---

① （清）王夫之：《姜斋诗话》，舒芜校点，人民文学出版社1961年版，第146页。
② （清）王夫之：《船山全书》第十四册，岳麓书社1996年版，第999—1000页。
③ （清）王夫之：《船山全书》第十四册，岳麓书社1996年版，第852页。

三、"色空"：佛禅自然观的时空体验

研究中国古代时空美学离不开对古人自然观的考察，与传统儒家、道家相比，佛禅表现出了一种非常独特的自然观。有关这一问题，张节末先生做出了充分且出色的研究。他认为，佛教禅宗改变了中国人的自然观。作为一种注重主观的心灵宗教哲学，禅宗将万事万物看成是纯粹的现象，色空一体。儒家以"比德"的眼光看待自然，将自然事物视为德性的象征。道家以"气"的眼光打量世界，"通天地一气"，主张人与自然亲和同一。魏晋玄学后期，郭象提出"独化""玄冥"的自然观，将庄子眼中大气磅礴的自然转化为个别、片断的自然现象，人与自然相互亲和的自然观受到侵蚀，代之以一种独特的具有现象学色彩的自然观。佛教禅宗进一步深化了这种现象学的思路，自然的"形""气"被"色"所代替，认为"一切色是佛色，一切声是佛声"。因为"色"（法）缘起而生，缘尽而灭，没有自性，所以是"空"的，虚假的。但这个"空"并不存在于"色"之外，而是即色即空。所以，禅宗一方面张扬空观，另一方面又以色证空，籍境观心。张节末将禅宗的这种自然观表述为"现象空观"（或"现象直观"）。他认为，禅宗看世界与看自己的思路与西方现象学之间存在某种相通之处，能够相互发明。现象空观也称色空观，指在直观中把色（现象）看空的方法，此即禅宗所说的"色即是空，空不异色"。[①]张节末先生的观点颇具独创性，对我们理解中国古代的自然观启发很大。他以"比德""天地一气""色空"分别概括儒家、道家、佛禅的自然观，并敏锐地指出"色空"观与西方现象学之间存在精神旨趣与思维方法上的相通性，洵为中的之论。但是，这一概括并不能完全呈现各家对于自然的看法。如果从时空的角度来考察，则可以发现更为丰富具体的细节。事实上，儒家的自然观也不全然是纯教化性的"比德"，其中还包含了热烈且细腻的情感性。道家虽然以"形—气"打量自然，但面对肉身生命与宇宙自然之间尖锐的时空矛盾，也在寻求以有限超越无限的诸种可能性。佛禅之所以能以"即色即空"的姿态来看待自然，这与其独特的时空观是分不开的。由此，

[①] 参见张节末：《禅宗美学》，北京大学出版社2006年版，第117—137页。

我们可以将自然观化约为自然时空问题，从自然时空体验的维度进行一番探究。以上各章均已论及儒家、道家的自然时空问题，本节以儒道两家作为参照，讨论佛禅自然审美观中的时空体验。

时空既是宇宙观、世界观中的重要问题，也是自然观中的题中之义。人们如何看待自然中的万事万物，包括日月星辰、雨雪雷电、山河大地、花草树木等，与人们如何感知时间空间关系紧密。自然中的一切都处于时空之中，受时空秩序的支配。因此，不同的时空体验会产生不同的自然观。比如，儒家以"执有"的姿态看待时空，因此，其自然观就会带上鲜明的功利性色彩。自然中的事物就会被赋予特殊的伦理道德价值，打上深深的情感烙印。所谓"仁者乐山、智者乐水""岁寒而知松柏之后凋""逝者如斯乎，不舍昼夜"等观念，从根本上都源自其将自然时空看成是实体性的"有"，企望通过在天人之间建立道德情感关系超越自然时空。道家以"体无"的方式看待时空，认为自然万有都是从"无"中产生，这里的"无"也就是"道"。"道"周遍万物，它就是时空一体。道家哲学美学的智慧集中体现在其对"道"亦即时空问题的深刻思考。以"无"来看待自然，则天地一气，万物一体。因此，自然现实中的一切"有"都必须放到"无"亦即"道"的宏阔视野中加以考量，"万有"不再是道德情感的载体，而是自然之道的显现。但我们不可因此认为道家没有情感，毋宁说，道家否弃的是人间的小情感，而尊崇天地自然的大情感。无论是"有"还是"无"，都是将宇宙自然看作实体，具有永恒性，这是儒道两家所体证并设定的两种"无限"。佛家对宇宙的"无限"不仅有着深切的体悟，而且还以具体的数量化方式将其呈现出来。这正是佛家高明的地方，它让时空处于人的思维与想象所穷尽的地方，这种"无限"之大（小）之久（暂）简直让人感到窒息。这种大小久暂之间的强烈对比，再加上佛家的缘起性空思想，一定会让惯常的思维走进死胡同，并因此获得开悟的契机。佛家以"解空"的方式看待时空，认为时空不是永恒的实体，它建立在诸法的基础之上，而诸法缘起性空，没有自性。因此，时空的大小只不过是一种幻象。与此相对应，佛家所看待的自然万物（色）也是空幻的。但是，人们无法对着虚空去体悟"空"，而必须有所安立。也就是说，"空"因"色"而安立。正是因为有"色"的存在，才让人们真正体悟到"空"。《般若波罗蜜多心经》云："色不异空，空不异色。色即是空，空即是色。"可见色空不二，即色即空。

大乘瑜伽行派、中国的唯识宗、禅宗等佛教派别，都特别重视人的心识。这些宗派在看待外界事物的时候，都将其归结到人的心识上来。比如瑜伽行派认为，宇宙间一切事物都是由第八识亦即阿赖耶识变现出来的，前七识均受第八识的支配与统摄。唯识宗将心识所反映的外界事物命名为"境"，并区分出"性境""独影境""带质境"这"三类境"，与三量相对应。王夫之《相宗络索·三境》云：

> 境者，识中所现之境界也。境本外境之名，此所言境，乃识中觉了能知之内境与外境相映对立所含藏之体相也。"性境"性，实也。所见所知者，于地水火风、色香味触既所实有，识所明了宛然之境界，亦是如实而知，非情计所测度安立不必实然之境。前五见色果色，闻声果声，知香本香，知味果味，觉触果触，不缘比拟，定非缪妄，纯是此。……"带质境"因四大五尘之质带起，立此一境，是执着相分而生其见分。谓之假，则有质可带；谓之真，则本性实法所无。一切颠倒迷妄皆此境所为，恃其有质，信可爱取，挟质妄行，坚不可破。此境前五所无，……第六为似带质，……第七为真带质。……"独影境"全不因实有而立其境，独有其影，了无实用。此境为第六有之。……唯第六一识，于前五过去色声等，形去影留，忽作忆念，宛在心目之间，此名有质独影。又或因名言配合，安立境界，如想兔有角，便俨然一戴角之兔，可说可画，此名无质独影，一半似真，一半是妄。性境实性所生；带质，偏计性所生；独影，依他起性所生。①

这里的"性"是指事物的真实性体与作用，"性境"即"实境"，由前五

---

① （清）王夫之：《船山全书》第十三册，岳麓书社1996年版，第534—535页。

识所生出,以现量而量知。"独影境"实乃幻觉,由第六识生出。或是回忆,或是幻想,似真且妄,是为"独影境",对应于"比量";"带质境"是第六识、第七识产生的一种错觉,它依仗本质而生,但又与本质不符,因名"带质境",对应于"非量"。

禅宗采用了佛家常用的"色"来指称一切可见与不可见的事物现象,并将"色"与"心"紧密的关联起来。禅宗认为,色法与心识并不是两个各自独立的东西,当"色"在心识中显现出来时,就表明此心不在别处,正在此"色"处。所以,见色即见心。而心识也不可能处于空白状态,总是以色法(包括各种成形或不成形的感觉、观念、臆想等)为对象。就算是心中一片空白,这空白本身也有可能成为心识的对象。所谓"念念相续",正是色心相即,不离不断的表现。《祖堂集》卷十八载:

> 沩山与师游山说话次,云:"见色便见心。"仰山云:"承和尚有言:'见色便见心。'树子是色,阿那个是和尚色上见底心?"沩山云:"汝若见心,云何见色?见色即是汝心。"[①]

灵佑禅师告诉弟子慧寂,任何色法,一旦在心识中显现,就可从中见出自己的"心"。慧寂以眼前所见"树子"反问师父,从树子上如何看到您的心呢?灵佑说,你如果能见到自己的心,怎么说见色呢?"心"就是自己的心识本身,它无法自己呈现,必须经由"色"方可见出。任何色法的显现都是心的作用。所谓"吾心即是宇宙,宇宙即是吾心"。因此,见色即见心。笛卡尔说,"我思故我在"。"我思"就是"心念",此心的任何动念,都时时表明主体之我的存在。笛卡尔的主体哲学与佛禅的心性哲学存在一定的相通性,但在思维的方法论上存在差异。笛卡尔的"我思"源自他对世界的怀疑。在他看来,我们认为最"真实"的事物都来自感知以及对感知的传达,但我们往往被这些东西所欺骗。因此,唯一的办法就是不再相信感觉到的东西。他

---

① 张美兰:《祖堂集校注》,商务印书馆2009年版,第458页。

想象自己没有眼睛、耳朵甚至四肢、血液，只剩下心灵，这时才发现唯有心灵是不容怀疑的。因为怀疑本身就表明"我"的存在。这一点不是依靠逻辑推理出来的，而是直观所得，笛卡尔将这一命题看作自己的哲学第一原理。在对待外界事物的态度上，佛禅与笛卡尔是一致的，二者皆认为这些现象并不是真实的，因此要回到心识（"我思"）。与西方彻底的怀疑论者不同的是，佛禅并不完全否定并排斥现象（色法），而是借助外色观照内心。如此，心与物的壁垒被拆除了。更为关键的是，佛禅要凭借当下现前之色开悟觉解，并不耽于对名相概念的刨根问底。所谓"一切色皆是佛色，一切声皆是佛声。"《祖堂集》卷十八载：

> 师在沩山时，雪下之日，仰山置问："除却这个色，还更有色也无？"沩山云："有。"师云："如何是色？"沩山指雪。仰山云："某甲则不与摩。"沩山云："是也，理长则就。除却这个色，还更有色也无？"仰山云："有。"沩山云："如何是色？"仰山却指雪。①

仰山指眼前雪向老师请教有关"色"的问题，所以首先排除"色"最浅近的意义——颜色（雪的白色）。沩山说有，仰山马上暴露出其对"色"之本质的执着。但沩山却指眼前雪，让仰山碰了壁。沩山乘机以同样的问题进行反诘，仰山也说有，沩山以子之矛攻子之盾，仰山无处躲闪，只好指雪以答。从沩仰二人的机锋接引中，不难发现禅宗对"色"的理解。并没有一个抽象且现成的"色"的概念等着我们去揭示，心之所现，便是色相。即色即心，色心不二。

综合大乘瑜伽行派、唯识宗特别是禅宗的理念，我们可以发现其中包含了与西方现象学相近似的致思路向。现象学排斥已有的一切不证自明的观点，采取悬搁与本质直观的方法，还原事物的本来面目。禅宗"见山三阶段"公案与此思路颇为相类：

---

① 张美兰：《祖堂集校注》，商务印书馆 2009 年版，第 459 页。

吉州青原惟信禅师，上堂："老僧三十年前未参禅时，见山是山，见水是水。及至后来，亲见知识，有个入处。见山不是山，见水不是水。而今得个休歇处，依前见山只是山，见水只是水。"①

青原惟信的"见山三阶段"实际上就是禅者在面对色法尘境时不断破除"我执"，消解心物之间的障碍，最终还原世界的本来面目的过程。第一阶段，由于"分别心"的存在，"山""水"被两两区分，这种区分根源于主客二分，因为心物均处于现实时空的逻辑框架之中，"山""水"也因此而得以命名。第二阶段，随着修习的深入，主客的界线渐次模糊了，心物各自归到其自身，心对物的命名也遭到否弃，所以山（实体）不是山（概念），水（实体）不是水（概念），能指与所致的逻辑链条被斩断。但是，"非概念"的否定并非最后的禅悟，否定本身也要被否定掉。所以，第三阶段在抖落一切思量概念的羁绊后，能够轻装上阵，拨云见日，见出山水的清净妙相。

四、"空静"：佛禅美学的心理时空

整体而言，佛禅并未直接提供具体的有关"形式时空"方面的范畴或命题（"现量"较为接近，但更多的还属于"心理时空"），其对中国古代时空美学的最大贡献主要表现在心理时空方面，这一点与先秦道家颇为相似。上文所述"色空"观关涉到"自然时空"，"妙悟""现量"既与"自然时空"相关，又与"心理时空"密不可分；而真正完全不缘外境，追求内心静修定慧的纯粹心理时空是佛禅所说的"空静"。这与老庄所说的"虚静"之间存在相通之处，两者可以相互生发。需要说明的是，尽管佛禅没有直接提供形式时空方面的范畴或命题，但其所阐发的心理时空对审美形式的生发产生了重要的启示作用。

佛教讲究禅定，"禅"是梵文"禅那"的简称，意为"静虑"或"思维修"。唐代大禅师宗密《禅源诸诠集都序》云："禅是天竺之语，具云禅那，

---

① （宋）普济：《五灯会元》，中华书局 1984 年版，第 1135 页。

中华翻为思惟修，亦名静虑，亦定慧之通称也。……悟之名慧，修之名定，定慧通称为禅那。"①佛教史上常将"禅""定"并称。②小乘佛教的"禅定"包括"四禅"与"四无色定"。所谓"四禅"就是禅者修习调节自我心性欲念的四个阶段："初禅"，摆脱欲望的诱惑，摒弃杂念，喜悦安乐；"二禅"，停止理性的思忖计度，心性平静；"三禅"，消除一切外在的喜悦，代之以内心纯净的"妙乐"；"四禅"，内外喜悦皆消弭殆尽，无欲无念，不喜不惧。"四无色定"是就心识对象而言的，是指修习者所经历的四种思维状态或心理境界。"空无边处定"，修习者排除一切物质观念，只有空无边际的空间观念；"识无边处定"，修习者抛弃"空无边"的观念，以内识为对象作无边观想；"无所有处定"，修习者感到一切物质、虚空，甚至识皆不存在，思维没有对象，进入"无所有"的心理境界；"非想非非想处定"，"无所定"为"非想"，将"非想"也排除掉，即"非非想"，进入没有任何观念的绝对境界，亦即佛教所说的"寂静涅槃"之境。③

从修习方法及其最终目的来看，佛禅的"禅定"与老子的"涤除玄鉴"、庄子的"心斋""坐忘"可谓殊途同归。二者都力主排除各种欲念，收摄心神，凝神静虑。同时剿绝名言概念的理性思索，以静虑直观的方式体悟大道佛法。与老庄的"虚静"说相较，佛禅由禅定所达到的"空静"状态更为彻底。老庄言"虚静"，是通过内心的虚寂清静去契合天道本体，老子说："归根曰静，是曰复命，复命曰常，知常曰明。"（《老子》十六章）庄子说："夫虚静恬淡寂寞无为者，天地之本，而道德之至。"（《庄子·天道》）可见，在老庄那里，"静"内涵于"道"之中，而体道的关键就在于内心之"虚"，唯有虚心静虑，达到清明洞彻、淳和无识的境界，才能见道、载道，并最终与道会通融合，与天合一。④在修证方法上，老庄是将重心放在人的"心神"上，只要心神不染尘滓，明澈如镜，就能玄鉴万物，归根复命，通于大道。相比

---

① 石峻等编：《中国佛教思想资料选编》第3册，中华书局2014年版，第422页。
② 参见曾祖荫：《中国佛教与美学》，华中师范大学出版社1991年版，第145页。
③ 参见曾祖荫：《中国佛教与美学》，华中师范大学出版社1991年版，第146—148页。
④ 参见徐小跃：《禅与老庄》，浙江人民出版社1992年版，第192—194页。

之下，佛教的修习功夫要显得更为复杂且系统化。小乘的"四禅""四无色定"，不断提高心性修证的要求和境界。佛教不仅要摒弃欲念的干扰，阻绝思量的计度，还要排遣日常的喜悦情感甚至是更高的清净妙乐，做到无喜无惧。当然，在这一点上，庄子也提出了类似的要求。小乘的"四无色定"："空无边""识无边""无所有""非想非非想"，从对外在物质空间的无边无量观照开始，转入对内在心识的无边观想，再上升至否弃无边虚空以及心识本身，让思维失去任何对象。到这里还不够，最后还要将"非想"与"非非想"的界限消除掉。至此，心之内外都被"空"掉了。佛教以缘起性空为理论基础，内外一切色法皆是因缘生灭，没有自性，是为"色空"。"空静"建立在这个"空"的基础之上，其比老庄的"虚静"要走得更远。从心理时空的角度来看，佛禅不仅打破了现实时空的逻辑桎梏，超越了时空，还超越了"非时空"，进入到一种涵摄大小久暂，通豁自如、圆照无碍的佛性时空之中。因此，在儒释道三家中，佛禅时空显得最为空灵、自由，是一种彻底的最具超越性的心理时空。

接下来的问题是，佛禅的心理时空体验如何转化为审美时空并作用于文学艺术？"空静"虽是一种心理状态，但对于审美实践而言，它具有非常重要的启发作用。有关这一点，一些深谙佛理的诗人、艺术家曾发表过深刻的见解。

王维受北宗禅影响，惯于闭门独坐，于虚寂静默中体悟"空"的佛性大义。他的诗作中经常写到这种"空—静"的时空体验：

> 空山新雨后，天气晚来秋。（《山居秋暝》）
> 空山不见人，但闻人语响。（《鹿柴》）
> 山路元无雨，空翠湿人衣。（《山中》）
> 夜坐空林寂，松风直似秋。（《过感化寺昙兴上人山院》）
> 薄暮空潭曲，安禅制毒龙。（《过香积寺》）

这里的空山、空林、空云、空潭、空翠并非是客观实指，而是诗人内心的主观感受。试想,山、林、云、潭何以"空"？既然明确说到山、林、云、潭,则自然不是空无一物。因此,这里的"空"实际上是诗人以禅者的眼光打量自然的结果,也即以"色"观之,眼前的一切尘境皆属空幻。而正是这种虚"空",包孕着无边无尽的色相。《坛经》云："善知识,莫闻吾说空便即着空,第一莫着空,若空心静坐,即着无记空。善知识,世界虚空,能含万物色像,日月星宿,山河大地,泉源溪涧,草木丛林,恶人善人,恶法善法,天堂地狱,一切大海,须弥诸山,总在空中。世人性空,亦复如是。"① 在审美体验中,"空静"的心理时空能够引发丰富的审美意象,构建重重无尽的艺术胜境。

宋代词人史浩深受曹洞宗宏智正觉禅师"默照禅"的影响,其《赠天童英书记》诗云："学禅见本性,学诗事之余。二者若异致,其归岂殊途。方其空洞间,寂然一念无。感物赋万象,如镜悬太虚。不将亦不迎,其应常如如。向非悟本性,未免声律拘。""默照禅"是曹洞宗以打坐为主的修习方法。所谓"默"是指不受内外干扰,让心保持安定的状态,沉默坐禅。"照"是指以般若智慧观照原本清净的灵知心性,借以清楚地觉知自己内心与周遭一切的变化。默照禅先以身体、再以环境,最后以"空"作为观照对象,向内可以无限的深邃幽远,向外则无限的广大浩瀚,身体周遭皆在,但心识（我思）不在,我融入宇宙之中,则我无处不在。史浩将"默照"的修禅方法用于学诗,认为二者殊途同归。默照之时,空洞无物,寂然无念,此时万象自然在旁,不劳心念迎送。如果没有开悟,作诗就会被声律所局限。

苏轼曾受法震禅师之请为大悲阁中观世音菩萨作颂文,其中论及禅坐时的心理状态："吾将使世人左手运斤,而右手执削,目数飞雁,而耳节鸣鼓,首肯旁人,而足识梯级,虽有智者有所不暇矣,而况千手异执,而千目各视乎！及吾燕坐寂然,心念凝默,湛然如大明镜,人鬼鸟鸟兽杂陈乎吾前,色声香味交遘乎吾体,心虽不起,而物无不接。接必有道,即千手之出,千目之运,虽未可得见,而理则具矣。彼佛菩萨亦然,虽一身不成二佛,而一佛

---

① 石峻等编：《中国佛教思想资料选编》第5册,中华书局2014年版,第37页。

能遍河沙诸国。非有它也,触而不乱,至而能应,理有必至,而何独疑于大悲乎!"① 世俗凡人无法做到一心多用,这是常理常情。但当收心禅坐之时,心如明镜,千万物象灿然目前,这便是佛的境界。这种"空静"既是一种宗教体验,也是一种审美境界。苏轼《送参寥师》诗云:"静故了群动,空故纳万境。"学界引证这句诗的时候多强调"空""静"的重要性,但未注意"群动"(自然时空)、"万境"(形式时空)对于营构诗境的关键意义。兹录全诗如下:

上人学空苦,百念已灰冷。剑头唯一映,焦谷无新颖。胡为逐吾辈?文字争蔚炳,新诗如玉雪,出语便新警。退之论草书,万事未尝屏。忧愁不平气,一寓笔所骋。颇怪浮屠人,视身如丘井。颓然寄淡泊,谁与发豪猛?细思乃不然,真巧非幻影。欲令诗语妙,无厌空且静。静故了群动,空故纳万境。阅世走人间,观身卧云岭。咸酸杂众好,中有至味永。诗法不相妨,此语更当请。②

苏轼取韩愈论高闲上人草书之旨,反其意而用之。韩愈在《送高闲上人序》中说:"往时张旭善草书,不治他技。喜怒、窘穷、忧悲、愉快、怨恨、思慕、酣醉、无聊、不平,有动于心,必于草书焉发之。观于物,见山水崖谷,鸟兽虫鱼,草木之花实,日月列星,风雨水火,雷霆霹雳,歌舞战斗,天地事物之变,可喜可愕,一寓于书。故旭之书,变动犹鬼神,不可端倪,以此终其身而名后世。"③ 而高闲浮屠氏"一死生,解外胶",淡泊相遭,"颓堕委靡",由于没有真性情的投入,所以"其于书得无象之然"。韩愈将高闲学张旭草书"逐迹"之功归之于浮屠人"善幻多技"。苏轼则不以为然,认为真正的技巧不是梦幻泡影。高闲师法张旭,必定在技法形式上追摹乃师。韩愈说高闲草书"无象",就是批评他没有像张旭那样将自己强烈的情感与外界

---

① 石峻等编:《中国佛教思想资料选编》第 8 册,中华书局 2014 年版,第 91 页。
② 郭绍虞主编:《中国历代文论选》,上海古籍出版社 1979 年版,第 303—304 页。
③ 叶朗等主编:《中国历代美学文库·隋唐五代卷》(下),高等教育出版社 2003 年版,第 58 页。

自然物象结合起来。苏轼并未否定"观物取象"的重要性，而是强调虚静空明的审美心胸对于意象生成的关键意义。他曾多次谈到这一点，如："人能摄心，一念专静，便有无量应感"[1]；又如："古之圣人，将有为也，必先处晦而观明，处静而观动，则万物之情毕陈于前。不过数年，自然知利害之真，识邪正之实。然后应物而作，故作无不成……若人主常静而无心，天下其孰能欺之？"[2] 所以他从书法转到诗歌创作，论析审美心胸与审美对象之间的辩证关系。此处的"群动"就是自然万物的变化，下句"阅世走人间，观身卧云岭"是对"群动"的进一步说明，此即刘勰所说的"物色"，属于自然时空；"万境"是心识所映现的诸种尘境，是审美意象生发的重要素材。需要说明的是，这里的"万境"并不是真正的"形式时空"本身，而只是将自然时空、心理时空与形式时空之间的重要关系揭示出来了。主体在虚静的条件下进行审美洞观，在腾出了心理空间，内心一片空阔之时，大千万境则纷纷而来下。因此，从总体上说，苏轼的这些观点还属于心理时空的层面，应归于审美心胸论的范围。只有调整好心理状态，才能将自然时空、心理时空、形式时空有机统一，彼此交融，共同营构出余味隽永的美妙诗境。

---

[1] 石峻等编：《中国佛教思想资料选编》第 8 册，中华书局 2014 年版，第 95 页。
[2] （宋）苏轼：《苏轼全集》（中），傅成、穆俦标点，上海古籍出版社 2000 年版，第 1340 页。

第五章
中国美学范畴中的时空意蕴

通过前面几章的分析,我们看到儒、道、释均为中国古代时空美学提供了不同的思想支撑,只是各自的角度不同,对后世文艺所产生的审美效应也不尽相同。接下来要探究的是,这些哲学、美学层面的时空观念渗透到文学艺术理论中,具体对哪些美学范畴发生了作用?其中有哪些范畴与时空问题最为相关?在中国古典哲学与美学中,有许多范畴与时空密切相关,但在具体分析的过程中,我们不能将这种相关性无限放大,认为中国美学、诗学、艺术理论中所有的范畴都与时空有瓜葛,都可以从时空角度进行阐发。这种想法只能将问题引向混乱。在展开考察之前,我们应先做好两项工作:一是区分哲学范畴与美学范畴,但同时也要注意两者的交叉部分,即既是哲学又是美学范畴,比如"气""象""化""大""形神""动静""虚实"等;二是在众多与时空相关的范畴中,分理出少数相关度最大的范畴,进行重点分析。

如前文所述,中国古典美学中的时空主要存在三个维度:一是自然时空,二是心理时空,三是形式时空。毋庸置疑,中国古典美学一方面与中国哲学紧密相关,但又与古代的艺术实践有着千丝万缕的联系,所以,我们在考察时空范畴时,要将"形而上"与"形而下"的研究方法结合起来。而且,就中国美学的实际情况而言,对中国古代艺术审美经验的形而下考察可能更为重要。考察古代门类艺术不难发现,中国古代艺术美学范畴存在一种"家族相似"的现象,有些范畴对所有门类艺术都是通用的。在这个"大家族"中,有一个范畴始终处于"众星捧月"的位置,这就是"意境"。值得我们注意的是，这一范畴（王国维称之为"境界"）与时空相关度最大，几乎就是时空的另一种表达。因此，本书将"意境"定为中国时空美学中最重要、最核心的范畴。"意境"首先是诗学范畴，是抒情性文学所追求的终极目标。诗词曲赋中的"意境"逐渐过渡到书法、绘画、音乐、舞蹈、建筑、园林等其他艺术中，所以"意境"也是中国古典审美理想的集中体现。因此，我们可以将意境作为中心，考察与之相关的范畴群。具体来说，主要有以下一些范畴："物感""神思""气韵""形势""动静""虚实""意象""境界"等。这些范畴可以分为三组六种，"物感"与"神思"对应自然时空与心理时空，涉及艺术的源起与创作；"气韵""形势"，主要对应形式时空，涉及艺术作品论、创作论、接受论；"意象"，尤其是"境界"，是自然时空、心理时空、形式时空的完美融合，是中国艺术审美时空的最高形态，涉及中国艺术的审美理想，可归属于艺术本体论、接受论、价值论。从时空的角度来说，这些范畴都是围绕"意境"展开的，最后都指向这一审美理想。中国古代一代代艺术家理论家的审美实践与理论探究，最后结晶出"意境"这一范畴，它相当于中国古典美学范畴家族中的"宁馨儿"，相比之下，其他的范畴只是它的"注脚"，均为它而生，最后都奔它而去。以下，分别对各组范畴从时空维度加以分析探究，以期丰富对中国美学范畴理论的思考与认识。

第一节 物感与神思

在中国古代诗学、美学中，"物感"与"神思"是两个关系紧密的重要范畴。两者都在魏晋时期发展成熟，对后世的文艺创作及审美体验均产生了非常深远的影响。对于这两个范畴，学界的研究成果颇为丰赡，且多从文艺的发生学及创作学角度进行探究。这一研究视角切中了该范畴的理论内涵及其所关涉到的文艺审美经验。就文艺活动的整体而言，"物感"所对应的是人与世界之间的关系，是全部文艺活动的初始阶段。而"神思"则是在"物感"之后，"心—物"交感产生强烈且持久的情感反应，郁积于胸，不吐不快，审美主体为寻找恰当的意象与词语而展开的艺术构思活动,这是文艺活动必经的第二个阶段。因此,从文艺审美活动的次序来说,是先产生"物感",再展开"神思"。如果从心—物、主—客关系来说,这两者的侧重点有所不同,"物感"重在"物","神思"重在"神"。换言之,"物感"阶段所要处理的是自然万物与心理情感之间的关系,而"神思"阶段则将重点转移到了精神心理的内部。如果从时空诗学、美学的角度来说,"物感"所对应的主要是"自然时空","神思"所关涉的是"心理时空"。本节主要从时空角度对"物感""神思"这两个范畴展开探析阐发,以增富对该问题的理解。

一、"四时"与"物感"

将"物感"与"四时"("自然时空")关联起来考察并非是纯粹的臆想。在中国古代神学、哲学体系中,"四时"占有极为重要的地位。"四时"代表了春夏秋冬、东南西北、四风及四神,是一个带有神性色彩的时空统一体。"物感"在西汉产生之初,由于受神学思想的支配,与"四时"有着非常密切的关联。这在《吕氏春秋》《礼记·乐记》《淮南子》《春秋繁露》等文献中均有清楚的文字表述。或许是这种"四时"模式具有某种文化逻辑的惯性,在随后的汉末魏晋南北朝的诗文创作及文艺理论著述中,"四时"的影子仍然随处可见。如陆机《文赋》:"遵四时以叹逝,瞻万物而思纷;悲落叶于劲秋,喜柔条于芳春。"刘勰《文心雕龙·物色》:"春秋代序,阴阳惨舒。……四时之动物深矣。"锺嵘《诗品序》:"若乃春风春鸟,秋月秋蝉;夏云暑雨,冬月祁寒,斯四候之感诸诗者也。"王微《叙画》:"望秋云,神飞扬;临春风,思浩荡。"不难发现,在魏晋时期,多数文艺理论家在论及文艺的本源或创作问题时,都是以"四时"起兴的。这是当时文艺理论界的一种普遍趋尚,还是肇端于前人的理论思维的习惯使然,或是二者兼而有之?事实上,在中国传统文化中,"四时"有着悠久的历史渊源,从先秦至六朝乃至唐宋,"四时"模式在不同的文化层面发挥着非常重要的作用。为了更好地理解"物感"与"四时"的关系,有必要大致了解一下该时期"四时"观念的发展脉络。总体来看,自先秦至汉魏六朝,"四时"主要经历了三个大的发展阶段:一是神权掌控阶段,二是政治教化阶段,三是生命抒发阶段。与此相应,"四时"也可依次分为"神学时间""政治时间""情感时间"三个主要类型。

　　李学勤认为,殷商时期就形成了"四时"的观念,阴虚甲骨文刻辞云:"东方曰析风曰协,南方曰因风曰凯,西方曰彝风曰韦,北方曰伏风曰役"①这里的"析""因""彝""伏"是分处于四方的神,其作用有二:一是掌管出入风,"协""凯""韦""役"为四方风名;二是司日月长短。古人认为,四季的风向不同,昼夜长短也有所变化。②李学勤说:"《尧典》明确讲到四时,《大荒经》提及日月长短,也意味着四时。古代人民正是从农业生产的需要出发,建立了当时的天文历象之学,认识了四时和年岁,并知道四方风的季候性质。长期以来,大家因为在卜辞里没有发现"夏"、"冬"字样,认为当时只有春、秋两季。这一见解,在有关中国科技史的著作中也很通行。实际上,四方风刻辞的存在,正是商代有四时的最好证据。析、因、彝、伏四名本身,便蕴涵着四时的观念。"③《尚书·尧典》曰:

> 乃命羲和,钦若昊天历象——日月星辰,敬授民时。分命羲仲宅嵎夷曰旸谷。寅宾出日,平秩东作。日中、星鸟,以殷仲春。厥民析,鸟兽孳尾。申命羲叔宅南交。平秩南为,敬致。日永星火,以正仲夏。厥民因,鸟兽希革。分命和仲宅西曰昧谷。寅饯纳日,平秩西成。宵中、星虚,以殷仲秋。厥民夷,鸟兽毛毨。申命和叔宅朔方曰幽都。平在朔易。日短、星昴,以正仲冬。厥民隩,鸟兽氄毛。帝曰:"咨汝羲暨和。朞三百有六旬有六日,以闰月定四时成岁。"④

　　在远古时期,日月星辰的运行以及历法的制定都由神来负责。东西南北均有专门的神明居住,掌管测定太阳的运行情况,并告知百姓天时节令。这

---

① 参见李学勤:《商代的四风与四时》,《中州学刊》1985年第5期。
② 参见李学勤:《商代的四风与四时》,《中州学刊》1985年第5期。
③ 李学勤:《商代的四风与四时》,《中州学刊》1985年第5期。
④ 顾颉刚、刘起釪:《尚书校释译论》第一册,中华书局2005年版,第32页。

时的"四时"是由神掌控的，属于"神学时间"。

春秋以降，诸子蜂起，百家争鸣。神的地位渐渐受到质疑，人们对天与四时的态度慢慢发生改变，诸子以自然的眼光打量"四时"。人们认识到，"四时"不仅是天地自然规律的直接体现，还是人间政令推行的重要依据。如果不依循"四时"而逆天而行，国家就要败亡。这在《管子·四时》中有清楚的说明：

> 管子曰：令有时。无时则必视顺天之所以来。五漫漫，六惛惛，孰知之哉！唯圣人知四时。不知四时，乃失国之基。不知五谷之故，国家乃路。故天曰信明，地曰信圣，四时曰正。……是故阴阳者，天地之大理也。四时者，阴阳之大径也；刑德者，四时之合也。刑德合于时则生福，诡则生祸。①

在《庄子》中，"四时"不仅退去了神学色彩，而且与圣人的王道政令也没有瓜葛，回到了其本义，表示春夏秋冬、自然物候的意义：

> 其心志，其容寂，其颡頯；凄然似秋，暖然似春，喜怒通四时，与物有宜而莫知其极。（《庄子·大宗师》）
>
> 天地有大美而不言，四时有明法而不议，万物有成理而不说。（《庄子·知北游》）

《易传》中，"四时"凡八见，均表示春夏秋冬的意思：

> 夫"大人"者，与天地合其德，与日月合其明，与四时合其序，与鬼神合其吉凶。"（《易经·乾卦·文言》）
>
> 天地以顺动，故日月不过，而四时不忒。（《易经·豫卦·象传》）

---

① （清）黎翔凤：《管子校注》，中华书局2004年版，第837—838页。

观天之神道，而四时不忒。(《易经·观卦·象传》)

日月得天而能久照，四时变化而能久成。(《易经·恒卦·象传》)

天地革而四时成，汤武革命，顺乎天而应乎人。《革》之时大矣哉！(《易经·革卦·象传》)

天地节而四时成。节以制度，不伤财，不害民。(《易经·节卦·象传》)

大衍之数五十，其用四十有九。分而为二以象两，挂一以象三，揲之以四以象四时。(《易经·系辞上》)

是故法象莫大乎天地。变通莫大乎四时。(《易经·系辞上》)

战国晚期尤其是秦汉以降，"四时"与阴阳五行思想相互融合，春夏秋冬四季各被分成孟、仲、季三个节令，全年共分成十二个月。"四时"被纳入到金、木、水、火、土这五德终始的循环体系之中。《吕氏春秋》《礼记》《淮南子》等著作中均有详细的记述。《礼记·月令》将太阳的起始、星宿的位置、当班帝神，以及当令的虫类、音律、数、味道、气味、祭祀对象与祭品等方面统一起来，编织成一个天、地、神、人密切相配相契的思想体系，它广涉天文历法、宗教神学、政治教化、艺术审美等多个领域，是秦汉文化思想的集中体现。

我们可以拿其中的一个节令为例，看看时令（时间）在当时的生活中占据了何等重要的位置，《礼记·月令》云：

孟春之月，日在营室，昏参中，旦尾中。其日甲乙。其帝大皞，其神句芒。其虫鳞。其音角。律中大蔟。其数八。其味酸，其臭膻。其祀户，祭先脾。

东风解冻，蛰虫始振，鱼上冰，獭祭鱼，鸿雁来。

天子居青阳左个，乘鸾路，驾仓龙，载青旂，衣青衣，服仓玉，食麦与羊，其器疏以达。

是月也，以立春。先立春三日，大史谒之天子曰："某日立春，盛德在木。"天子乃齐。立春之日，天子亲帅三公、九卿、诸侯、大夫，以迎春于东郊。还反，赏公、卿、诸侯、大夫于朝。

命相布德和令，行庆施惠，下及兆民。庆赐遂行，毋有不当。

乃命大史，守典奉法，司天日月星辰之行，宿离不贷，毋失经纪，以初为常。

是月也，天子乃以元日，祈谷于上帝。乃择元辰，天子亲载耒耜，措之于参保介御之间，帅三公、九卿、诸侯、大夫躬耕帝藉。天子三推，三公五推，卿诸侯九推。反，执爵于大寝，三公、九卿、诸侯、大夫皆御，命曰劳酒。

是月也，天气下降，地气上腾，天地和同，草木萌动。王命布农事，命田舍东郊，皆修封疆，审端经术。善相丘陵、阪险、原隰，土地所宜，五谷所殖，以教道民，必躬亲之。田事既饬，先定准直，农乃不惑。

是月也，命乐正入学习舞。乃修祭典。命祀山林川泽，牺牲毋用牝。禁止伐木。毋覆巢，毋杀孩虫、胎、夭、飞鸟，毋麛毋卵。毋聚大众，毋置城郭。掩骼埋胔。是月也，不可以称兵，称兵必天殃。兵戎不起，不可从我始。毋变天之道，毋绝地之理，毋乱人之纪。

孟春行夏令，则雨水不时，草木蚤落，国时有恐。行秋令，则其民大疫，猋风暴雨总至，藜莠蓬蒿并兴。行冬令，则水潦为败，雪霜大挚，首种不入。①

《礼记》认为，太阳的位置决定了四时的变化，每个节令都有不同的物候。君王政令的颁布要以时令为依据，因为时令来自上天，而且每一个时令均有帝神当值。这个时候，君王要率领百官恭敬从事，政令、律典、祭祀、农事、乐教、军事甚至日常生活都要依照时令规规矩矩进行，不可违令而行，否则，天愤神怒，祸患必至。

《礼记》虽然也延续了神学时代的思维习惯，为十二个月都设定了一班帝

---

① 《礼记正义》，李学勤主编：《十三经注疏》，第 442—467 页。

神，但神学色彩已大为减弱，人的地位和作用得到明显提升。《礼记·月令》将政治、律法、农事、艺术、军事等重大事务与天文历法结合起来，表明人们已经摆脱了蒙昧状态，开始认识到天地运行的自然规律，并依据规律行事。这里的帝神只具有象征意义，与远古时期掌管四方四时的人格神相距壤霄。因此，这里的"四时"并不具备鲜明的神性，而是一种带有强烈教化意义的"政治时间"。我们不难想见，自君王以下，全国民众都统一思想，依照时令而行，不敢有丝毫违逆僭越。如此强烈的"时间观念"，不仅在当时的思想文化体系中占据着极为重要的位置，而且对后世的思想与艺术也产生了非常深远的影响。①

可以说，将自然时间（四时）看作一种自然律令，并且以此作为政教以及思想、文化、艺术、生活的重要依据，这几乎成了秦汉时期思想界的通识。《史记·太史公自序》云："夫阴阳四时、八位、十二度、二十四节各有教令，顺之者昌，逆之者不死则亡……夫春生长，秋收冬藏，此天道之大经也，弗顺则无以为天下纲纪，故曰'四时之大顺，不可失也'。"由此，秦汉以后，"四时"在天文历法的统摄下，已经完全被政治化，带有政治学与社会学的意义。

需要指明的是，在此之外，思想界对"四时"还有另外一种理解。在汉代，"天人合一""天人相副"的观念甚为昌明，这在董仲舒的思想体系中表现尤为突出，他将四时之气与人的喜怒哀乐等情感关联对应起来，所谓"天亦有喜怒之气，哀乐之心，与人相副。以类合之，天人一也"（《春秋繁露·阴阳义》），认为天人之间均是阴阳二气流布，天有喜（暖）怒（清）哀（太阴）乐（太阳）"四气"，"四气"产生了春夏秋冬"四时"，而人的喜怒哀

---

① 有学者认为，以《月令》为代表的上古岁时文献，深刻影响到中国文化的思想与艺术的各个层面。月令模式是一种思想结构，也是一种艺术结构。中国文学存在着春夏秋冬的四时抒情结构，四时转换形成了中国文学的四时抒情模式和审美意象。四时不仅带给诗人以情感上的变化，构成了中国文人心灵世界的精神原型，而且还影响到文学的形式。诗文的起承转合的结构规律、语言声调之平上去入的低昂起伏都与四时的自然节律相适应。可以说，艺术形式中潜藏着四时运转的规律和深刻内容。参见傅道彬：《〈月令〉模式与中国文学的四时抒情结构》，《学术交流》2010 年第 7 期。

乐实际上是对天之"四气"的一种应答。

> 夫喜怒哀乐之发，与清暖寒暑，其实一贯也。喜气为暖而当春，怒气为清而当秋，乐气为太阳而当夏，哀气为太阴而当冬。四气者，天与人所同有也，非人所能蓄也，故可节而不可止也。节之而顺，止之而乱。人生于天，而取化于天，喜气取诸春，乐气取诸夏，怒气取诸秋，哀气取诸冬，四气之心也。（《春秋繁露·王道通三》）①

> 为生不能为人，为人者天也。……人之形体，化天数而成；人之血气，化天志而仁；人之德行，化天理而义。人之好恶，化天之暖清；人之喜怒，化天之寒暑；人之受命，化天之四时。人生有喜怒哀乐之答，春秋冬夏之类也。喜，春之答也；怒，秋之答也；乐，夏之答也；哀，冬之答也。天之副在乎人，人之情性有由天者矣。（《春秋繁露·为人者天》）②

所谓"答"，就是人对天的一种回应。也就是说，在四时四气的影响之下，人受到触发感染，产生了与春夏秋冬相对应的喜怒哀乐等情感。这可以看作物感论的另一种表述。一般认为，最早从物感角度谈论文艺起源的是战国时期的《乐记》，《乐记》云："乐者，音之所由生也，其本在人心之感于物也。是故其哀心感者，其声噍以杀。其乐心感者，其声啴以缓。其喜心感者，其声发以散。其怒心感者，其声粗以厉。其敬心感者，其声直以廉。其爱心感者，其声和以柔。六者非性也，感于物而后动。"③《乐记》从音乐发生的角度论及人的情感心理，明确提出了"物感"范畴，因此，学界一般将魏晋时期的物感诗学的理论渊源归为《乐记》。但是，《乐记》只是一般地强调"感物"，至于"物"包含哪些内容，"物"又如何能感人，《乐记》中没有说明。更重要的是，《乐记》并未将四时与喜、怒、哀、乐等情感明确关联起来，而

---

① （清）苏舆：《春秋繁露义证》，钟哲点校，中华书局1992年版，第330—331页。
② （清）苏舆：《春秋繁露义证》，钟哲点校，中华书局1992年版，第318—319页。
③ 《礼记正义》，李学勤主编：《十三经注疏》，第1075页。

只是笼统地谈四时对于音乐的意义。《乐记》云:"地气上齐,天气下降,阴阳相摩,天地相荡,鼓之以雷霆,奋之以风雨,动之以四时,暖之以日月,而百化兴焉。如此,则乐者,天地之和也。"① 如果考虑到陆机、刘勰等人在讨论文艺发生及创作时多以"四时"起兴就可以发现,物感诗学可能还存在另外一个理论来源,那就是董仲舒的《春秋繁露》。陆机《文赋》谓:"悲落叶于劲秋,喜柔条于芳春。"刘勰《文心雕龙·物色》亦云:"窥岁发春,悦豫之情畅。滔滔孟夏,郁陶之心凝。天高气清,阴沉之志远。霰雪无垠,矜肃之虑深。"可以推知,魏晋时期的文艺理论家在讨论物感问题时,总结了秦汉以来有关"四时"的情感认知的理论成果,董仲舒是集大成者。由此,自西汉董仲舒始,思想理论界开始逐步摆脱岁时教令的政治桎梏,以"情感"这一新的眼光来打量"四时",开启了自然时间情感化的理论历程,"政治时间"转化为"情感时间"。而魏晋文艺理论家之所以在表述上如此高度统一,一方面是受到这种新的时间观念的影响,另一方面也是对汉末魏晋文艺创作中自然时间情感抒发的理论总结。

二、"自然时间"的情感化

事实上,在文艺创作领域,将四时与情感关联起来加以自然抒发早已是渊源有自的文学事实。早在战国末期的屈原、宋玉,就在楚辞中表达了伤春悲秋的生命意绪。宋玉《九辩》有言:"悲哉秋之为气也,萧瑟兮草木摇落而变衰。惊栗兮若在远行,登山临水兮送将归。"西汉以后,诗人常常借四时变换表达对天道循环、盛衰迭转的理性思考。到汉末魏晋时期,由于战乱频仍,命若草芥,诗人对时间的感叹变得更加强烈且深沉。汉魏六朝的诗赋中多以咏史、归隐、游仙、伤悼、赠别等内容作为情感抒发的重要题旨,而四时尤其是秋冬二季常常被用以表现时序推移、功业未建、年命难永的悲情浩叹:

秋风起兮白云飞,草木黄落兮雁南归。……欢乐极兮哀情多。少壮

---

① 《礼记正义》,李学勤主编:《十三经注疏》,第 1095—1096 页。

几时兮奈老何！（刘彻《秋风辞》）

秋风萧瑟天气凉，草木摇落露为霜。群燕辞归雁南翔，念君客游思断肠。（曹丕《燕歌行》）

嘉木调绿叶，芳草纤红荣，聘哉日月逝，年命将西倾。（陈琳《游览》其二）

嘉树下成蹊，东园桃与李。秋风吹飞藿，零落从此始。繁华有憔悴，堂上生荆杞。……凝霜被野草，岁暮亦云已。（阮籍《咏怀》其三）

四时更逝去，昼夜以成岁。四时更逝去，昼夜以成岁。大人先天而天弗违，不咸年往，忧世不治。存亡有命，虑之为蚩。歌以言志，四时更逝去。（曹操《秋胡行》其二）

惟日月之逾迈兮，俟河清其未极……步栖迟以徙倚兮，白日忽其将匿。（王粲《登楼赋》）

四时迈而代运兮，去冬节而涉春。……嗟日月之逝迈，忽亹亹以遄征。昔周游而处此，今倏而弗形。感遗物而怀故，俛惆怅以伤情。（曹丕《柳赋》）

暑度随天运，四时互相承。东壁正昏中，涸阴寒节升。繁霜降当夕，悲风中夜兴。（张华《杂诗》其一）

到魏晋时期，诗人对自然时间的文学抒发有别于汉代文人对天道循环的理性思索，战乱、瘟疫、疾病、政治倾轧等等，使得生命的"大死亡"触目可见，"白骨露于野，千里无鸡鸣"（曹操《蒿里行》）。这种物是人非、命若晨晞的残酷现实迫使诗人将郁积胸中的强烈情感倾泻而出，将自己对历史的感叹、现实的悲苦、个体命运的遭逢全部寄寓在时间的自然抒发上。可以说，到这时，整个魏晋时期的时间体验都已经完全被情感化了。

毋庸置疑，时间是无形的，它必须借助外物才能表现出来。因此，时间的迁逝呈现于"物"的变化过程之中，而物的变化又触发了人的情感，这便是"物感"的产生之由。接下来的问题是，何为"物"，何为"感"，"物感"又如何与时间发生关联？《说文解字》谓："物，万物也。牛为大物，天地之数起于牵牛,故从牛,勿声。"《玉篇》云:"凡生天地之间皆谓物。"由此可见,从词源学来看,"物"的原意是指类似于牛的庞然大物,后引申为呈现于天地之间的万事万物,包括自然风物与社会人事。再来看"感",《说文解字》曰:"感,动人心也,从心咸声。"《周易·咸卦·彖传》云:"《咸》,感也。柔上而刚下,二气感应以相与,止而说,男下女,是以'亨利贞,取女吉'也。天地感而万物化生,圣人感人心而天下和平。观其所感,而天地万物之情可见矣。"在《周易》中,"感"处于"咸"卦,其原意是阴阳二气相互感应,化生万物,引申为男女两情相悦而交感。合而言之,所谓"物感",就是主体之心受到外物变化的触动而与之发生主客之间的交感应答。所谓"情往似赠,兴来如答"(刘勰《文心雕龙·物色》)就是审美主体与外界景物之间的交互兴感过程,任何艺术的发生都离不开这个"物感"阶段。《乐记》云:"凡音之起,由人心生也。人心之动,物使之然也。感于物而动,故形于声。……乐者,音之所由生也,其本在于人心之感于物也。"[①]《乐记》之所以被视为物感说的理论发端,就是因为它明确道出了音乐(代表一切文艺形式)发生之初人心与外物之间的交感关系。但需要说明的是,如果外物寂然不动,就不会引起人心的感动,所谓"物感"就不会发生。正是因为外物的强烈变动,引发了人心的感应,产生了各种情绪情感,才有可能触发审美主体的诗心文情,继而开始艺术作品的构思创造。换句话说,正是因为自然时间(四时)对诗人艺术家的触动,才从存在的根本意义上调动了他们的生命情感,这种根源于时间的生死悲情变成了一股强大的动力,最终促成了物感理论的生成,这一过程在时间体验最为丰富炽烈的魏晋时期得以实现,并不是没有缘由的。

陆机《文赋》云:"伫中区以玄览,颐情志于典坟。遵四时以叹逝,瞻万物而思纷;悲落叶于劲秋,喜柔条于芳春;心凛凛以怀霜,志眇眇而临云。咏世德之骏烈,诵先人之清芬。游文章之林府,嘉丽藻之彬彬。慨投篇而援笔,聊宣之乎斯文。"陆机在这里谈到了文思产生的两大关捩:一是四时的感

[①] 《礼记正义》,李学勤主编:《十三经注疏》,第 1074—1075 页。

发，二是知识的积累。虽然没有出现"物感"的字眼，实际上所谈的就是物感问题。在魏晋时期，"物感"几乎成了诗人的口头禅，大量出现在这个时期的诗作中，陆机本人的诗作中更是常见：

> 感物怀殷忧，悄悄令人悲。（阮籍《咏怀诗》其十四）
> 感物多所怀，沈忧结心曲。（张协《杂诗》）
> 情因所习而迁移，物触所遇而兴感。（孙绰《三月三日兰亭诗序》）
> 岁月一何易，寒暑忽已革。载离多悲心，感物情凄恻。（陆机《赴洛二首》）
> 悲情触物感，沈思郁缠绵。（陆机《赴洛道中作》）
> 感物多远念，慷慨怀古人。（陆机《吴王郎中时从梁陈作》）

因此，就物感问题而言，陆机所做的贡献主要是从理论上起兴，也即总结了汉末魏晋时期文人对该问题的集体思考。真正将问题进一步深入的，是齐梁年间的刘勰：

> 春秋代序，阴阳惨舒。物色之动，心亦摇焉。盖阳气萌而玄驹步，阴律凝而丹鸟羞。微虫犹或入感，四时之动物深矣。若夫珪璋挺其惠心，英华秀其清气。物色相召，人谁获安。是以献岁发春，悦豫之情畅。滔滔孟夏，郁陶之心凝。天高气清，阴沉之志远。霰雪无垠，矜肃之虑深。岁有其物，物有其容；情以物迁，辞以情发。一叶且或迎意，虫声有足引心。况清风与明月同夜，白日与春林共朝哉！是以诗人感物，联类不穷，流连万象之际，沉吟视听之区。写气图貌，既随物以宛转；属采附声，亦与心而徘徊。（《文心雕龙·物色》）①

所谓"物色"，是指外物的形式样貌，萧统《文选》中有"物色"一类，

---

① 范文澜：《文心雕龙注》，人民文学出版社1958年版，第693页。

李善注云"四时所观之物色，而为之赋。又云：有物有文曰色"。"文"即"纹"，指纹路图案，因此"物色"不仅涉及自然风物，而且还涉及外物的形式美。所谓"岁有其物，物有其容"，就是特别指出春夏秋冬四季各有不同的景物，每种景物都有其独特的形式样貌。物色随着四时的变换而发生改易，这足以引起人们心情的变化，触发诗心文意。刘勰开篇即仿照《礼记·月令》的模式简要交代了阴阳二气交感所引起的物候变化，接着又在突出人的智慧气质的基础上顺势发挥了董仲舒的四时情感理论，最后推出"情以物迁，辞以情发"①"诗人感物，连类不穷""随物宛转""与心徘徊"等更为深层次的理论命题。物触动情，情牵动辞，"物—情—辞"的联动模式已然触及文艺创作论的问题。其后所说的"写气图貌""属采附声"就是谈如何进行创作了。

稍后的钟嵘在《诗品序》中提出一个同时期理论家意识到但未言明的问题："气之动物，物之感人，故摇荡性情，形诸舞咏。"亦即阴阳二气的交感化合使得外物发生变化，由此引发人的情感，诉诸舞咏。因此，钟嵘提供了一个更为清楚详细的文艺发生联动模式："气—物—情—艺"。但钟嵘在物感论上的贡献还不止于此，最关键的是，他扩大了"物"的范围：

> 若乃春风春鸟，秋月秋蝉，夏云暑雨，冬月祁寒，斯四候之感诸诗者也。嘉会寄诗以亲，离群托诗以怨。至于楚臣去境，汉妾辞宫，或骨横朔野，魂逐飞蓬；或负戈外戍，杀气雄边；塞客衣单，孀闺泪尽。或士有解佩出朝，一去忘返；女有扬蛾入宠，再盼倾国。凡斯种种，感荡心灵，非陈诗何以展其义？非长歌何以骋其情？（钟嵘《诗品序》）②

引发情感的并不仅仅是自然物候，社会人事或许更为重要。人不仅仅是动物，还是各种社会关系的总和，因此现实中的种种悲喜遭逢，人生聚散、

---

① "情以物迁"可以看作物感说的另一种表述。魏晋南北朝时期的文人喜欢用自然风物来表达情感，这是晋唐以后借山水来营造意境的初始阶段。由此可证，发轫于汉代成熟于魏晋的物感诗学是唐代山水诗境的前期准备阶段。
② （南朝梁）钟嵘：《诗品注》，陈延杰注，人民文学出版社1961年版，第2—3页。

壮志难酬、是非荣辱、生离死别等，恰恰是引发情感的总根因。四时物候与具体的社会人事相关联，可能会更容易引起内心的感动。①

三、"神思"：心理时空的开启

上文"物感"部分所述，主要是自然时空（偏于时间）的问题，虽然涉及心物关系，但并未进入心理时空领域。也就是说，即便是在强烈的情感状态下，外界的自然时空也并未改变它的绽出样态，春夏秋冬依然迁转流逝，东南西北依然念兹在兹。因为，在这个阶段，"心"只是对"物"做出一种情感上的回应，并没有构思意象的主观愿望，所以自然时空仍然维持原有的样子。但一旦进入到艺术的构思想象阶段，时空的形态就会发生变化，这个阶段就是"神思"。

说到"神思"，一般都会首先想到刘勰的《文心雕龙·神思篇》。事实上，在刘勰之前，也有不少人谈到了"神思"的问题。《庄子·达生》云："用志不分，乃凝于神。"王充《论衡·卜筮》亦谓："夫人用神思虑，……一身之神，在胸中为思虑。"孔融《荐祢衡表》谓："思若有神。"曹植《宝刀赋》："规圆景以定环，摅神思而造像。"谯周云："神思独至之异。"（《三国蜀志·杜琼传》）吴华覈《乞赦楼玄疏》："宜得闲静，以展神思。"这些文章中的"神思"都是指聚精会神进行思虑，其思想渊源来自老庄的"虚静"。曹植提出"摅神思而造像"这一命题，对于文艺创作而言很有价值。他将神思与构想意象（造像）直接关联起来，可以看作陆机的理论先声。但真正将"神思"提升到文艺创作论范畴层面的，还是刘勰。《文心雕龙·神思》："古人云：'形在江海之上，心存魏阙之下。'神思之谓也。"王元化认为，刘勰所说的"神思"具有一种身在此而心在彼、可以由此及彼的联想功能，因此也就是想象。② 实际上，学界多数人都认为"神思"为一种艺术想象活动。③ 也

---

① 有关时间意识与物感观念的关系，拙著《中国古代诗学时间研究》第四章第二节亦有较为详细的论析，中国社会科学出版社 2014 年版，第 134—150 页。
② 王元化：《文心雕龙讲疏》，上海三联书店 2012 年版，第 120 页。
③ 参见李泽厚、刘纲纪主编：《中国美学史》，中国社会科学出版社 1987 年版；叶朗：《中国美学史大纲》，上海人民出版社 1985 年版等。

有学者认为神思是一种"艺术构思"。①而有的学者则将"神思"的内涵扩大，理解为一种艺术思维过程。②事实上，无论是艺术思维，还是艺术构思，或是具体的艺术想象，都关涉到审美心理的问题。从心理学的角度来说，当主体进入到审美体验的阶段，他（她）就会暂时从现实时空的逻辑中抽离出来，进入到一个相对自由的心理时空之中。无论是联想还是想象，都是在内心完成由此及彼、由彼及此的时间、空间上的转换。比如李商隐的《夜雨寄北》，首句"君问归期未有期"，其实是诗人想象对方写信问自己何时归去。这个时候，诗人脑海中映现的是意中人翘首企盼思念自己归来的种种情景。但他马上就被拉回到现实的时空之中："巴山夜雨涨秋池"。在接下来的两句中，时空又发生了转换："何当共剪西窗烛，却话巴山夜雨时。"诗人处身于当下，却展望未来某个时刻，在昔日的西窗下，与意中人相依相偎。在那段美好的时刻，诗人向她细细回溯过去的巴山夜雨时节。可以想见，诗人在构思的过程里，完成了时空的多次回旋转换。陆机在《文赋》中写道："收视反听，耽思傍讯，精骛八极，心游万仞。……观古今于须臾，抚四海于一瞬。""恢万里而无阂，通亿载而为津。"所谓"收视反听，耽思傍讯"，就是收敛关闭耳目等肉身感官，进入到老庄所说的"虚静"状态。让心神自由遨游于往古来今、上下四方的时空之中。刘勰《文心雕龙·神思》云："文之思也其，神远矣。故寂然凝虑，思接千载。悄焉动容，视通万里。吟咏之间，吐纳珠玉之声。眉睫之前，卷舒风云之色。其思理之致乎！故思理为妙，神与物游。"陆机与刘勰都特别提出神思过程中的"游"，无论是"心游万仞"，还是"神与物游"，其思想源皆出于庄子。在《庄子》中，"游"是一个高频词，其基本义为"游玩""游历""游乐"，但在多数情况下说的是神人、至人乘天地之气"遨游"于广袤的空间之外或悠久的时间之初：

乘天地之正，而御六气之辩，以游无穷。（《逍遥游》）

---

① 牟世金：《文心雕龙译注》，齐鲁书社1995年版，第55页。
② 张少康：《中国古代文学创作论》，北京大学出版社1983年版，第18页。

彼方且与造物者为人，而游乎天地之一气。(《大宗师》)

乘云气，御飞龙，而游乎四海之外。(《逍遥游》)

乘云气，骑日月，而游乎四海之外。《齐物论》

圣人将游于物之所不得遁而皆存。(《大宗师》)

故余将去女，入无穷之门，以游无极之野。(《在宥》)

游乎万物之所终始。(《达生》)

浮游乎万物之祖，物物而不物于物。(《山木》)

显然，人的肉身在物理时空中不受任何限制地遨游只不过是一种美妙的愿望，所以，这种"游"实际上是精神、心灵在广阔的时空中自由驰骋，庄子称之为"游心"：

游心乎德之和。(《德充符》)

乘物以游心。(《人间世》)

吾游心于物之初。(《田子方》)

游心于无穷。(《则阳》)

胞有重阆，心有天游。(《外物》)

骈于辩者，累瓦结绳窜句，游心于坚白同异之间。(《骈拇》)

稍作比较不难看出，刘勰提出的"神与物游"与庄子的"游心"思想是一脉相承的。当然，庄子"游心"，旨在超越现实，体证大道。但这种精神境界也是审美的最后旨归。刘勰的"神与物游"是艺术创造的必经环节，旨在获得神妙的审美体验。唐代日僧遍照金刚亦有言："凡属文之人，常须作意。凝心天海之外，用思元气之前。"(《文镜秘府论·论文意》)"天海之外"即"四海之外"，指的是空间，"元气之前"亦即元气混沌一片的"物之初"，指的是时间。也就是说，文章构思需要展开巨大的时空跨越。黄侃对刘勰的"神与物游"作过一番解释："此言内心与外境相接也。内心与外境，非能一往相符会，当其窒塞，则耳目之近，神有不周；及其怡怿，则八极之外，理无不浃。然则以心求境，境足以役心；取境赴心，心难于照境。必令心境相得，见相交融，斯则成连所以移情，庖丁所以满志也。"①在黄侃看来，神与物能"游"，其实就是一种"内心"与"外境"相接冥合的表现。因为，在多数情况下，这种心物相契并不容易发生。如果心物相隔，即使外物尽在眼前，心也可能视而不见。相反，只要心物相通，再远的物境，也历历在目。但是，心物之间不可有明确的主客对待关系，而应自然相接，悠然而合，才能做到自然移情、踌躇满志。可见，黄侃所说的"游"，不是神与物"游"的初始，而是"游"的最终结果与状态。黄侃此论类于陶渊明诗中所描绘的状态："结庐在人境，而无车马喧。问君何能尔，心远地自偏。"（《饮酒》）元代诗论家方回受陶渊明的启示，将心与境的关系进一步拉近："心即境也，治其境而不于其心，则迹与人境远，而心未尝不近；治其心而不于其境，则迹与人境近，而心未尝不远。"（《桐江集·心境记》）

需要进一步追问的是，陆机、刘勰讨论的是诗文的创作问题，为何诗文构思一定要展开时空的自由遨游？实际上，心理时空开启的最终目的是要追寻意象。《文赋》谓："其致也，情曈昽而弥鲜，物昭晰而互进。倾群言之沥液，漱六艺之芳润。"审美主体的心神在虚静的状态下进行时空遨游，这时情感逐渐明朗，意象也纷纷呈现出来。但是，构思意象虽然容易，要想表达出来还需要借助语言。所以要熟悉"六艺"之"群言"。陆机描述了构想并完整表达意象的艰难情形："浮天渊以安流，濯下泉而潜浸。于是沈辞怫悦，若游鱼衔钩，而出重渊之深。浮藻联翩，若翰鸟缨缴，而坠曾云之峻。收百世之阙文，采千载之遗韵。谢朝华于已披，启夕秀于未振。"（《文赋》）正是因为构思的不易，所以陆机非常重视文思的独创性。刘勰也写到艺术构思开始时的情形："夫神思方运，万涂竞萌，规矩虚位，刻镂无形。"（《文心雕龙·神思》）可见，这个时候，审美主体是在无边的虚空之中抓取艺术的灵感，此陆机所谓"课虚无以责有，叩寂寞而求音"（《文赋》）。因为当神思展开，心理时空被无限开启之后，所有相关联的物象都会"纷纷而来下"，而选择最恰

---

① 黄侃：《文心雕龙札记》，上海古籍出版社2000年版，第93页。

当的意象并将其用语言文字表达出来更为困难。刘勰说："方其搦翰，气倍辞前，暨乎篇成，半折心始。何则？意翻空而易奇，文徵实而难巧也。是以意授于思，言授于意，密则无际，疏则千里。或理在方寸而求之域表，或义在咫尺而思隔山河。是以秉心养术，无务苦虑；含章司契，不必劳情也。"（《文心雕龙·神思》）梁代的萧子显也论及作文之时主体内心的状态："文章者，盖情性之风标，神明之律吕也。蕴思含毫，游心内运，放言落纸，气韵天成……属文之道，事出神思，感召无象，变化不穷。"（《南齐书·文学传论》）萧子显将文章看成是"神明"的内在律动，追求一种气韵天成的自然创作状态，可能也正是看到了"神思"的变数太大。陆机也说："夫放言遣辞，良多变矣，妍蚩好恶，可得而言。每自属文，尤见其情。恒患意不称物，文不逮意。盖非知之难，能之难也。"（《文赋》）

从时空美学的角度来说，从展开文思到选择意象、炼字造句、谋篇布局，这个过程之所以难，就是因为时空形态发生转换了。在物感阶段，主体之心应答自然时空，只需要将其情感化，引起内心的触动，感发诗情文思就可以了。但在神思阶段，审美主体所面对的不再是眼前的自然时空，而是可以自由往来的心理时空。在这个环节，心与物（物象）之间融合无间，审美也达至自由之境。但是，神思的成功与否，还需要成形的艺术作品来检验，也就是说，心理时空是否有效果，必须通过形式时空呈现出来。陆机《文赋》谓："罄澄心以凝思，眇众虑而为言，笼天地于形内，挫万物于笔端。始踯躅于燥吻，终流离于濡翰。"诗人在虚静的状态下凝聚心思，拟将所有美妙的思致表达出来。将天地万物收拢一处，赋之以外形，并用语言文字一一呈露。刚开始还在唇边吟诵着，等到援笔落纸，却倏地变得支离破碎了。可见，形式时空的营构是一件更为艰辛困难的事情。

第二节　形势与气韵

如前文所述，在"神思"阶段，由于"心理时空"的开启，"自然时空"

的阈限被打破,"心游万仞"、"精骛八极","神"与"物"得以在广阔的时空之中自由遨游。对于像老庄这样旨在体证大道、追求个体精神修为的道家真人来说,依凭"心理时空"的开拓,就可以完成悟道的过程。但对于一个艺术家或批评家而言,要想完成真正的审美体验,仅有"心理时空"的内在超越显然是不够的,还必须借助特定的艺术语言,将"心理时空"付诸一定的形式,使之在艺术文本中呈现出来,我们称之为"形式时空"。在艺术构思的过程中,最早被构想出来并塑形的是意象,意象构成了形式时空的基本构件。但随着艺术构思的深入和成熟,经过艺术物化的环节,意象最终以符号形式确定下来,成为艺术文本的重要组成部分,也是意境的过渡环节。由于意象与意境的亲缘关系,意象放在后面再讨论。本节要考察的是"形式时空"另外两个相关的范畴:"形势"与"气韵"。在艺术审美中,一般论及"形势"或"气韵",实际上就表明艺术文本已经被创造出来,艺术家完成了自己的使命,现在交由鉴赏家批评家进行阐释分析与价值评判。所以,"形势""气韵"主要是文本学的范畴,它是艺术文本所必然包含的整体形式及其所呈现出来的审美特质。因此,它们比意象更为关键,它们决定了艺术作品的成败,也是艺术意境呈现的审美标识。

一、"势"与"韵":语义的迁移

在中国传统文化中,存在一个较为普遍的现象:某些字词在实际使用的过程中,其含义逐渐发生改变,以至于其通常的含义与本义存在很大的差别。而且,该字词所应用的领域也发生较大迁移。这些字词往往成为中国哲学、美学中的重要范畴。比如,"道""气""神""中""和""象""势""韵"等。以下结合前人的研究,对"势""韵"这两个范畴的含义及其使用情况进行一番梳理。

"势"(繁体作"勢")原为"埶",许慎《说文解字》释曰:"势,盛力、权也。从力埶声"。黄侃曾对"势"做过一番考证:"《考工记》曰:审曲面势。郑司农以为审察五材曲直、方面、形势之宜。是以曲、面、势为三,于词不顺。盖匠人置埶以县,其形如柱,倳之平地,其长八尺以测日景,故势当为埶，埶者臬之假借。《说文解字》：臬，射埻的也。其字通作艺。《上林赋》："弦矢分，艺殪仆。是也。本为射的，以其端正有法度，则引申为凡法度之称。"① 在黄侃看来，《考工记》中所说的"审曲面势"当为两个并列的动宾结构，"面"作动词解，意为对着、考虑。"势"即"埶"，为"埶"，是测量太阳影子的木杆。"埶"又是"臬"的假借字，所以又引申为法度、标准之意。但这种训诂与《说文解字》中所说的盛力、权并无多少关联，也与"势"现今的通常含义趋势、倾向相去较远。黄侃的解释虽不无价值，但与文艺审美中的"势"尚存在较大差异，如果从测日杆直接推到趋向、趋势，再由此引申至文艺中的气势、形势，确实感觉有些勉强。有的学者经过考证认为，"势"并不源自"臬"，而是源于"埶"，原意是"种植"，与"蓺"、"艺"同源。因此，《考工记》中的"审曲面势"是中国传统美术系统中最早成系统的，可以看作美术中有关"势"论的源头。② 那么，种植与盛力、权又有什么关联呢？该论者进一步考证，与"埶"同表种植之意的还有"封"、"艺"等，"封"即分封疆土。远古时期，存在以植树或指树为标记以划分疆域的做法。因此，种植就与对该地行使权利关联起来。同时，古时还有大树崇拜的习俗，因为大树是古人行法罚的地方，代表着一种盛大的权力，并且与标准、法则、行为规范、趋向等意义发生联系。③ 也有的学者认为，"势"的本字为"执"，《说文解字》释曰："执，捕罪人也。"捕卒押持着囚徒，他对囚徒有一种威慑性的力。后来，"执"字加"力"而为"势"，引申为势力或权力。 再后来，"势"字的含义被抽象化，则指事物中所包含的某种可能性和必然性的趋向，它力求冲破现实状态而走向一种目标。作为一种潜力，它虽现在未发而将来必发；作为一种张力，它虽局限于现状而又挤压着现状。④ 这样解释似乎显得更为通豁，也容易被人接受。有学者指出，在先秦至西汉的文献中，"势"还有另一个义项，即表示形势、情势、状态、格局、局势一类表示事物形状或

---

① 黄侃：《文心雕龙札记》，上海古籍出版社 2000 年版，第 110 页。
② 陈正俊：《"势"源考——兼论"审曲面势"涵义》，《苏州大学学报》（工科版）2002 年第 6 期。
③ 陈正俊：《从"艺"到"势"》，《苏州大学学报》（工科版）2005 年第 5 期。
④ 李壮鹰：《"'势'字宜着眼"》，《文艺理论研究》2004 年第 1 期。

状态，但并未被《说文解字》注出①。事实上，这一义项在实际使用的过程中，关联到空间与时间两个维度。如《周易》坤卦"地势坤"，此处的"势"指的是空间层面的地理形貌或山川走势。柳宗元《至小丘西小石潭记》："其岸势犬牙差互，不可知其源。"此处"势"同此意。当"势"表示形势、趋势、时机等含义时，所关涉到的就是事情的时间性。如贾谊《过秦论》："仁义不施，攻守之势异也。"《史记·项羽纪赞》："然羽非有尺寸，乘势起陇庙之中。"

综上可见，"势"存在多个语源，如"测日影杆"、"种植"、"拘捕"等。在实际使用的过程中，其语义又逐步发生迁移，主要有三个维度的义项：一、表示"法度""标准""标杆"；二、表示"权势""威力""力量"；三、表示"形势""格局""时机"。在先秦文化语境中，"势"多出现于政治、军事领域。《管子》《吕氏春秋》《孟子》《荀子》《韩非子》等著作中均有不少的论述。在政治中，"势"的含义包括统治者的地位、权力，政治的格局、形势以及影响事物发展的外部力量或自然规律等方面。在军事中，"势"尤为重要，关系着战争的成败。主要指敌我双方的奇正关系、天时地利人和等主客观因素形成的格局。如：

> 激水之疾，至于漂石者，势也；鸷鸟之疾，至于毁折者，节也。是故善战者，其势险，其节短，势如弩，节如发机。（《孙子·势》）
> 兵无常势，水无常形，能因敌变化而取胜者，谓之神。（《孙子·虚实》）

汉代以后，"势"开始转入艺术领域，包括书法、绘画、音乐、舞蹈、文学，甚至还有围棋、武术等广义的艺术。涂光社认为，之所以产生势，是因为事物之间存在量、形态、位置等方面的差别，地位的高低、力量的大小、物态的动静使得事物处于不平衡的格局之中。这种不平衡状态类似于无形的"场"，对处身于其中的人产生一种心理趋向作用。"势"以"形"为基础，蕴含力量，富于变化。因此，"势"可以理解为动态的"形"，显示出事物瞬时

---

① 孙立：《释"势"——一个经典范畴的形成》，《北京大学学报》2011年第6期。

的空间结构，也可以追溯过去，表述现在和预示未来。①"势"的这种时空性在艺术中表现得更为突出。在书法中，势主要通过"体势"与"笔势"体现出来，它既是一种空间结构关系，又是一种富含力量的运动过程，具有鲜明的时间性。在绘画（主要是山水画）中，"势"主要表现于山形水势的空间布局之中，但也可在审美主体"游观"的动态中自然彰显。文学中的"势"实际上是"意"的呈现样态，"势"的最高形态趋近于风格。下面再说"韵"。

"韵"字晚出，先秦文献均不见"韵"字出现。"韵"字最早见于东汉蔡邕的《琴赋》："繁弦既抑，雅韵乃扬。"（《蔡中郎集》外集三）② 此后，曹植《白鹤赋》也有类似表述："聆雅琴之清韵"，此处的"韵"均指琴声和谐雅美。成书于三国魏时期的《广雅》释"韵"曰："和也。"宋人徐铉增补《说文解字》"新附"部分也有同样的解释："韵，和也。"可见，"韵"的最初意义均指声音的节奏和谐，旋律动听。魏晋以后，"韵"的含义发生迁移，多用于人物品藻，表示一种高雅清远的风神气度。葛洪《抱朴子·刺骄》云："若夫伟人巨器，量逸韵远，高蹈独往，萧然自得。"《世说新语·任诞》谓："阮浑长成，风气韵度似父。"宋人范温说："自三代秦汉，非声不言韵，舍声言韵，自晋人始；唐人言韵者，亦不多见，唯论书画者颇及之。至近代先达，始推尊之以为极致。"（范温《潜溪诗眼》）事实上，魏晋时期，"韵"的这两个含义是同时使用、并行不悖的。徐复观将其分成甲、乙两类，并举实例证之。但他不同意将这两类含义混淆起来，认为人物画中的气韵类似于音律节奏。因为绘画与音乐、诗歌属于不同的艺术，前者以空间造型为要，后者以时间延伸为征，要从绘画中感受到音响的律动，实在是比较勉强。中国诗画之间只能是意境的关系，而不是音响的关系。他引王坦之与谢安书中的一段话："人之体韵，由器之方圆。方圆不可错用，体韵岂可易处？"（《晋书》卷七十五《王坦之传》），由此证"韵"乃是就形相来说的。③ 最后，徐复观得出

---

① 参见涂光社：《因动成势》，百花洲文艺出版社2001年版，第43—44页。
② 徐复观认为韵字起于汉魏之间，且认定曹植《白鹤赋》中"聆雅琴之清韵"为今日可见"韵"字之始，似有误。参见其《中国艺术精神》，华东师范大学出版社2001年版，第100页。
③ 参见徐复观：《中国艺术精神》，华东师范大学出版社2001年版，第102—103页。

结论:"韵"是魏晋时期人伦鉴识上所用的重要观念。它指的是一个人的"形相"所流露出来的清远、通达、放旷的个性气度之美。这种形神相融的韵表现在绘画上,就是气韵之韵。因此,"韵"与"气"都与人伦品鉴有关,是形神合一的形相之美,与音响("韵"的本义)无关。① 由此可知,"韵"最初的含义与音声有关,指的就是"声韵"。魏晋以后,由于受人物品鉴风气的影响,"韵"主要表示人之形相所呈现出来的精神风貌,亦即"体韵"。此时,"韵"的本义继续使用。刘勰说:"是以声画妍蚩,寄在吟咏;〔吟咏〕滋味,流于〔字〕句,气力穷于和韵。异音想从谓之和,同声相应谓之韵。韵气一定,则馀声易遭;和体抑扬,故遗响难契。属笔易巧,选和至难;缀文难精,而作韵甚易。"(《文心雕龙·声律》)这里所说的"韵"就是押韵,"和"是不同声调的配合,即平仄搭配。刘勰的时代,还没有解决平仄的问题,所以说"选和至难"。与刘勰同时代的南齐画家谢赫首次以"韵"论画,《古画品录》中提出著名的"六法",其中第一法即"气韵生动"。自兹以还,论画者无不视此为绘画之圭臬。此后,"韵"在时间艺术(音乐、文学)与空间艺术(绘画)中同时使用。特别是"气韵",使用频率越来越大,几乎可以与"意境"相匹,成为中国诗学、美学的核心范畴。

二、"形势"的时空意义

考察了"势"的含义及其使用情况,接下来要讨论的是"势"在艺术中的具体表现。如前所述,"势"主要呈现为一种自然的空间格局或形式。因此,空间是"势"得以形成的前提条件。刘勰在谈到文学之"势"时说:"夫情致异区,文变殊术,莫不因情立体,即体成势也。势者,乘利而为制也。如机发矢直,涧曲湍回,自然之趣也。圆者规体,其势也自转;方者矩形,其势也自安:文章体势,如斯而已。"② 刘勰为了纠正当时文坛追新骛奇的"讹"势,将文势的形成与自然事物固有的空间属性关联起来,弩机、溪

---

① 参见徐复观:《中国艺术精神》,华东师范大学出版社2001年版,第106页。
② 范文澜:《文心雕龙注》,人民文学出版社1958年版,第529—530页。

涧、圆体、方形各有其自然的空间形制，所形成的"势"也各不相同，这是自然而然的事情。文章的体势也是如此，作者的情感思致决定文章的体制（体裁），这种体制会形成特定的文势。先有"体"，后有"势"。黄侃《文心雕龙札记》释曰："势不自成，随体而成也。""体"即"形"，由"形"产生"势"，是谓"形势"。刘勰总结说："形生势成，始末相承。"（《文心雕龙·定势》）形体一旦产生，体势就会自然形成，这两者自始至终密切相关。

从逻辑上说，任何空间形体都会产生"势"，比如，安稳平坦也是一种"势"。但在说到某一具体领域中的"势"的时候，往往多倾向于动态的、富于变化的"趋势"。比如历史发展大势、军事斗争的阵势、书法的体势笔势、绘画的山川走势等。"势"的动态性与变化性就是其时间性的具体呈现。杨国荣认为，"势"作为历史发展的趋向，包含时间之维。一方面，"势"总是在一定的时间绵延中展开，它既源自过去的事态、生成于当下情境，又关乎事物的后继发展。另一方面，"势"本身即表现为一种具有时间意义的发展趋向，在时间关联与时间演化的背后，是事物的既成形态与其未来发展趋向之间的关系。① 不仅是历史领域，艺术领域的"势"也具有鲜明的时间性，但二者的时间性状并不相同。前者是历时性的历史轨迹，后者则是共时性的艺术形式。相较而言，"势"的空间性比时间性更具有优先性，本节主要讨论书法、绘画、文学等门类艺术中的"势"，特别是在书画中，形式尤为关键，为表述上的方便，我们直接冠之以"形势"。即言之，这里的形势不是通常所说的情形、趋势，而是某种特定的"形"之"势"。

"势"进入艺术，始于书法。汉代萧何率先以兵法论书势："夫书势法犹若登阵，变通并在腕前，文武遗于笔下，出没须有倚伏，开阖藉于阴阳。每欲书字，谕如下营，稳思审之，方可下笔。且笔者心也，墨者守也，书者意也。依此行之，自然妙矣。"《佩文斋书画谱·汉萧何论书势》此后，以兵法论书者不乏其人。具体来说，书势主要包含两个方面：一是各种书体的体势；二是用笔结字的笔势。前者如西晋卫恒《四体书势》所收录前人的《篆势》

---

① 杨国荣：《说"势"》，《文史哲》2012年第4期。

(蔡邕)、《隶势》(蔡邕)、《草势》(崔瑗),以及他自己所撰的《字势》。此后有东晋王珉的《行书状》、刘宋鲍照的《飞白书势铭》、梁武帝萧衍的《草书状》、唐代李阳冰的《上采访李大夫论古篆书》、元代吴澄的《论篆书》、明代宋濂的《论隶书》以及李贽的《论古隶今隶》等,可谓代不乏人。① 后者是在具体的书写过程中呈现出来的富于动感的空间形式,主要包括笔法运用以及间架安排。比如中锋、侧锋、藏锋、露锋、提笔、按笔、转笔、折笔等,以及"永"字八法,欧阳询的结字三十六法等,都涉及"势"的问题。孙立认为,"势"进入书画等艺术领域,起初是取"势"之样式、格式之义作为书论著作的书名,而"势"所包含的"力"及后起的变动、趋势等语义,因为适合表现书画之笔触、笔势变化及形态布局等,而被书画理论家逐步采用,成为一个使用广泛且特别契合中国艺术传统的理论范畴。② 接下来重点谈谈书法中的第二种"势"。

  从本体论意义上说,书法是书写的行为活动及其结果,而"势"就产生于书写的过程之中。历代书论中均非常强调书法取象于天地,实际上也是要将自然之"形势"化约为具体的线条形式,呈现于作品的符号时空之中。实际上,书写是一个阴阳化合的过程。毛笔虽软,却可以产生刚柔相济的力道,蘸上墨之后,毛笔的力道通过墨进入到宣纸中,墨代表阳;宣纸承接和氤化着笔墨,代表阴。笔是墨(阳)和宣纸(阴)的沟通者,是一个不可缺少的媒介。在书法中,墨(阳)、宣纸(阴)和笔(媒介)都是变数,三者之间的遇合,其变化之机无可限量。但是书法之"势"不仅仅体现于空间性的形迹,更重要的是它生成于书写活动的时间绵延中;也即是说,书法是一种时间性的运动,它展现了空间在时间流程中的变化。事实上,真正的艺术是不可能事先预设的。如果取消书法的时间性,书法只不过是某种既定形式框架的迹化罢了。明代书论家汤临初说:"作字之法,非字之本旨,字有自然之形,笔有自然之势。顺笔之势,则字形成;尽笔之势,则字法妙。不假安排,目前

---

① 参见涂光社:《因动成势》,百花洲文艺出版社2001年版,第71页。
② 孙立:《释"势"——一个经典范畴的形成》,《北京大学学报》2011年第6期。

皆具化工也。"①字形笔势本乎自然,顺势尽势,不假安排,则可臻达化境。所谓"不假安排",并非不要安排,而是不能完全依仗安排,如此"势"就变成了僵死的东西。王铎说得更为辩证:"盖字必先有成局于胸中,剪裁预有古法,岂独略于左而详于右乎!至临写之时,神气挥洒而出,不主故常,无一定法,乃极势耳。"②古法存于胸中,但不能成为束缚手脚的缧绁;挥运之时,与法若即若离,似有还无,如此则生气灌注,风神洒落。这种情形下所产生的"势"神妙自然,登峰造极。

绘画尤其是山水画中的"势"主要来自空间布局。古人论画,多言"气势",并与"气韵"关联起来。为了研究的方便,绘画中的"势"在气韵部分一并论述。下面再谈文学中的"势"。

如前文所述,在刘勰看来,文学中"势"是特定的文学体制所产生的创作风格。刘勰以自然空间形体做比喻,对文势进行界定,这种思路显然受到了《孙子兵法》的启发,甚至在话语表述上也有相承袭的痕迹,可略作比较:《孙子·势》云:"激水之疾,至于漂石者,势也;鸷鸟之疾,至于毁折者,节也。是故善战者,其势险,其节短,势如彍弩,节如发机。"《文心雕龙·定势》谓:"机发矢直,涧曲湍回,自然之趣也。""激水不漪,槁木无阴,自然之势也。"《孙子·势》:"任势者,其战人也,如转木石,木石之性,安则静,危则动,方则止,圆则行。故善战人之势,如转圆石于千仞之山者,势也。"《文心雕龙·定势》也有类似的话:"圆者规体,其势也自转;方者矩形,其势也自安。文章体势,如斯而已。"

童庆炳先生总结评述了学界对刘勰《定势》篇中"势"的五种理解,包括"法度""标准"说、"体态"说、"表现形式"说、"风格倾向"说和"文体风格"说,并认为"文体风格"说的思路大体正确,但提法不够确切。他认为,刘勰所说的"势"是语势(语体之势),也就是语体。所谓语体,是作品实际的秩序和体式,即语言的长短、声韵的高低和排列的模式等。它构成了

---

① (明)汤临初:《书指》,转引自刘小晴:《中国书学技法评注》,上海书画出版社2002年版,第124页。
② (明)王铎:《论书》,转引自刘小晴:《中国书学技法评注》,上海书画出版社2002年版,第125页。

体裁与风格的中介（文体包含由低到高的三个层次：体裁、语体、风格）。语体又分为"体裁语体"和"个人语体"。前者是体裁所规定的规范语体，语言规范明确，模式基本固定。后者是作家依照各自不同的修养、喜好、趣味和艺术追求所形成的语体，呈现出个人的内心生活和创造个性。刘勰《定势》篇所要定的就是"体裁语体"和"个人语体"。这种语体可以看作"准风格"，等到语体完全成熟或发展到极致，才是风格。① 童庆炳先生将文势定位为一种语体，亦即作品中所呈现出来的话语秩序与实际样态，的确切中了问题的关捩。文学属于时间性艺术，文学话语取决于两方面：一是特定的体裁规范，二是个人的内心生活及其个性气质。前者相对固定，后者则充满了变数。因此，刘勰说："循体而成势，随变而立功"（《文心雕龙·定势》），强调作文既要遵循体裁规范，但又不能拘泥，而要适应变化调整语势，才能收到功效。所谓"奇正虽反，必兼解以俱通；刚柔虽殊，必随时而适用。"（《文心雕龙·定势》）奇正、刚柔，虽差别很大，但都可以在适当的时机灵活地加以运用。这恰恰是"势"的时间性的具体彰显。真正将文学之势的时间性引向问题的腹地的是王夫之。他以诗歌为例，从"势"与"意"的关系入手，探求"势"的真正意涵。

王夫之《姜斋诗话》卷二《夕堂永日绪论内编》谓："把定一题、一人、一事、一物，于其上求形模，求比似，求词采，求故实；如钝斧子劈栎柞，皮屑纷霏，何尝动得一丝纹理？以意为主，势次之。势者，意中之神理也。唯谢康乐为能取势，宛转屈伸，以求尽其意，意已尽则止，殆无剩语；夭矫连蜷，烟云缭绕，乃真龙，非画龙也。"② 萧驰认为，王夫之思想中对"势"的强调直接源自其对易学的钻研。③ 因此，这里的"真龙""夭矫连蜷""宛转屈伸"都是为了说明诗歌蓬勃的生命力，这是一种生气灌注且不断展衍的"气脉"，也就是"势"。之所以称之为"神""烟云缭绕"，是为了指明诗歌一旦产生，其生命就自行展开，不再受诗人意志的掌控，同时也是在一种不

---

① 童庆炳：《〈文心雕龙〉"循体成势"说》，《河北学刊》2008年第3期。
② （清）王夫之：《姜斋诗话》，舒芜校点，人民文学出版社1961年版，第146页。
③ 参见萧驰：《抒情传统与中国思想——王夫之诗学发微》，上海古籍出版社2003年版，第95页。

主故常、"不可以方体测"的绵延中动态展开。如此产生的诗，方得"天然之妙"。王夫之认为，诗歌本质在于变化本身，而不是客观的规律。因此，王夫之所谓"势"，主要是从诗的"时间架构"而言的。① 诗之"势"是"意"的时间性绽出，此即王夫之所谓"意中之神理"，它牵引、规导着"意"的走向，使得"意"始终处于开放的状态之中。"意"的开放性、流动性与歧义性是由作者、文本、读者以及各自的关系决定的。文学之"势"存在于这些因素所构成的关系网络之中。正如萧驰所言，诗的生命不在于作者主观的操控，而在于意义"自主地"动态展开及遵循时间而绵延。② 王夫之所说的"诗势"比刘勰的"文势"显得更为空灵难踪，但又似乎无处不在。他所说的"意"也不是与"言"相对应的意旨、意蕴等表层内容，而是统领整个诗作的精神灵魂。所以，他反复强调诗以意为主。《姜斋诗话》卷二《夕堂永日绪论内编》又云："无论诗歌与长行文字，俱以意为主。意犹帅也。无帅之兵，谓之乌合。……烟云泉石，花鸟苔林，金铺锦帐，寓意则灵。"③ 但是，诗之"意"又不可苦思冥想勉强求得，而必须循着"神理"（势）自然凑合："以神理相取，在远近之间，才着手便煞，一放手又飘忽去，如'物在人亡无见期'，捉煞了也。如宋人咏河鲀云：'春洲生荻芽，春岸飞杨花。'饶他有理，终是于河鲀没交涉。'青青河畔草'与'绵绵思远道'，何以相因依，相含吐？神理凑合时，自然恰得。"④ 可见，在王夫之看来，诗"势"并不决定于诗人的主观意图，而是诗人情志与所写人事景物之"理"自然凑合的结果。循着"势"去处理诗歌意象，捕捉诗歌的灵感，无论远近，随手拈来，如探囊取物。文学之"势"的时间性在此展露无遗。

如前文所论，"势"是一个同时含具时间与空间的哲学范畴，诗歌既是时间性艺术，也具有类同于绘画的空间营构功能。这一点，对于把握诗歌的本质非常重要。王夫之在《姜斋诗话》卷二《夕堂永日绪论内编》第四十二

---

① 参见萧驰：《抒情传统与中国思想——王夫之诗学发微》，上海古籍出版社2003年版，第104—118页。
② 参见萧驰：《抒情传统与中国思想——王夫之诗学发微》，上海古籍出版社2003年版，第105页。
③ （清）王夫之：《姜斋诗话》，舒芜校点，人民文学出版社1961年版，第146页。
④ （清）王夫之：《姜斋诗话》，舒芜校点，人民文学出版社1961年版，第149页。

条所论涉及诗势的空间性:"论画者曰:'咫尺有万里之势。'一'势'字宜着眼。若不论势,则缩万里于咫尺,直是《广舆记》前一天下图耳。五言绝句,以此为落想时第一义。唯盛唐人能得其妙,如'君家住何处?妾住在横塘。停船暂借问,或恐是同乡。'墨气所射,四表无穷,无字处皆其意也。李献吉诗:'浩浩长江水,黄州若个边?岸回山一转,船到堞楼前。'固自不失此风味。"[①]李壮鹰认为,这里的所谓"势",是指艺术作品能在欣赏者心中唤起的审美意象。这种审美意象可分为"相中之象"和"相外之象"。前者指作品的物质标示所唤起的相应意象;后者则指作品中有限的表现所引起的无穷遐想,它表现为一种"有"与"无"、"尽"与"不尽"、"空缺"与"有余"之间的矛盾冲突和因此而产生的巨大的艺术张力。[②]无论是"相中之象"还是"相外之象",同属于空间问题。李壮鹰先生最终将"势"归结为一种艺术张力,亦触及"势"的时间维度。问题在于,王夫之将绘画之"势"与诗歌之"势"并举的真正意图是什么?显然,绘画处理的主要是空间问题,而诗歌则是在时间中自然展开。因此,绘画的"势"与诗歌的"势"并不能相互等同,二者之间应是一种比拟关系。也就是说,诗歌也要像绘画在尺幅之内表现万里山川的气脉形势那样,在有限的文字空间里呈现尽可能大的意义空间。诗歌的形制短小(尤其是五言诗),却要给人以无限的遐想,这是诗歌的生命精神之所在,所以对于五言绝句而言,这是"落想时第一义"。如做不到这一点,便不可能写好五言绝句。所谓"墨气四射,四表无穷,无字处皆其意也。"精妙的文字能够放出意义的光芒,照亮语言所有黑暗的角落,所谓"不着一字,尽得风流",开启广阔无尽的意义空间。

三、"气—势—韵":山水气韵的时空构成

南齐画家谢赫在《古画品录》概括了绘画六法,将"气韵生动"排在首位:"虽画有六法,罕能尽赅,而自古及今,各善一节。六法者何?一气韵生

---

① (清)王夫之:《姜斋诗话》,舒芜校点,人民文学出版社1961年版,第161—162页。
② 李壮鹰:《"'势'字宜着眼"》,《文艺理论研究》2004年第1期。

动是也,二骨法用笔是也,三应物象形是也,四随类赋彩是也,五经营位置是也,六传移模写是也"①。这里需要注意几点:第一,在绘画当中,气韵生动至关重要,笔法位置再精巧,如果没有生气流布,也是失败之作;第二,"气韵生动"属于"法"的范畴,亦即艺术形式层面的要素。第三,谢赫是在概括总结人物画的基础上提出此"六法"的,因此,"气韵生动"也与人物画有关。

此后,历代画论家、诗论家莫不视"气韵生动"为价值鹄的,祖述阐扬,各标己见,使之意义歧出,让人难得确解。综合起来,古人对诗画中的"气韵"主要有以下几种理解:

一是从人物的形神论方面理解气韵,显示了人物的精神气度,做到了生动传神,就是有气韵。代表人物是唐代的张彦远,他说:"至于神鬼人物,有生气之可状,须神韵而后全,若气韵不周,空陈形似,笔力未遒,空善赋彩,谓非妙也。"(《历代名画记叙论》)②张彦远的观点与顾恺之所强调的以形写神、传神写照的绘画美学思想是一致的。他又补充说:"至于台阁树石,车舆器物,无生动之可拟,无气韵之可侔,直要位置向背而已。"(《历代名画记叙论》)③可见,谢赫提出的"气韵生动"是在顾恺之"传神"论的基础上对此前人物画艺术的理论总结,直到唐代的张彦远,对气韵的理解也没有超出顾恺之、谢赫等人的苑囿。元代的杨维桢也持此论:"论画之高下者,有传形,有传神。传神者,气韵生动是也。"(《图绘宝鉴·序》)

二是从品格情操的角度来理解气韵。代表人物是宋代画论家郭若虚,其《图画见闻志叙论·论气韵非师》有言:"六法精论,万古不移。然而骨法用笔以下五法可学。如其气韵,必在生知,固不可以巧密得,复不可以岁月到,默契神会,不知然而然也……人品既已高矣,气韵不得不高;气韵既已高

---

① 俞剑华:《中国古代画论类编》,人民美术出版社 2007 年版,第 355 页。钱锺书先生将六法原文重新标点如下:"六法者何?一、气韵,生动是也;二、骨法,用笔是也;三、应物,象形是也;四、随类,赋彩是也;五、经营,位置是也;六、传移,模写是也"。参见《管锥篇》第四册,中华书局 1994 年版,第 1353 页。
② 俞剑华:《中国古代画论类编》,人民美术出版社 2007 年版,第 33 页。
③ 俞剑华:《中国古代画论类编》,人民美术出版社 2007 年版,第 32—33 页。

矣,生动不得不至。所谓神之又神而能精焉。凡画必周气韵,方号世珍。"①郭若虚认为,绘画的气韵是不可学的,它随着画家人品格调的养成而自然流淌于笔墨之间。

三是将气韵看作一种风致。清代画论家龚贤将气韵置于笔法、墨气、丘壑(布局)之上,认为气韵是借由绘画技法所表现出来的风度韵致:"先言笔法,再论墨气,更讲丘壑,气韵不可说,三者得则气韵生矣。笔法要古,墨气要厚,丘壑要稳,气韵要浑。又曰:笔法要健,墨气要活,丘壑要奇,气韵要雅。气韵犹言风致也。"(《柴丈画说·画家四要》)②清代方东树从诗歌鉴赏的角度谈气韵,将"气"与"韵"分开理解:"读古人诗,须观其气韵。气者,气味也;韵者,态度风致也。如对名花,其可爱处,必在形色之外。气韵分雅俗,意象分大小高下,笔势分强弱,而古人妙处十得六七矣。"③

四是认为余味无穷即是"韵"。代表人物是黄庭坚的弟子范温,其在《潜溪诗眼》中说:"凡事既尽其美,必有其韵,韵苟不胜,亦亡其美"。何为韵?其谓:"必也备众善而自韬晦,行于简易闲淡之中,而有深远无穷之味……。测之而益深,究之而益来,其是之谓矣。其次一长有余,亦足以为韵;故巧丽者发之于平淡,奇伟有余者行之于简易,如此之类是也。"④

五是从笔墨技法的角度理解气韵,认为气韵自然生发于绘画的艺术形式。如近代画论家金绍城有言:"气韵云者,当作如何讲?曰:易耳。凡画山水,不外钩皴染擦点诸法。钩皴点,能画者皆知之。惟染擦得法,气韵出焉。轮廓既定,以墨渲染,是气韵发于墨;渲染未足,再以笔擦,是气韵之发于笔者。故气韵全在笔墨之浓淡干润间,何必他求哉?"⑤黄宾虹也有类似的观点:"气韵之生,由于笔墨。用笔用墨,未得其法,则气韵无由呈露。"(《六法感言》)

六是认为气韵源发于天地之气,天地万物无不是气积而成,所以山水画

---

① 俞剑华:《中国古代画论类编》,人民美术出版社2007年版,第59页。
② 俞剑华:《中国古代画论类编》,人民美术出版社2007年版,第790页。
③ (清)方东树:《昭昧詹言》,汪绍楹点校,人民文学出版社1961年版,第29页。
④ 郭绍虞辑:《宋诗话辑佚》卷上,中华书局1980年版,第373页。
⑤ 金绍城:《画学讲义》,于安澜:《画论丛刊》下卷,人民美术出版社1989年版,第725页。

要展现出自然万物本身所固有的天地真气，呈现出生动之势。清唐岱《绘事发微·气韵》云："画山水贵乎气韵，气韵者非云、烟、雾、霭也，是天地间之真气。凡物无气不生，山气从石内发出，以晴明时望山，其苍茫润泽之气，腾腾欲动，故画山水以气韵为先也。"① 清代沈宗骞直接将"气—势"与"气韵生动"关联起来："天下之物本气之所积而成。即如山水，自重岗复岭以至一木一石，无不有生气贯乎其间，是以繁而不乱，少而不枯，合之则统相联属，分之又各自成形。万物不一状，万变不一相，总之统乎气以呈其活动之趣者，是即所谓势也。论六法者首曰气韵生动，盖即指此。"（《芥舟学画编论山水·取势》）②，诚为中的之论。这里的"气韵"更强调生动、生气的重要性，正是发源于天地自然的勃勃生机，才使得山水画臻达真正意义上的"气韵生动"，对于山水画而言，这既是形式，又是理想。

以上六种代表性的观点涉及艺术的主体论、创作论、文本论、接受论、本源论等诸多方面。论者试图从各个维度接近"气韵"，揭示其本质内涵。因为是从不同角度切入的，所以以上所论之间并不矛盾，而且能够相互补充发明，帮助我们全面地理解"气韵"这一范畴。但是，我们在讨论气韵的时候，有必要结合具体的艺术门类详加甄辨论析，如果统而贯之，泛泛而谈，就无法真正触及问题的纵深。如果细论，上述观点主要涉及三类艺术：人物画、山水画、诗歌。气韵之说，本自人物画，所以"传神"应是气韵的关键。传神就是"生动"，显出人物的精神、性情、气度，让人"活"起来。所以，钱锺书将"气韵生动"断句为"气韵，生动是也"是非常有见地的。如果将"传神"论继续移用至山水画，在逻辑上也说得通。董其昌说："读万卷书，行万里路，胸中脱去尘浊，自然丘壑内营，成立鄄鄂，随手写出，皆为山水传神矣。"（《画禅室随笔》）③ 宋代画论家邓椿亦谓："画之为用大矣。盈天地之间者万物，悉皆含毫运思，曲尽其志。而所以能曲尽者止一法耳。一者何也？曰传神而已矣。世徒知人之有神，而不知物之有神。此若虚深鄙众工，谓虽曰

---

① 俞剑华：《中国古代画论类编》，人民美术出版社 2007 年版，第 865 页。
② 俞剑华：《中国古代画论类编》，人民美术出版社 2007 年版，第 912 页。
③ 俞剑华：《中国古代画论类编》，人民美术出版社 2007 年版，第 730 页。

画而非画者，盖止能传其形不能传其神也。故画法以气韵生动为第一。"（《画继·杂说 论远》）① 关键是山水画所传之"神"是什么？又如何传？伍蠡甫先生认为，山水画之"神"，主要表现为山水物貌的自然属性所具有的风神、韵度，画家要通过对其自然属性的状写抒发自己的心理感应与情感体验。② 对此，明代唐志契《绘事微言·山水性情》中说得很具体：

> 凡画山水，最要得山水性情，得其性情：山便得环抱起伏之势，如跳如坐，如俯仰，如挂脚，自然山性即我性，山情即我情，而落笔不生软矣，水便得涛浪潆洄之势，如绮、如云、如奔、如怒，如鬼面，自然水性即我性，水情即我情，而落笔不板呆矣。或问山水何性情之有？不知山性虽止而情态则面面生动，水性虽流而情状则浪浪具形。探讨之久，自有妙过古人者。古人亦不过于真山真水上探讨，若仿旧人，而只取旧本描画，那得一笔似古人乎？岂独山水，虽一草一木亦莫不有性情，若含蕊舒叶，若披枝行干，虽一花而或含笑，或大放，或背面，或将谢，或未谢，俱有生化之意。画写意者，正在此著精神，亦在未举画之先，预有天巧耳。不然则画家六则首云气韵生动，何所得气韵耶？③

不难看出，山水画与人物画的"气韵生动"应是一脉相承的。不同的是，人物画通过形神关系来表现，而山水画则通过山水的形势、情状等山水之"理"来表现。徐复观认为，山水虽然也重视气韵，但对象不同，其内容也自然不一样。在山水画中谈"气"，多以"气势"一词代替气韵之气，主要指画面各部分的相互贯注，形成画面的统一感。而就气韵的整体亦即所传之神来说，山水画的精神聚结于"可游可居"之处，这是山水传神的要点所在。④

综合上述观点，我们可以得出这样的结论：山水画气韵的形成主要有四

---

① 潘运告主编：《图画见闻志·画继》，米田水译注，湖南美术出版社 2000 年版，第 406 页。
② 参见伍蠡甫：《中国画论研究》，北京大学出版社 1983 年版，第 24—25 页。
③ 俞剑华：《中国古代画论类编》，人民美术出版社 2007 年版，第 742 页。
④ 参见徐复观：《中国艺术精神》，华东师范大学出版社 2001 年版，第 109—110 页。

个因素参与其中:"气""势""情""法"。所谓"气"就是天地之真气,这是山水之所以"畅神"的自然之本。"势"根源于"气",同时又通过山水之"形"表现出来。所以,"势"在山水画中占有非常重要的位置。可以说,没有山水之"势",就无法产生山水之"韵","气韵生动"也就成了一句空话。"情"是画家对山水对象的审美感受与体验,没有"情"的灌注,山水之"神"就无法传达。所谓"法",是山水画技法的总称,包括笔法、墨法、布局等方面。清代唐岱说:"气韵由笔墨而生,或取圆浑而雄壮者,或取顺快而流畅者。用笔不痴、不弱是得笔之气也。用墨要浓淡相宜,干湿得当,不滞、不枯,使石上苍润之气欲吐,是得墨之气也。"(《绘事发微·气韵》)①沈宗骞说:"所谓气韵生动者,实赖用墨得法,令光彩晔然也!"(《芥舟学画编论山水·用墨》)②都是从笔墨技法的角度来讨论气韵的。

山水画是一种空间艺术,因此,我们从空间维度讨论"气韵"可能更容易把握问题的实质。在山水画气韵的产生这一问题上,历代画论家持论不一。多数人是从艺术创作的角度来说的。最早将气韵引入绘画的是五代时期的画家荆浩,其《笔法记》云:"气者,心随笔运,取象不惑。韵者,隐迹立形,备仪不俗。"③宋代韩拙也从艺术构思角度谈"气韵":"凡用笔先求气韵,次采体要,然后精思。若形势未备,便用巧密构思,必失其气韵也。"④清代邹一桂则从艺术鉴赏的角度理解气韵,认为气韵不可能在事先进行人为谋划,而是在完成了位置经营、用笔用墨等步骤之后自然产生的审美效果。他说,绘画"当以经营为第一,用笔次之,傅彩又次之,传模应不在画内,而气韵则画成后得之",若是"一举笔便谋气韵,从何着手"?因此,"以气韵为第一者,乃鉴赏家言,非作家法也"⑤。但是,无论是艺术构思,还是艺术鉴赏,都离不开对绘画形式的把握,而"势"就是山水画形式的核心。古代画论中对山水之势的论述非常多,试举几例:

---

① 俞剑华:《中国古代画论类编》,人民美术出版社 2007 年版,第 865 页。
② 俞剑华:《中国古代画论类编》,人民美术出版社 2007 年版,第 877 页。
③ 俞剑华:《中国古代画论类编》,人民美术出版社 2007 年版,第 606 页。
④ 俞剑华:《中国古代画论类编》,人民美术出版社 2007 年版,第 676 页。
⑤ 俞剑华:《中国古代画论类编》,人民美术出版社 2007 年版,第 1175 页。

> 夫言绘画者，竟求容势而已。（王微《叙画》）
>
> 尤工远势古莫比，咫尺应须论万里。（杜甫《戏题王宰山水图歌》）
>
> 笔墨相生之道全在于势，势也者往来顺逆而已。而往来顺逆之间即开合之所寓也。（沈宗骞《芥舟学画编论山水》）
>
> 画山水大幅，务以得势为主。山得势，虽萦纡高下，气脉仍是贯串；林木得势，虽参差向背不同，而各自条畅；石得势，虽奇怪而不失理，即平常亦不为庸；山坡得势，虽交错而自不繁乱。何则？以其理然也。（赵左《文度论画》）

在山水画中，"势"借助笔、墨、布局呈现于作品之中，是有形的。同时，势又在往来顺逆、张弛开阖的过程中展现自身。因此，"势"既有空间性，又带有时间性。势借形而显，是谓"形势"；无动不成势，是谓"动势"。因此，"势"实际上构成了山水画的时空形式，而"气韵"则是"势"所表现出来的审美效果。但"势"不可凭空产生，它源自"气"。有人认为，中国画鉴赏实际上是对气的审美，气的高低决定于是否有韵。"韵"由动而生，由生而动，舍气则无所谓韵与生动。具体而言，一是要渲染云气，使画中"含元气之氤氲"；二是要描绘人物和动物的"生动之状"，使之有一定的动势和速度，产生飞动之意，从而表现"气"的力和美。① 论者将山水画鉴赏直接说成是对"气"的审美，虽有一定的道理，但毕竟有些粗疏笼统。"气"是无形的，对于视觉性艺术而言，要从画面中直接捕捉天地之气，体悟自然生机，显然不是鉴赏之要诀。而且此处的"气"并不局限于山川云气，还包括精神层面的灵气、形式层面的笔墨之气。明代唐志契《绘事微言·气韵生动》谓："气韵生动与烟润不同，世人妄指烟润为生动，殊为可笑。盖气者有笔气，有墨气，有色气；而又有气势，有气度，有气机，此间即谓之韵，而生动处则又非韵之可代矣。生者生生不穷，深远难尽，动者动而不板，活泼迎

---

① 参见赵运虎：《浅谈气韵生动是"法"》，《河南师范大学学报》2010年第1期。

人，要皆可默会而不可名言。"①因此，从"气"到"韵"之间必须以"势"为中介。也就是说，山水画中的气韵最终会呈现为"气—势—韵"的动态结构。"气"主要指天地自然之元气，但在创作过程中，"气"又与艺术主体的性情、气度等方面关联起来，与笔墨结合，转化为笔气、墨气等形式因素。清代画家方薰《山静居画论》云："气韵生动为第一义，然必以气为主，气盛则纵横挥洒，机无滞碍，其间韵自生动矣。"②这里所说的"气"应包含自然、精神、形式三个层面的意义。三个层面的"气"自然冥合，融会贯通，方可形成绘画中可见的"势"。清代沈宗骞对"气"与"势"之间关系的阐释颇为精彩："万物不一状，万变不一相，总之统乎气以呈其活动之趣者，是即所谓势也。论六法者首曰气韵生动，盖即指此。所谓笔势者，言以笔之气势，貌物之体势，方得谓画。"③他又说："山形树态，受天地之生气而成，墨渖笔痕，托心腕之灵气以出，则气之在是亦即势之在是也。气以成势，势以御气，势可见而气不可见，故欲得势必先培养其气。"④这段话包含三个要点：第一，山水画以"势"为核心，有"势"方可"气韵生动"；第二，无形的天地之气与心腕灵气自然合一，通过笔墨活动，产生有形的"势"。第三，欲求气韵必先得势，欲得势必先养气。从沈宗骞的这段话中不难看出，在山水画中，"气""势""韵"三者是一脉相连的，其中"气"是产生"势"与"韵"的总根源，是"气韵生动"的基本前提。张锡坤先生直接将"气"与"气韵"关联起来，认为"气韵"源于"气运"，是气运从哲学到文艺审美的延伸。易学中的阴阳气化宇宙论是其哲学基础，气韵就是艺术作品中气之运化节奏和谐的显现。据张锡坤先生考证，"运"通"韵"，《广雅·释诂四》释"运"曰："转也"。他认为，"运"与"回""环"同源，作动词讲特指周而复始的循旋运动。所谓"气运"实质上是阴阳二气鼓动宇宙万物的节奏和谐，即自然之气韵。⑤这一观点颇有见地，在学界有关"气韵"的众说较为颖异，有一定的

---

① 俞剑华：《中国古代画论类编》，人民美术出版社2007年版，第742—743页。
② 俞剑华：《中国古代画论类编》，人民美术出版社2007年版，第229页。
③ 俞剑华：《中国古代画论类编》，人民美术出版社2007年版，第912页。
④ 俞剑华：《中国古代画论类编》，人民美术出版社2007年版第912—913页。
⑤ 张锡坤：《"气韵"范畴考辨》，《中国社会科学》2000年第2期。

代表性。从哲学认识论的角度上说,"气运"产生"气韵"无疑是中的之论。但从艺术创作论及审美鉴赏论的角度看,该论点就显出其不完善之处。无论是创造者还是鉴赏者,都必须以可见的形体或墨象作为审美的物性依据,继而借此展开丰富的艺术想象,去捕捉体会画作中生机氤氲的气韵与意境。这一物性依据用一个范畴来概括,就是"势"(包括"气势"与"形势")。有学者认为,政治、军事、艺术中的"势"均以周易为哲学基础。在周易哲学中,"势"所表达的能量与运动性的意义,主要通过"力"和"气"表现出来。这两个势发动的材料或来源,是由"势"的空间性和时间性体现出来的。空间的体、位之中的奇正对待关系,形成了结构性的张力;而周流六虚之"气"则具有发动的过程性,"势"又不是一个线性的过程,而是富有节奏感,因而动与未动在几微之处。① 由此可证,在从"气"到"韵"的生发过程中,"势"的作用至关重要,作为一个独特的时空体,它是沟通"气"与"韵"的重要桥梁和载体。

与(形)"势"相比,(气)"韵"则显得更为空灵与精神化。在谢赫的"六法"中,"气韵生动"名为画法之一,实则绘画技法的总纲,具有方法论的意义。明代汪砢玉《六法英华》云:"谢赫论法有六法,而首贵气韵生动。盖骨法用笔,非气韵不灵;应物寓形,非气韵不宣;随类赋彩,非气韵不妙;经营位置,非气韵不真;传模移写,非气韵不化。又前贤论画,有神逸能雅之态,以定品格;有轩冕岩穴之辨,以拔气韵。乃所谓气韵者,即天地间之英华也。"② 也就是说,"气韵"并非绘画的某一个具体环节或操作步骤,而是贯穿绘画全过程的总的指导思想。从这一意义上说,"气韵生动"是画家心目中时时养护且自始至终坚持践行的审美理想。这就要求画家廓清心胸,澡雪精神,与寒暑之往来共屈伸,与天地之运化同开阖,如此方可达"气韵生动"之审美至境。明代李日华《竹嬾论画》云:"点墨落纸,大非细事,必须胸中廓然无一物,然后烟云秀色,与天地生生之气,自然凑泊,笔下幻出奇

---

① 李溪:《诠"势":意义结构与周易哲学》,《学术月刊》2014 年第 12 期。
② 卢辅圣主编:《中国书画全书》第 5 册,上海书画出版社 1993 年版,第 1171 页。

诡。若是营营世念，澡雪未尽，即日对丘壑，日摹妙迹，到头只与髹采圬墁之工争巧拙于毫厘也。"① 但需要指出的是，无论画家如何秉持并践行"气韵生动"的审美理想，如何调整自己的审美心胸，他都无法保证作品一定会出现"气韵生动"的效果。即使出现了，如果鉴赏者无法与之产生审美共鸣，"生动"的效果也会大打折扣。因此，"气韵"的生发是一个自然的过程，是天、人、艺共同参与的结果。同时，"气韵"也需要鉴赏者的二次建构，它是作品中流露出来的那种让人感觉生气灌注、余味无穷、遐想不尽的审美接受效果。②

综上，在中国古典美学中，"形势"与"气韵"是一对非常重要的范畴。由于中国文化的兼容性，"势"与"韵"在不同的文化领域均被广为使用，其含义也发生了相应的迁移。在艺术中，"势"建立在"形"的基础上，"形"的空间性差异是"势"产生的前提。"势"还预示着某种运动的可能性，包含力量、趋向及变化等动态因素，这是"势"的时间性。"势"主要体现在书法、绘画、文学等艺术门类中。在书法中，"势"表现于书体的"体势"以及用笔的"笔势"，具体包括篆、隶、楷、行、草等各种书体所特有的空间性"形势"，以及所有用笔技法中毛笔运动所产生的时间性"动势"。在文学中，"势"主要表现为"语势"，亦即在文学实践中逐渐形成的话语秩序，语势的成熟形态就是风格。但在王夫之的理解中，"势"是规导诗意走向的"神理"，"势"体现了对诗歌语言表现力的无限追求。在绘画尤其是山水画中，"势"表现为山形水势的整体空间布局，也体现在笔墨技法之中。

"韵"的原初含义是声律和谐，自谢赫提出"气韵生动"之后，"韵"也由音乐领域转向绘画领域。在人物画中，"气韵"是指人物的骨气与韵致，所谓"气韵生动"，就是要"传神写照"。山水画中的气韵却与"气"与"势"密切相关。天地之真气与人的灵气自然合一，借助笔墨，呈现为山水

---

① 俞剑华：《中国古代画论类编》，人民美术出版社2007年版，第131页。
② 胡家祥从艺术风格学的角度讨论过气韵。他认为，从描写对象着眼当先求气韵，从作品风貌看是后来得之；气与韵联系着天地间的阴阳、性情中的刚柔和媒介中的笔墨诸层次，二者的此消彼长决定着艺术风格的形态嬗变。气韵之于艺术风格学，犹如乾坤之于易道。详见胡家祥：《气韵：艺术风格学研究的突破口》，《文艺研究》2009年第9期。

的"形—势",山水的性状与人的情感水乳交融,写出山水的"神理",整个画面呈现出生气氤氲、天机烂漫的审美效果,是谓"气韵生动"。在山水画中,"气—势—韵"是气韵赖以生成的动态时空结构。在文学尤其是诗歌中,"韵"表现为意义的余味无穷,这与诗"势"所提出的审美要求是一致的。

"形势"与"气韵"虽然与艺术创作及鉴赏的诸多环节相关,但主要表现为艺术作品所呈现出来的审美特性或效果,因此应归属于文本学的范畴。从时空美学的角度来看,"形势"与"气韵"属于形式时空的层面,其对艺术意境来说至关重要,在书法、绘画、诗歌等艺术中,意境能否成功营造,就看文本是否表现了独特的"形势",生发出气韵生动、韵味无穷的审美效果。从这个意义上说,"形势"与"气韵"可以看作意境产生的审美信号。

第三节 意象与境界

在中国艺术意境的发展历程中,"意象"是一个非常重要的过渡性概念,没有它,"意境"这一范畴是不可能成熟起来的。有学者认为,意象作为中国古典美学中的重要概念,是由游心、物感、赋比兴到意境范畴的一个必不可少的中介环节。它保留了物感说中的心物关系,又高度概括了艺术创造中具象与抽象这一基本矛盾。[1] 这一观点阐明了意象在意境生成过程中所起的重要作用,不无启发意义。顾祖钊先生考察了中国古代意象说的发展历程,认为中国古代意象经历了"表意之象""内心意象""泛化意象"三个阶段。其中,"表意之象"是意象的古义,先秦至汉均保持这种意义。自刘勰以后,意象转为艺术思维(神思)中的一个概念,即艺术表达前的"内心意象",并影响到后世对意象的理解。宋以后,意象的古义丧失殆尽,含义歧出,运用也颇为模糊,多与艺术形象等同。[2] 顾祖钊先生在意象古义的基础上,提出

---

[1] 薛富兴:《东方神韵——意境论》,人民文学出版社2000年版,第19页。
[2] 参见顾祖钊:《艺术至境论》,百花文艺出版社1992年版,第50—63页。

"至境意象"的概念,所谓"至境意象",也就是达到艺术最高境界品位的意象,是表意之象的高级形态,与典型、意境相并列。①这里所讨论的意象,只是作为意境范畴形成过程中的一个中间环节,与顾祖钊先生所说的"至境意象"不尽相同。这里的意象主要指作者在艺术构思的过程中所形成的"内心意象",以及读者在鉴赏接受的过程中所建构的意象,同时也包括借助文本的语言文字符号所呈现出来的艺术形象。因此,这里的意象是一个比较宽泛的概念。

一、从"象"到"意象"

中国古代的先民在同大自然打交道的过程中萌生了"象"思维,形成了"观象授时""观物取象"的传统。作为一种认识世界的方式,象思维对中国古典哲学、美学、艺术均产生了非常重要的影响。中国古代艺术美学中的象思维与象理论主要有两大理论源头:一是《周易》,二是老庄。前者是以高度抽象的符号学方法去认识纷纭芜杂的世界,试图以"象"(卦象)的方式把握世界的内在规律,是先秦儒家实践理性的具体体现。后者则以"涤除玄鉴"的观照方式,超越有限的形迹之象,追求无形之大象,以体证天地之大道,臻达自由逍遥之境。从对待"象"的方式来说,儒道是相对立的,儒家的象思维是一种理性思维;道家则带有非理性以及神秘性的色彩。但从各自的根本目的来说,两者可谓殊途同归。说到底,儒道两家都是为了从根本上认识世界,掌握天道。"古者包牺氏之王天下也,仰则观象于天,俯则观法于地,观鸟兽之文,与地之宜,近取诸身,远取诸物,于是始作八卦,以通神明之德,以类万物之情。"②"仰观俯察"、远取近取是先民打量世界的最原初的方式,也是象思维的展开方式。毫无疑问,这种象思维具有非常鲜明的空间性。先民通过对上下左右的天文、地理、外物、人身等周遭事物的空间性把握,获取外界事物的基本空间形式,亦即"象"。再由最切近的"象"出发,

---

① 顾祖钊:《艺术至境论》,百花文艺出版社1992年版,第78页。
② 《周易正义》,李学勤主编:《十三经注疏》,第298页。

展开类比与联想,把握诸种事物之间的空间关系。"圣人有以见天下之赜,而拟诸其形容,象其物宜,是故谓之象。"①所谓"赜",就是深奥的道理。圣人通过"象"将万事万物的形体状貌、性质规律呈现出来,借以显现天下之至理。"是故易者,象也。象也者,像也。"②"八卦成列,象在其中矣。"③"象"为"像"的假借字,段玉裁《说文解字注》谓:"《周易》系辞曰,象也者,像也。此谓古《周易》象字即像字之假借。韩非曰,人希见生象,而案其图以想其生。故诸人之所以意想者皆谓之象。"④所以,从某个意义上说,"象"也可以看作一种建立在空间性类比基础上的联想、想象活动。《周易》的这种象思维对后世文学、书法、绘画产生了极为深远的影响,尤其在书画领域,"观象悟书"、追求主次高卑的空间秩序始终是书、画传统最为重要的艺术审美经验,历代的书论画论中均有不少有关"象"的论述。

需要进一步阐明的是,在先秦语境中,"象"是在言意的矛盾关系中出场的。"子曰:'书不尽言,言不尽意'。然则圣人之意,其不可见乎?子曰:'圣人立象以尽意,设卦以尽情伪,系辞焉以尽其言'。"(《周易·系辞上》)正因为语言与意义都具有时间性,符号的能指与所指飘忽不定,二者之间无法进行有效的对接,所以当两者出现不可调和的矛盾的时候,就有必要引入空间性的"象",作为沟通"言"与"意"的中介。在"言—象—意"的时空链条中,象的作用至关重要。王弼的解释很好地说明了这一点:"夫象者,出意者也,言者,明象者也。尽意莫若象;尽象莫若言。言生于象,故可寻言以观象;象生于意,故可寻象以观意。意以象尽,象以言著,故言者所以明象,得象而忘言;象者所以存意,得意而忘象。"(《周易略例·明象》)王弼这段话是围绕"卦象""卦辞""圣人之意"三个方面的关系展开阐发的。在这三者中,"象"在时间上具有优先性,"言"在后,用于解释"象"。立象的目的在于"尽意",所以,"意"才是全部问题的核心。魏晋时期的言意

---

① 《周易正义》,李学勤主编:《十三经注疏》,第274—275页。
② 《周易正义》,李学勤主编:《十三经注疏》,第303页。
③ 《周易正义》,李学勤主编:《十三经注疏》,第294页。
④ (清)段玉裁:《说文解字注》,上海古籍出版社1988年版,第459页。

之辩就是要解决如何传达"意"的问题。在诗学语境中,"意"的内涵非常丰富,小而言之,意是作者的抱负、志向、情感、性情等;大而言之,它是作者借藉文本所表达的历史之思、宇宙大道。中国诗学经历了"言志""缘情"两大阶段之后,"志""情"逐渐融合为更为宽泛的"意",与"言志""缘情"诗学相对应的"赋比兴""物感"等内容逐渐让位于"意象"说。"象"从言意关系中凸显出来,与"意"相结合,成为"意象"。刘勰《文心雕龙·神思》谓:"陶钧文思,贵在虚静,疏瀹五脏,澡雪精神,积学以储宝,酌理以富才,研阅以穷照,驯致以怿辞,然后使玄解之宰,寻声律而定墨;独照之匠,窥意象而运斤。此盖驭文之首术,谋篇之大端。"刘勰是第一次在文艺创作的层面使用"意象",指的是作家在创作构思的过程中,对外界物象灌注情感,并加以处理之后所得到的意中之象。在刘勰的表述中,"意象"是与"声律"相对应的,属于创作构思的对象。《文心雕龙·神思》谓:"神用象通,情变所孕。物以貌求,心以理应。"外界的物象以其形貌打动作家,作家的情感与思理受到感发,产生一定的回应。这些物象在情理的驱使下相互贯通,影响着作家的主体精神。"意象"是"神与物游"的结果,是对物象的情理化处理。"夫神思方运,万涂竞萌,规矩虚位,刻镂无形。登山则情满于山,观海则意溢于海。"(《文心雕龙·神思》)在文思展开的过程中,各种意念纷至沓来,文章的内容与形象要在这种无形的文思中逐渐形成。所以,一想到登山,满山的风景便在情感的世界里显现;一想到观海,海上的景色同样要在情感灌注中浮现出来。所以,这里的意象已经不是原来眼前所见到的原始物象了,而是经过作家想象、联想,浸透了作家情感的文学形象。从时空的角度言,它已经摆脱了自然时空(物象)的限制,进入到心理时空的层面了。当作家用恰当的文辞将这个意象表达出来,呈现在语言文本中,它就从心理时空转化为形式时空。从文本学的角度来说,"意象"是一个非常关键的环节。就文学作品而言,最终呈现出来的,是语言文字符号。也就是说,文本的终极形态是语言。这是我们进入文本的唯一通道,也是我们打开文本意义的关键锁钥。这些文字符号本身就具有意义,也能唤起心理表象,我们称之为"语象",它是构成文本的基本素材。意象的形成离不开"语象","意象是经作者情感和意识加工的由一个或多个语象组成、具有某种意义自足性的语象结构"[1]，是构成文学文本的重要组成部分，而"意境是一个完整自足的呼唤性的本文"[2]。从这里，我们不难发现意象与意境的空间性关系。作为一个"规矩虚位，刻镂无形"且充满了作家情愫的语象结构，它的意蕴非常丰富，同样需要读者进行"填空"，加以完善。可见，"意象"已然构成了意境的前身，是意境形成的必不可少的一环。

刘勰之后，意象在文学艺术领域得到广泛的运用，可略举数例：

  探彼意象，如此规模。（张怀瓘《文字论》）
  久用精思，未契意象。（王昌龄《诗格》）
  意象欲出，造化已奇。（司空图《诗品·缜密》）
  集中登临诸作，无不名句纷披，而意象各别。（苏轼《与客游道场何山得乌字》）
  自东坡出，情性之外，不知有文字，真有"一洗万古凡马空"意象。（元好问《遗山文集·新轩乐府序》）
  卢骆王杨，号称四杰，词旨华靡，固沿陈隋之遗，翩翩意象，老境超然胜之。（王世贞《艺苑卮言》）
  古诗之妙，专求意象。（胡应麟《诗薮·内编》）
  意象霏微，不于名言取似。（王夫之《唐诗评选》）
  意象笔势文法极奇。（方东树《昭昧詹言》）

以上各例对"意象"的使用并不完全相同，有的是从艺术创作的角度言，有的是从艺术鉴赏的角度来说的。有的"意象"是内心联想虚构之象，有的则类于意境。由此也可证"意象"范畴在中国古典美学中的重要位置。

---

[1] 蒋寅：《物象·语象·意象·意境》，《文学评论》2002年第3期。
[2] 蒋寅：《物象·语象·意象·意境》，《文学评论》2002年第3期。

二、无形"大象"与"象外之象"

从"象"到"意象",这是中国古代文艺实践不断丰富发展的结果。在这个过程中,《周易》的象思维与象理论起到了重要的作用。但对于"意境"而言,"意象"还只是一个准备性的阶段。尽管在刘勰的表述中,意象已然呈现出想象、填空的审美接受特征,但这只是理论家的一种理论预期,在刘勰的时代,尚不具备直接讨论意境的文艺实践经验储备。只有到唐以后,在诗歌、书画、音乐、舞蹈等各类艺术充分发展以后,对意象才有超出象外的进一步要求。而这种"象外之象"的理论渊源来自老庄。

老庄的象思维与《周易》不同,后者以"卦象"的形式直接呈现其空间性,前者却要排除这种具体的形迹,从"恍兮惚兮"的浑沌状态中触摸其时间性。《老子·十四章》云:"视之而弗见,名之曰微。听之而弗闻,名之曰希。捪之而弗得,名之曰夷。三者不可致诘,故混而为一。一者,其上不皦,其下不忽,绳绳呵不可名也,复归于无物。是谓无状之状,无物之象,是谓惚恍。随而不见其后,迎而不见其首。执今之道,以御今之有,以知古始。是谓道纪。"这种"无物之象"所描述的,就是"道"。道中包含了"物",有"象"在其中,可见道不是绝对的虚空。但这里的"象"并不具有可视性,它超越了一切感官,只有体道之心才可以捕捉得到。"孔德之容,唯道是从。道之为物,惟恍惟惚。惚兮恍兮,其中有象,恍兮惚兮,其中有物。窈兮冥兮,其中有精,其精甚真,其中有信。"(《老子·二十一章》)"无物之象",是谓"大象","大音希声,大象无形"(《老子·四十一章》)。"执大象,天下往"(《老子·三十五章》),能够掌握这种大象,就可以洞见天地宇宙之大道,所以无往而不胜。老子的象思维与象理论直接影响了庄子,庄子以"心斋"的方式排除了认知世界的视听方式,《庄子·人间世》:"回曰:'敢问心斋。'仲尼曰:'若一志,无听之以耳而听之以心,无听之以心而听之以气!耳止于听,心止于符。气也者,虚而待物者也。唯道集虚。虚者,心斋也。'"这种认知方式建立在气化论的基础上,带有鲜明的时间性,是对空间性认知方式的否弃。庄子以"象罔"这一寓言故事体现了其对"象"的理解。《庄子·天地》:"黄帝游乎赤水之北,登乎昆仑之丘而南望,还归,遗其玄珠。使知索之而不得,使离朱索之而不得,使喫诟索之而不得也,乃使象罔,象罔得之。黄帝曰:'异哉!象罔乃可以得之乎?'"要想获取道(玄珠),不能依靠智力(知)、视觉(离朱)、听觉及言语辩论(喫诟),因为这些方式都执着于有形的象本身,是一种现成性思维。"象罔"可得道,因为其抛开了这种可见的空间性桎梏,去触摸大道的时间性脉动。所谓"罔",就是无、没有之意。"象"而且"罔",就是"无象",但"无象"不是完全不要"象",而是超越具体的有形之象。这一点甚为重要。老庄的象思维与象理论直接开启了后世文艺美学中有关"象外"的诸种思考,对意境范畴的生成产生了非常重要的作用。

最早将"象外"说引入文学艺术领域的是南齐的谢赫,其《古画品录》谓:"风范气候,极妙参神,但取精灵,遗其骨法。若拘以体物,则未见精粹,若取象外,方厌膏腴,可谓微妙也。"[①] 这是谢赫评论西晋画家张墨绘画时的评语,张墨与荀勖同为卫协弟子,谢赫将他与荀勖并列为第一品。谢赫评论其画作尤其重神,不拘泥于绘画技法。认为如果过多地拘泥于外在物象形体,则无法发现画作的精华。如果超越于绘画象状之外,则会发现更为丰富的情韵。谢赫是针对绘画这一造型艺术来说的,绘画中的"物象"赫然目前。谢赫论画从神采着眼,要求观者摆脱画作表层空间关系的束缚,追寻象外之微旨,这与魏晋"畅神"的审美主潮是一致的。而真正发挥"象外"理论,要等到中唐以后。此时,诗歌创作积累了非常丰富的经验,人们对诗歌审美理想的要求也越来越高。唐代诗僧皎然提出"采奇于象外",其《诗评》云:"或曰:诗不要苦思,苦思则丧于天真,此甚不然。固须绎虑于险中,采奇于象外,状飞动之句,写冥奥之思"[②]。皎然不赞成一味追求自然天真的做法,认为好诗与苦思关系密切。只不过要将自己的诗思触角延伸到奇险冥奥之中,超越常见的意象,探寻意象之外之上的妙境,此所谓"采奇于象外"。因此,他对"境""象"关系的理解也深有意味:

---

① 卢辅圣主编:《中国书画全书》第1册,上海书画出版社1993年版,第1页。
② (唐)皎然:《诗议》《评论》,李壮鹰:《诗式校注》附录二,人民文学出版社2003年版,第376页。

> 夫境象不一，虚实难明，有可睹而不可取，景也；可闻而不可见，风也；虽系乎我形，而妙用无体，心也；义贯众象而无定质，色也。凡此等，可以对虚，亦可以对实。①

皎然援佛学入诗论，认为心虽寄于形体，却妙用无方；外界现象（色）虽可以被感官所摄取，却虚幻不定，没有自性。因此，这些"境象"都是"虚实"不定的。刘禹锡将"境"与"象"分开处理，提出"境生于象外"，明确了二者的关系："片言可以明百意，坐驰可以役万里，工于诗者能之；……诗者其文章之蕴邪？义得而言丧，故微而难能，境生于象外，故精而寡和。千里之缪，不容秋毫。非有的然之姿，可使户晓。必俟知者，然后鼓行于时"②。此后，晚唐司空图将这一命题作了进一步发挥："戴容州云：'诗家之景，如蓝田日暖，良玉生烟，可望而不可置于眉睫之前也'。象外之象，景外之景，岂容易可谈哉？"（《与极浦书》）用"象外"来规范"境"，方触及意境最为根本的问题。在这一点上，皎然、刘禹锡、司空图等人居功甚伟。有的观点认为，"意境"一词应释为"意之境"，即"意"所达到的"境界"，而不是"意"与"境"的叠加。这一说法着眼于读者对诗文精神意蕴的无限开拓，也是从有限追求无限，自然有其道理。另一种观点认为"意境"及"意"与"境"（情、景）交融所产生的想象空间，也是没有问题的。但笔者认为，不应将"意境"拆开来理解，倒不如用一个"境"或"境界"来概括，反而更清楚了。"境"生于"象外"，此处的"象"与诗文中的"景"紧密相联，是作者、读者经由语言文字所获得的对自然、社会之"景"的想象与联想，是现象学所说的"意向性关联物"。"境"要从这个"意向性关联物"出发，生发出更为丰富、幽远的"关联物"，甚至是各种关联物组合而成的"意向性关联域"。这种关联域显然不是单纯的"意"或"景"（狭义的"境"）所能涵盖。它就像石子投向水中，水面会形成一圈圈的涟漪一样，或

---

① （唐）皎然：《诗议》《评论》，李壮鹰：《诗式校注》附录二，人民文学出版社2003年版，第374页。
② （唐）刘禹锡：《刘禹锡全集》，瞿蜕园校点，上海古籍出版社1999年版，第135页。

如大山中的回声，逐层向远处推进。所以，"境"的特征是"远"，"生气远出，妙造自然"，"大曰逝，逝曰远"，只有"远"才有可能通向无限的大道。如果将"境"仅仅定为"意"，则可能会陷入语言或思维的网罟之中。比如，刘禹锡曾举南朝梁代王籍《入若耶溪》诗中"蝉鸣林逾静，鸟鸣山更幽"为例，说明"境生于象外"。其《董氏武陵集纪》有言："境生于象外，故精而寡和……自建安距永明已还，词人比肩，唱和相发。有以朔风飘零而高视天下，蝉噪鸟鸣蔚在史策，国朝因之，粲然复兴。"①该诗表面写诗人泛舟若耶溪所见幽静山景，但却流露出诗人仕途塞碍，意欲归隐的深层意旨。到这时，无论是诗人还是读者，在心中浮现的均不只是这种归隐的思想意图，而是由眼前景所触发的种种可能的景象，比如诗人辞官归来，筑室溪边，闲来临风把盏，耳畔鸟声叽喳，等等。这只是最切近、浅层次的联想，还有各种不同角度的想象生发，会使得诗境如水中涟漪，越来越远。这实际上就是一个可以被开启的无限时空。意境最后落实到"境"而不是"意"，所谓"境生象外"，得到的是"象外之象""味外之味"。"象外"只能获得"象"，"味外"只能获得"味"，而不是由语言文字所生发的"意"。当然，并非说完全没有意，而是意已然融于境中，与境相契合了，就如同盐溶于水中。宋代严羽《沧浪诗话·诗辨》云："所谓不涉理路，不落言筌者，上也。诗者，吟咏情性也。盛唐诸人惟在兴趣，羚羊挂角，无迹可求，故其妙处透彻玲珑，不可凑泊，如空中之音，相中之色，水中之月，镜中之象；言有尽而意无穷。"②

从皎然的"象外""境象"到刘禹锡的"境生于象外"，再到司空图的"象外之象""景外之景"，我们能发现唐人关于象外理论逐步推进的轨迹。尽管三者都是在论析诗歌，且在表述时都明确提到了"象外"，但在立意与旨归上，三者略有差异。皎然提出的"象外"，旨在为诗歌创作提供某种方法上的启示："采奇于象外，状飞动之句，写冥奥之思"。这与谢赫强调从"象外"

---

① （唐）刘禹锡：《刘禹锡全集》，瞿蜕园校点，上海古籍出版社1999年版，第135页。
② 郭绍虞：《沧浪诗话校释》，人民文学出版社1961年版，第26页。

观画同一轨辙。到刘禹锡,已经跳出诗歌创作学的思路,从诗境本体生成的角度讨论象外理论。而司空图则更进一步,不仅强化了"境生于象外"这一诗境本体论命题,而且还从读者鉴赏的角度,将诗境落实到"象外象"之上。由此可见,皎然只是从佛学的角度阐明了"境象"的审美特质,并点明了诗歌创作要着眼于"象外"。而刘禹锡则在境与象的空间性关系方面做出了重要突破,但对境最后落实到何处,没有言明。司空图提出的"象外象""景外景""味外味"非常巧妙,既实且虚,表面上看似乎将境落实到了"象",但实际上仍然是虚的。所谓"外",实际上就是空间的不断开拓,一如"山外青山楼外楼",一重更兼一重,渐次推远。

三、"境界时空"的生成

自 20 世纪末以来,学界有关意境时空问题的探讨渐次丰富,显示了这一研究视角的可行性。其中,以叶朗的观点最具代表性。他认为,刘禹锡所说的"境生于象外"这句话可以看作对于"意境"这个范畴最简明的规定。"境"是对于在时间和空间上有限的"象"的突破。"境"当然也是"象",但它是在时间和空间上都趋向于无限的"象",亦即"象外之象""景外之景"。"境"是"象"和"象"外虚空的统一。只有这种"象外之象"——"境",才能体现那个作为宇宙的本体和生命的"道"("气")。[①]在他看来,意境最关键的是从有限之象追求无限的意蕴,包括人生感、历史感、宇宙感。意象是有限的,而意境则是无限的。所谓"境生象外"(刘禹锡),实际上就是经由有限的、可见的意象(情景)展开对无限时空的开拓。[②]薛富兴也认为,"意境,如果从其艺术品表现形态上看,它就是一个独特的(艺术的,审美的)、广阔的(超越于单个形象的)精神空间"[③]。"以'广阔的空间'言意境,只是就'空间'最平常义而用之,实乃比喻。具体分析,古典艺术意境之所以能

---

① 叶朗:《说意境》,《文艺研究》1998 年第 1 期。
② 叶朗:《说意境》,《文艺研究》1998 年第 1 期。
③ 薛富兴:《东方神韵——意境论》,人民文学出版社 2000 年版,第 117 页。

形成广阔、生气流动之境，就在于，它实际上是一种时空结合体。"① 童庆炳认为，"意境是人的生命力开辟的、寓含人生哲学意味的、情景交融的、具有张力的诗意空间。这种诗意空间是在有读者参与下创造出来的，它是抒情型文学作品的审美理想。'生命力'的活跃是意境的基本美学内容"②。叶朗的观点强调对无限时空的开拓（包括宇宙、历史、人生），薛富兴着重从艺术审美经验的角度探析艺术意境的时空结构，童庆炳有感于前人众说的偏颇，将意境界定为一种包含生命力的诗意空间，事实上也包含了时间维度。

在笔者所见的意境时空研究成果中，上述三类观点颇具有代表性，表明学界对这一问题的认识和理解愈来愈清晰完善。上述观点有一个共同之处，就是将意境看作一个现成的、静态的时空体，而忽视了意境时空的动态生成性。意境既然是一个时空结构，那它就会不可避免地携带着时间性与空间性出场，显示出意境生成的阶段性、过程性。同时也应看到，因为有"象"的制约，意境空间的无限性与有限性之间存在着一种辩证关系，而并非是无条件的绝对无限。意境的这种时间性与空间性最终体现于世界、作者、文本、读者这文艺四要素所构成的艺术整体中，具体来说，体现于自然时空（世界）、心理时空（作者、读者）、形式时空（文本）之间的辩证关系之中。

自先秦至汉时期的文献中逐步出现了"境""界""境界"等表述，均属于地理空间的概念。如："无此疆尔界"（《诗经·周颂·思文》）；"楚使者景鲤在秦，从秦王与魏王遇于境"（《战国策·秦策》）；"宋封疆，谨境界"（西汉刘向《新序·杂事》）；"到长垣之境界，察农野之居民"（东汉班昭《东征赋》）。《说文解字》云："竟，乐曲尽而为竟。"段玉裁注："曲之所止也。引申之凡事之所止，土地之所止皆曰竟。"《说文解字·田部》："界，竟也。"段玉裁注："竟俗作境，今正，乐曲尽而为竟，引申为凡边界之称。界之言介也。介者，画也，画者，介也，象田四界。"综上可知，"境"的本字为"竟"，表示音乐演奏的结束，亦即一段时间的尽头。由时间的尽头引申为空

---

① 薛富兴：《东方神韵——意境论》，人民文学出版社2000年版，第148页。
② 童庆炳：《"意境"说六种及其申说》，《东疆学刊》2002年第3期。

间（土地、疆域）的尽头、边界。由此可见，"境"本身包含了时间与空间两个方面的含义。"界"与"竟"同义，表示"田"的四围边界，突出其空间意义。因此，从词源学的意义上说，"境"与"境界"是同义的，是一个包含了时间空间在内的统一体。实际上，在中国古代诗学、美学中，多用"境"、"境界"来指代"意境"，很少直接用"意境"来进行表述，王昌龄《诗格》中所说的"意境"是相对于"物境""情境"而言的"意境"，与现代通行的"意境"范畴不完全相同。从时空角度来说，"境界"一词最具代表性，我们可以用"境界时空"[①]来指代意境中的时空。

前文已述，"意境"是中国古典美学所追求的最高审美理想，因此，"意境"的时空即"境界时空"是中国古代审美时空的最高形态。具体来说，"境界时空"的生成主要有赖于三个方面："自然时空""心理时空""形式时空"。结合艾布拉姆斯的文艺四要素，可以更好地理解这个问题。艾布拉姆斯认为，文学艺术包含四个方面的构成要素：世界、作者、文本、读者。这四个要素共同构成了一个完整的艺术整体，四者缺一不可。作为中国抒情传统中最高审美理想的意境，不是一蹴而就的，而是有一个漫长的生成过程，这个过程自然也不能离开这四个要素。艺术家要创作一件艺术作品，首先要面对自然宇宙、社会人生，亦即"世界"，对应于"自然时空"。前述"物感"诗学，其实就是要处理心与物（物象的变迁）的关系。人与自然共处于一个世界之中，寒暑往来、四季变幻以及由此所带来的自然物象的转换必然会触发人们的内心情感。没有哪一类艺术能够绕过自然时空（山水风物）对艺术家主体的影响。文学、书法、绘画、音乐、舞蹈、园林等，都以不同的形式与自然时空维系着不同程度的关联。在自然时空的触发下，艺术家主体展开丰富的想象与联想，对艺术意象进行创构，这就是刘勰所说的"神思"。在艺术构思过程中，自然时空的逻辑被打破，转化为包含了艺术家生命情感的心理时空。

---

① 从字面意义上说，"境界时空"的说法是同义反复，因为"境"就是时空。但是，该称谓包含了极为高妙的审美追求，是中国古典审美理想与传统价值观的集中体现。"境界"作为名词，也可以作为修饰语使用。"境界"只分有无，不分高低。因为，说某人某事达到一定的"境界"，实际上就是从很高的标准和审美尺度去评价它。我们不会说某人某事境界很低，只说有境界或达到很高境界。用"境界时空"就是要指明意境的本质内涵与价值高度。

这一阶段至关重要，它体现了一个艺术家的心灵所能达到的广度和高度，在"神与物游"的过程中，"精骛八极，心游万仞"。同样，读者在审美鉴赏的时候，也会随着文本的提示，跟随作者展开一次奇幻的时空之旅。但其前提是，作者已经将这种美妙的心理时空以一种恰当的方式呈现在文本之中。因此，艺术家最为重要的事情，还不是感知自然时空，调动心理时空，而是创造形式时空。所谓形式时空，就是艺术家凭借特定的语言符号媒介（比如文学通过文字，书画通过线条，音乐通过音符旋律，舞蹈通过形体动作，园林通过山石花木等），按照特定的审美形式规律，比如中和平衡、动静相谐、虚实相生等，营构出一个与自然时空、心理时空密切关联同时又独立自足的形式整体。这个形式之所以美，主要来自两方面，一是自然时空为艺术家提供了一切形式美的源泉，比如艺术中的节奏感，其最终根源来于自然；二是艺术家生命情感的注入，心灵胜境的洞开。张璪所谓"外师造化，中得心源"，强调的就是"形式时空"的这两个来源。关于这方面，宗白华先生也有独到的理解。他曾经对意境作过界定："什么是意境？……以宇宙人生的具体为对象，赏玩它的色相、秩序、节奏、和谐，借以窥见自我的最深心灵的反映；化实景为虚境，创形象为象征，使人类最高的心灵具体化、肉身化，这就是'艺术境界'。艺术境界主于美。"[①] 这段话是宗白华先生有关意境的最重要的论断。由于宗先生不是围绕某一艺术单纯地谈意境（比如诗歌中的诗境），而是站在艺术哲学的高度，对意境这一中国古典美学中的最高审美形态进行界说的，因此具有高度的概括性与很强的说服力。在宗白华看来，艺术意境涉及三个方面的因素：一是自然宇宙，二是生命情感，三是艺术形式。如果从时空的角度来阐发，可分别对应于自然时空、心理时空、形式时空。尽管宗白华的这段话没有明确提到时空，但结合他的学殖背景与美学旨趣，不难发现这种阐发是完全合理的。宗白华受其导师——德国当代美学家德索的影响，按时空角度划分不同艺术，并从时空维度对中国古典艺术展开了独到且深入的研究，包括诗歌、书法、绘画、音乐、舞蹈、园林等。在他看来，不同的艺术

---

① 宗白华：《艺境》，北京大学出版社1987年版，第151页。

由于时空形式不尽相同，所以营造意境的方式和审美效应也各不相同。他说："在音乐和建筑，这时间中纯形式与空间中纯形式的艺术，却以非模仿自然的境相来表现人心中最深的不可名的意境，而舞蹈则又为综合时空的纯形式艺术，所以能为一切艺术的根本型态。"① 在宗白华看来，音乐是纯时间性艺术，建筑是纯空间性艺术，舞蹈是纯时空艺术，三者都不是以直接模仿自然时空的方式来构造意境。换句话说，这三类艺术的意境在时空表现上不同于其他艺术，不能用同一类审美特征加以概括。他将艺术意境分成三个层次："艺术意境不是一个单层的平面的自然的再现，而是一个境界层深的创构。从直观感相的模写，活跃生命的传达，到最高灵境的启示，可以有三层次。"② 所谓"直观感相的模写"，就是艺术家对自然宇宙的物象进行印象直观式的艺术呈现，这涉及的是"自然时空"。但是，艺术家不是照相式地机械复制外界自然，而是将自己全幅的生命情感灌注到自然物象之中，以心理时空对自然时空进行塑形和改造，借以传达出活跃的生命。宗白华说："艺术意境的创构，是使客观景物作我主观情思的象征。我人心中情思起伏，波澜变化，仪态万千，不是一个固定的物象轮廓能够如量表出，只有大自然的全幅生动的山川草木，云烟明晦，才足以表象我们胸襟里蓬勃无尽的灵感气韵。"③ 在山水艺术中，意境最容易得到彰显。山水诗、山水画、园林等，直接将人放诸自然之前，可以最大限度地解放人的各种精神束缚，天人冥合，达至生命的自由。在此基础上，艺术家还必须创造一个独立自足的"形式时空"，这个形式时空与自然时空、心理时空异质同构，在艺术文本中，这三者能够获得共鸣，引起作者、读者强烈持久的心灵震撼与精神净化，这就是宗白华所说的最高的"灵境"："艺术家以心灵映射万象，代山川而立言，他所表现的是主观的生命情调与客观的自然景象交融互渗，成就一个鸢飞鱼跃，活泼玲珑，渊然而深的灵境；这灵境就是构成艺术之所以为艺术的'意境'。"④ 在宗白华看来，

---

① 宗白华：《艺境》，北京大学出版社 1987 年版，第 151—152 页。
② 宗白华：《艺境》，北京大学出版社 1987 年版，第 155 页。
③ 宗白华：《艺境》，北京大学出版社 1987 年版，第 153 页。
④ 宗白华：《艺境》，北京大学出版社 1987 年版，第 151 页。

这个"灵境"的最后开启有赖于艺术形式的成功创构，他非常重视艺术"形式"，称之为"秩序的网幕"："艺术意境之表现于作品，就是要透过秩序的网幕，使鸿濛之理闪闪发光。这秩序的网幕是由各个艺术家的意匠组织线、点、光、色、形体、声音或文字成为有机谐和的艺术形式，以表出意境。"[①]"形式时空"的完成，是建构"境界时空"的关键之着。但需要说明的是，到这一步还不是最后的"境界时空"。因为，无论这个"形式时空"多么完美，它依然只是特定的符号能指，没有读者的参与，其丰富的所指还是隐没不彰。因此，"形式时空"只是一个等待读者去填空、完善的"召唤结构"。面对一件艺术品，它的形式美与意蕴美到底能在多大程度上实现，取决于读者的艺术素养与境界高度。因此，"境界时空"需要自然时空、心理时空、形式时空这三者的完美契合、互生共鸣，需要世界、作者、读者、文本这四要素的共同参与。它不是一个给定的、现成的存在，而是在审美主体与自然、历史、社会交往的过程中，借助特定的艺术形式共同营造出来的。具体来说，天地自然的阴阳化合、四时循环，自然万象的变幻，为艺术提供了取之不尽的形式资源，主要有两个方面：一是物象之源，二是自然节律。"心理时空"主要来自老庄与佛禅，老庄的"虚静"说，佛禅的"顿悟"论，二者完美兼容，为"境界时空"提供了最为完备的心理学资源。在审美形式方面，道家佛禅都没有提供多少可直接利用的观点理论。相比之下，在这方面，儒家发挥了较大的作用（比如前文所述的"中和"法则）。当然，中国古代艺术的形式法则主要来自艺术大匠的实践，儒释道的思想精英只是从审美理想的高度进行规约，不一定能够提供艺术形式方面的直接指导。但有一点可以肯定，中国古代的艺术形式不可能凭空产生，艺术大匠闭门造车是想不出来的。艺术家要到自然中去饱游饫看，"身即山川而取之""搜尽奇峰打草稿"，通过无数次的目遇身触，将自然造化的生命形式默识于心，万取一收，最终化约成机杼自出、不可复制的艺术形式。在无数次的艺术评价中，这些凝结在作品中的形式美感一次次得到提炼和强化，在审美理想的规约下"汰芜存菁"。由此，

[①] 宗白华：《艺境》，北京大学出版社1987年版，第158页。

形式时空与自然时空、心理时空的关系进一步拉近，一个活泼泼、生气远出的"境界时空"得以养成，这就是中国古典艺术的"意境"。

此外，学界还有一种流行的观点，认为"意境"范畴的形成主要受惠于佛学，因为在中土，"境"的含义主要指时间与空间的界限，而与精神心理层面的意义相距较远。而在佛学中，"境"就是指心所能达到的范围，所谓"心之所游履攀缘者，谓之境"①。有的观点认为，意境这一范畴并非从华夏本土产生，而是佛学影响的直接结果。这种观点也引起了不同的意见，有学者从"境"的梵汉翻译问题入手，从诗学概念维度讨论"境"的原始含义。作者认为，在中国古代诗学中，"境"是一个独立自足的概念，其内涵源于本土词汇的固有含义，与佛教称心识活动的对象之"境"只是命名方式相通，但与佛教主张"境为识造"因而是虚妄不实的思想并无直接关联。"境"是对以山水风物为典型代表的诗歌创作所表现的对象的称呼用语，其含义是一定范围内的山水风物的"次序"，诗歌应当表现出这一"次序"。②所以"次序"，就是包含了时间在内的空间关系。该文着重从山水空间的角度讨论意境营造的诗学渊源问题，颇有说服力。但需要说明的是，"意境"范畴所涵盖的领域已然远超出山水文学，在书法、绘画、音乐、舞蹈、建筑、园林等门类艺术中都有各自的独特呈现。所以，我们应充分考虑不同思想语境对该范畴所产生的意义增值及其对中国艺术美学的深刻影响。笔者认为，就中国古典艺术意境所追求的审美理想及其实现程度而言，中国本土文化传统已然提供了足够的思想资源与理论支撑，就算没有佛学东来，仅靠儒道两家，也可以规导出类于现在所见到的艺术意境来。但是，我们不能因此就从客观上否定佛学尤其是禅宗对于意境范畴的完善所发挥的重要作用。也就是说，儒道为意境的创构提供了主要的思想与理论支持，而佛禅则在某一方面进行了强化与完善，使得意境越来越趋向于文人士大夫的内心世界。

---

① 丁福保：《佛学大辞典》，上海佛学书局1994年版，第2489页。
② 参见查正贤：《论"境"作为中国古代诗学概念的含义——从该词的梵汉翻译问题入手》，《文艺研究》2015年第5期。

第六章
时空视阈下的中国艺术美学

通过考察中国古代时空美学的基本观念、思想渊源、主要范畴，我们已经对时空美学的理论维度有一个大致的把握。但任何理论都应该有实践作为基础，美学理论应落实到具体的艺术实践之上。那么，中国古代时空美学的基本观念、理论构成维度、相关的范畴命题是如何表现于门类艺术的创作与鉴赏活动之中的？换言之，如何从时空维度去考察中国艺术美学？这一考察会有哪些新的发现？解决了这一问题，才能整体把握中国古代时空美学的基本面貌。从逻辑上说，中国古代所有的门类艺术都受到时空观的影响，但是由于各类艺术的媒介性质不同，使得各类艺术与时空的关联度有大有小。为了更好地说明问题，本章选取诗歌、书法、绘画、音乐、园林这五种艺术作为个案，对其中所包含的时空问题进行深度探析，窥斑见豹，借此对中国艺术美学中的时空观形成大致的理解与认识。

第一节　诗歌的时空形式及其美学追求

中国古代空间观对诗歌的渗透与影响是全方位、综合性的，尤其是在具体的诗歌文本中，这两方面的空间往往会相互发生作用。与此同时，时间也会如暗流涌动，贯穿在诗歌的空间结构中，最终共同完成诗歌境界的营构。这一过程在律诗中表现得尤为突出。本节拟在前人研究的基础上，以唐代律诗为主要对象，对诗歌的时空形式进行探析，并进一步阐发律诗的美学追求。

一、体验与思维：诗歌空间的两个面向

时空会在两个维度与诗歌发生关联，一是时空作为诗歌描绘的对象材料，二是时空作为诗歌的形式结构。前者实际上是诗人的时空体验，后者则是一种时空性思维。体验具有鲜明的主观性，会因人因事而异；思维则具有相对的客观性，是一种较为稳定的诗歌修辞及声韵法则。在诗歌文本中，诗人的生命体验经过空间思维的处理，最终以特定的意象呈现出来。这些意象经过不同的诗人重复使用，也会形成较为确定的意蕴。反过来，虽然诗歌语言的时空性法则具有普遍性，但在特别有创新意识的诗人那里，这些法则也会被打破，呈现出一种不同的时空形式样态。

诗人总是在特定的时空环境之中生存、感悟，并受外界事物的影响触动，产生特定的情绪情感，引发诗兴，这是魏晋"物感"说产生的时空基础。陆机《文赋》云："遵四时以叹逝，瞻万物而思纷，悲落叶于劲秋，喜柔条于芳春。"唐大圆注："文之思维，不独由读书而生，亦有时遵随春夏秋冬四时之迁易，而瞻观万物之变化，则思想纷纭而生。如何瞻观乎？或有时观木叶之脱落，而悲秋风之劲健，亦有时睹树枝之嫩柔，而喜春光之芬芳，皆有生文思之机会者也。"[①] 陆机主要着眼于岁时（时间）与诗思的感发关系，其间自然也包含了空间。钟嵘则在四时之外，列述了各种空间性的物事情境，进一步阐发"物感"理论的空间蕴含涵。钟嵘《诗品》有言：

若乃春风春鸟，秋月秋蝉，夏云暑雨，冬月祁寒，斯四候之感诸诗者也。嘉会寄诗以亲，离群托诗以怨，至于楚臣去境，汉妾辞宫；或骨横朔野，魂逐飞蓬；或负戈外戍，杀气雄边；寒客衣单，孀闺泪尽；或士有解佩出朝，一去忘返；女有扬蛾入宠，再盼倾国。凡斯种种，感荡心灵，非陈诗何以展其义？非长歌何以骋其情？

---

① 张少康：《文赋集释》，人民文学出版社2002年版，第23—24页。

嘉会、离群、去境、辞宫，戍边、闺怨，每件事都是让人牵肠挂肚的空间性体验，对诗人心灵的感发振荡极大，必然会引发深沉激越的情感体验。可见，所谓"物感"，实际上是处于特定时空情境中的物事感发人的种种情绪思致。这时候的时空不是物理学意义上的抽象背景，而是生命情愫赖以孕育生发的宇宙大场域。因此，在诗人眼中，时空是主观的，它可以随着情感主体的独到感悟发生变化。如刘禹锡《秋词》："自古逢秋悲寂寥，我言秋日胜春朝。晴空一鹤排云上，便引诗情到碧霄。"虽然秋天容易引发人们的寂寥悲情，但在刘禹锡看来，万里碧空中一鹤干云的空间情景恰能激发一种昂扬感奋的审美体验。

在"物感"的过程中，诗人将眼中所见，耳中所闻，身之所感，意之所会所产生的空间体验，通过赋、比、兴等表现手法，凝练成特定的意象，再依照诗歌形式法则呈现在文本中。有学者认为，赋比兴表现为一种"空间思维"，"赋就是运用铺陈、排比等手法将现实或想象的空间描绘出来；比则主要运用'二象并置'的手段（也有只出现喻旨即喻体的）将隐喻的或象征的空间表现出来；兴则是通过'寓目即心'、'目击道存'、'刹那直观'的方式将虚实相生的空灵空间呈现出来"。①事实上，诗人对空间的感知与体验也只能通过这些修辞手段呈现出来，空间体验经由空间思维转化为空间意象。诗歌文本凝定后，读者又经由其中的空间意象触摸诗人的空间思维，"反刍"诗人的空间体验。需要补充的是，诗歌中的空间意象包括广义、狭义两类。广义的空间意象是指以诗人通过眼、耳、鼻、舌、身、意等感官所捕捉到的物象为基础，融汇诗人的情感、意志等所产生的意象，该空间可以区分出视觉空间、听觉空间、嗅觉空间、味觉空间、触觉空间、动觉空间、想象空间等。狭义的空间意象所对应的则主要是视觉空间，这类意象在诗歌中所占的份额最大，其中又可以区分出带有空间标识与不带空间标识两类，这里的空间标识包括东南西北中、前后左右上下内外等空间方位标识，庭院阶户牖阁栏台等建筑场所标识，天地山川林谷等地理环境标识，等等。

---

① 邓伟龙：《中国古代诗学的空间问题研究》，中国社会科学出版社2012年版，第108页。

可见，诗人的空间体验与空间思维是密切关联、相辅相依的。没有空间体验，空间思维则没有"思"的对象，赋、比、兴等表现手法失去了存在的意义。同样，如果不借助空间思维，诗人的空间体验只能蕴蓄在内心深处，无法得到有效的呈现。即便用语言叙说出来，因为没有画面感，情感也就无所附丽，虽然合乎声律，但终归是没有诗味的散文式表达。

诗人的空间体验产生后，通过赋、比、兴等手法转换成意象符号，编织在诗的结构形式之中。与这个过程同步，诗人还需要考虑声律与辞律的问题，亦即句联的平仄、对仗、押韵等形式法则。这个环节也要运用空间思维，尤其是在律诗中，表现得最为突出。

二、音义排偶：律诗空间的形式构成

上古时期，诗、乐、舞三位一体，诗是可以唱的。汉末魏晋以后，诗的音乐性逐步减弱，文字性逐渐加强。南朝鲍照、谢灵运的诗讲求意义的排偶。齐梁时期，沈约等人发现了"四声"，诗歌的声调讲求平仄的运用。实际上，齐梁时期的诗"已经渐渐和律诗接近了"[1]，但"律诗"的名称到唐初时才出现[2]。盛唐时期，律诗在用韵、平仄、对仗等形式方面日臻完善，要求甚为严格。律诗在唐代诗人的手中大放异彩，特别是诗圣杜甫，他将律诗发展到一个前所未有的艺术高度。以下主要以杜甫的诗为例，对律诗的空间形式加以探析。

律诗的格律要求主要表现在以下几点。第一，句式及字数。每首诗限定八句，两句为一联，共四联，依次为首联、颔联、颈联、尾联。五律共40字，七律共56字。第二，用韵。押平声韵，有时首句入韵。一般情况下，单句仄脚不入韵，双句平脚入韵。第三，平仄。同一句各字词之间、一联两句之间、联与联之间，均有特定的平仄递用及粘对要求。第四，对仗。首尾两联可随意，中间两联必须对仗，对仗的位置及词类均有明确要求。[3] 就律诗而

---

[1] 王力：《汉语诗律学》，中华书局2021年版，第18页。
[2] 参见朱光潜：《诗论》，北京出版社2016年版，第265页。
[3] 参见王力：《诗词格律》，中华书局2000年版，第15页；启功：《诗文声律论稿》，中华书局2000年版，第6页。

言，最为重要的是对仗，包括意义（对偶）与声音（平仄）两个方面。王力先生认为，对仗属于排偶的一种类型，所谓"对仗"："大致说起来，就是语言的排偶，或骈俪。'仗'字的意义是从仪仗来的；仪仗两两相对，所以两两相对的语句叫做对仗。"①对仗是律诗首先要讲求的形式规则，而且"是律诗的必要条件"②。一般情况下，律诗的对仗（意义对偶）用于颔联与颈联，当然也有全诗各联都对仗的情况，但较少。

朱光潜先生认为，"中国诗走上'律'的道路，最大的影响是'赋'"。③这一判断是很有见地的。之所以这么认为，主要着眼于赋的空间形式："一般抒情诗较近于音乐，赋则较近于图画，用在时间上绵延的语言表现在空间上并存的物态。诗本是'时间艺术'，赋则有几分是'空间艺术'。"④实际上，中国早期诗歌的情感抒发从《诗经》开始就显露出空间化的偏好，表现为在不同的空间地域或方位抒发同一情感，通过空间的变换呈现情感的多维性与缠绵性。比如《秦风·蒹葭》："在水一方，……宛在水中央。……在水之湄，……宛在水中坻。……在水之涘，……宛在水中沚。"《周南·卷耳》："寘彼周行……陟彼崔嵬……陟彼高冈……陟彼砠矣"，《召南·殷其雷》："在南山之阳……在南山之侧……在南山之下"，《卫风·有狐》："在彼淇梁……在彼淇厉……在彼淇侧"，《王风·葛藟》："在河之浒……在河之涘……在河之漘"，等等。在这种空间位置变换的过程中，诗歌的情感表现出一种回旋往复、一唱三叹的推进模式。此后，从楚辞到汉赋，诗歌描写的空间化倾向越来越突出，特别是汉赋，可以看作"一种大规模的描写诗"。⑤汉赋对事物的描写可谓天南地北、往古来今，无远弗届。司马相如的《子虚赋》《上林赋》，按照东南西北的平面空间次序对同类事物进行铺陈；扬雄的《甘泉赋》则在平面拓展之外，开启了上天入地的纵向空间。汉赋描写模式的空间性表现在两个方面：一是空间方位的对称性拓展，包括上下、前

---

① 王力：《汉语诗律学》，中华书局 2021 年版，导言第 7 页。
② 王力：《汉语诗律学》，中华书局 2021 年版，第 149 页。
③ 朱光潜：《诗论》，北京出版社 2016 年版，第 251 页。
④ 朱光潜：《诗论》，北京出版社 2016 年版，第 253 页。
⑤ 朱光潜：《诗论》，北京出版社 2016 年版，第 253 页。

后、左右、东西、南北、内外等；二是对同类事物的连缀性描绘，如水族、飞禽、花草、走兽等。汉赋的这种描写模式对后世诗歌的律化产生了直接的影响，"赋侧重横断面的描写，要把空间中纷陈对峙的事物情态都和盘托出，所以最容易走上排偶的路"①。实际上，这种两两对称的描写方式背后，隐藏着一种阴阳对反的空间对称性思维。有学者认为，中国古人对于"对反"和"二分"保持着极大的热情，这种思维方式"凝聚着人类最古老的有关宇宙动态秩序的审美经验。或许正是这种隐含着空间对称的阴阳思维，才促生了中国古代对于'对偶'的迷恋，并使得律诗能在中国获得高度繁荣和发展"②。需要补充的是，这种阴阳对反的空间对称性思维特别热衷于对同类事物的对举描绘，这些事物经过诗人精心挑选并加以审美提炼，最后成为空间性的意象。也因此，对偶特别注重名词的使用。因为，一方面，"将两个成分配置成对通常要依赖同一类词的两个中心名词。名词范畴的迅速扩展就反映了对名词性世界的重视"；另一方面，"对偶诗联最有效的功能是直接地与客观地记录诗人对世界的印象"。③王力先生也认为："所谓对仗的范畴，差不多也就是名词的范畴。诗人们对于名词，却分得颇为详细。"④包括天文、地理、时令、宫室、人事、器物、衣饰、饮食、花鸟虫鱼等二十余类。比如，杜甫诗中的对偶联多以名词对举："渭北春天树，江东日暮云"（《春日忆李白》），"日出寒山外，江流宿雾中"（《客亭》），"星垂平野阔，月涌大江流"（《旅夜书怀》），"珠帘绣柱围黄鹄，锦缆牙樯起白鸥"（《秋兴八首》其六），"穿花蛱蝶深深见，点水蜻蜓款款飞"（《曲江二首》之二），"香稻啄馀鹦鹉粒，碧梧栖老凤凰枝"（《秋兴八首》其八），"无边落木萧萧下，不尽长江滚滚来"（《登高》），等等，基本上是以名词为主线，串联起动词、形容词、副词等其他词类。即便有些联句的意义重心在动词、形容词上，但最终都会在名词的指引与诱导下，凝练成一个个独特的动态意象，如"检书烧烛短，看剑引杯

---

① 朱光潜：《诗论》，北京出版社 2016 年版，第 255 页。
② 赵奎英：《从中国古代的宇宙模式看传统叙事结构的空间化倾向》，《文艺研究》2005 年第 10 期。
③ 〔美〕高友工：《美典：中国文学研究论集》，生活·读书·新知三联书店 2008 年版，第 238 页。
④ 王力：《汉语诗律学》，中华书局 2021 年版，第 163 页。

长"(《夜宴左氏庄》),"思家步月清宵立,忆弟看云白日眠"(《恨别》),"世乱郁郁久为客,路难悠悠常傍人"(《九日》),"万里悲秋常作客,百年多病独登台"(《登高》),等等。从对偶的联句可以见出,两句的意义一般是相互对反的,就好比是镜中映像,构成相辅相依的合作关系。其中每句分别描述整体空间情境中具有代表性的某一部分,两句合拢,意义的触角瞬间接通,指向一个更大的意义场域,这个场域也是空间性的,这是诗歌意境生成的重要基础。

律诗的对仗还体现在声音方面。从古代诗文的实际情形来看,声音的对仗要晚于意义的排偶。或者说,正是意义的排偶促成了声音的对仗,"声音的对仗实以意义的排偶为模范。辞赋家先在意义排偶中见出前后对称的原则,然后才把它推行到声音方面去"[①]。诗歌本属于可以吟唱的时间性艺术,诗乐合一,诗的文字内容完全融入音乐的韵律节奏之中。但汉魏以后,诗不能唱了,主要靠文字传达情感。尽管如此,诗歌仍然没有丧失其追求声律节奏的本质属性,"四声"被发现以后,这一属性则由声调的平仄变换来体现。朱光潜先生说:"音乐是诗的生命,从前外在的乐调的音乐既然丢去,诗人不得不在文字本身上做音乐的工夫,这是声律运动的主因之一。"[②] 即言之,声律的对仗同时兼具空间性与时间性,空间性因受意义对偶的影响而产生,因而只是表面形相,时间性则植根于诗乐一体的深厚文化土壤,始终是其本质属性。从表面来看,声音要有变化,音与音之间形成差异,构成可"见"的"声文",这是空间性的;从深层来体味,声音要形成一种内在的生命节奏,这种节奏与诗人的情感意志、生命体验、精神境界是同频合拍的,这是时间性的。

诗歌的声音要同时呈现上述空间性与时间性,并且真正实现其所设定的美学目标——生命与宇宙的互应共鸣,就必须做出看似平常实则苛严的规定:"近体诗的平仄的原则只是要求不单调:为要不单调,所以(一)平声和仄声必须递换;(二)一联之中,平仄必须相对,但若每联的平仄相同,又变

[①] 朱光潜:《诗论》,北京出版社 2016 年版,第 261 页。
[②] 朱光潜:《诗论》,北京出版社 2016 年版,第 282—283 页。

为单调了,所以(三)下一联的出句的平仄必须和上一联的对句的平仄相粘,这样,相近的两联的平仄才不至于相同。"①比如杜甫的五律《春夜喜雨》:"好雨知时节,当春乃发生。随风潜入夜,润物细无声。野径云俱黑,江船火独明。晓看红湿处,花重锦官城。"该诗首句仄起不入韵,其平仄依次为"仄仄平平仄,平平仄仄平。平平平仄仄,仄仄仄平平。仄仄平平仄,平平仄仄平。仄平平仄仄,平仄仄平平"。这首诗的同一句内,基本上是平仄递用。同一联两句之间的平仄是相互对反的,这是"对";后一联出句第二字与前一联对句第二字的平仄相同②,这是"粘"。按照常理,声调的平仄应该有规律的交替出现才能形成节奏,但在律诗中,并不是自始至终都按照平仄递用("平平仄仄")的方式单线推进。因为这样一来,声音就会在同一联的两句之间以及联与联之间形成单调的重复。所以联内两句之间平仄要对反,而在两联之间,另一联要用"粘"的方式接续下去,以调整平仄的对反方式。高友工先生认为这是一种反节奏的语律,是由于"诗歌创作和传播的方式已经转向文字,成为一个自我内在的活动,节奏可能局部的为图案取代。图案所要求的对称平衡也取代了节奏的重复流动。对仗的声律和意律正是这种转化的一个最典型的产物"③。说到底,就是诗歌与音乐分离以后,文字声音承担了音乐的节奏功能,但这种时间性节奏不得不迎合文字的空间性。换言之,诗歌节律的时间性被空间化了。

除了意义与声音方面的对仗,律诗在押韵方面也有明确的规定。律诗押平声韵,偶数句末字为韵脚,首句有时也可以入韵。但全诗须一韵到底,否则就是出韵,不合律。律诗通过押韵的方式进一步整束了原本单线推进的时间流程,韵脚有规律地出现,将声音流截分成相对独立的声音段(一联),每

---

① 王力:《汉语诗律学》,中华书局2021年版,第75页。
② 为了避免犯孤平,五律中"平平仄仄平"这一句式(B式)首字(七言第三字)必须为平声,其余句式第一字(七言第一、三字)皆可平可仄。犯孤平是诗家大忌,因为韵脚必须用平声,如首字用仄声,那其余就只剩下一个平声了。也就是说,"仄平仄仄平"是非律的,如果换成"仄平平仄平",则为孤平拗救,仍然合律。参见王力:《汉语诗律学》,中华书局2021年版,第85—86页。启功先生的解释是,"仄平仄仄平"中的第二字平声为两个仄声所夹,成为"孤平",声调不好听。参见启功:《诗文声律论稿》,中华书局2000年版,第12页。
③ 〔美〕高友工:《美典:中国文学研究论集》,生活·读书·新知三联书店2008年版,第203页。

段的出句末尾以仄声稍歇，有一种抽刀断水之感，对句末尾以平声呼应，气息得以暂时性的伸舒。如此四次往复以后，似乎四面（前后左右、东南西北）都照顾周全了，人的声音气息、情感意志、生命体验在一个象征性的宇宙之中得到自由的释放和表达。在这个音义所共同构筑的符号宇宙中，人的情感冲动得以有效地规约，它与诗歌的时空形式融汇在一起，转化为一种审美情感。这种个人化的审美情感又与家国、时代、历史、自然、宇宙等密切关联，因而具有某种超越性；同时，律诗还具备一种"芥子纳须弥"式的涵具能力，其中包含了无限的情韵、意义、力量、态势等，给人一种"一泓海水杯中泻"的感觉。换言之，通过有限的字词联句，打造出一种可以激发"无限时空"的形式结构，这是律诗的美学追求。

三、"无限之境"：律诗的美学追求

毋庸置疑，诗歌的理想是创构独特而又美妙的意境，律诗更是以此为价值鹄的。唐代不仅诗歌创作百花争艳，诗学理论方面也蔚为大观，意境理论渐趋成熟。皎然有"象外""境象"之论，刘禹锡提出"境生于象外"一说，晚唐司空图补之以"象外之象""景外之景"。无论是"象外"，还是"境外"，抑或"景外"，所强调的皆是更为丰富、开阔、多层的空间。象、景、境属于有限的可见之域，由诗句中的字词直接描绘出来。但"象外"或"境外"则属于无限的不可见之域，需要诗人具备独到的生命体验与高迈的人格襟抱，并借助精妙的形式技巧才能呈现出来，而这两方面均与时间空间有着或明或暗的关联。或者可以直接说，意境就是一种独特的审美时空。更具体地说，意境是活跃的生命力所开启的生气流动的时空之境，其中包孕了丰富的人生况味、历史感喟与宇宙情怀，是由有限的语象所诱发的充满情韵与哲思的"无限之境"，这是抒情文学的审美理想，也是律诗的美学追求。接下来的问题是，在律诗中，这个"无限之境"究竟是如何被激发并开启的？时间、空间在其中发挥了怎样的作用？两者之间的关系如何？既然意境是有限的意象所开启的无限时空之境，那从时空层面深入，就有可能探及意境生成的某些秘密。笔者认为，经由有限的字词联句生发无限的意蕴及境界是一个复杂

的协作过程，其中时间与空间发挥了关键性的作用。具体表现在以下三个方面。

首先，空间体验与空间思维的统一。在诗歌创作的过程中，诗人感知外界物象所产生的空间体验最终会以意象的方式呈现在文本中，在这个过程中，空间体验与空间思维是协调统一的。在逻辑上，我们可以将这个统一的过程分成两个环节：一是空间体验通过赋、比、兴等修辞手法转换为空间意象，二是空间意象经由平仄、对仗、押韵等律则凝定为空间化的句法形式。诗人的空间体验无论多么丰沛、鲜活，都会也只能借助文字符号呈现出来。因此，对于读者来说，诗人的那个原初体验是闭锁的，留给他们的只有意象以及联句形式，而这就是我们窥探诗人内心世界的户牖。比如李白的五律《渡荆门送别》："渡远荆门外，来从楚国游。山随平野尽，江入大荒流。月下飞天镜，云生结海楼。仍怜故乡水，万里送行舟。"这是李白二十五岁离川漫游，出夔门后渡湖北荆门时所作，沈德潜《唐诗别裁》认为，"诗中并无送别之意，题中二字可删"。诗中描绘了长江由三峡流入平原的壮阔形势与奇丽景象，显示出诗人开阔的胸襟。[①] 这个时期的李白，青春正盛，气挟风雷，犹如一匹神骏的天马，正挣脱束缚奔向广袤的天地。全诗以空间性的名词为主，通过一组组空间意象传达出诗人出川后的空间体验：首联点出具体的地理位置，为荆门之外的古楚国；颔联实描所见开阔的原野景象；颈联虚拟大江上下的奇幻景致；尾联以"万里送行舟"作结，与首联呼应。全诗各句嵌入一两个动词，如"渡""游""尽""流""下""飞""生""结""怜""送""行"等，将全诗的名词连缀成一个浑然有机的动态空间。这首诗融情于景，以空间体验书写自己的高远襟怀，可谓"不着一字，尽得风流"。这种空间体验在杜甫的诗里也可以见到，如五律《旅夜书怀》："细草微风岸，危樯独夜舟。星垂平野阔，月涌大江流。名岂文章著，官应老病休。飘飘何所似，天地一沙鸥。"永泰元年（765），杜甫向严武辞去西川节度幕府参谋一职，不久携家人离开成都乘船下渝州，因作此诗。此时杜甫已逾天命之年，政治抱负难以实现，加

[①] 参见陶今雁：《唐诗三百首详注》，江西人民出版社2020年版，第182页。

之身体羸弱多病，离开经营多年的成都草堂，孤独地飘向不可预知的未来。颔联"星垂平野阔，月涌大江流"化自李白的"山随平野尽，江入大荒流"，空间体验颇为接近，但所起效果截然不同。在李白这里，内情与外景是同类匹配，彼此呼应的；而在杜甫的心目中，宇宙天地的宏阔却反衬出其内心的孤独、愤慨或悯然，因此情与景之间形成了一种阴阳对反关系。再如《登岳阳楼》中间二联："吴楚东南坼，乾坤日夜浮。亲朋无一字，老病有孤舟。"雄阔的空间体验反向强化了诗人悲壮沉郁的情感。或许正是倚仗天地宇宙的阔大空间，才可以反衬出诗人自强不息、锲而不舍的精神，如"片云天共远，永夜月同孤。落日心犹壮，秋风病欲苏"（《江汉》），等等。

其次，空间与时间的协同作用。时间与空间不可分离，在诗歌中亦然。如前所述，空间体验与空间思维相统一，实际上时间体验与时间思维也密切关联。不仅如此，在诗歌中，时间与空间也并非形同陌路，而是交互作用，彼此浸染，共同营造出一种活泼无限的意义之境。具体而言，空间规约着时间，时间激发了空间。先讨论第一种情形。有学者认为，中国古代时间观受四方空间观的影响，并不是一去不返的"时间之箭"，"而是不断地返回原点的、具有可逆性的、追求对称和稳态的封闭圆环"。"由于中国古代的时间总是和空间结合在一起，它或许从'东与西''南与北'的方位对峙获得了有关空间对称的灵感，阴阳对反两极中的任何一极，也都不能从根本上缺失和灭绝，古人在心理上似乎无法忍受不'成对'出现的残缺。"① 也就是说，由于空间的统摄作用，时间得到了有效的规约，这在诗歌尤其是律诗中表现得比较突出，"尽管在中国诗（尤其是近体律诗）中，由于四声的交替使用，也能产生出某种流动性的美感效果，但总体上的形式整齐造成的'纵直'性的空间切断感，往往压过了由于形式变化造成的'横向'的时间性流动。"② 联句内意义的排偶、平仄的对反、有规律的押韵、诗歌中名词的大量使用、意象的连缀并全面铺开等，这些形式法则有效联袂，的确强化了空间的统领角

---

① 赵奎英：《中国古代时间意识的空间化及其对艺术的影响》，《文史哲》2000 年第 4 期。
② 赵奎英：《从汉语的空间化看中西诗歌空间形式的同异》，《山东师范大学学报》2005 年第 5 期。

色。时间之流（体验与思维）被区隔在一个个特定的空间内，原本线性的一维时间被裁截为片段时间，最终又在空间的作用下统一为圆环式的封闭循环时间。

再次，空间统摄之下的时间也会反过来激发空间，变成一种气氛、色泽，最终构成全诗的境界。陈世骧先生认为，诗歌中的时间与律度会产生一种示意作用。"时间起示意作用时，须要含蓄在事物之中流动，须要以具体的事物充实着它，因而时间感觉像透入诗中一切事物而成为一种气氛（atmosphere），或浸染如一种色泽。以至于一首诗内时间或全不说出来，或只说出一点来，但它还是笼罩充满于全篇，构成一种境界。"[1] 他比较了孟浩然的《春晓》与刘长卿的《茱萸湾北答崔戴华问》[2]，两首诗的平仄基本相同，但《春晓》的时间感觉短，律度急促。"春在鸟啼花落、暖帐迟眠中处处透出来"，"成为声、香、色以至体肤之感"，"'夜'暗示着今朝时间是流迁生动的"。《答问》的时间感觉悠长，律度舒缓。"'古'字和荒凉野色，林木苍苍，色泽调谐，则'古'之时间感亦是诗中气氛"，"隋"字提示古今对比鲜明，"时光无穷流动"。[3] 所谓时间的"示意"，实质上就是敞开更多层面的空间。因为时间的感知、体验与传达最终是以空间的方式进行的。换言之，时间在这里以自我绽出的方式激发尽可能丰富的空间。到最后，空间发挥其整体的统摄功能，它使得诗中的每个联句、字词以及意象系列都指向一个浑然一体的空间境域。

最后，个体时空与整体时空的接合与贯通，包括人与天、心与物、自然与历史、现实与理想等。诗人要想真正通过有限的字词联句形式营造出意义不断生发的无限之境，还必须突破个体与语言的双重阈限。诗人遣词造句，不断锤炼语言，目的无非是尽可能丰富全面的表达心中所思所感。但在中国

---

[1] 陈世骧：《中国文学的抒情传统：陈世骧古典文学论集》，张晖编，生活·读书·新知三联书店2015年版，第270页。

[2] 孟浩然《春晓》："春眠不觉晓，处处闻啼鸟。夜来风雨声，花落知多少。"平平仄仄仄，仄仄平平仄。仄平仄仄平，平仄平平仄。刘长卿《茱萸湾北答崔戴华问》："荒凉夜店绝，迢递人烟远。苍苍古木中，多是隋家苑。"平平仄仄仄，平仄平平仄。平平仄仄平，平仄平平仄。

[3] 参见陈世骧：《中国文学的抒情传统：陈世骧古典文学论集》，张晖编，生活·读书·新知三联书店2015年版，第267—270页。

古人的思维中，语言并不能非常直接明晰地表达意义。《周易》曰："书不尽言。言不尽意。"陆机《文赋》亦谓："恒患意不称物，文不逮意。"汉语属于孤立语，是一种形象化的语言，长于空间性的形象构筑，而劣于时间性的逻辑推演。西方语言多属屈折语，擅长制造概念，对事物进行客观理性的条分缕析，在主客二分中寻求对世界的精确区分与意义的精准表达；而汉语则在天人合一、主客未分的认知姿态中，在字形与意的整体性关联中寻求人与世界的互应与统一。成中英先生认为，"中国人没有元素概念，感受的是动态关系论。要想了解意义，必须反复思之，整体与个体之间反复决定，最后形成个体与整体互相融合的境界，形成个体与整体相互决定的关系网，所以中国人认为语言文字是一种障碍，拘泥于语言则不能掌握宇宙，要通过对宇宙的掌握来掌握语言，而不是通过语言来掌握宇宙。"① 中国古人更谙熟于通过"非理知直觉"来把握"变动不居的、不着形象的整体真实"②。但就诗人来说，语言文字仍然是最后的依凭。如何突破个体的种种限制，并借助有限的文字触摸那个无限的宇宙整体，这是诗人最后也是最高的追求。一个可喜的事实是，诗人个体同其他万事万物同处于这个宇宙整体之中，完全有可能通过具有时空特质的形象语言触及背后的时空整体。成中英先生认为："既然任何现象都处于关系网中，是在整体中被决定的，因此其背后就有一个真实体存在，于是就产生了显中有隐的观念。现象构成网络，背后存在的更大的真实体表现个体，但并不否认个体。所以中国语言虽有所指，但包含了言外之意。"③ 如此一来，身心合一的诗人主体之所以着意追求言外之意，实际上就是超脱语言的形相，将个体的生存境遇融入无限的整体之中。在这方面，杜甫可谓用满腔热血做出了最好的诠解。

杜甫到晚年，诗歌的境界愈显深沉阔大，其如椽之笔在现实与历史之间

---

① 成中英：《中国语言与中国传统哲学思维方式》，张岱年、成中英等：《中国思维偏向》，中国社会科学出版社1991年版，第197页。
② 成中英：《中国语言与中国传统哲学思维方式》，张岱年、成中英等：《中国思维偏向》，中国社会科学出版社1991年版，第190页。
③ 成中英：《中国语言与中国传统哲学思维方式》，张岱年、成中英等：《中国思维偏向》，中国社会科学出版社1991年版，第194页。

往来穿梭,将个我的悲苦体验投射到广袤无际的宇宙时空背景上,"乾坤"变成了其笔下的高频词:"不眠忧战伐,无力正乾坤"(《宿江边阁》),"身世双蓬鬓,乾坤一草亭"(《暮春题瀼西新赁草屋五首》其一),"劳生共乾坤,何处异风俗"(《写怀二首》其一),"江汉思归客,乾坤一腐儒"(《江汉》)。所以,高友工先生认为,"杜甫对抒情自我与宇宙大地——或者说更广阔的历史与文化背景——之间的关系经常会作出客观的估量"[①]。他将杜甫诗中这种"古今映照、时空交错的博大意境"称为"宇宙的境界"(cosmic vision)。[②] 或许是出于类似的思路,陈世骧先生对李商隐那首释义歧出的《锦瑟》展开了别具新意的论析:"全诗的构合与精神则超出自伤与悼亡之上。如以时间及律度的观点看,可见诗人由自己有限生命之经历变化,而进观自然无限时间内之生灭,以造成'宇宙之悲哀'(cosmic sorrow)。全诗首二句以明说有限时间起,中四句于奇事异象中,具体显示大宇宙无限时间之幻化,而结尾又归入小我主观,明说出自己即身即目之时间感觉,统合以上使俱成为直接的心灵经验。"[③]《锦瑟》的中间二联以密集而又美轮美奂的意象编织成一个相互映照、辉光熠熠的华严珠网:"庄生晓梦迷蝴蝶,望帝春心托杜鹃。沧海月明珠有泪,蓝田日暖玉生烟。"这些或神话或历史或自然的景象似乎历历在目,但又如镜中花、水中月,不可凑泊。空间境象的形相中包孕了无限生灭的宇宙大时间,沧海桑田、日月交替、昼夜轮回、生死相依。首尾二联叙写现实的小我时间,锦瑟华年、惘然情思,不堪追忆,首尾一起一收,将颔联、颈联包裹起来,犹如一双布满粗糙瘢痕的大手,紧紧捧住那颗纳四方海水的宇宙之珠,个体小我最终融入宇宙大化。

律诗在唐代,特别是在杜甫那里发展到巅峰状态,他广泛汲取了前人的诗歌创作技法,大大提升了律诗的表现能力。杜甫的"境界展现出如此深广的文化与历史的视野,以致律诗的有限形式已不能将它们包容。……为了

---

① 〔美〕高友工:《美典:中国文学研究论集》,生活·读书·新知三联书店2008年版,第258—259页。
② 〔美〕高友工:《美典:中国文学研究论集》,生活·读书·新知三联书店2008年版,第259页。
③ 陈世骧:《中国文学的抒情传统:陈世骧古典文学论集》,张晖编,生活·读书·新知三联书店2015年版,第273页。

将他与唐王朝命运千丝万缕联结在一起的个人悲剧写进诗中，他就必须拓展七言律诗这一传统形式的表现能力"①。结合杜甫、李商隐等人的诗作，不仅可以见出律诗所能达到的精工程度，还可以看到律诗"以一驭万""小中见大"的收摄能力。当然，唐代律诗的兴盛与进士科举制度有一定的关系。唐代省题诗为五言排律，限六韵，讲求文辞华美，俪偶对属。所以严羽《沧浪诗话·诗评》云："或问：'唐诗何以胜我朝？'唐以诗取士，故多专门之学，我朝之诗所以不及也。"再加上唐代科考试卷不糊名，主考官要将举子平时的诗名声望作为是否录取的重要依据，所以，举子们考前要将自己的诗作送到京都的王公贵胄或文坛巨擘手中，以期得到擢拔，这就是初唐末期开始流行的"行卷"风尚。②这种风尚进一步强化了律诗追求工丽的审美趣味。但省题诗中所产生的佳作杰构甚少，一味追求文辞雅韵只会将律诗逼入形式的窠臼，而真正起关键作用的，还是诗人对现实、历史的关注与思考，对天地宇宙之至赜的探寻与领悟。

第二节　书法经典的时空构成

书法在中国传统艺术文化中占有极为重要的位置，如从视觉感官的角度打量它，书法应归为空间造型艺术。但是，这种归类会将书法简单化，抽离掉其中最为重要的文化因素。众所周知，书法要以汉字为基础，汉字是书法得以成立的文化根基。而汉字背后是意义，意义背后是广博深厚的思想。如果仅仅考察书法的局部，书法的形式分析是非常有必要的，中国书法界在这一方面已经做出了很大的成绩。但如果考察整体的书法作品，就会发现这种纯形式性的探究带有很大的局限性。因为，经典作品的形成不单单是艺术形式，还有所表现的文化、思想等方面的内容。本节主要以书法经典为中心，考察书法的时空构成问题。

---

① 〔美〕高友工：《美典：中国文学研究论集》，生活·读书·新知三联书店2008年版，第254页。
② 有关唐代行卷的风尚问题，参见程千帆：《唐代进士行卷与文学》，北京出版社2020年版。

一、审美与文化：书法时空的二维

书法的时间与空间是一个关涉到书法艺术本体的核心问题。在中国古代书法理论谱系中，书论家更多的是将精力放在书法与书写者的生命、性情、气质、德性、品格等内在精神意蕴的关系方面[①]，少有对书法的时间与空间问题进行自觉、深入的探究。但这并不表明古人对这个问题缄默不语，汉、晋书论家所讨论的"书势""笔势"等范畴就体现了古人对书法空间、时间问题的关注。尤其是有唐一代对书法规范的建立与完善，表明人们对书法的空间构型已形成了非常成熟的思考，最能代表这一成就的是传为欧阳询所著的《三十六法》。宗白华从美学层面考察了《三十六法》中的结体原则后提出：中国书法里的结体显示着"中国人的空间感的型式"[②]，而且还认为书法中的空间感型直接影响到中国画中的空间意识，或者确切地说，中国画里的空间构造，就是一种"书法的空间创造"。[③] 该著作的理论价值，可见一斑。但需要说明的是，《三十六法》解决的还是单个字的结构问题，其关注的是字的内部空间如何组织的问题，属于"界内空间"，而字之界外的空间则没有被纳入考察范围[④]。

仅仅关注空间，还只是触及书法艺术的表层，作为一种表现力极为丰富的徒手线艺术，书法的真正本质是时间性。书法的线条，舍去了形体、色彩、质地等一切具象性的元素，在线条的自由游走过程中展露书者的内心世界，运动性和时间性是书法更为内在的品格。关于这个问题，当代书学界已有不少学者探讨过[⑤]，但从已有的成果来看，大多都是在20世纪80年代中期"美

---

① 熊秉明将中国古代书论分为六大类：喻物派、纯造形派、缘情派、伦理派（儒家）、天然派（道家）、否定派（佛禅）。见熊秉明：《中国书法理论体系》，天津教育出版社2002年版。
② 宗白华：《中国书法里的美学思想》，《宗白华全集》第三册，安徽教育出版社1994年版，第422页。
③ 宗白华：《中西画法所表现的空间意识》，《宗白华全集》第二册，安徽教育出版社1994年版，第143页。
④ 参见邱振中：《空间的转换——关于书法艺术的一种现代观》；邱振中：《神居何所：从书法史到书法研究方法论》，中国人民大学出版社2005年版，第126—131页。
⑤ 参见邱振中的《书法作品中的运动与空间》(1986)、《运动与情感》(1984)等文章（见邱振中：《书法的形态与阐释》，中国人民大学出版社2005年版）；陈振濂的《书法美学》（山东人民出版社2006年版）第二章、第三章部分节目对书法中的时空问题进行了深入的专题讨论；此外，白鹤的《空间中的时间性意味》一文也是这方面的代表性成果（见金开诚、王岳川主编：《中国书法文化大观》，北京大学出版社1995年版，第99—101页）。

学热"的学术情境下展开的。以金学智为代表的当代学者自觉运用西方的艺术及美学理论来研究书法[①]，倾向于将书法看作一种独特的形式构成，多从书法的艺术本体、审美特质、形式美感、主体及创作、艺术风格、书法接受等角度展开研究。时间与空间是所有问题的交汇点，无论是谈线条、笔法、结构、墨法、章法、节奏，还是谈抒情、表现、意境，甚至谈书法的本体、风格和接受等，最终都绕不开时间与空间。可见，这一问题的重要性自不待言。时隔二十多年，学界关于书法时空问题的探究仍在进行，特别是在关于"现代书法"的讨论中，书法的时空性问题重新被推到学术的前台[②]。

综上，前贤关于书法时空的研究是从美学层面展开的，这一研究非常关键，意义重大。但这并非问题的全部答案，它不能代替也不应排斥从其他角度对这一问题的研究。现代学科体系虽然将书法归到艺术学之下，构成造型艺术的一个门类[③]，但是书法所关涉到的学科谱系却不亚于任何一个一级学科。它与哲学、美学、艺术学、文学、文字学、文献学、历史学、考古学、教育学等都有着密切的关联。书法在知识构成上的这种广联性要求我们在对书法本体作美学追问的同时，对这一思考路向的排他性保持一种应有的审慎。因为自康德以来，美与真、善就划清了界限，美由形式直接呈现，克莱夫·贝尔称之为"有意味的形式"。20世纪80年代"美学热"时期，西方各种理论涌入中国，特别是受西方现代艺术思潮与理论的冲击，使得近三十年来的书学体系建构更多地依赖于西方的美学和艺术理论。因此，在书法时空问题上，学界也多取美学的或形式的视角，将书法看成是带有时间性的抽象的空间构型艺术。时间性是书法发生的原因和过程，空间性是书法展开的结果，时空交叉是书法"合时、空"特征的表现形态。[④]学界对书法时空的思考更为深入细致和实证化了，其中书法空间由对字内空间（结体）、章法空间（字间、行

---

① 金学智的《中国书法美学》（江苏文艺出版社1994年版）是这方面比较成体系的著作。
② 如白砥：《空间的新秩序——关于"现代书法"》、王南溟：《新空间的美学——阐释"现代书法"》，王冬龄主编：《中国"现代书法"论文选》，中国美术学院出版社2004年版。
③ 绝大多数高校将书法设在美术系，而不是中文系，书法被看作一种造型艺术。
④ 参见陈振濂：《书法美学》，山东人民出版社2006年版，第38—48页。

间关系）的探讨过渡到对"均衡空间"与"形式空间"的区分[①]；书法时间问题也由对书法时间特征的一般性描述发展到对线条运动特征的科学分析[②]。这类时空我们可以称之为审美（技术）层面的时空。但是，除此之外，还应有文化（意义）层面的时空，舍此就无法全面理解书法的理想形态[③]，尤其是那些书法经典作品。可以说，审美与文化是书法时空的两个维度，它构成了书法的双翼。前者是表，后者是里；前者是显，后者是隐。但这二者合则双美，离则两伤。接下来的问题是，何谓"文化时空"？它与"审美时空"的关系如何？"文化时空"的提出对书法的本体确证与创作发展意味着什么？

二、观象传统与书法的形式时空

我们先来看看古人是怎样对待书法的形式时空的。古代书法圣手多是从自然人事中获得启示，创造出一种不同于前人的书法形式。崔（瑗）、张（芝）、钟（繇）、王（羲之）自不待言，即便是张旭、颜真卿、苏轼、米芾、黄庭坚、赵孟頫、董其昌等后世诸家，亦是如此。当共通的书写技法经验积累到一定程度之后，就倚仗书家对新的审美形式的创造了。而创造的灵感来自天地造化、社会人事，来自书家对生活世界的诸种经验。这些经验集中体现在对外界物象的领会与化用。中国书法史上形成了两条清晰的"象"思维发展线索，一是与文字书法的原始发生、书体的演变及特征、书法的赏评等问题相关的"尚象"理论路线；二是与书写的技法尤其是笔法的参悟与应用相关的"观象"实践路线。这两条线索相辅相成，互参互证，共同建构了宋以前的书法审美经验体系，也是古人探究书法形式时空的主要方式，这一方式将形式时空的来源直接指向了"自然时空"。那么，作为一种抽象的线条

---

① 参见白砥：《空间的新秩序——关于"现代书法"》，王冬龄主编：《中国"现代书法"论文选》，中国美术学院出版社2004年版，第342—344页。
② 邱振中认为，线条运动可以分为两部分：一是线条顺着轨迹推移的运动；二是线条推移时笔毫锥体同时进行的提按、使转等不同形式的空间运动。前者是线条的推移，后者是线条内部的运动。参见邱振中：《书法的形态与阐释》，中国人民大学出版社2005年版，第17页。
③ 由于书法是以审美形式与人直接照面的，所以文字内容常常处于附属地位。但这里所说的是书法的理想形态，即兼顾形式与内容的经典之作。

艺术，书法如何与自然物象发生关联？我们不妨先就"书"作一番词源学的考察。

"书"字繁体写作"書"，而"书"是由其草体𠂇简化而来的。这是个形声字，小篆写作𦈢，《说文解字》释曰："書，箸也，从聿，者声"。箸（著）即显明，聿，即笔，两者合起来意谓用笔使文字显明。许慎《说文解字序》云："古者包羲氏之王天下也，仰则观象于天，俯则观法于地，视鸟兽之文与地之宜，近取诸身，远取诸物，于是始作《易》八卦，以垂宪象。……皇帝之史仓颉，见鸟兽蹄迒之迹，知分理之可相别异也，初造书契。……仓颉之初作书，盖依类象形，故谓之文。其后形声相益，即谓之字。文者，物象之本；字者，言孳乳而浸多也；著于竹帛谓之书，书者如也。……《书》曰：'予欲观古人之象'。"① 在这里，许慎天才地将"包羲氏制八卦"与"仓颉造字"这两件中国文明史上的大事统一起来，不仅阐明了汉字的起源，而且还揭橥了书法的象形意义。文字与书法同时发生，所谓"文"，即纹理、图案，这是自然物象的根本，依照万类，拟象其形，这就是"文"。将这些文字写在竹帛之上（包括书写的动作行为及其结果）就称之为"书"，"书"的核心要义是要"如"。那么，何为"如"？《说文解字》释曰"从随"，就像女子随从父亲、丈夫、儿子一样，引申为依照、相似。"书"何以"如"？"如"的对象又是什么？许慎没有言明。从上下文可以推知，这里的"文"与"书"构成了一种意义回互关系，可以相互解释。"依类象形"而得"文"，将这些"文"（字）书写出来要完成"如"的使命。"如什么"与"怎样如"都是空白，这一空白等待着每一个书写者去填补。简言之，这里的"如"就是依照天地万象创造出抽象的符号形式，这就是"书"的原始意义。此后，隶书将"聿"下面的"者"简省成"曰"，写成書，也即通行的"書"。这种字形的变化很微妙，尽管字形组合上偏离了它的原意，却以更为直观的形式道出了书法的本体性意义。简省后的"書"，从"聿"，从"曰"，合起来就是用笔说话。所以，书法最后可以归结为一种书法家运用点画、线条等形式语言传

---

① 潘运告编著：《汉魏六朝书画论》，湖南美术出版社1997年版，第10、22页。

达心语、倾诉情感的艺术。就像画家用色块、音乐家用旋律、文学家用词语等方式与外界说话一样。

由此,"书者,如也"这句话所传递的不仅仅是文字学的信息,而且还包含了书法美学乃至传统文化方面的深广意义。汉字始创之初,多从象形入手,后又有指事、会意、形声、转注、假借等造字法,但都可以归结为"如"。尔后,书写随着造字也变成一门艺术,汉唐书论家都非常强调书法的"观物取象"特质,崔瑗曰:"观其法象,俯仰有仪"(《草势》),蔡邕谓:"纵横有可象者,方得谓之书矣"(《笔论》),钟繇曾谓:"每见万类,皆画象之"(见陈思《书苑菁华》),传卫夫人有言:"然心存委曲,每为一字,各象其形,斯造妙矣,书道毕矣"(《笔阵图》),唐张怀瓘提出,"形见曰象,书者法象也"(《六体书论》),唐蔡希综亦有类似观点:"凡欲结构字体,未可虚发,皆须象其一物,……纵横有托,运用合度,可谓之书"(《法书论》)。从汉唐书论家的措辞来看,他们在谈论书法文字的根源和形构问题时都会围绕着"象"展开,这里的"象"与天地相关联,尽管各人的说法不一("宪象""法象""天象""大象"),但基本思路是一致的。古人认为,文字书法直接从天地之间的万类取其形象制作而成,所以在形容书法之美时,多以天地之景象来比拟。熊秉明将这些"尚象"言论归为"喻物派的书法理论",并分成四类:一是描写拆散开来的笔触,如说"点如高峰坠石";二是描写一种书体,像《篆书势》《草书势》等文章中的描写;三是描写某一书家的风格,如说王羲之的字"如龙跳天门,虎卧凤阙";四是将文字本身看作有生命的形象,谈字的骨、肉、血、气等。① 这些方面,都可以看作"如"的具体内容。以上是"尚象"的理论。在书写实践方面,汉唐书法家都将"笔法"问题作为书写的"核心技术",往往通过师徒之间的"口传手授"一代代往下传,这种传授甚至有着非常明确清晰的师承线索:

蔡邕受于神人,传之崔瑗及女文姬,文姬传之钟繇,钟繇传之卫夫

---

① 熊秉明:《中国书法理论体系》,天津教育出版社2002年版,第12页。

人,卫夫人传之王羲之,王羲之传之王献之,王献之传之外甥羊欣,羊欣传之王僧虔,王僧虔传之萧子云,萧子云传之僧智永,智永传之虞世南,虞世南传之欧阳询,欧阳询传之陆柬之,陆柬之传之侄彦远,彦远传之张旭,张旭传之李阳冰,阳冰传之徐浩、颜真卿、郑彤、韦玩、崔邈,凡二十有三人。文传终于此矣。①

唐人卢携在《临池诀》一文中历叙隋唐笔法传授源流之后说:"盖书非口传手授而云能知,未之见也。"②可见,"古法"传授在汉唐时代是人所共知的事情。可以想见,在长达几百年里的代际传授的用笔"古法"不可能一成不变,期间或有增补、删减的情况。而且,张彦远说"古法"始自东汉蔡邕,但他又说"蔡邕受于神人",这显然是虚妄之谈。那么,这些代际传授的"古法"来自哪里?换言之,汉唐传承有序的书写经验有没有一个共同的源头?它又如何与书写者发生关联?蔡邕说:"夫书肇于自然,自然既立,阴阳生焉;阴阳既生,形势出矣。藏头护尾,力在字中,下笔用力,肌肤之丽。故曰:势来不可止,势去不可遏,惟笔软则奇怪生焉。"③钟繇也说:"用笔者天也,流美者地也。……若与人居,画地广数步,卧画被穿过表,如厕终日忘归,每见万类,皆画象之。"④这两段话可以相互参照理解。钟繇将"用笔""流美"分别对应"天""地",认为用笔是无形的,似天;而笔墨"流美"则是有形的,似地。王充有言:"禀气于天,立形于地"(《论衡·骨相》)⑤。这里的"天"即是蔡邕所说的"自然","自然"呈现出种种"形势"(王国维的"第一形式"),对应于"地"。如此可见,书法的种种"奇怪""流美"(王国维的"第二形式")皆肇端于自然万象。书写的原初意义就是要观察天地万物,观其形,察其势,并将这些"形"(象)与(动)"势"

---

① 张彦远:《法书要录·传授笔法人名》,人民美术出版社1994年版,第16页。
② (唐)卢携:《临池诀》,上海书画出版社编:《历代书法论文选》,上海书画出版社1979年版,第294页。
③ 蔡邕:《九势》,上海书画出版社编:《历代书法论文选》,上海书画出版社1979年版,第6页。
④ 潘运告编著:《汉魏六朝书画论》,湖南美术出版社1997年版,第51页。
⑤ 参见王镇远:《中国书法理论史》,上海古籍出版社2009年版,第19页。

用抽象的笔墨线条形式表现出来，实现从"第一形式"到"第二形式"的奇妙转化。如此，考量书法家水准的一个重要标准就是，看他们如何运用这枝刚柔相济的笔展现出天地之间的诡谲"奇怪"来。或者说，要看书法家有没有高超的"造象写势"的能力。当然，这里的"象"并不是对事物的描摹，而是一种高度的笔墨抽象。

自兹以降，书法史上形成了一种"观象悟书"[①]的传统，以下略举几例：

> 蔡邕见役人以垩帚成字，心有悦焉，归而为飞白之书。（张怀瓘《书断》）
>
> 张长史观"孤蓬惊沙"之外，见公孙大娘剑器舞，始得低昂回翔之状。（陆羽《僧怀素传》）
>
> 怀素曰："吾观夏云多奇峰，辄常师之，其痛快处如飞鸟出林、惊蛇入草。又遇坼壁之路，一一自然。"（陆羽《僧怀素传》）

古人学书，不是学几句口诀就行了，还要掌握"观"的本领。但是，天地万象在旁，"观"什么可以悟得笔法却因人而异，书家须独自闯入那个独特的时空境域，"目击而道存"，这样才能真正领悟用笔古法。郑板桥说："昔人学草书入神，或观蛇斗，或观夏云，得个入处；或观公主与担夫争道，或观公孙大娘舞西河剑器，夫岂取草书成格而规规效法者！"[②]所以，学书不是简单的案头行为，拘泥于现成的套路规则，只能是离书法越来越远。所谓"得个入处"，就是觅获一次"观象"的机缘，从自然人事的诸种物象中捕捉灵感，提取并化约出书法的审美符号形式。

唐末五代，由于战乱的影响，汉唐"口传手授"的用笔"古法"渐次失传，使得自宋以降的千年书法史发生了重大的改变。[③]虽然也会出现"观象悟

[①] 参见韩立平：《"观象悟书"说的原型与流变》，《书法赏评》2014年第1期；姜勇：《中国书学的"象"论体系》，吉林大学2004年硕士学位论文。

[②] 参见潘运告编著：《清人论画》，湖南美术出版社2004年版，第383—384页。

[③] 参见于忠华：《书写与真理——现象学视野下的中国书法艺术研究》，浙江大学2012年博士学位论文。

书"的个案,但终究无法挽救"古法"失传的颓势。文与可云:"余学草书凡十年,终未得古人用笔相传之法,后因见道上斗蛇,遂得甚妙。"(苏轼《跋与可论草书后》)文与可的话里透出一种无奈。后世习书者只有直面前人留下来的墨迹,反复观摩研习经典法帖,企望"按图索骥",还原前人的书写过程。但是这种由"迹"追寻"所以迹"的办法毕竟只是权宜之计,并不能从根本上解决问题。自兹以还,"观象"被"观帖"所代替,一直持续到今天。因为法帖所呈现的只是书家某一次书写的踪迹,学书者从结果出发追寻原因("所以迹"),所以"集古字"便成了唯一的也是极好的选择了。

三、书法经典中的文化时空

观象传统所解决的是书法的形式时空问题,对于一个完整的书法作品尤其是经典作品而言,仅仅注重形式时空是远远不够的。纵观中国古代书法史上的经典之作,不仅作品的艺术价值甚高,而且作品所书写的内容也非常重要。王羲之的《兰亭序》、颜真卿的《祭侄稿》、苏轼的《黄州寒食诗帖》均是作者不假思索、乘兴而作的妙文佳制。《兰亭序》对宇宙人生的喟叹与反思,《祭侄稿》中动人心魂的报国之情,《寒食帖》对个人遭际的深深无奈,千百年后仍然让无数人为之击节动容。因此,对于书法作品而言,(审美)形式时空背后的社会时空、历史时空(合称为"文化时空")起着关键性的作用。

为了更深入的理解这些问题,我们不妨先引入海德格尔关于艺术作品的观点。在《艺术作品的本源》一文中,海德格尔认为艺术作品的本质是真理的发生,而真理就是存在的无蔽状态。他以梵高著名的油画——《农鞋》为例对此展开分析:

> 从鞋具磨损的内部那黑洞洞的敞口中,凝聚着劳动步履的艰辛。这硬邦邦、沉甸甸的破旧农鞋里,聚积着那寒风陡峭中迈动在一望无际的永远单调的田垄上的步履的坚韧和滞缓。鞋皮上粘着湿润而肥沃的泥土。暮色降临,这双鞋底在田野小径上踽踽而行。在这鞋具里,回响着大地无声的召唤,显示着大地对成熟的谷物的宁静的馈赠,表征着大地

在冬闲的荒芜田野里朦胧的冬冥。这器具浸透着对面包的稳靠性的无怨无艾的焦虑,以及那战胜了贫困的无言的喜悦,隐含着分娩阵痛时的哆嗦,死亡逼近时的战栗。这器具属于大地,它在农妇的世界里得到保存。正是由于这种保存的归属关系,器具本身才得以出现而自持,保持着原样。①

在海德格尔看来,梵高的油画揭开了农鞋这一器具的本质,这个存在者进入它的存在之无蔽之中。那么,何为"隐蔽"?"解蔽"又意味着什么呢?海德格尔在分析《农鞋》时提到了两个词语:"世界"与"大地"。在海氏这里,这两个词带有隐喻性。世界是什么?在他看来,世界不是现存的各种纯然物的聚合,也不是对这些物的表象。人居留于存在者之敞开领域中,并借其使用的器具的可靠性寻求在世界中的亲近感。世界只是对人这个存在者来说的,其他的动植物和无生命的物性存在者没有世界。关于"大地",来源于古希腊人对"自然"的理解,在古希腊人那里,万物的露面、涌现本身和整体就是自然。在海氏看来,这个"自然"是生成的,本意应为出现、涌现等,海氏称之为"大地"(Erde)。按照海氏的理解,大地既涌现着,同时又庇护着。也因此,大地是无意义的,它就是"无"。意义只有来自世界,世界立身于大地之上,它试图从无意义之"无"中撕开一条裂缝,让神的光辉透射进来。但是大地却总是如此这般的涌现和庇护。海氏说,作品"建立一个世界和制造大地"②,世界是给出意义,大地是失去意义这两者之间形成了"争执"。在伟大的艺术品中,观者会穿过作品表面的物性因素(画布、颜料、画框等),去寻觅作品所建立的世界背后的意义。

海德格尔要摒弃的是看待存在的那种科学、理性、逻辑的思维和眼光,其对艺术的理解并不是着眼于形式本身,在他那里,形式及构成形式的一切物性因素都来自"大地","大地"自我呈报,但又返身隐匿,因此它是无意

---

① 〔德〕海德格尔:《海德格尔选集》上册,孙周兴选编,上海三联书店1996年版,第254页。
② 〔德〕海德格尔:《海德格尔选集》上册,孙周兴选编,上海三联书店1996年版,第268页。

义的。艺术的价值在于它建构了一个属人的"世界",并产生意义。海德格尔所分析的是具象性的绘画,这种造型艺术本身就带有非常直观的叙事功能,能够给出"故事",构造"世界"。如果用海氏的理论分析书法呢? 又会遇到什么样的情形? 在书法中,笔、墨、纸、线条等物性因素会形成一个独立的时空,这个时空有着自己独特的运行法则。蔡邕《九势》中说:"唯笔软则奇怪生焉",一语道破书法的奥秘,正是因为"笔软",所以,运笔时才可以出现轻重徐疾、起伏伸缩、方折圆转等变化,线条才具备立体感、力量感、节奏感这些形式特征[①],只有具备这样的美学品格,线条才谈得上抒情与寓意。在古代书论家那里,甚至将线条与生命直接关联起来。如清初笪重光《书筏》中说:"字之立体,在竖画;气之舒展,在撇捺;筋之融结,在扭转;脉络之不断,在丝牵;骨肉之调停,在饱满。"[②] 再如包世臣《艺舟双楫》有言:"凡作书无论何体,必须筋骨血肉备具。筋者锋之所为,骨者毫之所为,血者水之所为,肉者墨之所为。"[③] 正因为线条本身具有生命的品性,所以,线条能够传达书写者的情感。孙过庭《书谱》谓:作书应"达其性情,形其哀乐",这两句虽然简洁,但却就线条的抒情性作了至关重要的区分:一是臻"达"固有的性格;二是"形"容一时的情感情绪。[④] 前者表明线条与书家性格气质和内在禀赋之间的一致性,具有一定的稳定性,只要悟性好、功夫到,最终水到渠成。而后者却不太容易,它要求书家用线条表达特定情景下瞬间的哀乐之感,以无法为法,打破自己一贯的审美定式,创造出韵味无穷、高妙绝尘的书法杰作,具有不可预期性和不可重复性。这只有伟大的书法家才能做到。

从线条独立的形式美感到它的生命感,再到线条的抒情性,似乎是由外而内,一步步走进书法的意义腹地。其实不然。尽管线条带上了生命性和情

---

① 参见陈振濂:《书法美学》,山东人民出版社 2006 年版,第 152 页。
② 潘运告主编:《清前期书论》,湖南美术出版社 2003 年版,第 154 页。
③ 古代关于书法与生命关系的论述不绝如缕,熊秉明将这类书法理论归为喻物派。见熊秉明:《中国书法理论体系》,天津教育出版社 2002 年版,第 21—26 页。
④ 参见陈振濂:《书法美学》,山东人民出版社 2006 年版,第 48—52 页。

感性，但它与"这一个"①作品的全部内蕴之间仍然有很长的距离。借助海德格尔的观点不难知晓，对于书法的深层意义而言，这个由线条等物性因素所构筑的审美时空仍然是自我闭锁的，它自我呈报，如此这般，我们无法真正仅从书写者所表现的点画、线条、结体、墨色、章法等形式上探知作者的内心世界。欣赏者与书家时空暌隔，从作品那里他只能捕捉到书写者情感变奏的"踪迹"，而背后的"所以迹"却早已隐遁了，所谓"羚羊挂角，无迹可求"。艺术家在书写的过程中，将自己对天、地、人的理解全部化约为抽象的线条，隐藏于线条的种种丰富性之中，线条就是书家表达自己的语言，但这类语言的能指（外在形态）与所指（情感与意义）以及二者的对应关系却始终隐没不彰。可以说，对于一件独立的作品而言，线条还属于海德格尔所说的"大地"。

那么，书法是不可理解的吗？书法经典的意义最终来自哪里？近三十年来，书学界一直在追问书法的本体，也就是追问书法最根本和最后是什么的问题。在这个过程中，有两个问题渐渐浮出了水面：一是线条，二是文字。如果书法的本体最终落实到线条，就会带出（审美）时空问题。但书法线条不同于绘画、雕塑等其他艺术的线条，它还有文字这个前提。前者犹如风筝与线，后者犹如牵线的手。现代书法主张放弃文字，认为文字是限制线条自由表达的障碍，最终引发了书学界关于书法本体以及未来命运的激烈讨论。当这些论争的迷雾逐渐散开，人们才越来越清醒地认识到，文字是书法不可或缺的载体，文字对于书法有如皮之于毛，"皮之不存，毛将焉附？"文字的重新出场使得我们有可能在线条所构成的审美时空之外发现另外一个时空，亦即"文化时空"。这一时空主要由文化因素（文字、情感、思想、个人遭际、历史等）构成，但这部分由于中国当代书法界长时间的审美偏执而变得若有若无，事实上它不可或缺。它将从两个方面对审美时空产生深刻影响：一是文字的识读对于线条审美表现力的增益之功；二是文字内容以及背后的文化背景对于作品意蕴的构成作用。前者涉及文化的历史"积淀"问题，后

---

① 黑格尔美学意义上的"这一个"，是一般与个别、普遍与特殊的统一。这里更强调其独一无二性。

者关联海德格尔所说的"世界"。"文化时空"在作品中开启了一个"世界","世界"产生意义,它与"审美时空"相辅相依,赋予它夺目的华彩。

我们可以举颜真卿的《祭侄稿》为例①,先说第一个问题。元代陈绎曾对该帖做过一番细读,我们先看他对文稿末几个关键字的分析:"'承'字掠策啄磔之间,'嗟'字右足上抢处隐然见转折势,'摧'字如泰山压底柱障,末'哉'字如轻云之卷日,'飨'字蹙衄如惊龙之入蛰,吁,神矣。"②陈绎曾的分析涉及笔画(承)、结体(摧)、笔势(嗟、哉、飨)等方面,这种分析为欣赏者寻绎书者的情感脉动轨迹指明了路径。但陈氏的诗性化解读是建立在识读基础之上的,准确地说,是建立在对该文字的原始构成(造字)以及对前代书家关于该字审美造型的种种丰富性的记忆基础之上的,唯有具备了关于该字的文字学的、审美的诸多"前理解",这种分析才能真正展开,才能在一个差异化的视阈中辨别出对象的诸种创新和独特之处。如果没有这种"前理解",真正的鉴赏就不可能发生。特别是在一些狂草作品中,识读总会诱引并催促着欣赏者暂时从线条的游走过程中抽身出来,它就像一张视觉盛宴的通行证,将有缘人请进来,而将凑热闹的挡在外面。

英国批评家克莱夫·贝尔认为:"在各个不同的作品中,线条、色彩的某种特殊形式或形式间的关系,激起我们的审美感情。这种线、色的关系和组合,这些审美的感人的形式,我称之为'有意味的形式'。'有意味的形式'就是一切视觉艺术的共同性质"③。如果仅从审美的角度来看书法的线条,贝尔的观点也是适用的。书法线条本身就是"一种有意味的形式",但是如果撇开文字学、书法学的种种历史积淀,这其中的"意味"就少了许多。正如有的学者所言:"人们在长期的审美积累中,在历史的审美心理机制的构成过程中,其实已深深地把对'义'的要求变成一种审美范畴的要求。"④换言之,正

---

① 有些人认为颜鲁公的《祭侄稿》在情感的抒发和线条的运用方面超过了《兰亭序》,就书品与人品的完美融合而言,这个作品堪称经典。艺品(书品、文品)与人品的关系很复杂,钱锺书曾有关于这两者关系的妙论。
② 卢辅圣主编:《中国书画全书》第6册,上海书画出版社1993年版,第206页。
③ 〔英〕克莱夫·贝尔:《艺术》,周金环、马钟元译,中国文联出版公司1984年版,第4页。
④ 陈振濂:《书法美学》,山东人民出版社2006年版,第123页。

是这种文化的历史积淀，才造就了书法线条不同于其他艺术线条的独特美感，它是线条审美意蕴的文化泉源。

第二个问题稍微复杂些。学界对书法线条的抒情性已成共识，一言以蔽之，曰：线条是书法家的心电图。自古以来，《祭侄稿》堪称典范，被书法史家看作"书法创作言志、述心、表情的绝构"，是作者"真挚感情浇灌出来的杰作，是心灵的奏鸣曲，是哀极愤极的心声，是血和泪凝聚成的不朽巨制"。[1] 熊秉明结合颜鲁公的性格和家国情怀来解读该作，更显真切：《祭侄文稿》"棱角倔强，粗细对比，涂抹重叠，写出时的心情是十分沉重的"。"在这笔墨狼藉的草稿中，我们应该读得出颜真卿刚毅正直的性格和他对家国之祸所感受的悲怆沉痛来。"[2] 以上都是从整体上对《祭侄稿》线条的抒情性进行概括，还不够具体。元代陈绎曾的一段解读应该是最早对该作进行实证分析的范例，为后来者更好地理解这一书法经典指明了道路："前十二行甚遒婉，行末循'尔既'字右转，至'言'字左转，而上复侵'恐'字，右旁绕'我'字左出至行端若有裂文，适与褙纸缝合。自'尔既'至'天泽'逾五行殊郁怒，真屋漏迹矣，自'移牧'乃改。'吾承'至'尚飨'五行，沉痛切骨，天真烂然，使人动心骇目，有不可形容之妙，与《禊叙稿》哀乐虽异，其致一也。"[3]

该段自"行末"至"缝合"，谈的是《祭侄稿》的章法问题，从"裂纹""与褙纸缝合"等字眼来看，更见出这是一个草稿。该作总共二十三行，对于前十二行，陈绎曾仅用"遒婉"两字概括，且不作分析。从"尔既"至"天泽"这中间六行显出"郁怒"之情，用笔犹如"屋漏痕"；自"吾承"到文末五行流露出来的则是"沉痛切骨"的情感，在审美特征方面自见"天真烂然"，给人以"动心骇目"的精神震撼，所以其美感效应有"不可形容之妙"。最后陈氏总结说，《祭侄稿》在情感的表达方面与《兰亭序》是一致的，只不过前者是哀，后者是乐。不难看出，陈绎曾在评论时有两条平行的思路：

---

[1] 朱仁夫：《中国古代书法史》，北京大学出版社1992年版，第279—280页。
[2] 熊秉明：《中国书法理论体系》，天津教育出版社2002年版，第93—94页。
[3] 卢辅圣主编：《中国书画全书》第6册，上海书画出版社1993年版，第206页。

一是情感，二是审美。在《祭侄稿》的三个部分中，这两条思路是一一对应的。在前十二行，由于主要涉及的是文稿的写作时间、作者及侄子的身份、作者对侄子的评价、颜氏家族平乱情况等内容，自幼接受忠孝庭训的颜真卿在书写这段文字的时候情感还比较平和冷静，行笔也不太快，在理性占上峰的情况下，书家的用笔风格自然就出来了：这部分可谓遒劲婉丽，苍中藏秀。中间六行写常山被围，太原尹王承业拥兵不救，致使颜杲卿父子及颜氏家族三十余人悉数被杀，作者心中愤激怨怒，郁结难遣，所以笔势雄奇，真力弥满，处处可见中锋之"屋漏痕"。最后五行写作者与侄儿的魂灵对话，颜真卿盼咐长侄泉明在河北、洛阳等地寻得兄侄骸骨而归，季明仅得一头，杲卿只剩脚骨，丧亲若此，可谓惨不忍睹，悲不自胜。陈绎曾写道："此帖作于泉明购尸还蒲之日，死生亦大矣。士大夫平居抵掌高议，视死宜若易然。观史及此帖，发肤有所不敢，遽忍残身至此耶？兄弟子姓骈首就死，岂易易哉。"[①]到这时，作者早已无意于书，信手涂抹，一任彻骨悲情在笔下自然流泻。所以，最后几行给人以率性天真之感，神采飞动，姿态横生，得自然之妙，所谓"无意于佳乃佳"。

就作品的内容（意义）而言，《祭侄稿》可分为三部分：前十二行、中六行、后五行。各部分传达的情感依次是平和—郁怒—悲痛，对应的审美特征或美感效应是"遒婉"—真力弥满（"屋漏迹"）—"天真烂然"（"动心骇目"、妙不可言）。陈绎曾的分析主要着眼于情感与审美形式两方面，深透且有层次，眼光是敏锐独到的。但是，如果细作一番考察，我们会发现作品的情感与审美形式之间的关系并非必然像看上去那样水乳交融，因为作者的情感先形式而存在，形式是受情感的驱使才随机出现的。而情感又来自作品的内容，准确地说是来自作者的人生遭际以及背后的历史事件（文化时空）。在作者为文的过程中，情感的具体样态是随着内容的展开而渐次变化的，平和、郁怒、悲痛早就蕴藏在文字之中了，就算不用书法去表现，情感也是存在的。

---

① 卢辅圣主编：《中国书画全书》第 6 册，上海书画出版社 1993 年版，第 206 页。

陈绎曾解读《祭侄稿》，首先要做的工作就是识读[①]，在识读过程中，文字和意义被激活了，它将读者带到那个独特而深广的历史时空之中，在与作者的对话交流中形成强烈的心理共鸣。在此基础上，作品的用笔、线条、墨法、章法等形式因素才依次被纳入考察的视野，才发现这些形式与作品的意义及情感是如此的密契无间，相辅相依。如此，我们可以这样推测：陈绎曾在直面作品时，首先进入他视野的是作品的形式整体，但他不是直接从形式方面去寻找情感的轨迹（因为形式属于"大地"，是自行闭锁的），而是先从文字内容及意义（世界）中获得有关情感的信息，再反过来结合形式因素进行论证，他这种解读无疑是非常稳当妥帖的。我们可以比较一下书家与鉴赏家完成作品（创作与欣赏）的不同路线。对于作者来说，其创作的路线是这样的：（由人和事所诱发）情感—（付诸文字）意义—（付诸纸笔）形式—意境（无意于此，自然天成）；对于鉴赏者来说，读解的路线则稍有不同：（首先直面作品）形式—（求诸文字内容）意义—（循义索情）情感—（带着理解了的意义和情感返回）形式—意境（力图整体把握作品）。

《祭侄稿》作为展现颜真卿特定时期情感变化的"心电图"，应具备以下几个条件：首先，书写内容概从己出，文字本身就包含了丰富的情感，郁积于心，形成情感的高位势能，不得不发，但遇纸笔，尽数泻出。其次，表现形式是草稿。作者无意于书法，随意涂抹，不拘法度，但求抒发内心情感，所以妙笔频出。元代张晏说："告不如书简。书简不如起草。盖以告是官作。虽端楷终为绳约。书简出于一时之意兴，则颇能放纵矣。而起草又出于无心，是其心手两忘。真妙见于此也。"再次，书体为行草，如果用篆、隶、楷等书体，则不太容易表现情感的细微变化。最后才是用笔、用墨和章法等问题。不独是《祭侄稿》，《兰亭序》《黄州寒食诗帖》等也是这样的，其形式在很大程度上受内容（情感与意蕴）的支配。试想，如果用《祭侄稿》的笔法线条去书写《兰亭序》，或者反过来，情形会怎么样？我们不得而知。

综上，书法经典的形成不仅仅取决于精湛的表现技法，还需要文字背后

[①] 也有可能识读工作前人早就完成了，他所做的只不过是对照作品进行校读。

的有关生命、历史、宇宙的文化意蕴的支撑。从某种意义上来说，书法是书写者与宇宙天地打交道的"感官"，是身体的一种艺术化延伸，他必须用书法来言说、倾听。这就决定了书法时空的二维性，它既是审美的，又是文化的。就书法的一般形态而言，审美时空处于优先地位；但就书法的理想形态而言，文化时空可能更为重要。因为，正是特定的历史事件和个人遭际，促成了书法经典的诞生，可以说，没有安史之乱和颜氏家族戮力平乱并罹难，就没有《祭侄稿》。相比较而言，审美时空出现在"技"的层面，它可以通过个体的技艺习得被传递，在一定程度上可以重复。而文化时空则出现在"事"的层面，它全然是即时性的，不可重复的，因此是独一无二的。书法经典是"技"与"事"之会，是审美时空与文化时空的完美契合，在这个过程中，特定的历史时间、个体生命的情感时间经由线条运动时间展露出来；历史空间、社会空间、个体的意义空间也与线条所"界限"的形式空间保持某种一致性，因此，"大地"与"世界"同时在场，书法经典的"作品性"也就被确立了。

在"展览时代"，虽然书法的本体意识高度自觉，也出现了许多高水平的书法家，但那种具有时代性、独一性、高妙超迈的书法经典却始终没有出场，究其原因，关键在于当代书法过于执着审美的自我确证，而忽视了文化对于书法本体确立及意义生成的重要性。我们从时空的角度切入能更清楚地说明这个问题。综上可知，书法经典实际上是审美时空与文化时空的交汇，前者保证了作品技术的精湛，从而在审美层面赋予作品以无限的魅力；后者则从历史的深广性、个体生命的可感性赋予作品以丰富的意义。随着现代印刷技术的发展，使得现代人可以通过名帖复制品直面古人的书写技术，并且通过实证性的分析训练，接近或达到古人的技术水准。也就是说，书法的"审美时空"是可以通过习得方式被"复现"出来的。但是，作品的"文化时空"则由于其唯一性和不可重复性而永远停留在那个特定历史时空的交汇点上，这就为每一个时代书法经典的创造者提出了一个难题，那就是：书法家既要矢志不渝地传承前人的所有技法并进行创新，又要敏锐地把捉时代的精神脉搏与文化气息，用线条去自由地表达、抒发独特的生命感受，并打动每一个"后之览者"。所以，"文化时空"并非一成不变，它随着时代的变迁而不断被刷新。

从书法史的角度来说，书法活动的目的应该是造就出"一个时代之书法"，它必须由体现时代精神、代表国家气象、彰显文化身份、延续民族血脉的书法大家来实现。当代书法界有必要转换自己的思考路向，从过去那种书法审美本体的理论求证和技术实践中抽身出来，转向对书法的文化功能与价值生成问题的思考。只要书法还书写汉字，除了它的"审美时空"外，它还应该存在一个独一的"文化时空"。我们不妨拿中国当代流行音乐做个参照。（音）乐与书（法）同为古代"六艺"之一，两类艺术的发展历史都很悠久。但与音乐不同的是，近百年来，书法基本上进入到了一个没有经典（文本）的时代，而音乐却能创造出一个又一个经典，特别是20世纪下半叶的流行音乐作品，几乎可以按时代进行分类：60后、70后、80后、90后。究其原因，除了作品本身所具有的独创性旋律，还与每个作品所反映的特定时代的人和事是分不开的。正是因为作品唱出了那个时代人们共同的心声，与时代一起脉动，作品才可以被沉淀为经典。也就是说，当代音乐是"技"与"事"之会，是"审美时空"与"文化时空"的融合。当然，音符、旋律等音乐元素的抒情功能是无声的线条所难以企及的，其与本身就具有抒情叙事功能的文字相结合，造就经典的可能性应比书法要大得多。但这个事实并不能成为书法经典长期缺席的借口。当代一些有实力的书法家尽管在书写技法方面有自己的独到之处，但书写的内容却毫无创新可言，一概照搬古人的诗词、书论等名篇佳什。蔡邕《笔论》有言："书者，散也。欲书先散怀抱。"[1] 一般都将"散"理解为"排遣"，即书写要先散心，放纵性情。但这里的"散"还可以理解为"敞开""抒发"，这就与排遣烦心杂念大不相同了，作书者首先要有自己的"怀抱"，或是远大的理想抱负，或是高迈的人生境界，或是至真至纯的情感，郁积于胸，借书而散。如果本无"怀抱"，何以"散"之？当代书写者碰到的问题是，书写的技法在自己的指腕之间（手），但"怀抱"（心）却是古人的，古人的"怀抱"没有被书者真正接纳和领会，结果勉强"以一己

---

[1] 潘运告编著：《汉魏六朝书画论》，湖南美术出版社1997年版，第43页。

之手，写古人之心"，"技"与"事"被强扭在一起，审美时空与文化时空两相乖离，自然也不可能产生书法经典了。

尽管当代"去经典"的喧嚣声不绝于耳，然而，经典之火并不那么容易熄灭，如果经典真的是为了战胜遗忘而产生的一门"记忆的艺术"（布鲁姆语），那么，"死去"的经典也会在有朝一日重新"活来"，参与到当下的文化生活当中去。

就书法而言，我们不仅要"回归经典，走进魏晋"[①]，而且更要创造属于我们这个时代的书法经典。只有回归并不断努力创造出新的时代经典，书法才会顽强地活着。书法是中国文化的一抹灵光，书法活着，就是中国文化的精神活着。

第三节 山水画的空间形式及其思想渊源

在中国古代造型艺术中，绘画与文人的关系最为密切，尤其是山水画，更是历代翰墨圣手必然修习的艺术功课。山水画所开启的艺术胜境使得无数鉴赏者为之手不释卷、驰情动神。那么，这一山水境界包含了哪些时空意蕴？山水画的主要空间形式包含哪些因素，其产生的思想渊源又有哪些？本节主要在前人研究的基础上，对山水画的空间问题进行深度探析，以增进对该问题的理解。

一、山水画空间美感的时间性诠释

展卷进入古人的山水世界，无往不是高古、清旷、安闲、静谧、可居可游的世外之境，这种超脱尘表的美丽空间让览者心驰神往。然而，中国山水画为何具有如此大的魅力？山水画之所以让人为之动容，不仅仅是因为艺

---

① 北京大学中文系王岳川教授认为，当代中国书法应该遵循这样的原则："回归经典，走进魏晋。守正创新，正大气象。"这十六个字为书法的未来发展指明了方向，值得书法界重视。

术形式所达到的美学高度,而且还导源于这些形式所虚构的独立时空。苏珊·朗格认为,艺术以其形式因素虚构一个生命幻象,绘画建构的是虚幻的空间,音乐则创造一段虚幻的时间。①在这个独立的时空当中,艺术实践主体会暂时从现实的世俗时空中抽身而出,共享这个符号世界中的自由。德国艺术理论家沃林格认为,原始艺术存在摹仿与反摹仿的差异,这一差异主要导源于对空间存在"信赖"或"恐惧"的民族艺术心理。他认为,东方民族对自己的视觉没有信赖,空间模糊或不确定,对空间存在"恐惧"感。因此,艺术空间则表现出抽象的特点。正是出于对安定的需要,他们将外在世界的单个事物从变化无常中抽离出来,以抽象的形式使之永恒,从而获得幸福的满足感。西方自古希腊以来就对自身把握三维立体空间表现出高度自信,因此衍生出注重形似的艺术摹仿传统。②与西方风景画中所呈现出来的静穆空间不同,中国山水画将时空打并一气,在阒旷幽眇的山水空间背后,暗涌着天地大化的无限生机。细作甄别,中国山水画的空间美感主要源自三个方面:永恒感、音乐感、真实感,这恰是时间绽出的具体样态。

(一)永恒感

英国汉学家苏立文在为西方读者介绍中国山水画时说到,中国山水画中那种自然生动、宁静平和的气氛在其他民族的艺术中是不多见的。对于西方读者来说,有一点难以理解:山水画的题材多半是云雾缭绕的山景,或是文人依山观瀑、临水垂钓之类的题材。而且观者反复接触这样的画作并无厌恶感产生。③这一点符合中国山水画的事实。千百年来,山水画的题材内容几乎

---

① 参见〔美〕苏珊·朗格:《情感与形式》,刘大基等译,中国社会科学出版社1986年版,第5—10章。
② 参见〔德〕沃林格:《抽象与移情——对艺术风格的心理学研究》,王才勇译,辽宁人民出版社1987年版,第15—25页。事实上,沃林格的观点有些"东方主义"的色彩,只能部分地解释中国山水画空间构成的心理根因。东方民族国家尤其是中国自古以来对时空就有着独到的领会。中国画中的抽象形式并不能成为中国古人对世界抱有"空间恐惧"感的注解。相反,在《周易》、老庄、佛禅的思想视域中,山水空间恰恰是古人亲近、参悟、超越的对象。中国山水画的笔墨形式虽然抽象,却涵摄了巨大的精神空间。
③ 〔英〕迈珂·苏立文:《山川悠远:中国山水画艺术》,洪再新译,上海书画出版社2015年版,第2页。

没有太大变化。但从画面内容上，我们无法判断作者所表现的是哪个历史时代的现实图景，是唐代、宋代？还是更久远的时期？也就是说，中国山水画所表现的不是某一个历史瞬刻的时间点，不是特定的某个历史场景，而是抽象的、一般的自然景貌。山水画的叙事性不强，而抒情性颇为突出。但中国山水画家所抒发的，不是那种血脉贲张、呼天抢地式的情感，而常常是静谧闲适、淡不可收的自然至情。表现在山水画中，就是永恒（静）的生命体验。可以说，"静"（永恒）是山水画的独特美学品格。这实际上是一种当下即永恒的时间体验[①]，是对不断迁逝的"流俗时间"的对抗与超越。展卷游观，一任心目徜徉在迥异于现实尘寰的山山水水之中，自己仿佛被带入一个杳渺难踪却是魂牵梦追的所在。此刻，现实时间停滞了，审美时间却在悄悄地绵延，观者流连忘返，被遗落在天荒地老的山水一隅。

然而，山水画中的"永恒"不是绝对的"无时间"，而是以"审美时间"置换了流俗的现实时间。这种净化了的"审美时间"渗透到山水画的形式肌理之中，表现为与宇宙的生气节奏同律合拍的"音乐感"。一方面是静谧永恒；另一方面是生机跃动，两者看似矛盾却在山水画中契合无间，水乳交融为一片生气葱郁的时空至境。宗白华说："画家在画面所欲表现的不只是一个建筑意味的空间'宇'而须同时具有音乐意味的时间节奏'宙'。一个充满音乐情趣的宇宙（时空合一体）是中国画家、诗人的艺术境界。"[②] 苏立文也充分注意到山水画审美中的音乐感："作为纯审美活动，欣赏中国山水画，就仿佛我们欣赏音乐。绘画的气氛和色调、书法线条的律动、画家的笔墨技巧，还有那逐渐展开的山水长卷，使我们能在这时空统一体中进行活动，这就具有某种音乐的效果。"[③] 可见，山水画具有音乐感已是一种学术共识。但需要

[①] 朱良志认为，艺术家这种"山静日长"的时间体验表现于中国画中，就是一种"永恒感"。这个问题很玄妙，但在中国画家的笔下又很具体，这其实是一种真实的人生感受，我们用心体会，一定能感受得到。反之，如果不了解中国画家对永恒的追求，可能就有很多画读不懂。参见朱良志：《生命清供：国画背后的世界》，北京大学出版社2014年版，第59页。

[②] 宗白华：《艺境》，北京大学出版社1987年版，第209页。

[③] 〔英〕迈珂·苏立文：《山川悠远：中国山水画艺术》，洪再新译，上海书画出版社2015年版，第2—3页。

注意的是，山水画毕竟是主要诉诸视觉的空间性艺术，说它具有"音乐感"不等同于可与音乐的时间性相提并论。相对来说，书法（尤其是草书）比绘画更接近音乐。因为书法的线条是一维性的，书写只能在时间性进程中一次性完成，其用笔所呈现的"凹凸之形"具有较强的表象塑形功能。有意思的是，与之同源的绘画在模写自然物象的同时，却在寻求更为抽象的表达形式。绘画要写意，必定要借助书法的技法。

（二）音乐感

正是这种追求抽象形式表达的冲动成就了山水画的音乐感。画家以抽象写意的线条笔墨来表现自然景貌，从一开始就远离了对真山实水进行客观复制的路径，从而将画面空间从视网膜成像后的"逼真幻象"转向一种写意性的、活泼泼的"灵的空间"[①]。《宋书·列传·隐逸》载：宗炳"好山水，爱远游，西陟荆、巫，南登衡岳，因而结宇衡山，欲怀尚平之志。有疾还江陵，叹曰：'老疾俱至，名山恐难遍睹，唯当澄怀观道，卧以游之。'凡所游履，皆图之于室，谓人曰：'抚琴动操，欲令众山皆响'"[②]。关键是最后一句：山何以能响？在宗炳的妙喻中，暗含着有关山水与音乐关系的何种深切体悟？这里的"众山"不是真实的山水，而是山水画。宗炳要借助这些画作游而观之，澄涤襟怀，了悟大道。那如何游，如何观呢？宗炳《画山水序》谓："身所盘桓，目所绸缪。"[③]"盘桓"即"盘旋"，曲折回绕之意。"身所盘桓"亦即观者不是站在某个固定的地点看，而是随着山水景色的自然延展移步进行打量的。观者不仅要亲身踏遍山南水北，而且还要移情山水，细作观瞻品味。此即"目所绸缪"。按《说文解字》："绸，缪也。"[④]《诗经·唐风·绸缪》云："绸缪束薪，三星在天。"《毛诗诂训传》注曰："绸缪，犹缠绵也。"[⑤]

---

① 宗白华认为，中国绘画、书法所营造的都是一种"灵的空间"，参见宗白华：《艺境》，北京大学出版社 1987 年版，第 105 页。
② （梁）沈约：《宋书》，岳麓书社 1998 年版，第 1278 页。
③ 俞剑华：《中国古代画论类编》，人民美术出版社 2007 年版，第 583 页。
④ （汉）许慎：《说文解字》，（宋）徐铉校，中华书局 1963 年版，第 277 页。
⑤ 《毛诗正义》，李学勤主编：《十三经注疏》，第 388 页。

可见，绸、缪同义，属于"叠韵连绵字"①，本义为缠绕，引申为稠密、稠沓。所谓"目所绸缪"，就是以稠集密切的目光对物象进行反复的逡巡流连，而不是直视向前、一往不返。画家将自己亲身所至、亲眼所见的自然物貌收并一处，"度物象而取其真"②（荆浩《笔法记》），经一番对位置布局的"惨淡经营"，最后编织成一幅与琴合操、和响共鸣的动感山水画。这样造就的山水世界，"趋向着音乐境界，渗透了时间节奏。它的构成不依据算学，而依据动力学"③。

宗白华先生在论析绘画空间时，一再着意于中西比较："用心灵的俯仰的眼睛来看空间万象，我们的诗和画中所表现的空间意识，不是象那代表希腊空间感觉的有轮廓的立体雕像，不是象那表现埃及空间感的墓中的直线甬道，也不是那代表近代欧洲精神的伦勃朗的油画中渺茫无际追寻无着的深空，而是'俯仰自得'的节奏化的音乐化了的中国人的宇宙感。"④从宗先生饱含深情的文字中，不难发现其对中国绘画艺术的偏爱。但客观地讲，中西绘画艺术不好作价值高下的区分，其空间形式的不同实际上根源于中西方文化对"真""虚""幻"等概念理解上的差异。

（三）真实感

自古希腊以来，西方文化对"真"的理解一直建立在科学理性的基础之上。在主客二分的哲学背景下，"真"属于传统知识论的范畴。所谓"真"，就是指某事物存在的可靠性与可证性。而真理则是指知与物的符合，即"陈述"与"事情"之间的一致性。那么，主体如何判断对象是否"真"呢？一是通过"看"（闻见感知），二是通过"思"（逻辑分析），后者建立在前者基础之上。所以，视觉感知成为判别事物是否存在的重要依据，西方的科学理性大厦就建立在这个"眼见为实"的坚实地基之上。科学实验中各种"看"

---

① 王力主编：《王力古汉语字典》，中华书局2000年版，第930页。
② 俞剑华：《中国古代画论类编》，人民美术出版社2007年版，第605页。
③ 宗白华：《艺境》，北京大学出版社1987年版，第210页。
④ 宗白华：《艺境》，北京大学出版社1987年版，第203页。

的工具（望远镜、显微镜等）其实就是肉眼的延伸。西方的艺术与科学有着千丝万缕的联系。既然绘画从建筑、雕塑脱胎而来，那就不可避免地受其空间观念的影响。西方的建筑空间与同时期的哲学、科学等密切相关。绘画空间追求视网膜成像后的逼真感，所营造的画面如梦如幻，观者若可走进。清代画家邹一桂初次接触到西洋画很不适应："西洋人善于勾股法，故其绘画于阴阳远近不差锱铢。所画人物、屋、树，皆有日影。其所用颜色与笔，与中华绝异。布影由阔而狭，以三角量之。画宫室于墙壁，令人几欲走进。学者能参用一二，亦俱醒法。但笔法全无，虽工亦匠，故不入画品。"[①]中国绘画营造空间也要去"看"，但主要不是用"肉眼"，而是用"心眼"观之，因为中国绘画所要表现的"真"不是视觉真实，而是流布于天地之间的自然真实与生命真实。那么，中国古人如何理解"真"呢？

《说文解字》曰："真，仙人变形而登天也。"[②]段玉裁《说文解字注》云："此真之本义也。……变形故从匕目。独言目者，《道书》云：'养生之道，耳目为先。'耳目为寻真之梯级。"[③]日本美学家笠原仲二在许慎的神仙思想基础上对"真"的含义作了详尽的发挥："'真'象征着人们摆脱尘累而升华到无碍的天空（即自己生前的故乡、生命的本源、自由的世界）的愿望或这种愿望达到后的喜悦，也就是说，它象征着人们把自己有限的生命向无限的生命归投（解脱）的憧憬、理想或这种理想实现后的快乐。如果许慎对'真'的解释可以这样解释的话，那么，中国正统的绘画艺术的究极理念，正是力图在自然万象（包括人类）所具有的美之中，寻求、发现这种意义上的'真'，并把它形象地表现在画面上。"[④]笠原仲二认为，经过道家的发挥，"真"具有形而上的含义，成了创造一切事物的无始无终、永劫不灭的生命体，是究极的创造者，是宇宙本原的生命。这个"真"与"理"同义。而这里所说的"理"不是道理、伦理，也不是条理、法则，而是"生成天地万物的最究极、

[①] 叶朗等主编：《中国历代美学文库·清代卷》，高等教育出版社2003年版，第340页。
[②] （汉）许慎：《说文解字》，（宋）徐铉校，中华书局1963年版，第168页。
[③] （清）段玉裁：《说文解字注》，上海古籍出版社1988年版，第384页。
[④] 〔日〕笠原仲二：《古代中国人的美意识》，魏常海译，北京大学出版社1987年版，第127页。

最本原的实在","它内在于天地万物以及人类之中,规定着天地万物和人类的各自形态,使它们只能如此而不能如彼,使它们呈现不同的姿相、各种艺术性的美"。①

需要说明的是,中国绘画的"真"不是借助客观的、可见的"实"去表现,也不是依靠可见的"幻"去显示,而是借助不可见的"虚"去呈现。中国绘画尤其是山水画所要表现的,是一个完整的、具有无限创造之功的生命本体,正如程抱一先生所言,中国"绘画的目标并不在于作为单纯的审美对象;它力求成为一个小宇宙;这个小宇宙,以大宇宙的方式,再造一个敞开的空间,在那里,真正的生活成为可能"②。程先生的观点与苏珊·朗格的生命幻象说有相通之处,但更强调天(大宇宙)人(小宇宙)之间的沟通。韩拙《山水纯全集》序云:"夫画者,肇自伏羲氏画卦象之后,以通天地之德,以类万物之情。……古云:'画者圣也。益以穷天地之至奥,显日月之不照。挥纤毫之笔,则万类由心;展方寸之能,则千里在掌,岂不为笔补造化者哉?'"③在古人看来,绘画可以呈现万物的情状景貌,沟通天地的德性。而且,在画家的笔下,还可以随心调度,自由地表现天地自然所未能彰显的东西,以纤毫之笔补造化之不足。所谓"万类由心""千里在掌",即是突出画家这一艺术主体在沟通天人中的重要意义。因此,山水画家不是在"实"而是要在"虚"字上下足功夫。因为"通过虚,人心可以成为自身和世界的尺度或镜子,因为由于人拥有虚并与元虚相认同,他身处意象和形体的源头。他捕捉空间和时间的韵律节奏;他掌握转化的规律"④。"虚"不仅是某种心理功能的具体运用,而且还是天地宇宙所秉持的自然德性,它促使时间与空间的相互转化。只有"虚"才能真正揭示隐藏在山水自然中的生命本真,也只有采用"虚"的方式,才能使得人解放自己,徜徉于天地之间,出入于时空之中,最终觅得宇宙自然与生命的奥义——真。可以说,中国山水画空间不是建立在通常意义的"真实"基础之上,而是以"真虚"为根本法则。这

---

① 〔日〕笠原仲二:《古代中国人的美意识》,魏常海译,北京大学出版社1987年版,第113—114页。
② 〔法〕程抱一:《中国诗画语言研究》,涂卫群译,江苏人民出版社2006年版,第340页。
③ 俞剑华:《中国古代画论类编》,人民美术出版社2007年版,第661页。
④ 〔法〕程抱一:《中国诗画语言研究》,涂卫群译,江苏人民出版社2006年版,第333页。

与西方绘画建基于视网膜幻象的线性透视空间迥然有别。王微《叙画》云："夫言绘画者，竟求容势而已。……目有所极，故所见不周。于是乎以一管之笔，拟太虚之体；以判躯之状，画寸眸之明。"① 正因为"目有所极"，"所见不周"，所以中国山水画不寻求眼前这种虚幻的有限空间，而是以一管追光摄影之笔，拟写天地之虚，借自然之"容势"呈露宇宙间无尽的勃勃生机。

二、山水画空间的形式要素

以上所述的"永恒感""音乐感""真实感"，实际上是审美主体从山水画空间中所获得的独特美感。但这种美感不可能凭空产生，它建立在绘画文本的形式要素基础之上，主要包括笔法、墨色、视域、境界等方面，这些形式要素共同作用，规约着山水空间的最终生成。

山水画空间的第一个形式要素是笔法。由于书画创作都使用毛笔，尤其是写意性的文人画，一支毛笔既画画又写字。这就决定了中国画与书法在用笔上具有"孪生相似"性。蔡邕说"惟笔软则奇怪生焉"②，道出了毛笔在线条造型能力和情感表现功夫方面的优势。画家创作题签时，多半用"写"，可见两者是相通的。不过，绘画之"写"与书法之"写"的具体内涵不同，前者强调物象景貌与情感心境之间的关联，但仍脱不开对"象"之物理的把握，要做到"似与不似之间"；书法的"写"则抽象得多，因为文字符号本身就已然远离了图像。书法要做的，就是以极为简单的线条进行"造像写势"，《说文解字》云："书者，如也。"③ 因此，书法有一种返回子宫（图像）的内在冲动④；而绘画正好相反，它要追求抽象，但却无法挣脱图像的束缚。高明的艺术家便会在这两者之间寻求一个恰当的结合点。绘画要用抽象的线条写出天

---

① 俞剑华：《中国古代画论类编》，人民美术出版社 2007 年版，第 585 页。
② 蔡邕：《九势》，上海书画出版社编：《历代书法论文选》，上海书画出版社 1979 年版，第 6 页。
③ （清）段玉裁：《说文解字注》，上海古籍出版社 1988 年版，第 117 页。
④ 一般都认为"书画同源"，但从实际情形看，图画比书契更早，应是"画为书源"。结合书法的字形、体势等方面可以见出，书法早期就存在模仿自然物象的倾向（象形），到后阶段虽然逐渐抽象化，但其中的取象意识仍然很突出。参见陈方既：《中国书法美学思想史》，河南美术出版社 2009 年版，第 23 页。

地的自然之势，呈现出宇宙的氤氲元气。这里的线条就不是普通的墨色线段，而是象征自然物象的符号形式，"竖划三寸，当千仞之高；横墨数尺，体百里之迥"①（宗炳《画山水序》）。所以，"笔画不是没有立体感的一道线条，也不是形体的简单轮廓；……它的目标在于摄获事物的理——'内在纹理'，以及激荡事物的生气。……通过其粗细、浓淡、行止，笔画既是形体又是色调，既是体积又是韵律节奏，它暗含了建立在手法简洁基础上的稠密，以及人全部的内心冲动。它通过自身的统一性，解决了每个画家都体验到的素描与色彩、再现体积与再现运动之间的冲突"②。山水笔画既是抽象的，又是具象的。它就像一只硕大的符号空筐，装载着恍兮惚兮的宇宙万象：勾勒皴擦，骤见山势崚嶒；晕染烘托，尽显水色空濛；随笔点苔，放眼春机一片；着意留白，恰是水远天高。

山水画空间的第二个形式要素是墨色。在绘画中，用墨和用笔是连体的，这比书法中更为重要。因为，在绘画中，用墨肩负着表现自然物象的色彩与层次的重任。中国山水画色彩经历了青绿、浅绛、水墨三个过程，自唐代王维开始，山水画基本上奠定了水墨的发展路向。张彦远《历代名画记叙论·论画体》谓："夫阴阳陶蒸，万象错布。玄化亡言，神工独运。草木数荣，不待凡碌之采；云雪飘飏，不待铅粉而白。山不待空青而翠，凤不待五色而绰，是故运墨而五色具，谓之得意。意在五色，则物象乖矣。"③"五色"（"五彩"），指焦、浓、重、淡、清或浓、淡、干、湿、黑这五种墨色层次④。张彦远这里所说的"玄化"很重要，就色彩而言，所谓"玄"就是"黑"，为什么阴阳玄化出万物的色彩，不需要其他各种颜色去装点修饰呢？徐复观先生认为，山水画是从画师的精神通过其指头放光而生出，生出以后之山水有五色；但能生此五色之色却是"玄"，"玄"乃五色得以成立的"母色"。中国

---

① 俞剑华：《中国古代画论类编》，人民美术出版社 2007 年版，第 583 页。
② 〔法〕程抱一：《中国诗画语言研究》，涂卫群译，江苏人民出版社 2006 年版，第 342 页。
③ 俞剑华：《中国古代画论类编》，人民美术出版社 2007 年版，第 37—38 页。
④ 也有人在"五彩"上加上"白"，合称"六彩"，清代布颜图《画学心法问答》谓："墨之为用其神矣乎，画家能夺造物变化之机者，只此六彩耳。"参见俞剑华：《中国古代画论类编》，人民美术出版社 2007 年版，第 195 页。

山水画之所以以水墨为统宗，这是与山水画得以成立的玄学思想背景及由此种背景所形成的性格密切相关的，并不是说青绿色不美。他特别指出："这种玄的思想所以能表现于颜色之上，是由远处眺望山水所启发出来的，因为由远处眺望山水，山水的各种颜色，皆浑同而成为玄色。"① 徐复观将庄学精神落实到山水画的色彩上。山水画不选择"随类赋彩"的青绿色，而选择"玄"（墨色），根本原因是其发源于庄子的"玄远"精神。这与庄子在《逍遥游》中借大鹏之口所发出的天问"天之苍苍，其正色邪"② 有隐微而紧密的关联。唐成玄英疏曰："仰观圆穹，甚为迢递，碧空高远，算数无穷，苍苍茫昧，岂天正色！然鹏处中天，人居下地，而鹏之俯视，不异人之仰观。人既不辨天之正色，鹏亦讵知地之远近！"③ 大鹏抟扶摇而上九万里高空，仰观俯瞰定是苍茫一片，这正是宇宙的"玄"④ 之本色。因此，这一视界的开拓为山水远眺的"游观"方式奠定了基础，同时也影响了山水画色彩美学的最终确立。

　　山水画空间的第三个形式要素是视域。中国山水画中的视点是移动的，整个画面空间是组合的，而不是现场的；是主观构想的，而不是纯客观模写的。因此，山水画空间往往呈现出多个视点共同组合而成的有机统一的范围域。当然，有些人过分地强调中西方绘画空间的差异，认为中国山水画完全是想象的，没有客观的成分。甚至一说到"透视"，就认为与中国山水画无关。这种观点不利于我们真正理解山水画空间。"透视"是在平面或曲面上描绘物体的空间关系，包括空间感与立体感。也就是说，不管透视的效果如何，只要在平面上呈现了物体的三维性空间，就算是透视。山水画中的"远映"法、"三远"法、"以大观小"法都用到了透视原理，只不过与西方的焦点透视相比，物体之间的空间对比关系不甚强烈鲜明。中国古代尽管没有建立像西方那样的透视学，但并不表明没有透视经验以及这一视觉经验在绘画

---

① 徐复观：《中国艺术精神》，华东师范大学出版社 2000 年版，第 155 页。
② （清）郭庆藩：《庄子集释》第一册，中华书局 1961 年版，第 4 页。
③ （清）郭庆藩：《庄子集释》第一册，中华书局 1961 年版，第 6 页。
④ 从色彩学角度而言，"玄"指黑中带红。"玄"也用于指天，主要为黑色。《周易·坤》："天玄而地黄。""苍苍"指的是深蓝色，是大气层反射太阳光中波长较短的蓝光所致。外太空则是一片玄色。参见王力主编：《王力古汉语字典》，中华书局 2000 年版，第 707、1088 页。

上的运用。只不过西方是"实用",而中国古代是"意用"。宗炳《画山水序》云:"张绡素以远映,则昆、阆之形,可围于方寸之内。"①宗白华认为这就是西方的透视法。②从方法论的意义上说,山水画视域的详明要等到宋代以后。郭思《林泉高致·山水训》有言:"山水大物也,人之看者须远而观之,方见得一障山川之形势气象。"③在实际的山水审美中,唯有远观才可以"容势",因此在绘画中,亦必须将这种由远观而得的形势气象呈现出来。沈括在《梦溪笔谈》中提出"以大观小"的山水空间透视法,认为这样可以打开一个更为开阔的视域。有学者认为,所谓"以大观小"亦即"近推远",就是在观察时,设想将近处的景物推到远处去看,这样就把近处所见物体的那种透视变为远处的透视,使其入画时,在视角的距离变化上不会相差太大。④这一理解有两点非常关键:一是"设想",二是缩小物象之间的距离差。因为古人没有现代的相机、摄影机等拍摄设备,不可能真的将眼前的物体推远去看,只能是在心中"设想"。但"设想"必须建立在真实的"远观"基础上,也就是说,画家此前应该已经在远处看过此山或类似的山。但是,即便如此,还无法解释沈括所说的"重重悉见":"见其嶕谷间事""见其中庭及后巷中事"⑤。所以除了"以大观小",还应有"以小观大",亦即"远拉近"。所谓"远拉近","就是将较远的景物拉到画面前,甚至有的将它拉到画面的第一层的位置。不但对屋宇、人物如此,对岩石、山冈有时也如此。不过这种自远拉近,不是变化它的远近透视,而是在它的原有的远透视上,象用望远镜那样的看,使其入画时,可以细致些。……这也叫做'以小观大'。"⑥应该说明的是,这里的"近推远""远拉近"都是在想象中完成的,是画家营构画面时对全幅空间位置的调度。在这一过程中,登高望远、俯瞰遍览的视域非常关键。此外,郭熙、韩拙等人提出的"三远"说,也与山水画的视域相关联。

---

① 俞剑华:《中国古代画论类编》,人民美术出版社2007年版,第583页。
② 参见宗白华:《艺境》,北京大学出版社1987年版,第107页。
③ 俞剑华:《中国古代画论类编》,人民美术出版社2007年版,第632页。
④ 王伯敏、童中焘编著:《中国山水画的透视》,天津人民美术出版社1981年版,第15页。
⑤ 俞剑华:《中国古代画论类编》,人民美术出版社2007年版,第625页。
⑥ 王伯敏、童中焘编著:《中国山水画的透视》,天津人民美术出版社1981年版,第15—16页。

如前所述，决定山水画美感的因素包括永恒感、音乐感、真实感等方面，落实到空间形式层面，表现出山水画空间的第四个形式要素——某种独特的境界。境界根源于生命与生气，有生命生气即有境界，此即古人所说的"气韵生动"。在绘画空间的形式要素之中，笔墨最为基础、视域次之、境界最高。从审美创作来看，首先要解决笔墨的技法问题，再考虑视域，在这个基础上再追求境界的实现。但从审美赏鉴的角度看，次序正好相反：观者首先被满纸云烟的生动气韵所打动，由此再转向山水、烟云、树木、屋舍、道路、人物等物象的位置布局以及整个视域空间，依次再细化到对勾、擦、皴、染等笔墨技巧的分析与品鉴。朱良志认为，境界是绘画的精神氛围，是由绘画形式结构所体现的整体气息，也是决定一幅画成败的关键。画境有很多类型：空灵、韶秀、清逸、混莽、苍古、萧疏、荒寒、烟润等，都是生命精神在绘画中的具体体现。[①] 在绘画艺术中，由于境界与空间的关系极为密切，所以境界既是形而上的，也是形而下的；既是艺术理想的直接呈现，也是艺术形式的一个重要组成部分。可以说，在绘画中，艺术理想就包含于绘画空间的形式要素之中。尤其是山水画，"气韵生动"既是境界，同时也是形式。

三、山水画空间形式的思想渊源

在面对山水画文本时，我们可以根据画境给人所带来的审美效应做一些大致的区分：高古、清旷、萧疏、幽眇、淡寞等。但这种区分的美学意义不大，因为每个欣赏者都会产生不同的美感，即使面对同一幅画作，在不同的情形下也会产生不同的审美感受。因此，要想对山水空间进行类型学的研究，必须避开英美新批评派所说的"感受谬误"，对山水空间进行思想层面的深掘。当然，在一幅山水画中，可能同时存在几种思想，比如既有易学的，也有老庄的；或是既包含了儒家的思想，又暗含着道家佛禅的精神。一幅山水画的空间形式有可能是多种思想的合力使然。此处主要从逻辑上对山水画空间进行区分，并从思想渊源上加以佐证阐释，并非作一一对应式的机械归类。

---

① 参见朱良志：《中国艺术的生命精神》，安徽教育出版社2006年版，第163页。

综览历代的山水画作,大致可以理出三种主要的思想渊源:易学、庄学、禅学。为论述方便,分别称之为"易学山水""庄学山水""禅学山水"。

(一)易学山水

在先秦儒家典籍中,《周易》所提供的思想资源与美学智慧对艺术审美产生了非常深远的影响。对山水画而言,主要表现在以下三个方面:一是"仰观俯察"的时空观照方式;二是"推挽开阖"的时空开拓方式;三是"天尊地卑""主次有序"的空间布置方式。

"仰观俯察"是中国古人对天地、上下、阴阳的一种最基本的观照和把握方式,是中国古代空间意识产生的实践基础。《周易·系辞下》云:"古者包牺氏之王天下也,仰则观象于天,俯则观法于地,观鸟兽之文,与地之宜,近取诸身,远取诸物,于是始作八卦,以通神明之德,以类万物之情。"①《周易·系辞上》亦云:"《易》与天地准,故能弥纶天地之道。仰以观于天文,俯以察于地理,是故知幽明之故。"②《周易》中提出的"仰观俯察"的观照法,以观者身体为中心,目光所及,遍及到上、下、远、近、四围等各个空间维度,属于视点移动、对象变化的"流观"模式,这一模式不仅涉及空间,而且还关系到时间。而且,"观"与"察"不同,由于远近距离的差距,"观"是对日月星象、山川走势等天地景貌的宏观把握;而"察"则是近距离、微观的察看、探究对象的"质"。更重要的是,"观""察"不仅仅是用眼睛看,而且还要用心去体悟,只有这样,才能"知幽明之故""弥纶天地之道"。这一观照方式的这些特点在山水画中有具体的表现。郭熙《林泉高致·山水训》有言:"身即山川而取之,则山水之意度见矣。真山水之川谷,远望之以取其势,近看之以取其质。"③所谓"身即山川而取之",就是画家要躬身亲历山水,饱游饫看,"度物象而取其真"。中国的山水画家并不比西方写生的风景画家轻松,相反,他们要经历更多的风雨磨难,才有可能见到山水之真容。

---

① 《周易正义》,李学勤主编:《十三经注疏》,第 298 页。
② 《周易正义》,李学勤主编:《十三经注疏》,第 266 页。
③ 俞剑华:《中国古代画论类编》,人民美术出版社 2007 年版,第 634 页。

当画家饱游饫看、遍览了山山水水，由自然返回内心进行画面的运思布局的时候，就要从"仰观俯察"的空间认知模式中退出来，进入到心理与形式层面的空间开拓方式——"推挽开阖"，在画面上形成一种收放开阖、往复回环、明晦交替、虚实相生的音乐般的空间。一开一阖，阴阳之道，这也是宇宙创化的秘密。从这个意义上说，任何艺术都是对天地之道的模仿，文学、书法、绘画、音乐、建筑、园林，无不如此。那么，在绘画空间上，这种开阖之道又该如何体现呢？清代沈宗骞有言：

> 天地之故，一开一合尽之矣。自元会运世以至分刻呼吸之顷，无往非开合也。能体此则可以论作画结局之道矣。如作立轴，下半起手处是开，上半收拾处是合。（《芥舟学画编论山水·取势》）[1]

"开""合"均是动作，却要在静止的画面上体现出来，这是中国山水画所特有的美学品格。作画如行文，要形成一种巧妙的收放关系，使得画面里有起承转合、首尾顾盼。宗白华说："中国人的最根本的宇宙观是《易经》上所说的'一阴一阳之谓道'。我们画面的空间感也凭借一虚一实、一明一暗的流动节奏表达出来。虚（空间）同实（实物）联成一片波流，如决流之推波。明同暗也联成一片波动，如行云之推月。这确是中国山水画上空间境界的表现法。"[2] 宗白华先生说的这种"决流推波""行云推月"实际上是一种比"开阖"更为隐微且更具体的空间构建手法，对于山水画空间而言，具有重要的理论意义。"易学山水"的最大特点，就是山水草木间始终流布着一种勃勃生气，活泼天真、意趣盎然，给人以刚健、进取的精神启示。山水画所表现的这种境界特征，"根基于中国民族的基本哲学，即《易经》的宇宙观：阴阳二气化生万物，万物皆禀天地之气以生，一切物体可以说是一种'气积'。（庄子：天，积气也）这生生不已的阴阳二气织成一种有节奏的生命。中国画的

---

[1] 俞剑华：《中国古代画论类编》，人民美术出版社 2007 年版，第 910 页。
[2] 宗白华：《艺境》，北京大学出版社 1987 年版，第 212 页。

主题'气韵生动',就是'生命的节奏'或'有节奏的生命'"①。换言之,绘画中这种"气韵生动"的审美境界根源于易学,具体表现于开阖有度、推挽回环的空间拓展方式。这与西方绘画形成了显著的差异。宇宙是无限的,这在中西方有着共同的认识。但对于无限空间却有着不同的态度。西方是从有限出发对无限作无穷的探寻,没有止境。中国古代对无限有着清醒的认识,但并不汲汲于探究无限本身。庄子曰:"吾生也有涯,而知也无涯,以有涯随无涯,殆矣。"②(《庄子·养生主》)可见,中国古人更重视有限的人生现世,对彼岸的来世不感兴趣。古代绘画的空间逃避并取消线性透视法,采用"推挽往复""折高折低"的办法,从有限推向无限,但又从无限返回有限,使人的精神有所依凭,灵魂得到安顿。这便是中国绘画尤其是山水画的魅力所由。

山水画的整体空间布局也受到易学的影响,强调尊卑、主次的区分,所在山水物象的大小、远近、上下、向背、顺逆上细作考究。在古人看来,山水画的空间结构应当仿效天地宇宙,要在画幅上体现出天地的空间位置,天地位置确定好之后,先考虑主峰,以大山作为全幅山水的空间坐标。大山之于众小山,一如君之于臣;同理,大松之于藤萝花卉,一如君子之于小人。大山是远近大小峰峦的宗主,冈阜林壑分列其周围。就像天子临政,百官奔走朝拜,恭敬稽首以对。长松德性高蹈,堪作众木之表率,可以统帅其他草木。就像君子轩昂拔萃,众小人甘受役使,没有犯上凌辱之意气。无论是思想观念,还是话语表述,山水画论中所显示出来的空间关系都与《周易》有着密切的渊源。儒家的这种政治伦理空间秩序(礼制空间)在汉代的人物画与宋代的山水画中均有突出的表现。

(二)庄学山水

无论是宗炳的远映法,还是沈括的"以大观小"法,最后要指向的是一种趋向于"远"的空间,郭熙提出的"三远"以及韩拙补充的新"三远"均

---

① 宗白华:《艺境》,北京大学出版社1987年版,第118页。
② (清)郭庆藩:《庄子集释》第一册,中华书局1961年版,第115页。

是趋"远"空间在山水画中的具体表现。这里的"远"既是视觉的，更是精神的。所以，在山水画中，"远"不仅是其区别于其他画科的形式标识，而且还是其借此超越现实空间秩序的重要法门。那么，山水画为什么要钟情于"远"呢？其思想渊源何在？宋元以后，郭熙、韩拙、黄公望先后谈到山水画中的"三远"。由于黄公望所提的三远包含在前两者之中，创新度不高，所以画论史上将这三个人所说的几种"远"合称为"六远"：高远、深远、平远、阔远、迷远、幽远。

虽然易学思想为山水画提供了"仰观俯察"的审美观照方式与"推挽开阖"的空间开拓方式，但这些都不足以独立形成山水画"趋远"的空间形式取向。这种远式空间应还有其他更为重要的思想来源，此即老庄，尤其是庄子。老子的道论已然展现出对"趋远"性无限空间的体悟和思考："大曰逝，逝曰远，远曰返"（《老子·第二十五章》）。但真正的趋远空间，还要等到庄子才告实现。庄子的"逍遥游"设定了"大鹏"的俯瞰视角，这对于趋远空间在艺术中的拓展无疑是至关重要的，他是继老子之后将趋远性空间发扬光大并对后世文学艺术产生重大影响的诗性哲学家。不难发现，原始儒道两家在时空的取向上有所偏重，孔子有"逝川之叹"，所以孟子尊孔子为"时者"；老庄也关注时间，但他们并不着意于世俗时间的流逝，而是以空间境界的开拓取代对时间的超越，方东美先生称之为"太空人"[①]。程抱一也说："儒家的人是介入的，他出色地拥有时间感和渐变感。……道家的人，其目光转向上天，他首先寻找的是与超越时间的起源的先天默契。"[②] 庄子以"太空人"的视角去打量人间世，则一切等无差别，生死、寿夭、祸福、贫富、大小、久暂等等，均被这种宇宙视角"等量齐观"了，这就是"齐物"的空间性基础。这是庄子的本意，但对艺术美学的启迪非常大。方东美说："以视全宇宙空间之广大无垠，地球体积更微不足道矣。庄子复更进一步，以其诗人之慧眼，发为形上学睿见，巧运神思，将那窒息碍人之数理空间点化之，成为画家之

---

① 刘梦溪主编：《中国现代学术经典·方东美卷》，河北教育出版社1996年版，第118页。
② 〔法〕程抱一：《中国诗画语言研究》，涂卫群译，江苏人民出版社2006年版，第335页。

艺术空间,作为精神纵横驰骋,灵性自由翱翔之空灵意境领域,再将道之妙用化成妙道之行,倾注其中,使一己之灵魂昂首云天、飘然高举,至于寥天一高处,以契合真宰。一言以蔽之,庄子之形上学将道投射到无穷之时空范畴,俾其作用发挥淋漓尽致,成为精神生命之极诣。"① 需要说明的是,这种"宇宙视角"只是就其精神境界来说的,并不是说这就是山水画的空间形式。有过坐飞机的体验就知道,从高空俯瞰下界,所有景物包括山川、道路、建筑等都在视平线以下,再高的山也没有高耸的感觉。也就是说,如果纯粹是俯瞰视角,就不可能出现高远、深远、幽远,而平远、阔远、迷远也与在地上登高临远时所见不同。山水画中的趋远空间,还必须同其他的视角结合起来,此即"游观"②。如此,山水才会"有可行者,有可望者,有可游者,有可居者"(郭熙《林泉高致》)③。

(三)禅学山水

就山水画产生的思想背景而言,"易学山水"与"庄学山水"几乎可合二为一。无论是俯仰"游观"的审美观照视角,还是"气韵生动"的生命感性,还是"高渺玄远"的精神境界,都可以在山水画中自然融汇,借空间形式展现出来。因为,催生山水画的魏晋玄学的主要思想资源就是老子、庄子、《周易》。但到玄学后期,由于佛教东来,玄学被注入了新的思想元素,逐渐影响到整个时代的社会心理,改变了人们看自然与看自己的眼光与姿态。特别是唐以后的禅宗,以"空观"的方式打量自然,从根本上改变了中国传统的自然观,因而也产生了全然不同的山水空间观念。张节末认为,中国古代自然观经历了从"气"到"无"再到"空"这一看世界和看自己的方法历史历程。

---

① 刘梦溪主编:《中国现代学术经典·方东美卷》,河北教育出版社1996年版,第129—130页。
② 朱良志认为,"游观"的审美观照方式与"远"的观念紧密相关。他将"游观"分成两种形态:一是神游远观式,二是视点游动式。前者用心眼去观照,强调精神的超越,实际上是一种人生境界的体现;后者用肉眼去观看,强调具体的真实感,是一种艺术观照方式,有利于艺术形象的建构。参见朱良志:《中国艺术的生命精神》,安徽教育出版社2006年版,第314—315页。刘继潮更进一步,从易学强调仰观俯察的"游观"立论,将山水画中的空间建构问题提升到本体的高度。参见刘继潮:《游观:中国古典绘画空间本体诠释》,生活·读书·新知三联书店2011年版。
③ 俞剑华:《中国古代画论类编》,人民美术出版社2007年版,第632页。

这种观照自然的方式，一方面越来越走向"现象空观"①，变得纯粹；另一方面，自然主义方式越来越趋于虚化。两者是逆向而动的。这是中国古人观自然之感性经验的一个重要特点。② 将"气—无—色"三阶段的自然观落实到山水上可以见出：易学、庄学中原本生气氤氲、意趣盎然的"气化山水"在逐渐趋于空灵和虚无，变成人们体悟形而上本体之"无"的一件道具，在禅宗思想的浸润下，最后成为禅者用以审美直观、明心见性的纯粹现象，亦即"色"。当然，这种变化也不是突然发生的，而是经历了一个较长的过程。实际上，晋宋之际，宗炳、王微的山水画理论不仅仅是玄学（主要是老庄）思想的体现，而且还受到了佛教思想的影响。但与中唐以后的禅宗（主要是南宗禅）思想对绘画艺术的影响相较，还是存在一定的差异。

那么，如何理解禅宗思想视阈下的山水画空间？与易学山水、庄学山水相比，它有什么特异之处？实际上，禅学山水与前两者之间并无形式上的不同，无论是用笔、用墨还是布局，并无根本性的改变。禅学山水表现在审美主体（包括画家与鉴赏者）看取山水的眼光和姿态中。因为，在禅者看来，山水本身并没有多大的价值，山水既不是"比德"的对象，也不是与人相亲近的对象，它就是山水自身。王维《荐福寺光师房花药诗序》有言："心舍于有无，眼界于色空，皆幻也。离亦幻也，至人者不舍幻，而过于色空有无之际。故目可尘也，而心未始同。心不尘也，而身未尝物。物方酌我于无垠之域。"③ 可见，在王维眼里，眼中所见的山水只是"色"，是虚幻的现象。但禅宗并不排斥这一幻觉，山水自然之"色"是其"证空"的最为恰适的法门。禅虽是以空为旨归，但并非毫无依凭、以空证空，而是以色证空。因为"色"

---

① 张节末将禅宗看世界与看自己的思维倾向同西方现象学的理路结合起来，提炼出中国式的"宗教现象学"，其中最为重要的范畴就是"现象空观"（或称现象直观）。所谓"现象空观"，亦即"色空观"，指在直观中把色（现象）看空的方法。这种方法用禅宗的语言表述为：色即是空，空不异色。色在禅宗感性经验中具有极为重要的意义。禅者通过空观观色，或通过色观空，色就成为纯粹现象，可以成为心的证物。因此，佛教把"色"视为心相（心像），视为"境"。参见张节末：《禅宗美学》，北京大学出版社 2006 年版，第 137、142 页。
② 参见张节末：《禅宗美学》，北京大学出版社 2006 年版，第 156 页。
③ （清）赵殿成：《王右丞集笺注》，上海古籍出版社 1998 年版，第 358 页。

皆是缘起性空、没有自性的现象，所以是"空"的。此时，对"色"的直观化为审美的"境"，从"境"中即可直观自己的本心。表现在山水画中，常常会在一幅画面中同时出现不同时间里的景物，也即不同时间景物的空间并置。王维的《袁安卧雪图》便是典型的一例，其中画了雪中芭蕉。朱熹站在理学的立场对此表示不解："雪里芭蕉，他是会画雪，只是雪中无芭蕉，他自不合画了芭蕉。人却道他会画芭蕉，不知他是误画了芭蕉。"[①] 禅学山水不以流俗的时间节令为执念，任他水流花开，随它草枯叶黄。如此，时间物象不过是一个脱离了时间意义的"心象"，彼此之间可以自由组合，放置在同一个空间之中。在这里，过去、现在、未来是贯通的，这是禅宗特有的圆融时间体验，它打破了原有的时间秩序，时间变得可逆、互通，每一瞬刻都各自圆足，又互摄互现。在这种圆融互摄的时间体验中，空间也同时从原来的现实空间秩序中脱离出来而变得"异彩纷呈"了。这种打破了自然时空逻辑的心理时空便交付与独特的形式时空来呈现，我们从"雪中芭蕉"所领悟到的，不啻一种奇异的时空组合，而且是修禅者独立自由的本心，它不再受自然景貌等外物的牵制，因为"色"已被直观为"空"，"空"亦被视同为"色"，即色即空，了无挂碍。

禅学山水的美学意义在于，它从根本上改变了山水与人之间的审美关系。在禅宗现象直观的视域中，山水的生气、生机、妩媚并不是禅者所要关心的，这些"色"都是"梦幻泡影"。但山水之声色仍然是禅者顿悟的契机，所以，一片雪、一滴水、一棵柏子树，都是佛性（自性）的具体体现。从原始儒家、原始道家到魏晋玄学，再到中、晚唐以后的禅宗，山水所扮演的角色也渐渐改变，由德性象征一变为精神依托，再变为纯粹现象，成为一种"心境"的象征性符号。中晚唐以后，在佛禅思想的影响下，山水意境越发显得空灵、纯粹，成为文人高士体证大道、参悟妙法的重要审美依凭。

由此，作为一种心灵安憩的审美凭借，山水画空间最终落实到充满生命力感的线条笔墨、俯仰游观的宇宙视域、气韵生动的精神境界。这些形式因

[①] （宋）黎靖德编：《朱子语类》卷一百三十八，王星贤点校，中华书局1986年版，第3287页。

素均来自宇宙天地这一自然时空，经过画家反复的目识心记，提炼融汇，转化为相对明确的心理时空。最后在情感的驱使下，凭借精湛的笔墨技巧呈现出来。由此，山水画空间包含自然空间、心理空间、形式空间三个层面。这三者紧密关联，构成有机统一的整体。就绘画过程来说，画家如果没有"身即山川而取之"的实践经历，没有对山水自然空间的目遇身触，就不可能在胸中形成丰沛鲜活的山水意象。但如果没有"度物象而取其真"的艰苦过程，没有悠远、静谧、闲适的精神境界，画家即使跑遍所有的山山水水，也不能作出好画来。当然，所有这些都必须依靠扎实的绘画技巧才能真正实现。画家对形式空间的审美把握与艺术锤炼也非常关键。总之，山水画空间不是一个现成的僵死的符号形式，它导源于人与自然之间的审美交往，在艺术主体的思想、精神、境界中涵养而成，最终依凭精湛的形式技巧呈现出来。

第四节　时间与存在：古代音乐美学的时间性

在中国传统文化中，音乐占据了重要的位置。特别是在先秦时期，音乐作为各类艺术的代名词，在文化中具有不可替代的重要作用。研究中国古代美学尤其是时空美学不可能绕开音乐艺术。换言之，中国古代音乐美学中必然关涉到时空问题，特别是时间问题。因此，我们有必要引入时间性的视角来重新审视古代音乐美学。检视中西方音乐美学思想史可以发现，两者所关注的具体问题存在一定的差异。中西方对音乐的政治功能、社会属性、审美形式等问题都进行过一定的探讨，特别是在轴心时代，中国先秦与古希腊的哲学家、思想家关于音乐的起源、本质、功能等方面的思考具有一定的相通之处。但在后世，中西方音乐美学思想的路向则渐次出现差异，在研究的思维模式、关注的重心等方面存在很大的不同。中国古代音乐美学主要是外部研究，就其所关注的内容来看，中国古人始终在讨论情与德（礼）的关系、声与度的关系、欲与道的关系、悲与美的关系、乐与政的关系、古与今（雅与郑）的关系，①是一种宏观性研究。而西方音乐美学多关注音乐的节奏、拍子、旋律、风格等形式问题，属于内部研究，研究模式更为精微具体。虽然如此，由于音乐本身的艺术特性，如媒介形式的空灵性、抒情的抽象性、审美效应的延留性等，我们还是可以在研究中国古代音乐思想时借镜西方的相关理论，尤其是音乐时间方面的理论，这将会有助于我们更好地理解古代音乐美学。

蔡仲德先生认为，中国古代音乐美学思想具有五个方面的特征：一是要求音乐受礼制约，成为"礼乐"，这是古代音乐美学思想的主流；二是以"中和"—"淡和"为审美准则，以平和恬淡为美；三是追求"天人合一"即人际关系、天人关系的统一；四是注重音乐的外部研究，即多从哲学、伦理、政治出发论述音乐，强调音乐与政治的联系、音乐的社会功能与教化作用，较少深入音乐的内部，对音乐自身的规律、音乐的特殊性、音乐的美感作用娱乐作用重视不够，研究不够；五是古代音乐美学思想早熟而后期发展缓慢。②这些特征为我们正确理解古代音乐美学的时间问题指明了方向。首先，古代音乐与礼融为一体，具有鲜明的政治性、伦理性和社会性。可见，古代音乐美学并不具备像西方那样的反思性哲学传统，将音乐作为一种具体的对象进行客观的求真性研究。但是，古代在论及音乐的情感性、音律节奏、心理效应的时候，也涉及音乐审美的客观规律，其中最为重要的就是时间性。在这方面，我们完全可以采用西方的音乐时间理论进行比照阐发。其次，中国古代音乐美学始终关注天人关系，表现在音乐中，呈现为天时（"四时"）与人之存在（生命时间）的关系。最后，中国古代音乐以"中和"—"淡和"为审美准则，强调哀乐有度、恬淡和悦的审美旨趣，这实际上是音乐审美形式的时间样态。综上，中国古代音乐美学关涉到三个层面的时间：自然时间（天时）、情感时间（心理）、形式时间（节律）。以下主要围绕中国古代早期

---

① 蔡仲德：《中国音乐美学史》，人民音乐出版社 2003 年版，第 11 页。
② 参见蔡仲德：《关于中国音乐美学史的若干问题（下）》，《中央音乐学院学报》1994 年第 6 期；蔡仲德：《中国音乐美学史》，人民音乐出版社 2003 年版，第 17—24 页。

的音乐美学思想，从这三个方面对古代音乐时间问题展开探究。

一、音乐与天时

整体来看，中国古代艺术的审美形式均根源于天地宇宙的自然节律。四时迭转、寒往暑来、日出日落、明晦相待，这种亘古不变的自然迁转模式影响到人们的社会政治生活、生命情感心理、艺术审美形式等各个维度。可以说，无论是主题内容，还是审美形式，中国古代的文学、书法、绘画、音乐、舞蹈、建筑园林等艺术最终都受惠于自然"天时"。但是，在诸多的门类艺术中，还没有哪一类艺术能够像音乐这样被抬到极高的位置，成为社会政治生活的行为规范和价值圭臬。究其原因，一是因为音乐比其他艺术出现得要早，在人类社会生活中更早地发挥重要作用；二是因为诗、乐、舞三位一体，音乐处于统帅地位，音乐构成了早期艺术的母体；三是音乐本身的时间性特质，使得音乐与"天时"之间具有某种天然的血脉关联。由于"天时"（"农时""战时"）在农耕社会中的重要性，又进一步强化了音乐在天人关系中的重要意义。

那么，音乐与"天时"如何关联起来呢？音乐是诉诸听觉的时间艺术，"天时"主要是春、夏、秋、冬往复循环的自然时间秩序，两者关联的思想基础是什么？这一基础就是发轫于先秦时期的阴阳五行思想。蒋孔阳先生认为，中国古人将音乐与阴阳五行紧密结合起来，并用阴阳五行的观点来解释音乐在农业生产、社会生活、军事斗争、政治国运中的重要作用。概括起来有两点：一是"省风"，二是"宣气"。所谓"省风"，是指通过音乐的耳朵来听测和省察风的方向、温度和湿度等。不同季节的风，具有不同的方向、温度和湿度。这些特点，使得不同季节来自不同方向的风，能够发出不同高度和性质的声音，反映到音乐上，就成为不同的音调和音律。从阴阳五行的观点看，音乐与风一样，都是由阴阳二气所产生和形成的，两者关系密切。古时的乐官均善于听测风声，通过音乐知晓风的信息，有的风利于农业生产，有的风则有害，据此可指导农事活动。因此，在古代，音乐对农业生产至关重要。①《国语·周语上》记载了一件与"省风"有关的事项。西周末年，周宣王不修籍于千亩以劝农，虢文公为此加以劝谏。

宣王即位，不籍千亩。虢文公谏曰："不可。夫民之大事在农，上帝之粢盛于是乎出，民之蕃庶于是乎生，事之供给于是乎在，和协辑睦于是乎兴，财用蕃殖于是乎始，敦庞纯固于是乎成，是故稷为天官。古者，太史顺时覛土，阳瘅愤盈，土气震发，农祥晨正，日月底于天庙，土乃脉发。先时九日，太史告稷曰：'自今至于初吉，阳气俱蒸，土膏其动。弗震弗渝，脉其满眚，谷乃不殖。'稷以告王曰：'史帅阳官以命我司事曰："距今九日，土其俱动，王其祗祓，监农不易。"'王乃使司徒咸戒公卿、百吏、庶民，司空除坛于籍，命农大夫咸戒农用。

"先时五日，瞽告有协风至，王即斋宫，百官御事，各即其斋三日，王乃淳濯飨醴。及期，郁人荐鬯，牺人荐醴，王祼鬯，飨醴乃行，百吏、庶民毕从。及籍，后稷监之，膳夫、农正陈籍礼，太史赞王，王敬从之。王耕一墢，班三之，庶人终于千亩。其后稷省功，太史监之。司徒省民，大师监之，毕，宰夫陈飨，膳宰监之。膳夫赞王，王歆太牢，班尝之，庶人终食。

"是日也，瞽帅音官以省风土。稷则遍诫百姓，纪农协功，曰：'阴阳分布，震雷出滞。'土不备垦，辟在司寇。乃命其旅曰：'徇'。农师一之，农正再之，后稷三之，司空四之，司徒五之，太保六之，大师七之，太史八之，宗伯九之，王则大徇。耨获亦如之。'廪于籍东南，锺而藏之，而时布之。民用莫不震动，恪恭于农，修其疆畔，日服其镈，不解于时，财用不乏，民用和同。

"是时也，王事唯农是务，无有求利于其官，以干农功。三时务农，而一时讲武，故征则有威，守则有财。若是乃能媚于神而和于民矣，则

---

① 参见蒋孔阳：《先秦音乐美学思想史稿》，《蒋孔阳全集》第一卷，安徽教育出版社1999年版，第505—510页。

享祀时至而布施优裕也。今天子欲修先王之绪，而弃其大功，匮神之祀而困民之财，将何以求福用民？"王不听。三十九年，战于千亩，王师败绩于姜氏之戎。①

在中国古代，农业不仅是国民经济的命脉，也是社会政治的重要根基。四时的风雨气候对于农业又至关重要，所以，"协风"什么时候到来是上至君王下至庶民都非常重视的大事，这一重任往往交与身为盲人的乐师负责。因为"瞽帅""音官"等乐官可以按照音律省察土风，即依据风气是否和畅判断土气是否萌发，是否有利于耕种。在古人看来，音乐与四时之风（气）都是阴阳二气所产生的，两者之间存在相通性，通过吹奏律管可以察知风气的性质，从而指导农耕活动。

此外，音乐还与战争、政治有关。通过"省风"，可以了解敌情，可以省察国家的政治和气运。《左传·襄公二十九年》载有季札"观乐听政"一事，认为音乐与国家的气运密切相关。《左传·隐公五年》记载，公元前718年九月，仲子庙落成，鲁隐公将举行献礼，演《万舞》，询问鲁国大夫众仲执羽而舞的人数，众仲说："天子用八，诸侯用六，大夫四，士二。夫舞所以节八音而行八风，故自八以下。"所谓"舞所以节八音而行八风"，是说舞蹈是用来节制八音而通行八风的。八音即金、石、土、革、丝、木、匏、竹这八种乐器所发出的乐音。"八风"指八方自然之风，杜预注："八风，八方之风也，……谓东方谷风，东南方清明风，南方凯风，西南方凉风，西方阊阖风，西北方不周风，北方广莫风，东北方融风。"孔颖达疏云："八方风气寒暑不同，乐能调音乐，和节气，八方风气由舞而行，故舞所以行八风也。"蔡仲德认为，这里的"行风"说认为音乐之声不仅可以与阴阳之气、四时之风相通，而且能作用于阴阳之气、四时之风，对风、气进行调节，使之和顺通畅。这比"省风"说更加突出了音乐与自然的联系，密切了天人之间的关系②。

---

① 徐元诰：《国语集解》，中华书局2002年版，第15—21页。
② 蔡仲德：《中国音乐美学史》，人民音乐出版社2003年版，第37页。

音乐不仅可以"省风",而且还可以"宣气"。所谓"宣气",就是要求音乐在阴阳阻滞、不能通畅运行的时候起到宣导疏通的作用。古人认为,气不流通,作物就不能生长。当四时失序、风雨不节的时候,音乐就要发挥调阴阳、和风雨的作用。音乐之所以具有"宣气"的作用,是因为音乐的律、吕是由阴阳二气构成的,阳曰律,阴曰吕。音乐的律吕与天地之间的阴阳二气相通,因此,可以通过音乐的作用使天地之气疏通,以利于农业生产及军事斗争等活动。① "省风"是据音乐察知阴阳风雨的客观情况,了解风的方向和性质。而"宣气"则进一步突出了音乐的能动作用,通过人的音乐行为反向作用于天,调节疏导阴阳二气。这种观念不免带有巫术的色彩。

战国末期,吕不韦及其门客编写了《吕氏春秋》,该书以阴阳五行说为基础,兼涉诸子百家的思想,在音乐方面提出了许多重要的见解。该书中的《大乐》《侈乐》《适音》《古乐》《音律》《音初》《制乐》《明理》篇集中讨论音乐,其他篇什也涉及音乐。在先秦的文献中,该书论述音乐的篇幅算是比较大的。《吕氏春秋》以阴阳五行学说统摄儒道两家思想,又以道家思想为核心,集中讨论了音乐的本源、度量、审美、音乐与政治的关系等问题,强调尊崇自然,追求人与自然的统一。② 需要说明的是,该书有关音乐的度量、音乐审美中欲望的节制、音乐与政治的关系等问题的观点并非首创,均可以从先秦早期的文献中找到思想脉络。事实上,《吕氏春秋》在音乐美学上的最大贡献应表现在音乐时间理论的建构方面。该书作者以"天人合一""天人感应"的阴阳学说为基础,将五味、五色、五声等与五行相配,将五时、五方及相应的人事与五行相配,构建了一个时空统一、包罗万象的宇宙系统图式。该图式认为,自然事物之间、人与自然之间存在异质同构关系,存在共同运动规律,是一个统一的整体。该宇宙图式将五音与五时相配列,将十二律与十二月相配列。③ 站在今天的角度来看,这种将音乐与时间直接匹配的观点

---

① 参见蒋孔阳:《先秦音乐美学思想论稿》,见《蒋孔阳全集》第一卷,安徽教育出版社1999年版,第511—513页。
② 参见蔡仲德:《中国音乐美学史》,人民音乐出版社2003年版,第238页。
③ 参见蔡仲德:《中国音乐美学史》,人民音乐出版社2003年版,第222—223页。

很难被理解，但在魏晋之前的思想语境中，这种"天人相合"的思想非常流行。在阴阳五行思想的统摄下，不仅音乐，五味、五色、五帝、五神等现象都被涵盖在一个特定的时空模式中，整个宇宙就是按照这种"五德终始"的时间秩序循环往复的。

可见，音乐与时间的关系极为紧密。不仅"五音"与"五时"（实际上仍然是四时，为了配合五行说，从"夏"中又分出"长夏"）相匹配，而且"十二律"与十二月也一一对应起来，古代的音乐时间思想至汉代已经完全变成了经学神学的注脚，失去了生命力。但要理解这种思想，有必要了解一下古人这一观点的文化逻辑。《吕氏春秋·音律》云："大圣至理之世，天地之气合而生风，日至则月钟其风，以生十二律。仲冬日短至，则生黄钟，季冬生大吕，孟春生太簇，仲春生夹钟，季春生姑洗，孟夏生仲吕；仲夏日长至，则生蕤宾，季夏生林钟，孟秋生夷则，仲秋生南吕，季秋生无射，孟冬生应钟。天地之风气正，则十二律定矣。"① 在古人看来，由于不同节令所产生的风气不同，影响到吹奏的音高效果，所以要配合各个节令的特点来确定音乐的调式。按照蒋孔阳先生的考证，所谓"律"，就是律管，古人用竹子制成，用来测量声音的清浊高低。开始只是几根长短不齐的竹管，偶然用来吹奏。后来为了好听，逐渐将其增长或缩短，竹管长度按一定的比例依次确定，数量为十二，形成十二律。其名称是：1.黄钟；3.太簇；5.姑洗；7.蕤宾；9.夷则；11.无射；2.大吕；4.夹钟；6.中吕；8.林钟；10.南吕；12.应钟。其中，奇数六律称为阳律，一般叫六律；偶数六律称为阴律，一般叫"六吕"。古籍上所说的"六律"，则包含了阳律和阴律，合称律吕。②

《吕氏春秋·大乐》中还讨论了音乐的本源问题，认为音乐以"太一"即最高的"道"为本源，以度量为依据，其谓：

> 音乐之所由来者远矣，生于度量，本于太一。太一出两仪，两仪出

---

① 《吕氏春秋》，《诸子集成》第6册，上海书店1986年版，第56—57页。
② 蒋孔阳：《先秦音乐美学思想论稿》，《蒋孔阳全集》第一卷，安徽教育出版社1999年版，第518—519页。

阴阳。阴阳变化，一上一下，合而成章。混混沌沌，离则复合，合则复离，是谓天常。天地车轮，终则复始，极则复反，莫不咸当。日月星辰，或疾或徐，日月不同，以尽其行。四时代兴，或暑或寒，或短或长，或柔或刚。万物所出，造于太一，化于阴阳。萌芽始震，凝寒以形。形体有虚，莫不有声，声出于和，和出于适，先王定乐由此而生。……凡乐，天地之和，阴阳之调也。①

正因为音乐源发自具有时间性的"道"，道产生天地，天地生出阴阳，阴阳上下交融化合，产生万物。四时往复更迭，皆由阴阳二气相摩荡所推动。万物都有形体孔窍，都能发出自己的声音，声音无不和谐。因此，凡是音乐都是天地谐和、阴阳调和的结果。这段话包含了三层意思：一、从根源上来说，音乐来自宇宙天地的最高本体——"道"，因为宇宙本身就是完美的音乐；二、音乐的产生主要依靠万物形体的孔窍发声，这是一种天籁之声；三、音乐建立在数量关系上，以度量为依据。《吕氏春秋》的这些思想与西方的音乐美学有很大的相通之处。古希腊毕达哥拉斯学派认为，天体运动形成了美妙的音乐。整个宇宙是一个结构和谐的和发出乐声的物体。②古罗马的思想家鲍埃齐进一步发挥了这一思想，他将音乐分成三种：第一种是宇宙音乐，表现在天体星球的运动中，在季节的嬗递中，亦即宇宙的和谐或次序；第二种是人类音乐，它把人的灵魂的各部分、理智与身体以及身体的各因素彼此联结起来，表现为高尚的、健康的身心次序；第三种是应用的音乐，亦即人们所作的、可以听到的音乐。③这三种音乐都有一个共同的特点，那就是和谐。从这个意义上说，宇宙间任何事物的和谐运动都构成音乐。亚里士多德认为，音乐是一种运动。但是，这种运动不是一般的运动，而是"优美的运动"。所以，奥古斯丁说，音乐是研究如何更好地转调的科学。"转调"从"尺度"转变而来，在一切作得好的东西中都必须保持尺度。所以，"转调的科学是关

---

① 《吕氏春秋》，《诸子集成》第6册，上海书店1986年版，第46页。
② 何乾三选编：《西方哲学家、文学家、音乐家论音乐》，人民音乐出版社1983年版，第3页。
③ 何乾三选编：《西方哲学家、文学家、音乐家论音乐》，人民音乐出版社1983年版，第27—28页。

于优美的运动的科学,这种运动是一个为自己而独立的运动,因此是自己娱乐自己的运动。"①音乐作为一种"优美的运动"涉及度量,亦即数量关系问题。德国近代哲学家莱布尼茨认为,音乐的基础是数学,但它的表现却是直觉的。他说:"音乐是心灵的算术练习,心灵在听音乐时计算着自己而不自知。"②

《吕氏春秋》所提出的建基于阴阳五行思想的宇宙图式对汉代的音乐美学思想产生了深远的影响,司马迁、刘安、董仲舒、《乐记》的作者等均接受了这一宇宙图式,并从不同的角度做了发挥与补充。司马迁《史记·律书》云:"律历,天所以通五行八正之气,天所以成熟万物也。"司马迁认为,音乐之所以能与风、气相通,使万物成熟,不仅由于同类相应,更是由于音乐的律吕体现了宇宙运动、宇宙和谐的根本规律。该书将十二律与八风及十干、十二支、二十八星宿相配。八风即八方之风,来自四时十二月。十干、十二支、二十八宿表示年、月、日依次运行,周而复始。更强调音律与自然阴阳之气相通并决定万物生、长、敛、藏的意义。可见,《律书》基本上接受了《吕氏春秋》的宇宙图式,更加突出了音乐在其中的意义与作用。③但是,司马迁、刘安、董仲舒等人的音乐时间思想多半落在《吕氏春秋》的窠臼之中,创造性不强。《乐记》的出现改变了这一状况。《乐记》作者认为,乐、礼是与天、地相配的。乐的制作非常神圣,必须充分借鉴天地四时的运行模式,阴阳二气相互鼓荡摩合,日月照临,四时迭转,百物随之生发,天地和而不违,如此作乐,则是天乐。与此同时,乐的展开是一个终始相接、周还连贯的过程,就像春夏秋冬四季的变化一样,而这个过程正是时间性的。

此外,汉代还有乐纬、《白虎通》等神秘的谶纬神学音乐美学思想,《太平经》中的道家音乐美学思想,其中都或多或少包含了音乐时间理论。至此,先秦以来的"天人合一""天人感应"的音乐时间思想已臻极致。魏晋时期,汉代的经学神学思想没落,阮籍、嵇康等人摆脱儒家思想的束缚,主要探索

---

① 何乾三选编:《西方哲学家、文学家、音乐家论音乐》,人民音乐出版社1983年版,第25页。
② 何乾三选编:《西方哲学家、文学家、音乐家论音乐》,人民音乐出版社1983年版,第44页。
③ 蔡仲德:《中国音乐美学史》,人民音乐出版社2003年版,第370—371页。

音乐的内部规律和属性问题。

二、音乐与情感心理时间

在古代阴阳文化的思想语境中,音乐与天时具有同构性,两者之间存在紧密的逻辑关联。可以说,音乐就是天时的风向标、晴雨表,通过音乐可以清楚地知晓农时、战时、政运的几微变幻。与此同时,音乐又是天时的调节器和疏通器,音乐可以帮助协调阴阳二气,使得天时得宜,风调雨顺。综上可知,从西周到汉代,音乐与天时的这种关系一直颇受重视,发展到后来,成为社会意识形态的重要组成部分。在中国古代,音乐作为诉诸听觉的时间艺术,是沟通天人的重要手段,是关乎人之存在的重要社会活动。音乐不仅与"天时"关系紧密,而且与"人时"(人的生命时间)之间存在某种亲缘性。生命时间包括肉身生命的生理节奏、情感心理的意识绵延,这里主要探讨后一类。

在所有的艺术中,音乐的表情性最为突出。这一点为中外理论家所共知。在孔子之前,音乐的情感性虽已得到揭示,但尚未成为专题性的话题。在先秦的语境中,"情"这个词并非是"情感"的意思,而是指符合客观实际的"情实"①。较早论及音乐与情感关系的是春秋末期郑国的子产,但其用于表示情感的词是"志":"民有好恶、喜怒、哀乐,生于六气。是故审则宜类,以制六志。哀有哭泣,乐有歌舞,喜有施舍,怒有战斗。喜生于好,怒生于恶。是故审行信令,祸福赏罚,以制死生。生,好物也;死,恶物也。好物,乐也;恶物,哀也。哀乐不失,乃能协于天地之性,是以长久。"(《左传·昭公二十五年》)所谓"六志",即"好、恶、喜、怒、哀、乐"这六种基本情感。"六志"生于"六气"(即"阴、阳、风、雨、明、晦",主要是阴阳二气)。

---

① 张节末先生从美学、伦理学和文学艺术以及情、知、意诸角度,对先秦史籍和诸子书中的情感观念进行辨析和梳理。他认为,在较早的先秦文献中,"情"这个词的含义与指称情感所用的词的含义是不同的,仅是"情实"的意思。到了庄子、屈原和荀子,"情"字才比较明确地有了情感的含义。中国古代情感诸观念在先秦已经有了初步的展开,如主节情的中和情感论、主气的性善情感论、主教化的性恶情感论、主无情而实有情的自然情感论以及诗歌创作上的抒情论,见其论文《先秦的情感观念》,《文艺研究》1998年第7期。

也就是说，人的情感是由阴阳二气产生的。子产认为，音乐与万物一样，均从阴阳二气产生，所以音乐与情感要符合"天地之性"，不能过分（淫），要接受"礼"的制约。值得注意的是，子产认为音乐只表现快乐的情感，而不表现痛苦、哀伤的情感，这一点对于中国古代音乐思想产生了深远的影响。

孔子对音乐情感理论[①]的最大贡献在于，他将以"仁"为核心的道德情感与以"乐"为载体的艺术情感合二为一，通过礼乐形式自然而然的表现出来。"乐"（涵盖诗、乐、舞等一切艺术）不仅是礼的辅助手段，还是提升人格境界、完善生命精神的不二法门。在音乐可表现的情感类型上，孔子并未作过多阐述。德国近代音乐理论家克劳则认为，音乐可以表现的对象范围非常大。在他看来，音乐可以描写"崇高、庄严、统治欲、华贵、骄矜、英勇、惊愕、愤怒、恐怖、狂暴、仇恨、激昂、绝望等"；……音乐可以刻画"热恋者的叹息、不幸者的苦痛、盛怒者的威胁、悲伤者的哀诉、悲惨者的请求、被遗弃的美人的咒骂、对爱人最初友善的神情的赞美、初获应诺的喜悦、遭到拒绝的懊丧、被爱人鄙视的愤怒、孩子的阿谀等；（也可以一般地表达）友情的会晤、亲切拥抱、诚心的合作、愉快的竞赛、间插有宁静的暴风雨、勇气的全然丧失、迷惑和狂暴、犹豫不决、纵情欢呼、爱人的冷酷、瞬间即逝的火热热情、坦率、固执、高尚的善心、不安、坚定等"[②]。这里所说的种种情况，与其说是情感类型，还不如说是生存的情态。但无论哪种情态，都关涉到某种情感情绪，可见音乐的表情功能是非常明显的。孔子虽然没有正面论及音乐情感，但他却触及音乐情感的时间性这一关键问题。《论语·八佾》载："子语鲁太师乐，曰：'乐其可知也'。始作，翕如也'；从之，纯如也，皦如也，绎如也，以成。"朱熹《四书章句集注》引谢氏云："五音六律不具，不足以为乐。翕如，言其合也。五音合矣，清浊高下，如五味之相济而后和，故曰纯如。合而和矣，欲其无相夺伦，故曰皦如，然岂宫自宫而商自商乎？不相反而相连，如贯珠可也，故曰绎如也，以成。"[③]从《论语》来看，

[①] 参见黄意明：《道始于情：先秦儒家情感论》第二章，上海交通大学出版社2009年版。
[②] 何乾三选编：《西方哲学家、文学家、音乐家论音乐》，人民音乐出版社1983年版，第78页。
[③] 朱熹：《四书章句集注》，中华书局1983年版，第68页。

这是孔子唯一论及音乐形式规律的一段话。如果说"《关雎》乐而不淫,哀而不伤"(《论语·八佾》)、"《诗》三百,一言以蔽之,曰:'思无邪'"(《论语·为政》)、"子谓《韶》尽美矣,又尽善也;谓《武》尽美矣,未尽善也"(《论语·八佾》)、"师挚之始,《关雎》之乱,洋洋乎,盈耳哉"(《论语·泰伯》)、"子在齐闻《韶》,三月不知肉味,曰:'不图为乐之至于斯也'"(《论语·述而》)等话语涉及的是具体的音乐艺术评论,那这段话则涉及音乐艺术原理,属于音乐美学。孔子注意到,音乐的演奏从开始到完成要经历"翕如""纯如""皦如""绎如"等阶段。刚开始的时候,五音六律相互协调配合,渐次和合;慢慢地达到和谐、明朗的状态,这是音乐的发展阶段;但音乐不能就此结束,还应该相反相续,如玉连珠贯,绎绎不绝。有了这个回环周旋的过程,音乐才算最终完成。孔子所揭示的,正是音乐的时间性,这种时间性与情感的动态演变过程是密切配合的。

孔子之后,音乐情感理论得到进一步的深化。最为突出的就是荀子的《乐论》与汉代的《乐记》。这两部文献在内容上存在部分的重复,可能是《乐记》引述《乐论》。《荀子·乐论》云:"夫乐者乐也,人情之所必不免也,故人不能无乐。乐则必发於声音,形於动静,而人之道,声音、动静、性术之变尽是矣。故人不能不乐,乐则不能无形,形而不为道,则不能无乱。先王恶其乱也,故制《雅》、《颂》之声以道之,使其声足以乐而不流,使其文足以辨而不諰,使其曲直、繁省、廉肉、节奏足以感动人之善心,使夫邪汙之气无由得接焉。是先王立乐之方也。"①荀子开宗明义地指出,音乐就是为了给人带来快乐的,这是对子产音乐思想的自觉继承,同时进一步突出了音乐与情感之间的血脉关联。在《乐论》其他部分,这一观点不断得到强化:

> 故乐者,天下之大齐也,中和之纪也,人情之所必不免也。(《荀子·乐论》)②

---

① 《荀子集解》,《诸子集成》第 2 册,上海书店 1986 年版,第 252 页。
② 《荀子集解》,《诸子集成》第 2 册,上海书店 1986 年版,第 253 页。

乐者，圣人之所乐也，而可以善民心，其感人深，其移风易俗，故先王导之以礼乐而民和睦。夫民有好恶之情而无喜怒之应则乱。（《荀子·乐论》）①

凡奸声感人而逆气应之，逆气成象而乱生焉。正声感人而顺气应之，顺气成象而治生焉。唱和有应，善恶相象，故君子慎其所去就也。（《荀子·乐论》）②

乐者，乐也。君子乐得其道，小人乐得其欲，以道制欲，则乐而不乱；以欲忘道，则惑而不乐。故乐者，所以道乐也。金石丝竹，所以道德也。（《荀子·乐论》）③

在荀子看来，乐的本质就是快乐，这是人的情感的自然需要，无法加以抑制。有快乐的思想感情则必定表现于"声音"（音乐、诗歌）与"动静"（舞蹈）之中，这是人之所以为人的重要条件。但是人的本性与情欲都是恶的，所以需要礼法加以限制规约，同时还要通过音乐的形式进行导引和感染。所谓"使其曲直、繁省、廉肉、节奏足以感动人之善心，使夫邪汙之气无由得接焉"，就是通过乐声的曲折或平直、繁复或简单、纤细或丰满、休止或进行等形式变化来打动人的善心，使邪恶的气氛无从接近。④"声音"（音乐、诗歌）与"动静"（舞蹈）都是时间艺术，而情感心理也是时间性的，由此，荀子将"情"与"乐"的时间形式关联起来是符合逻辑的。需要说明的是，荀子认为音乐的时间形式能感染人的善心（道德情感），这一观点意义重大，值得细作探究。显然，这里的"乐"是与"礼"合一的雅正之乐，而不是迷人心智的郑卫之声。《荀子·乐论》谓："且乐也者，和之不可变者也；礼也者，理之不可易者也。乐合同，礼别异。礼乐之统，管乎人心矣。穷本极变，乐之情也；著诚去伪，礼之经也。"⑤在这里，礼与乐的原理是一样的。乐的本

---

① 《荀子集解》，《诸子集成》第 2 册，上海书店 1986 年版，第 253—254 页。
② 《荀子集解》，《诸子集成》第 2 册，上海书店 1986 年版，第 254 页。
③ 《荀子集解》，《诸子集成》第 2 册，上海书店 1986 年版，第 254—255 页。
④ 参见蔡仲德注译：《中国音乐美学史料注译》上册，人民音乐出版社 1990 年版，第 149 页。
⑤ 《荀子集解》，《诸子集成》第 2 册，上海书店 1986 年版，第 255 页。

质，是探究人的本性及其变化；礼的原则，是显示诚敬，去除虚伪。两者一内一外，相互配合，使人臻达明净无翳的自然本心。徐复观先生解释说，所谓"本"，就是人的生命根源之地，亦即性、情。穷本就是要穷究到这种生命根源之地，这种生命根源的冲动总会表现于声音动静。而音乐，就是顺着这种声音动静赋予艺术性的旋律，此即"极变"。这样一来，这种生命根源之地的冲动就好像一股泉水，平静安舒而有情致地流出来，将夹带的泥沙，亦即佛家所说的"无明"，自然而然地澄汰下去。此即荀子所说的"乐行而志清"。①

西汉时期，出现了中国古代最重要的音乐理论经典——《乐记》。有关《乐记》与先秦音乐文献尤其是荀子《乐论》之间的关联，前人的研究很丰富，这里不再赘述。《乐记》虽然总体上未脱离西汉"天人感应"的理论模式，但相对于先秦子产以阴阳二气来谈音乐的缘起来说，已是很大的进步了。《乐记》将《荀子·乐论》中有关音乐形式的"动静""变化"的思想放大，由"声音"之动推及"人心"之动，再由人心之动外拓至"物感"而动。《乐记》将本是音乐形式特征的"动"提升到音乐的本源层面，使得音乐挺进了一个更为开阔通豁的时间视域之中。《乐记》云："凡音之起，由人心生也。人心之动，物使之然也。感于物而动，故形于声。声相应，故生变，变成方，谓之音。比音而乐之，及干戚羽旄，谓之乐。乐者，音之所由生也，其本在人心之感于物也。是故其哀心感者，其声噍以杀。其乐心感者，其声啴以缓。其喜心感者，其声发以散。其怒心感者，其声粗以厉。其敬心感者，其声直以廉。其爱心感者，其声和以柔。六者非性也，感于物而后动。"②《乐记》所提出的"物感"说，对汉末魏晋的物感诗学产生了极为重要的影响。在《乐记》作者看来，人的本性是静的，但常常会受到外物的感染而激动。"人生而静，天之性也；感于物而动，性之欲也。"（《乐记》）内心受到激动必然形诸声音，各种声音合乎规律组合起来，就形成了音乐。《乐记》云："乐者，心

---

① 参见徐复观：《中国艺术精神》，华东师范大学出版社 2001 年版，第 13 页。
② 《礼记正义》，李学勤主编：《十三经注疏》，第 1074—1076 页。

之动也。声者,乐之象也;文采节奏,声之饰也。君子动其本,乐其象,然后治其饰。"① 蔡仲德认为,《乐记》不说"乐者,心也",而说"乐者,心之动也",这个"动"字尤其重要。它表明《乐记》已意识到音乐所表现的既不是外物的形体或声音,也不是具体的内心生活(如情感——感情的具体内容、思想等),而是人心在外物作用下的动态,即心、情的运动与变化。② 音乐表现的是心之动,在表现心之动的同时,也表现了物之动,所谓"乐象"是心动、物动之象,不是形象,而是"动象"。因此,《乐记》关于《乐象》的论述抓住了音乐的物质手段——"声"在时间中运动的特征,抓住了"声"与心、物在运动中同态同构的关系,抓住了音乐以声动表现心动、物动的特征。可见,音乐是表情的艺术,但不是直接表现感情的具体内容,而是直接表现其动态,音乐也能在表现感情的同时表现外物,但不是表现外物的形状,而是表现其运动。③

不难发现,《乐记》提出了一个"物动—心动—声动"的联动模式,"物动"对应的是自然时间(四时、农时等),"心动"关联的是情感时间,"声动"涉及的是形式时间,这一模式将自然时间、情感(心理)时间、形式时间全部涵盖进去了,形成了一个"天时—人时—艺时"彼此关联、有机统一的音乐时间理论体系,在前人的基础上进一步完善了中国古代的音乐美学思想。

庄子的音乐美学思想也是着眼于天人关系而展开的,他在《庄子·齐物论》里通过子綦与弟子子游的对话阐明了自己的音乐主张:

  子綦曰:"偃,不亦善乎,而问之也!今者吾丧我,汝知之乎?女闻人籁而未闻地籁,女闻地籁而未闻天籁夫!"子游曰:"敢问其方。"子綦曰:"夫大块噫气,其名为风。是唯无作,作则万窍怒呺。而独不闻之翏翏乎?山林之畏佳,大木百围之窍穴,似鼻,似口,似耳,似枅,似

---

① 《礼记正义》,李学勤主编:《十三经注疏》,第1113页。
② 蔡仲德:《中国音乐美学史》,人民音乐出版社2003年版,第341页。
③ 蔡仲德:《中国音乐美学史》,人民音乐出版社2003年版,第343—344页。

圈，似臼，似洼者，似污者；激者，謞者，叱者，吸者，叫者，譹者，宎者，咬者，前者唱于而随者唱喁。泠风则小和，飘风则大和，厉风济则众窍为虚。而独不见之调调之，刁刁乎？"子游曰："地籁则众窍是已，人籁则比竹是已，敢问天籁。"子綦曰："夫吹万不同，而使其自己也，咸其自取，怒者其谁邪！"①

所谓"籁"，就是"箫"，亦即"比竹"，是古代的一种乐器。但只有人籁才是"箫"，"地籁"泛指一切从孔穴中发出的声音。"天籁"则是不须人为，不待风吹，自作自止的自然之声。有点类似于古希腊、古罗马思想家所说的"宇宙音乐"。在这一点上，《庄子》与《吕氏春秋》表达了相似的观点，可见这一思想在先秦并非某一家独创。真正体现庄子对音乐的独到见解的，是他对音乐审美心理体验的论述。庄子在《天运》篇写到北门成向黄帝请教音乐的情形，他借黄帝之口描述了有关音乐审美心理体验的时间性过程：

北门成问于黄帝曰："帝张咸池之乐于洞庭之野，吾始闻之惧，复闻之怠，卒闻之而惑；荡荡默默，乃不自得。"

帝曰："汝殆其然哉！吾奏之以人，徵之以天，行之以礼义，建之以大清。夫至乐者，先应之以人事，顺之以天理，行之以五德，应之以自然，然后调理四时，太和万物。四时迭起，万物循生；一盛一衰，文武伦经；一清一浊，阴阳调和，流光其声；蛰虫始作，吾惊之以雷霆；其卒无尾，其始无首；一死一生，一偾一起；所常无穷，而一不可待。汝故惧也。

"吾又奏之以阴阳之和，烛之以日月之明；其声能短能长，能柔能刚；变化齐一，不主故常；在谷满谷，在阬满阬；涂却守神，以物为量。其声挥绰，其名高明。是故鬼神守其幽，日月星辰行其纪。吾止之于有穷，流之于无止。予欲虑之而不能知也，望之而不能见也，逐之而不能

---

① （清）郭庆藩：《庄子集释》第一册，中华书局1961年版，第45—50页。

及也；傥然立于四虚之道，倚于槁梧而吟。目知穷乎所欲见，力屈乎所欲逐，吾既不及已夫！形充空虚，乃至委蛇。汝委蛇，故怠。

"吾又奏之以无怠之声，调之以自然之命，故若混逐丛生，林乐而无形；布挥而不曳，幽昏而无声。动于无方，居于窈冥；或谓之死，或谓之生；或谓之实，或谓之荣；行流散徙，不主常声。世疑之，稽于圣人。圣也者，达于情而遂于命也。天机不张而五官皆备，此之谓天乐，无言而心说。故有焱氏为之颂曰：'听之不闻其声，视之不见其形，充满天地，苞裹六极。'汝欲听之而无接焉，而故惑也。

"乐也者，始于惧，惧故祟；吾又次之以怠，怠故遁；卒之于惑，惑故愚；愚故道，道可载而与之惧也。"①

听闻黄帝的演奏，北门成经历了三个阶段的心绪变化：惊惧、松弛、迷惑。第一阶段，黄帝演奏的乐曲与天道相合，阴阳合序，四时继起，万物随之生灭成毁。乐声乍起乍止，终始罔测，应对变化，没有穷尽，非智识可以预期，故令人惊惧。第二阶段，黄帝奏之以阴阳和谐，声调长短刚柔适度，且能时出新意，节奏明朗，回声悠远无穷，乐声远播，能使鬼神幽隐，日月出入不忒。在这种情况下，审美主体凝气守神，一任自然，恍惚置身于四面无际涯的大道，眼之所见，心之所想，皆无法企及，所以只好保持内心的空明澄澈，随顺应变。如此，心身自然就宽适松弛了。到第三阶段，黄帝以无怠的声音演奏，用自然的节奏来调和，各种乐声混然齐奏，播撒振扬，意境幽眇，时消时长，流行不定，无声无形，却又充塞六极，与道冥合，是谓"天乐"。所以，听者觉得迷惑，淳和无识，通于大道。②

以上庄子从音乐欣赏者的角度，描述了审美接受的心理体验过程。在第一阶段，接受者并未真正进入审美的情境，所以面对与天道相契合的乐曲，试图以认知的视界加以理解接受，但很快发现对方弹奏的乐曲早已超出了他

---
① （清）郭庆藩：《庄子集释》第二册，中华书局1961年版，第501—510页。
② 参见陈鼓应：《庄子今注今译》，中华书局2009年版，第401页。

的智识高度,所以让他心生恐惧。第二阶段,演奏者变换了音乐的时间形式,不再是跳跃的、大跨度的旋律,而代之以和谐适度,悠扬明朗的曲调。这时,接受者才慢慢做到"用志不分""收视反听",完全弃置自己的识见思量,保持高度的审美注意,心态转为空明宁静,轻松畅适。到第三阶段,演奏者将前两个阶段结合起来,奏之以"天乐",一下子将听者带入到眩惑迷醉、无欲无识的高峰体验之中,这就是大美至乐之"道境"。庄子这段寓言所描写的审美心理体验过程与他提出的"心斋""坐忘""游心"等思想是一致的,揭呈了音乐乃至一般艺术审美的普遍规律。蔡仲德认为,在中国音乐美学史乃至美学史上,《庄子》是对审美尤其是音乐审美的心理特征进行描述的第一部著作,认识朴素,思想深刻。[①]他从演奏地点、演奏内容、音乐形式、演奏效果四个方面对这段《咸池》之乐进行了分析。在蔡仲德看来,这段音乐演奏的地点既不是在庭院之中,也不在庙堂之上,而是在"洞庭之野",亦即天地之间[②];其内容既不是常人的哀乐之情,也不是儒家的仁义之德,而是"阴阳之和""日月之明""自然之命",即天地自然的运动及其规律;音乐的形式不是五声十二律,而是"其卒无尾,其始无首","能短能长,能柔能刚,变化齐一,不主故常","听之不闻其声,视之不见其形,充满天地,苞裹六极",无时不在,无所不在,又变幻莫测,无从感知;其音乐效果不是使人得到世俗之美的愉悦,而是使人由惧而怠,由怠而惑以至于愚,道通为一,达到至高无上之乐,即天乐。[③]因此,《咸池》之乐既不是儒家所推崇的先王之乐,也不是世人所习闻的人间之乐,而是"充满天地,苞裹六极"的宇宙之乐,时间无始无终、空间无极无垠、内容无限丰富、形式变化无穷的自然之乐,亦即"道"的音乐。[④]庄子所述,包含了自然时间(宇宙时间)、心理时间、形式时间三个方面,他从审美心理体验的角度将中国古代音乐时间思想推向了一个新的理论高度。可以说,在先秦道家中,唯一可以与《乐记》相比肩

---

① 蔡仲德:《中国音乐美学史》,人民音乐出版社 2003 年版,第 174 页。
② 蔡仲德:《中国音乐美学史》,人民音乐出版社 2003 年版,第 162 页。
③ 蔡仲德:《中国音乐美学史》,人民音乐出版社 2003 年版,第 162 页。
④ 蔡仲德:《中国音乐美学史》,人民音乐出版社 2003 年版,第 162 页。

的就是庄子的音乐美学思想，尤其是这段有关音乐审美心理体验的论述，实际上已经创建了"天时—人时—艺时"三者有机统一、相互联动的音乐时间理论架构。不同的是，庄子关注的是天时与人时的自然合一，其旨归在于审美主体的心灵自由和精神境界，并不非常注重"艺时"的形式因素。《乐记》则背负了沉重的社会教化的包袱，其以"天人感应"为思想背景，突出天时与人时之间的感染共鸣关系，音乐是处理天人关系的重要手段，因此，儒家对音乐的形式因素（艺时）往往比较重视。

以上从历时的维度分析了儒家、道家中有代表性的音乐时间理论，对音乐艺术所涉及的"天时""人时""艺时"诸因素及其相互关系有了大致的了解。但掩卷细思，中国古代的音乐时间理论仍然是从大处着眼，对"天时"与"人时"的外在关联谈得比较多，而对"人时"与"艺时"的内在关联则较少论及。具体来说就是：音乐的形式时间如何进入人的情感心理？审美时间与心理时间的关系如何？二者是占据还是共存？音乐审美如何打动人的内心情感，如何从时间的角度做出合理的阐释？要弄清这些问题，有必要借助西方音乐美学理论。

法国文学家罗曼·罗兰认为，音乐首先是个人内心的感受和体验。他说："我们来看看音乐的实质，它的最大的意义不就是在于它纯粹地表现出人的灵魂，表现出那些在流露出来之前长久地在心中积累和动荡的内心生活的秘密吗？……音乐——这首先是个人的感受，内心的体验，这种感受和体验的产生，除了灵魂和歌声之外在不需要什么。"[①] 既然音乐的本质就是呈现人的灵魂，可见音乐时间与人的情感心理时间存在同构关系。这一点，黑格尔谈得非常具体。他认为，音乐"不象在造型艺术里那样，不是上升到使声音成为在空间中保持一种外在的持久的存在和可以观照的自在的客体，而是使声音的实际存在蒸发掉，马上就成为时间上的过去。另一方面，音乐也不象诗那样，不是把外在材料和精神割裂开来，使观念离开语言的声音而独立，成为各种艺术中最使观念与外在材料割裂开来的一种艺术，创造出诗所特有的一

[①] 何乾三选编：《西方哲学家、文学家、音乐家论音乐》，人民音乐出版社1983年版，第143页。

整串精神性的想象的形象。……音乐所表现的内容既然是内心生活本身,即主题和情感的内在意义,而它所用的声音又是在艺术中最不便于造成空间形象的,在感性存在中是随生随灭的,所以音乐凭声音的运动直接渗透到一切心灵运动的内在的发源地。所以音乐占领住意识,使意识不再和一种对象对立着,意识既然这样丧失了自由,就被捲到声音的急流里去,让它捲着走。"①黑格尔认为,音乐与造型艺术及语言艺术均有较大区别。造型艺术的空间性与可见性很容易使得审美主体将艺术作品对象化为单纯的客体。音乐则不然,由于声音及其组合的时间性使得审美主体难以将其对象化(并非不可能,如单纯以知解力去关注音调的形式变化而不心动),在一般的情况下,审美主体不得不放弃分析、推理等知解力,让出意识的领地,任由音乐占据并被裹挟。换言之,这个时候,音乐的审美时间已经进驻意识,并完全取代意识的内时间,或是两者共感共鸣。主体在内时间意识被"挟持"且与审美时间相契的情形,即中国古代所说的"和"。这种"和"的能力根源于声音的基本属性本身。另一方面,音乐不像诗,可以将观念与声音完全割裂开营构意象,音乐的声音与情感、观念融为一体。

  黑格尔还说道:"时间就是音乐的一般因素。这就是说,内心生活作为主体的统一,是对等值的空间并存现象的彻底否定,所以它是否定性的统一。……这种观念性的否定的活动,就它的外在状态来说,就是时间。"②黑格尔认为,主体的内心生活与时间是同一的。单纯的"我思"表现为一种观念性活动,它否定了等值的空间并存现象,并使之凝缩到不断变换的时间瞬刻上,由于没有具体内容的渗入,主体只是自然的心念相续,"我"还是原来的"我",即空间的纯粹主体自身。音乐以此为基础,进入到自我之中,使之感动。"'我'是在时间里存在的,时间就是主体本身的一种存在状态,既然是时间而不是单纯的空间形成了基本因素,使声音凭它的音乐的价值而获得存在,而声音的时间既然也就是主体的时间,所以声音就凭这个基础,渗透

---

① 〔德〕黑格尔:《美学》第三卷(上),朱光潜译,商务印书馆1979年版,第348—349页。
② 〔德〕黑格尔:《美学》第三卷(上),朱光潜译,商务印书馆1979年版,第350—351页。

到自我里去，按照自我的最单纯的存在把自我掌握住，通过时间上的运动和它的节奏，使自我进入运动状态；而声音的其他组合，作为情感的表现，又替主体带来一种更明确的充实，这也使主体受到感动和牵引。"① 结合西方的音乐时间理论，我们能更好地理解中国古代的音乐美学思想。

三、"成于乐"：音乐与存在的时间秘密

以上讨论了音乐的三个时间要素：天时、人时、艺时。这三个方面都与人的存在密切相关。二十世纪初，法国哲学家柏格森提出"绵延"这一概念，认为人的生命的本质是无限创造的冲动，而"绵延"就是与创造相始终的时间进程。柏格森的观点对西方现代哲学产生了深远的影响。存在主义哲学家海德格尔将此在之存在放在时间视域中加以考察，勘破了人之存在的时间秘密。受柏格森等人的影响，美国符号学美学家苏珊·朗格从时间的角度考察了音乐艺术与人之存在的关系，对于我们理解音乐的生命本质具有很大启发作用。那么，中国古人是如何看待这一问题的，在音乐与人的存在问题上，古人提出了哪些观点，如何从时间的角度进行诠释？

在先秦语境中，诸子都不同程度地谈及音乐与存在的问题，但由于更多地着眼于政治教化，而鲜有像西方哲学家、艺术家那样围绕该问题作正面的逻辑分析。这一现象一直贯穿中国音乐思想史的始终。所以，我们很难从中国古代的音乐文本中找到直接的文献资料。尽管如此，我们可以结合古人的相关言论及观点，结合西方的音乐时间理论展开合理有度的阐发，以此丰富和提升我们对该问题的理解。为了更集中地说明问题，我们主要以《论语》和《乐记》为例，对音乐与存在的时间性关联略加探析。

众所周知，孔子对音乐是非常重视的。徐复观先生曾说，"从《论语》看，孔子对于音乐的重视，可以说远出于后世尊崇他的人们的想象之上，这一方面是来自他对古代乐教的传承，一方面是来自他对乐的艺术精神的新发现。……孔子可能是中国历史上第一位最明显而又最伟大的艺术精神的发现

---

① 〔德〕黑格尔：《美学》第三卷（上），朱光潜译，商务印书馆1979年版，第351—352页。

者。"① 这两个方面是相互配合相互支撑的。乐教肇端于远古时期的巫术传统，乐师、舞者、诗人都由巫师担任，这个时期的乐教带有很强的神学色彩。春秋末期，儒家的实践理性逐渐发挥作用，"乐"从神坛走向政坛，与"礼"完美配合。与此同时，先秦诸子们开始思考人性问题，尤其是儒家，致力于人格精神的整体超拔与生命价值的最终实现。在诸多的艺术中，孔子选择了音乐（包含诗、舞）。孔子本人就是一位很有造诣的音乐家，其对音乐有着独到的认识。孔子说："兴于《诗》，立于礼，成于乐。"（《论语·泰伯》）他认为读《诗》可以受到感发振奋，学礼可以立足于社会，但只有音乐才可以使人之所学得以完成。孔子所说的乐，是包含了性情（诗）和仁德（礼）的乐，并非纯粹的乐音形式。人的性情和仁德最终要在音乐的过程中得以过滤和加固，所以，音乐是一个人成才必不可少的关键环节。当子路问到如何才能成为全人时，孔子说："若臧武仲之知，公绰之不欲，卞庄子之勇，冉求之艺，文之以礼乐，亦可以为成人矣"。②孔子心目中的全人包含知（穷理）、廉（养心）、勇（力行）、艺（泛应），但这些都是准备性条件，最终还要放到礼乐中加以陶冶，所谓"节之以礼，和之以乐"，"中正和乐，粹然无复偏倚驳杂之蔽，而其为人也亦成矣。"③那么，音乐何以具有如此巨大的能量，可以使人最终完成自身？音乐成就人的最终依据是什么？它与人的时间性存在之间具有何种关联？④

这些问题的解决建基于对以下两个方面的清楚认识：一是人在音乐之外的时间状态；二是人在音乐之内的时间状态。从音乐的三个时间要素方面来理解就是，"人时"与"天时"同轨及"人时"与"艺时"合辙究竟有何不同？当人处于音乐之外时，人的生命时间与自然时间汇于一处，一如小溪汇入江河湖海，寒暑往来、日夜相继，最终淹没于无形。然而，生年有时尽，江河万古流。这时，人的理性就会因发现了有限与无限之间的尖锐对立而陷

---

① 徐复观：《中国艺术精神》，华东师范大学出版社 2001 年版，第 3 页。
② 杨伯峻：《论语译注》，中华书局 1980 年版，第 149 页。
③ 朱熹：《四书章句集注》，中华书局 1983 年版，第 151 页。
④ 参见詹冬华：《中国古代时间意识与早期文学观念——以先秦孔门儒学为中心》，《文史哲》2012 年第 5 期。

入绝望的痛苦之中。我们每一个瞬刻的念念相续，总会落入日复一日的云卷云舒、花开花落之中。生命的"有死性"将这种无聊的生存情态转化升级为"畏"①。因此，如何化解这一"畏"的生存样态成为人之存在的重要使命，艺术就在这种情形下出场了。苏珊·朗格认为，艺术作为一种符号形式，其本质是各种形式的生命幻象。比如绘画是空间幻象、音乐是时间幻象、舞蹈是力的幻象、诗歌是历史幻象等。在这些幻象里，人们看到了自己生命的影子。也就是说，这个时候，"人时"暂时从"天时"的铁的秩序中挣脱出来，暂时遗忘各种世情俗务，进入艺术所编织的时间幻象（"艺时"）里。在谈到音乐时，苏珊·朗格首先将这种特殊的"艺时"同"天时"区分开来："音乐的要素是乐音的运动形式。但是在这个运动中没有东西在运动。声音实体运动的领域，是一个纯粹的绵延（或译延续——译者注）的领域。但作为要素，绵延不是一种实际的现象，不是一段时间——十分钟、半小时或者一天之中的某一片刻——而是根本不同于我们实际生活中时间的东西，它与普通事物的发生过程完全无法比较。音乐的绵延，是一种被称为'活的'、'经验的'时间意象，也就是我们感觉为由期待变为'眼前'，又从'眼前'转变成不可变更的事实的生命片断。这个过程只能通过感觉、紧张和情感得以测量。它与实际的、科学的时间不仅存在着量的不同，而且存在着整体结构的差异。"②

　　苏珊·朗格在《情感与形式》一书中引用了一个名叫 B. 西林考特的人在其短文《音乐与绵延》中所表达的观点："音乐是一种绵延形式。它中止了一般意义的时间，把自己作为一个观念的替身或等价物。"③"……音乐的时间同样是一种观念的时间，如果我们很少直接意识到这一点的话，那是因为我们的生命与意识更多地受到时间而不是空间的制约……。另一方面，音乐要求我们对于全部时间意识的无限关注，在听到声音连续的时候，必须忘记自己的连续……。我们自己的生命是依靠节奏来衡量的，如呼吸、心跳。但是音

---

① 海德格尔认为，"畏"不同于"怕"，"怕"是有对象的，而"畏"是无对象的，它构成了"怕"的根源。"畏"的生存情态根源于生命的被抛性，亦即生命的偶然性与无家感。参见〔德〕海德格尔：《存在与时间》，陈嘉映、王庆节译，生活·读书·新知三联书店 1999 年版。
② 〔美〕苏珊·朗格：《情感与形式》，刘大基等译，中国社会科学出版社 1986 年版，第 127 页。
③ 转引自〔美〕苏珊·朗格：《情感与形式》，刘大基等译，中国社会科学出版社 1986 年版，第 128 页。

乐继续多长时间，这种意义上的节奏就要中止，毫不相干多长时间。"① 也就是说，当我们进入到音乐时间之中时，我们会忘记自己的生命时间进程，"人时"完全为"艺时"所统摄和引领。关于这一点，黑格尔说得更明确：音乐"作为否定的活动，时间是否定这一时间点而进入另一时间点，接着又否定这另一时间点而进入那另一时间点，如此循环不断的过程，在这些时间点先后承续之中，每一个别的声音可以有时独立地作为一个单元而固定下来，有时也可以与其他声音发生数量上的联系，因此时间变成可以数计的。但是从另一方面来看，时间既然是这种时间点的随生随灭的不断过程，这种时间点如果就这种未经特殊具体化的抽象状态来看，彼此之间就没有什么差异，因此就使时间也就像一条滚得很匀称的河流，本身无差异地持续下去。但是音乐不能让时间处在这种无定性的状态，而是必须对它加以确定，给它一种尺度，按照这种尺度的规律调整它的流转。"而主体"自我是一种镇静自持的存在，它的聚精会神于本身的活动就打断了时间点的毫无定性的承续系列，在抽象的持续性中割出一道裂痕，现出一种停顿，自我在这种回思反省本身中就想到自己，找回了自己，因而从单纯的外在于自己而经受变动之中解放出来。"②

这种主体对自我进行反向感受的意识非常关键，它有助于主体打断前后相续、毫无定性的自然时间，从外在的时间秩序中解放出来，进入到一种自觉的生存状态，亦即自由"我思"的实现。这一点有助于我们理解为何音乐的声音必须是有规则的变化，而不是无差别的前后承续。音乐之所以能打动人、感染人，是因为它以差别化的有规则的声音组合形式代替了原本无差别的内在时间意识，使之从念念相续的无聊状态中脱离出来，进入到一种动感的、有生气的审美时间之中。朱光潜认为，音乐的效果在于，"外在的声音运动和内在的主体情感运动须合拍，才能发挥音乐的效力。这两方面的联结纽带是时间。时间在音乐里须有一定的尺度（长短高低等），亦即在每一时间单位里，声音须有定性，不能前后无别；其次，这种定性在各时间单位里

---

① 〔美〕苏珊·朗格：《情感与形式》，刘大基等译，中国社会科学出版社1986年版，第129页。
② 〔德〕黑格尔：《美学》第三卷（上），朱光潜译，商务印书馆1979年版，第360页。

须有规律地往复复现，也就是音乐要有节奏。声音的节奏运动和主体情感运动之所以能一致，就因为音乐所表现和打动的是情感，是一种单纯的内心活动，而不是观念和思想。这种单纯的自我（主体）就只以时间为它的存在状态（因为心中没有观念和思想），主体在聚精会神之中，音乐的以时间为基础的运动就渗透到主体的心灵里把主体卷着走，引起他的同情共鸣。这就是音乐的效果"①。

正是在这种神奇的音乐审美效果中，生命获得了崭新的时间意义。此时此刻，生命中的每一次呼吸、每一个心跳；或断或续的哀、乐；每一个闪念、领悟都瞬间获得了一个统一的方向。"人时"的各种形式都从各自的时间进程中抽身出来，就像铁屑遇到磁铁一样，迅速统一到音乐的时间幻象之中："生命的、经验的时间表象，就是音乐的基本幻象。所有的音乐都创造了一个虚幻的时间序列。在这个序列中，每一个音乐的声音形式都在相互的关系中运动着——始终相互关联着，又仅仅是相互关联着，因为除此再也没有别的东西了。同虚幻空间从现实的空间分离出来一样，虚幻的时间从现实事件的连续中脱离出来。首先，它单凭唯一的感觉——听觉便可以完全感觉到，不用其他的感觉经验作为补充。它单独地把音乐变成完全不同于我们'常识'时间的东西。这个东西比起类似的空间感觉更为混杂、异质、零碎。内部的张力，外部的变化，心脏的跳动和时钟、白昼、日常工作、疲倦等等都是些无条理的时间材料，在实际的目的中，我们通过时钟的支配，对此加以协调整理。但是音乐不然，为了我们直接完整的领悟，通过我们的听垄断了音乐——单独地组织、充实、形成它，从而展开了时间。它创造了一个似乎通过物质运动形式来计量的时间意象，而这个物质又完全由声音组成，所以它本身就是转瞬即逝的。音乐使时间可听，使时间形式和连续可感。"② 如此说来，音乐在现实之外营构了一个独立的精神王国。事实上，音乐的这种功能自原始社会就已经存在了。德国艺术史家格罗塞认为，原始民族的大多

---

① 〔德〕黑格尔：《美学》第三卷（上），朱光潜译，商务印书馆1979年版，第352页脚注①。
② 〔美〕苏珊·朗格：《情感与形式》，刘大基等译，中国社会科学出版社1986年版，第128页。

数艺术的产生都带有功利性。但是音乐却例外。他说："在其他的艺术中，虽则也有审美目的占了主要地位；可是照例还是只有音乐把审美当作单纯的动机。……在高级民族的艺术中，除了音乐和装潢，我们也很少发现有一种专门追求审美兴趣的作品。"① 因此，"一切别的艺术都不得不为别的生活的目的卖力；音乐全然只为艺术的目的。就这个意义说，音乐可以说是最纯粹的艺术。特别是在音乐和诗歌的中间虽则它们有着密切的外部关系，却存在着深刻的内部对立。诗歌主宰着整个现象世界；反之，音乐自家可以说：'我的国度不在这个世界上'。"② 德国作家、音乐评论家霍夫曼也有类似的观点："音乐给人开辟了一个陌生的王国，一个与他周围的外在感性世界没有任何共同之处的世界。"（《克莱斯勒主义者》）③ 这些论述与苏珊·朗格的观点之间有异曲同工之妙。

西方美学家、音乐家是从"真"的维度来谈音乐之"美"的，涉及的主要是"人时"与"艺时"之间的关系。中国古代思想家则是从"善"的维度来论述音乐的"美"，部分地关联到"真"，涉及的主要是"天时"与"人时"的关系。所以，古人谈音乐的社会功能及个人修养功夫，也多从"天"的形而上层面入手。

音乐能将人从尘务俗情中解救出来，并投入到纯粹的时间体验之中。音乐中的时间表现为终始相继、显隐交替、哀乐共生的过程。而只有经历这样的体验，人才能够从根本意义上发现自己、发现历史，这样的人即是孟子所说的"时者"。④ "时者"不仅表现在对音乐所呈现出来的生生不息、终始相续的"天时"的洞观，还直接体现于对音乐演奏之"几"的审美领悟。明末琴家徐上瀛在《溪山琴况》一书中提出了一整套古琴演奏方面的美学思想。徐上瀛认为，为使演奏纯粹、自然、神妙、臻于至美之境，必须把握演

---

① 〔德〕格罗塞：《艺术的起源》，蔡慕晖译，商务印书馆1937年版，第235页。
② 〔德〕格罗塞：《艺术的起源》，蔡慕晖译，商务印书馆1937年版，第231页。
③ 转引自〔苏联〕克里姆辽夫：《音乐美学问题概论》，吴启元、虞承中译，人民音乐出版社1983年版，第97页。
④ 参见詹冬华：《中国古代时间意识与早期文学观念——以先秦孔门儒学为中心》，《文史哲》2012年第5期。

奏的"候""机"。《琴况》之"和"况有言:"篇中有度,句中有候,字中有肯","度""候""肯"就是乐曲结构变化的节度、关键,统称为"候",也称为"气候",是从时间单位"气候""节候"借用而来。"溜"况有"滑机","速"况有"灵机","圆"况有"妙合之机"。"机"即枢要、关键,与"候"相通,可统称为"候"或"气候"。《琴况》认为,"气候"是乐曲和演奏的关键,不知"气候",无论技巧如何娴熟,演奏也无趣味,无生气。知其"气候",以"候"调节,因"候"制宜,才能使演奏获得生命;深谙于"气候",能使演奏纯粹、自然、神妙,臻于至美。① 这种对音乐"气候"的深透把握不仅是演奏技巧的问题,更是对音乐思想与音乐灵魂的深层领会,是音乐时间性的直接绽出。

前文已述,中国古代谈乐的时间性,其旨归并非是"真"或"美",而是"善",或者说是美善相谐。《乐记》谓:"德者性之端也。乐者德之华也。金石丝竹,乐之器也。诗言其志也,歌咏其声也,舞动其容也。三者本于心,然后乐器从之。是故情深而文明,气盛而化神。和顺积中而英华发外,唯乐不可以为伪。"② 徐复观认为,音乐的三要素诗、乐、舞都无须凭借自身以外的客观事物即可以成立,所以说"三者本于心",乐器对于音乐而言是第二位的。正因为这三者"本于心"而发,亦即直接从人的生命根源处流出,所以"情深"。所谓"文明",是指诗、歌、舞从极深的生命根源向生命逐渐与客观接触的层次流出时皆各有其明确的节奏形式。再经过乐器外在节奏形式的发扬,使得生命深处的"情"进一步得到阐发,生命更为充实。此即是所谓"气盛"。随着情感向内沉潜,情便不知不觉与更为根源处的良心融合在一起。此时的人生便由音乐而艺术化、道德化了。这种道德教化不是外在的说教使然,而是经由艺术情感的激发感染所致,化得无迹无形,所以称之为"化神"。③ 诗、乐、舞之所以无须借助外在客观事物而独立存在,是因为这三者都是时间性艺术,尤其是音乐,直接从人的内心流露出来,而且转瞬

---

① 蔡仲德:《中国音乐美学史》,人民音乐出版社2003年版,第748页。
② 《礼记正义》,李学勤主编:《十三经注疏》,第1111—1112页。
③ 参见徐复观:《中国艺术精神》,华东师范大学出版社2001年版,第16页。

即逝，无形无痕。《乐记》云："凡音者，生人心者也。情动于中，故形于声。声成文，谓之音。"① 黑格尔说："音乐就是精神，就是灵魂，直接为自己而发出声响，在听到自己的声响中感到满足。但是作为美的艺术，音乐必须满足精神方面的要求，要节制情感本身以及它们的表现，以免流于直接发泄情欲的酒神式的狂哮和喧嚷"②。中国古人尤其重视对情感的节制，在音乐中更是如此。这里所说的"文明"就是要求诗、乐、舞都以"中和"的节奏形式表现情感。《乐记》有言："乐由中出，礼自外作。乐由中出，故静。礼自外作，故文。大乐必易，大礼必简。"③ 因此，这种直接从灵魂深处发出来的声音不可能作伪。《乐记》曰："君子曰：礼乐不可斯须去身。致乐以治心，则易、直、子、谅之心油然生矣。易、直、子、谅之心生则乐，乐则安，安则久，久则天，天则神。天则不言而信，神则不怒而威，致乐以治心者也。"④ 所谓"易直子谅之心"，就是"平易、正直、慈祥、善良"的道德情感。产生了这样的道德情感，心情就会愉快，内心安详，从而性命长久，且能与天、神相沟通，可见音乐的效果不仅是审美的、道德的，还是神性的。

第五节 流动的空间：园林之美的时空境界

就空间感而言，一幅山水画就好比是二维的山水风景，给人以荒天迥地、杳渺出尘之感。而当人处身于一片真山实水之间时，那种强烈而又亲切的自然体验又会将人带入一个恍惚迷离、幽眇难踪的画境之中。自然山水虽然美不胜收，但毕竟是天设，而非人造，故不在艺术之列。而且，要欣赏山水之美，免不了跋山涉水之苦，这是自然山水的美中不足之处。而园林，正好将这两个方面结合起来了，既不用舟车劳顿，又可以按照造园者的意图来叠山

---

① 《礼记正义》，李学勤主编：《十三经注疏》，第1077页。
② 〔德〕黑格尔：《美学》第三卷（上），朱光潜译，商务印书馆1979年版，第389页。
③ 《礼记正义》，李学勤主编：《十三经注疏》，第1086页。
④ 《礼记正义》，李学勤主编：《十三经注疏》，第1139页。

理水，经营布置。因此，园林成了古代达官显贵最好的居身栖意之所。刘敦桢说："过去麇居在苏州的官僚、富贾和文人既寻求城市的优厚物质条件，又想不冒劳顿之苦寻求'山水临泉之乐'，因此就在邸宅近傍经营既有城市物质享受，又有山林自然意趣的'城市山林'，来满足他们各方面的享乐欲望。"①当然，从一帧山水画到一片山水园林，远不啻二维与三维的空间差异，而且还包含由艺术构成元素的物态化所引起的人的文化心理及精神境界的深刻转变。因此，对园林空间的思索，是研究中国古典艺术审美时空不可或缺的重要内容。

一、"移天缩地"：园林空间的构成

中国古典园林主要有三个类型：皇家园林、私家园林、寺观园林。皇家园林属于皇帝个人和皇室所有，苑、苑囿、宫苑、御苑、御园等都属于这一类。皇家园林规模宏大，总体布局显示出皇权的至尊和皇家气派。私家园林属于贵族、官僚、缙绅所有，园、园亭、园墅、池馆、山庄、别业、草堂等，可归为这一类。相比于皇家园林，由于受用地的限制，私家园林一般规模都不大，因此其经营得更为精工巧丽。寺观园林是寺庙、道观的附属园林，包括寺观内部的庭院以及外围的园林环境，由于宗教的世俗化倾向，寺观园林也追求一种赏心悦目、宁静怡人的精神氛围，因此，寺观园林的特点整体上与私家园林并无根本性的区别。②

园林不仅有游玩、居住的现实功用，同时还寄予了人们对另一类超现实空间的向往和追求。金学智认为，园林是建于地上的天堂。而苏州园林则是"天堂里的天堂"③。但是，不同的园林由于园主的现实境况和理想诉求不同，所营构的空间性质也是有所差异的。就至高无上的皇权来说，普天之下，莫非王土；率土之滨，莫非王臣。皇帝是现实空间的最大占有者。但是，雄图霸业终究敌不过治乱循环的历史大潮，九五之尊也逃不脱湮没于丰草荒冢的

---

① 刘敦桢：《苏州古典园林》，中国建筑工业出版社2005年版，第14页。
② 参见周维权：《中国古典园林史》，清华大学出版社1999年版，第7—11页。
③ 金学智：《苏州园林》，苏州大学出版社1999年版，第4页。

命运。所以，秦皇汉武都有很强烈的求仙长生思想，这在早期的皇家园林中有突出的表现。周维权认为，秦汉是中国古典园林的生成期，造园活动的主流是皇家园林。园林早期以狩猎、通神、求仙、生产为主，后期以游憩、观赏为主。这个时期，由于原始的山川崇拜、帝王的封禅活动，加上神仙思想的影响，人们认识的大自然还保持着强烈的神秘性。秦、西汉的离宫别苑的布局多效法天象、模仿仙境、沟通神明，再加上通神的仪典和对仙境的模拟，使得园林中充满了神异的气氛。① 比如，汉武帝时的建章宫，内有神明台，这是祭祀神仙的地方。上有铜铸仙人，伸出手掌捧着铜盘玉杯，承接云中之露，皇帝以露和玉屑服下，以求长生不老之仙道。建章宫的西北部凿有一个大池，名曰"太液池"，并有一块巨大的鲸鱼刻石，长约三丈。太液池中堆筑了三个小岛，象征东海的瀛洲、蓬莱、方丈三座仙山。这种布置，营构了一个与现实迥异的神仙世界，一个超越现实的"神异空间"，实际上是对现实空间的理想化改造。

私人园林包含两种情况，一是远离都市喧嚣的山野别业、乡村庄园，如王维的辋川别业、陶渊明的园田居等；二是介于朝市和乡野之间的可以闹中求静的城市园林，如王献臣的拙政园、苏舜钦的沧浪亭等。如果说皇家园林对神异空间的构筑是出于对生命如寄、年寿难永的恐惧和超越，那么，私家园林则是更多地源于园主对现实政治空间的厌倦和逃避。在种种现实境况的逼迫下，在朝为官的士大夫对权欲争斗、宦海沉浮渐次感到厌倦、无奈甚至恐惧，为了远祸全身、颐养终年，许多士大夫辞官归田，在远离皇权的地方营建别业园墅，与同好诗酒唱和、游弋散怀。然而吊诡的是，建功酬志、报效朝廷的企望始终是文人士大夫挥之不去的政治情结。因此，这种归隐思想也表现出不同的情形，白居易区别了三种归隐方式：大隐、小隐、中隐。大隐隐于朝（朝廷）、小隐隐于野（乡村郊野），中隐则隐于市（城市园居）。②白居易《中隐》诗云："大隐住朝市，小隐入丘樊。丘樊太冷落，朝市太嚣

---

① 周维权：《中国古典园林史》，清华大学出版社1999年版，第76—77页。
② 参见金学智：《中国园林美学》，中国建筑工业出版社2005年版，第87页。

喧。不如作中隐，隐在留司官。似出复似处，非忙亦非闲。不劳心与力，又免饥与寒。终岁无公事，随月有俸钱。君若好登临，城南有秋山。君若爱游荡，城东有春园。君若欲一醉，时出赴宾筵。……贱即苦冻馁，贵则多忧患。唯此中隐士，致身吉且安。"①白居易在进退出处之间找到了一个中间状态的安居空间，既可以远离权势倾轧，又没有衣食之虞，闲富自适，两无挂怀。这种空间不同于皇家园林的神异空间，它在出处之间，又偏向于归隐，追求精神上的自由散逸，我们可以称之为"隐逸空间"。

明代御史王献臣因不堪宦佞构陷，弃官归乡，在故乡姑苏城东北隅购得唐代陆龟蒙宅地和元代大弘寺旧址，经造园大匠精心设计，建成江南著名的私人园林。王献臣以西晋文人潘岳自况，潘岳《闲居赋》云："昔通人和长舆之论余也。固曰：'拙于用多。'称多者，吾岂敢；言拙，则信而有徵。方今俊乂在官，百工惟时，拙者可以绝意乎宠荣之事矣。太夫人在堂，有羸老之疾，尚何能违膝下色养，而屑屑从斗筲之役？于是览止足之分，庶浮云之志，筑室种树，逍遥自得。池沼足以渔钓，春税足以代耕。灌园鬻蔬，供朝夕之膳；牧羊酤酪，俟伏腊之费。孝乎惟孝，友于兄弟，此亦拙者之为政也。"王献臣取潘岳"拙者为政"之意，将自己的园林名为"拙政园"。王献臣《拙政园图咏跋》有言："余自筮仕抵今，余四十年，同时之人或起家至八坐，登三事，而吾仅以一郡倅老退林下，其为政殆有拙于岳者，园所以识也。"②"拙政"之谓，充分彰显了士人与政治之间的那种欲说还休的微妙关系。而"拙政园"也在隐逸空间之外，透露出政治空间的些微消息。

寺观园林一般都建在远离世俗喧闹的深山密林之中，自然环境优雅静谧。周维权认为，寺观与山水风景亲和交融，既显示佛国仙界的氛围，也像世俗的庄园别墅一样，呈现为天人谐和的人居环境。③特别是唐代，佛、道得到皇权的大力支持，寺观进行大量的世俗活动，成为城市公共交往的中心。寺观

---

① 谢思炜：《白居易诗集校注》卷二十二，中华书局2006年版，第1765页。
② 转引自刘敦桢：《苏州古典园林》，中国建筑工业出版社2005年版，第56页注1。
③ 周维权：《中国古典园林史》，清华大学出版社1999年版，第115页。

园林环境兼具宗教的肃穆与人间的世俗愉悦。① 到宋元时期，儒、释、道合流，文人士大夫大兴禅悦之风，文人的审美趣味也渗透到寺观园林之中，寺观园林在世俗化的倾向下又兼有"文人化"的色彩。② 由此可见，寺观园林所营造的空间，既有宗教的肃穆和明净，同时又脱不开世俗的人间气息和文人情趣。就空间类型而言，它不同于皇家园林和私家园林，它渗透着皇权意识形态和文人士大夫的精神情愫，又兼有普通信男善女的世俗祈望。因此，这是一种复合型空间。

以上分析了中国古典园林的主要类型及各自的空间性质。那么，古代园林空间如何建构，其处理空间的方式有哪些？按照周维权的说法，所谓园林，就是"在一定的地段范围内，利用、改造天然山水地貌，或者人为地开辟山水地貌，结合植物栽培、建筑布景，辅以禽鸟养畜，从而构成一个以追求视觉景观之美为主的赏心悦目、畅情舒怀的游憩、居住的环境"③。这一界定包含了几个方面的内容：一是园林的物质构成，包括山水、花木、建筑等；二是园林的现实功能，即为人们提供一个可游可居的真实环境；三是园林的审美价值，主要是供人游览观赏，给人以怡情悦目的视觉美感。以下主要以苏州园林为例，对古典园林的空间处理方式进行分析。

如上所述，私人园林多是士大夫厌倦了宦海争斗既而辞官归乡后，为了追求闲逸自适的自由生活而建造的别业园墅，一般占地都不大。它既要适宜于日常居住，又要能满足文人士大夫游玩唱和的精神雅趣，特别是它要代替自然山水，给人带来远离尘嚣、天人合一的审美感受。因此，造园所面临的主要任务，就是要在有限的空间里处理好建筑与山水的关系。处理得好，会给人以时空变幻、心旷神怡之感；如理不当，就会产生局促逼仄、壅塞不通之感。这就要求造园师从整体上进行规划设计，因地制宜，大胆想象，利用有限的物态元素营构出无限的园林空间。"在这方面，古代的园林擘画者和园艺匠师们积累了丰富的经验，他们一方面创造了适应园林要求的建筑风

---

① 周维权：《中国古典园林史》，清华大学出版社1999年版，第173页。
② 周维权：《中国古典园林史》，清华大学出版社1999年版，第238页。
③ 周维权：《中国古典园林史》，清华大学出版社1999年版，第3页。

格,把房屋、花木、山水融为一个整体;另一方面,则用'咫尺山林'再现大自然的风景。在造景中,还运用了各种对比、衬托、尺度、层次、对景、借景等手法,使园景能达到小中见大,以少胜多,在有限空间内获得丰富的景色。"① 这就要求园林大匠不仅胸中有万千丘壑,而且有"移天缩地"之法,叠山理水,植树架屋,营造出虚实互映、美景迭换,让人流连忘返的园林胜境。刘敦桢从五个方面论析了苏州园林的空间布局方式:一是景区划分与空间分隔;二是观赏点与观赏路线的设计;三是对比与衬托;四是对景与借景;五是深度与层次。② 以下分述之。

刘敦桢说:"为了在有限的面积内构成富于变化的风景,苏州古典园林在布局上,采取划分景区和空间的办法。规模较大的园林都把全园划分为若干区,各区都有风景主题和特色,这是我国古典园林创造丰富园景和扩大空间感的基本手法之一。"③ 园林之所以要划分景区,目的是要突出主题重点,就像写文章一样,题旨突出,主次鲜明。这其实与园林面积的大小并无必然关系,园林无论大小,都需要有"主脑",亦即主题性景区。有的园林水面开阔,就可以拿水做文章;有的园林花卉有特色,也是吸引游览者眼球的一个亮点。在确定了主题之后,分隔空间以划分景区才会有针对性。"苏州古典园林划分空间的手段是多样的,有墙、廊、屋宇、假山、树木、桥梁等"④。从此之外,还有山林与水面。这些分隔物的体量、通透性等性质不同,其对空间的分隔效果也有较大差异。墙体、房屋、较为密实的山林封闭性较突出,能够分隔出不一样的实体性空间,但也会导致空间闭塞,尤其是小规模的园林,更是如此。为了扩大空间的深度,"就要使空间不完全隔绝,或留有缺口,或用通间落地长窗使室内外空间打成一片,或径用敞轩、敞亭、敞廊,或用洞门(又称地穴)、空窗(又称月洞)、漏窗等,使空间形成半隔半连的状态"⑤。相对来说,走廊、假山、树木、桥梁等分隔物的通透性好,其形体不

---

① 刘敦桢:《苏州古典园林》,中国建筑工业出版社2005年版,第14页。
② 刘敦桢:《苏州古典园林》,中国建筑工业出版社2005年版,第14—19页。
③ 刘敦桢:《苏州古典园林》,中国建筑工业出版社2005年版,第15页。
④ 刘敦桢:《苏州古典园林》,中国建筑工业出版社2005年版,第15页。
⑤ 刘敦桢:《苏州古典园林》,中国建筑工业出版社2005年版,第15—16页。

像建筑物那样严整，其对空间的分隔不仅不会隔绝两个区域的景致，还能起到中介作用，将二者连接沟通起来，并参与到两个区域的空间构成之中，使得景深进一步加大，层次也更为丰富。这种"虚"化空间对于园林来说至关重要，也是园林时空境界得以产生的重要因素。

园内的主要景区规划好之后，接下来就是要确定主要观赏点与游览路线。刘敦桢认为，园林中的主要观赏点一般选择园内厅堂，厅堂隔水对山而立，其他观赏点则绕水环山而设。观赏线路有两种情况：一是与山池对应的走廊、房屋、道路；二是登山越水的山径、洞壑和桥梁等。[①] 如果说景区划分涉及的主要是园林的空间性的话，那观赏点与游览路线则关涉到园林的时间维度。它通过游览者的驻足与移步将园林的各部分空间串联在一起，使得各自独立分隔的静态空间彼此关联在一起，就像身体中的筋脉将各个肌肉群牵连在一起使之成为不可分割的整体一样。

为了使得园林空间更富有变化，造园时常常采用对比与衬托的方法。对比是为了突出差异，避免因单调而使得园内空间同质化，减损园林的审美韵味。对比可以用于多个方面："苏州古典园林在景物的疏密，空间的开朗和幽曲、峭拔的山石和明净的水面，工巧的房屋和自然的林木，以及虚实、明暗、质感、形体等方面，都经常运用对比手法。"[②] 衬托也是一种对比方式，只不过其目的是要突出其中某一方面。比如以小衬大，以底衬高，以淡衬深，以暗衬明等。总之，对比与衬托处理的主要是空间关系。这在小规模的园林里，显得尤为重要。由于占地面积等方面受限制，园林里的建筑、山池等难以体量大、水域阔取胜，但又要在视觉上给人以气势雄伟、烟波浩渺之感。这就需要通过其他的景致进行衬托，在对比中产生这样的视觉和心理效果。

对比与衬托处理的是近距离的景点空间关系，对景与借景则是针对远距离景点的空间关系而言的。所谓对景，就是处于同一条观赏线路上的两个观赏点之间相互构成观赏对象。中国古典园林最讲究的是自然，如果两个观赏

---

① 刘敦桢：《苏州古典园林》，中国建筑工业出版社2005年版，第16页。
② 刘敦桢：《苏州古典园林》，中国建筑工业出版社2005年版，第17页。

点太近，又处于一条轴线上，给人的感觉就会有点矫揉造作，即形成所谓的"硬对景"。所以，古典园林中的对景"不同于西方庭园的轴线对景方式，而是随着曲折的平面，步移景异，依次展开。这种对景以道路、走廊的前进方向和一进门、一转折等变换空间处以及门窗框内所看到的前景最为引人注意，所以沿着这些方向构成对景最为常见"①。比如，拙政园内有枇杷园，园内北面有一圆形洞门，名曰"晚翠"。自"晚翠"洞门北望，视线所及处，是远处的雪香云蔚亭。而自洞门向园内回望，可见枇杷园内的嘉实亭。如此，这两座亭之间便形成对景。此外，拙政园的倒影楼与宜两亭之间也形成这种对景关系。站在亭内，通过各自的漏窗，都能将对方框进来，形成一幅美景。所谓"借景"，是为了扩大园林景物的深广度，有意识地突破园内空间的限制，将园外的景致借到园内来，以丰富拓宽园林空间的一种方法。明代造园家计成在《园冶·兴造论》里谈到了"借景"，其谓："'借'者：园虽别内外，得景则无拘远近，晴峦耸秀，绀宇凌空，极目所至，俗则屏之，嘉则收之，不分町畽，尽为烟景，斯所谓'巧而得体'者也。"②可见，"借景"虽不分远近，但还是要区别好坏的，所借来的一定是好景致，否则就要屏蔽掩盖。当然，借景在园内也可以采用，但以向外借景为主。比如王勃《滕王阁序》中的"落霞与孤鹜齐飞，秋水共长天一色"，就是站在滕王阁向赣江所借之景。杜甫《绝句》中"窗含西岭千秋雪，门泊东吴万里船。"也是一种巧妙的借景。在园林中，这种借景经常使用。比如拙政园与园外的北寺塔，相隔距离有五里之遥，但是在拙政园中部长廊抬眼向西望，有一座宝塔高耸，在园内树木与屋宇的掩映下，宛然如在目前。如此，北寺塔就被成功地"借"进了园中，成了拙政园景致的一部分了。

山水画中讲究深远，园林中也有一个深度和层次的问题。就像诗文讲究含蓄蕴藉，不能过于直露。园林的景致也要隐藏在丰富的层次中，不能让游人一眼就看到底了。所以，"苏州许多园林强调幽深曲折，所谓'景贵乎深，

---

① 刘敦桢：《苏州古典园林》，中国建筑工业出版社 2005 年版，第 18 页。
② （明）计成：《园冶注释》，陈植注释，中国建筑工业出版社 1988 年版，第 47—48 页。

不曲不深',讲的就是这种手法。因为曲折的布局可以增加园景的深度,避免一览无余的弊病。自然式山水风景园必然产生不规则的平面,山池、道路、走廊、云墙等,蟠曲迂回,也利于造成曲折的布局。为了增加园景深度,多数园林的入口处设有假山、小院、漏窗等作为屏障,适当阻隔视线,使人隐约看到一角园景,然后几经盘绕才能见到园内山池、亭阁的全貌。园内对景,不论动观的或静观的,也都不用捷径直趋的方式,而要迂回一番之后才能达到。园内空间一环扣一环,庭院一层深一层,这都是在总平面布置中求其深度感的办法"[①]。比如,网师园中部就颇有深度和层次感。从高处鸟瞰,中间有一个很大的水池,水池南面是小山丛桂轩,中间植有桂、松、清枫等。水池北面与小山丛桂轩相对的,是竹外一枝轩,其后是集虚斋。在竹外一枝轩与集虚斋之间植有竹丛,将两者间隔开来。由此,游览者从小山丛桂轩里北望,只能从树丛间隐约望见水池北面的竹外一枝轩,而后面庭院中探出的竹枝又将观者的视线牵引至其后面的集虚斋。从这一空间布局中,我们不难发现造园者的匠心所在。小山丛桂轩前面若无树木掩映,观者的视线将直接掠过水面到达对面的竹外一枝轩,因为有树木的阻隔,观者的目光在逡巡中穿越荡漾碧波,方与水面尽头的小轩对接。如没有后面竹枝的招揽,观者的视线仅止于小轩与集虚斋的屋顶,从远处看,二者几乎重叠在同一个纵向的二维平面上,因此无法察知之间的深度和层次,中间用几丛翠竹间隔开来,一方面是为了化静为动,使得屋宇周遍环境显得自然灵秀;另一方面是给观者以视觉上的提示,两者之间仍有距离和深度,给人以"庭院深深深几许"之感。尤其在小规模的园林中,这种空间深度的拓展显得更为重要。

二、园林时空的结构层次

以上就园林的空间构成方式做了大致的梳理,但是如果要深入到园林之美的深层,还必须将空间与时间两个维度结合在一起探讨。中国园林是多种艺术的综合,其时空特征与其他艺术之间既存在一定的差异,也具有较大的

[①] 刘敦桢:《苏州古典园林》,中国建筑工业出版社2005年版,第19页。

共性。从时空的类型和结构组成来说,园林时空主要包含自然时空、艺术时空、心理时空三个方面。其中,自然时空由建筑、山水、花木这三个物质生态要素以及天时构成。艺术时空则体现在园林中所涵盖的门类艺术之中,诸如文学、书法、绘画、雕刻、琴韵等。心理时空,则是游览者对自然时空与艺术时空的感知和心理塑形所产生的独特时空,它在园林审美意境的产生过程中发挥着重要作用。以下从这三个方面展开论析。

毫无疑问,任何空间都处于时间之中,对于园林这类具有实体形态的艺术来说,这一点极为分明。所以,要考察园林的空间,时间维度不可忽略。那么,园林之美的时间维度表现在哪些方面呢?换言之,时间是如何参与到园林空间之中,共同营造了独特的时空之境?具体来说包含两个方面:一是"可见"的时间,亦即"天时";二是"不可见"的时间,亦即园林空间布局中所体现出来的"时间性"。前者以季节、物候、天气的形式影响到园林中的建筑、山水、树木、花卉等,尤其是植物景观,受时间的影响很大。后者实际上就是节奏,它暗藏在园林景致的疏密、开阔、曲直、明暗、高低、远近等空间关系的转换过程中,通过游人的位置移动而体现出来。

清代画论家汤贻汾在《画筌析览·论时景》中有言:"春夏秋冬,早暮昼夜,时之不同者也;风雨雪月,烟雾云霞,景之不同者也。景则由时而现,时则因景可知。故下笔贵于立景,论画先欲知时。"[①]汤贻汾区分了两种不同的"时",一是一年中的四季,二是一天之中的早晚昼夜。他将"风雨雪月""烟雾云霞"归为不同的景,并分析了两者之间的关系:景色由时节季候而显现,同时景色也成了季节时令的重要标识。事实上,这里所列的景,只有雪、雾带有鲜明的季节性,其他几种在一年四季中都有可能出现。金学智在此基础上作了进一步的发挥,将"时"和"景"分成了三个系统:一是四季交替的"季相系统",每一季又可细分为孟、仲、季三个小单元;二是早暮昼夜的"时分系统",一天之中的各个时间节点如正午、深夜都是不同的小单元;三是阴晴变化的"气象系统",它具有无序性和偶然性。季相系统与时

[①] 卢辅圣主编:《中国书画全书》第10册,上海书画出版社1993年版,第833页。

分系统比较抽象,属于"时"的范畴;气象系统较为具体,属于"景"的范畴。①事实上,无论是这里的"时"还是"景",都可以归为时间维度。建筑、山水、花木这些物性因素构成了园林的空间维度,两者结合起来,才形成真正意义上的园林美景。

金学智认为,"园林美的物质生态建构序列的三要素——建筑、山水、花木是在空间中丰富多彩地横向并列展开的,然而……,楼阁、林竹、花实、池沼等物质生态建构元素,宜和纵向流动的天时之美的因子——季相、时分、气象交相为用,共成其变化不尽之美,……园林发展史以大量事实表明,建筑、山水、花木、天时,它们作为园林艺术美的物质生态建构元素,其每一个形式之间也都能通过种种组合或交感,成为园林美的有意味整体的一个组成部分"②。也就是说,建筑、山水、花木是园林美的三大空间性要素,而季节、时分、气象则是园林美的三大时间性因素。二者交相为用,组合交感,形成种种不同样态的园林美。

如果园林之中仅仅只有建筑、山池、花木这些物质生态层面的东西,缺乏人文内涵,那么这座园林就会显得"了无神采"。事实上,中国园林包含了非常丰富的艺术元素,包括文学、书法、绘画、雕塑、建筑、音乐、戏曲等等,是"集萃式的以静态为主的综合艺术系统"③,这些艺术元素构成了园林的精神生态层面,是园林的时空结构中不可或缺的重要内容之一。建筑、山池、花木虽然经过了人工的环节,但主要还是从自然取材。而且,这些空间因素与季节、时分、气象等时间因素关系甚为密切,二者更多的来源于大自然,所以这部分可以归为"自然时空"。园林中的文学、书法、绘画等内容带有非常鲜明的人文性、符号性和精神性,与纯物质形态的叠山理水、架桥铺路、花木栽培等技艺差别较大,其所构成的时空属于"艺术时空"。但是,需要特别说明的是,不同的门类艺术与园林的关联程度不同,有的很紧密,有的则较为松散。因为,"艺术时空"不可能独立存在,它必须以物质的形态呈现出

---

① 参见金学智:《中国园林美学》,中国建筑工业出版社 2005 年版,第 225 页。
② 金学智:《中国园林美学》,中国建筑工业出版社 2005 年版,第 231 页。
③ 金学智:《中国园林美学》,中国建筑工业出版社 2005 年版,第 236 页。

来。所以，园林中的其他艺术最后都要以某种物质形态依附或装点在园林的某个局部，以增添园林的审美情趣。在众多的艺术中，以文学、书法、雕塑最为常见，但文学不可能独立呈现，在园林中，它只能借助匾额、对联、刻石等物质载体以书法的形式表现出来。在早期园林中，雕塑不难见到。但到后期，独立的雕塑很少见，一般以浮雕为主，多见于建筑门楼上的砖雕、石雕、木雕等，主要起装饰作用。此外，绘画因受潮、易破损等原因不能长期悬挂，所以园林的建筑厅堂中虽然也悬挂画作，但多不是名作真迹。至于音乐、戏曲等艺术，虽可以使得园林的美感更为丰富有情味，但并非必不可少的条件。因此，在园林中，相关度最大、对园林审美意境起到重要作用的是文学与书法。以下从这两个方面展开论析。

《红楼梦》第十七回"大观园试才题对额"写到，贾珍向贾政汇报大观园已基本竣工，下一步是题匾额对联。贾政说："这匾额对联倒是一件难事。论理应该请贵妃赐题才是，然贵妃若不亲睹其景，大约亦必不肯妄拟；若直待贵妃游幸过再请题，偌大景致，若干亭榭，无字标题，也觉寥落无趣，任有花柳山水，也断不能生色。"①曹雪芹通过贾政之口，传达了他对园林美学的独到理解。这段话实际上包含两层意思：一是题匾额对联一定要亲睹其景。也就是说，匾额对联是对眼前园林美景的高度概括，是美景的"精神"所在，一定要亲自游览体验方可找到最贴切且具审美蕴藉的题名和楹联。二是如果眼前的一片美景仅见屋宇山池花木，却无任何文字上的提示点染，这又使得观者无从着眼会心。就像一盘珍馐佳肴摆在面前，吃在嘴里，却不知道叫什么名字。这不能说不是一个遗憾。正是出于这两个方面的考虑，贾政才带领众清客先行游览一番，将各处的景致题个草稿，待贵妃游幸时再请其亲自定夺，这才有宝玉施展才华的机会。众人一进园门，迎面一带翠嶂拦在前面。此时有提议题"叠翠""锦嶂""赛香炉"等名，终觉不妥。宝玉说："常闻古人有云：'编新不如述旧，刻古终胜雕今'"②，最后借唐代常建《题破山寺后禅

---

① 曹雪芹、高鹗：《红楼梦》，人民文学出版社1991年版，第224页。
② 曹雪芹、高鹗：《红楼梦》，人民文学出版社1991年版，第226页。

院》诗中"曲径通幽处"为题。

园林题名之所以常常"述旧""刻古",目的是为了借往古圣贤高士、文人墨客的事迹或诗文增添园林的历史人文底蕴,有点类同于诗文创作中的"用典"。园主或以先贤自况,或远慕古人遗风,以其诗文迴句为园林景致题名。从时空角度来看,这实际上就是在眼前的、有限的"自然时空"之外,引入过去的、无限的"艺术时空"(也包含了"历史时空"),使得园林打破现实时空的限制,进入到一个包含过去、现在、未来的多维度的时空境界之中。如拙政园内的"与谁同坐轩",取自苏轼的《点绛唇·闲倚胡床》词中句:"闲倚胡床,庾公楼外峰千朵,与谁同坐?明月清风我。别乘一来,有唱应须和。还知么,自从添个,风月平分破。"坡翁宦海沉浮大半生,阅尽人间冷暖,一句"与谁同坐?"的反诘,足可见出词人厌倦世俗、知音难觅的孤傲心境。又自答曰:"明月清风我",又透出其委运任化、自然洒脱的人生襟怀。王献臣取此意命名这座别致的小轩,显然是远祧坡翁,承其精神境界。不仅题名渊源有自,该轩内所悬挂的匾额对联均为大书家所题写。该轩隶书题额"与谁同坐轩",款署"凤生姚孟起",姚孟起为清代书家,苏州人。楷书学欧阳询,临《九成宫》逼似,几以假乱真。隶书学清代篆刻家陈鸿寿,自然古拙,活泼天真,时见生意,与东坡词意正相合。轩内扇形窗洞两旁悬挂着诗句联"江山如有待,花柳更无私",款署为"蝯叟书于吴门","蝯叟"为清代著名书法家何绍基晚年别号,工草、擅隶、篆,晚年将诸体熔为一炉,笔意醇厚,自成一家。这两句诗以隶书面目出现,与匾额书体一致,但旨趣稍异。何绍基曾就汉碑下过苦功,该联笔力雄健、结字精妍,与匾额同源而异貌。这两句联出自杜甫《后游》诗:"寺忆新游处,桥怜再渡时。江山如有待,花柳更无私。野润烟光薄,沙喧日色迟。客愁全为减,舍此复何之?"杜甫这首诗为重游修觉寺而作,此时心情与初游时不同,客愁全减,生机满眼,万物有情。一如辛弃疾《贺新郎》词中句:"我见青山多妩媚,料青山见我应如是。"一句"江山如有待,花柳更无私",便映出人间无情、风物有意的深层人生况味。这句与苏词中的"与谁同坐?明月清风我"寓意相类,境界相谐。如此联额契合无间,堪称绝配。小轩临水而立,墙面、屋顶、窗洞皆为扇形，所以也称"扇厅"。轩内只有两个小石凳，空间疏朗似可流动，内外交通无碍，游人至此，可从各个方面欣赏到园中美景。真可称得上是"江山有待""花柳无私"。与此同时，又可以从匾额、对联中遥想起杜甫、苏轼的人生遭际与心胸襟抱，再联想到园主当时造园的现实境况，怎不会令后之览者感叹嘘唏！赏景之余，又可徜徉于一代书家的精湛笔墨之中，甚至还可以推想书家在题写诗联词句时的隐微心绪。一个小小的亭子，竟集聚了如此多的文学、书法圣手之作，足见其营构的"艺术时空"宏富精丽。游人到此，即景会心，目遇身触，瞬时被眼前美景所吸引，进入到天机一片的"自然时空"之中。但当赏读到杜甫苏轼的诗句、品味何绍基姚孟起的书法时，又不由得思接千载、心游万仞，往复逡巡于诗人书家的历史境况与"艺术时空"之中。园林的时空被无限拓展了，意境自然托出，如在目前。拙政园内这类景点不少，再如"待霜亭"，名取唐韦应物诗"书后欲题三百颗，洞庭须待满林霜"句意，橘子霜后味甚甜，故名，寓意苦尽甘来。"留听阁"，取李商隐诗"秋阴不散霞飞晚，留得残荷听雨声"之意，以荷自喻，以示坚执高洁。

如上所述，游人在面对古人的诗词迥句、书法手迹时，会不由得浮想联翩，思接千载、心游万仞。这就是"心理时空"对自然时空、艺术时空的感知与塑形。特别是"艺术时空"，因为引入了历史的维度，加进了人文的、社会的背景信息，由文字符号及线条形式所关联的意义世界得以开启，诗家词人的历史遭际和人生感悟、书家游赏后欣然命笔的动人情境、园主造园的点滴轶事与精神追求等，都需要览者在心理进行重新建构。这时，过去、现在之间的壁垒被拆除了，两者往来互通，游弋无碍，诗人、书家、园主、游人仿佛共聚一堂，彼此交流唱和，共赏眼前美景。在"心理时空"的塑形中，"自然时空"与"艺术时空"之间的界限也被打破。自然美景与艺术胜境交相辉映，两相发明。

就时空结构来说，园林与山水画、山水诗等艺术之间的最大区别在于：诗、书、画、乐中的时空离不开自然、心理、形式三个层面，尤其是对心理时空，依赖性较强。没有这一中介，自然时空与形式时空不可能相互关联，意境也无从产生。在园林艺术中，虽然也涉及心理时空，但对于观者来说，想象与虚构并没有像文学、书法、绘画、音乐那样重要。在园林游赏的过程中，心理时空已经归并到视听感官所开启的自然时空之中。同样，由于园林所运用的材料都直接取自大自然，与山水画中的笔墨、线条，音乐中的旋律、节奏，文学中的语言文字在形态上存在很大差异，所以，园林艺术的形式时空的符号性和象征性虽仍然存在，但已大为减弱，变成自然时空的重要组成部分。或者可以说，园林艺术的形式时空与自然时空已经合而为一了。因此，在"自然—心理—形式"的三相时空结构中，园林中最为凸显的是自然时空，但又与山水画中的自然时空有所区别。郭熙《林泉高致》中谈到"四时山水"，注意到四时、气象、物候对山水自然美的影响。但在某幅特定的山水画作品中，其时令物候景象却是固定的，也就是说，每幅作品只能呈现一种特定时空下的自然山水。而在园林中，物质生态层面（建筑、山水、花木）与时令节候层面是分开的，同一片山水建筑花木，可以领受承纳各个不同时期的节令、季候、气象，呈现出不一样的美。而某些特定的景观，会在特定季候、气象条件下呈现出最美的一面，如杭州西湖三潭印月雾景——"雾纱塔影"，就只有在雾天才有如此美景。如果不是雾天，则有可能呈现其他类型的美。因此，山水园林犹如一个不变的大舞台，季候、时令、气象，犹如走马变幻的演员，游赏的人则是观众。由此可见，山水园林时空要比山水画的时空更为宏阔、自由。

园林艺术不仅由建筑、山水、花木这些物质层面，还有文学、书画、音乐、雕塑等精神人文层面。所以，其中所包含的历史时空、艺术时空同样是其时空不可分割的部分。而且，对于园林来说，如果缺失历史和艺术的维度，园林的意义和价值则可能大大减损。需要说明的是，园林中的历史及艺术时空并不会单独呈现，而是附着在建筑等物质形态之上的。因此，它与自然时空之间形成了荣枯相依的互补关系。历史、审美时空（通过艺术时空呈现出来）依附于自然时空，自然时空又因其历史、审美因素而增添其美感和价值。

三、园林时空的意境

周维权认为，中国园林的意境主要有三种表现方式：一是借助叠山理水等人工手段将自然山水风景缩移摹拟于咫尺之间，营造出一种"物境"，并由物境幻化出意境；二是依据文学作品、神话传说、历史典故、逸闻逸事等预设某个意境主题，借助人工的"物境"表现出来，给观者以意境的提示；三是不预设意境主题，而是在"物境"营造好之后，根据其特点再作文字上的"点题"，包括匾额、对联、刻石等。这时，文学也参与了园林意境的建构。①周维权所述的三种园林意境表现方式可能受到唐代王昌龄对诗歌意境分类的影响。王昌龄《诗格》云："诗有三境：一曰物境，二曰情境，三曰意境。物境一，欲为山水诗，则张泉石云峰之境，极丽绝秀者，神之于心。处身于境，视境于心，莹然掌中，然后用思，了然境象，故得形似。情境二，娱乐愁怨，皆张于意而处于身，然后驰思，深得其情。意境三，亦张之于意，而思之于心，则得其真矣。"在周维权看来，园林中最为重要的是"物境"，亦即由建筑、山水、花木等物质生态要素构成的景致。这是园林意境的基础，由物境本身就可以幻化出意境。这实际上就是园林中的自然时空部分，移天缩地，模山范水，类于王国维所说的"写境"②。如果园林中引入文学等艺术手段进行主题预设，实际上就是对园林情感的凸显，园林中除了要营造自然美景之外，还要表达某种文学艺术情感，对应于王昌龄所说的"情境"，属于"艺术时空"，类于王国维所说的"造境"。第三种情况虽然没有提前预设意境的主题，但在物境构建完毕之后再运用文学手法进行"点题"，突出造园者或观者的主观意思，与王昌龄所说的"意境"颇为相合。这类意境也属于艺术时空，但更需要审美主体想象与虚构的参与，"心理时空"的作用颇为关键，兼有"写境"与"造境"的特征。接下来的问题是，园林的意境怎样呈现出来，如何从时空的角度进行理解呢？

陈从周认为，"文学艺术作品言意境，造园亦言意境。王国维《人间词话》所谓境界也。……意境因情景不同而异，其与园林所现意境亦然。园林

---

① 参见周维权：《中国古典园林史》，清华大学出版社1999年版，第19页。
② 王国维《人间词话》中区分了两种意境的营造方式："有造境，有写境，此理想与写实二派之所由分。然二者颇难分别，因大诗人所造之境，必合乎自然，所写之境，亦必邻于理想故也。"(清)况周颐：《蕙风词话》，王幼安校订，人民文学出版社1960年版，第191页。

之诗情画意即诗与画之境界在实际景物中出现之，统名之曰意境。'景露则境界小，景隐则境界大。''引水须随势，栽松不趁行。''亭台到处皆临水，屋宇虽多不碍山。''几个楼台游不尽，一条流水乱相缠。'此虽古人咏景说画之辞，造园之法适同，能为此，则意境自出"①。陈从周的这段有关园林意境的论述可概括为以下几点：第一，此处的"境界"即"意境"，名称不同而已；第二，园林与绘画的意境是相通的，都是情景关系的空间呈现，只不过绘画是在二维平面空间中展现，而园林是在三维空间中以实物的形式出现；第三，园林与绘画一样，其意境讲究委曲含蓄、自然随势，从有限中追求无限。尽管园林与绘画尤其是山水画之间存在较大的相通之处，但当我们考察园林的意境时，还是会碰到一些新的问题。首先，"境"生于象外，如相中色、空中音，空灵幽眇，不可凑泊。诗歌、音乐、绘画等艺术的语言符号性、精神性很突出，借助语言的意义，不难通其意境。而园林艺术的语言却带有鲜明的物质性和实体性，观者如何从有限的拳石勺水中体会无限的园林"意境"？其次，因为语言形式及其所建构的意象各不相同，由意象生发而又超越于意象之外的"境"也不尽相同。所以，不同艺术各有其独特的"意境"。因此，诗歌、音乐、绘画的意境虽与园林有相联相通之处，但差异也是显而易见的，不可等量观之，更不能相互取代；最后，园林的意境究竟落实到哪里？我们从什么维度最便于把握体会园林的意境？

　　叶朗认为，"从审美活动（审美感兴）的角度看，所谓'意境'，就是超越具体的有限的物象、事件、场景，进入无限的时间和空间，即所谓'胸罗宇宙，思接千古'，从而对整个人生、历史、宇宙获得一种哲理性的感受和领悟。一方面超越有限的'象'（'取之象外'、'象外之象'），另方'意'也就从对于某个具体事物、场景的感受上升为对于整个人生的感受。这种带有哲理性的人生感、历史感、宇宙感，就是'意境'的意蕴"②。叶朗对"意境"的这一界定可以概括为两点：第一，"境"即无限时空；第二，"意"即关于

---

① 陈从周：《说园》（选录），伍蠡甫主编：《山水与美学》，上海文艺出版社1985年版，第317—318页。
② 叶朗：《说意境》，《文艺研究》1998年第1期。

人生、历史、宇宙的形而上感悟。合而言之,"意境"就是由有限之象进入无限时空并产生丰富深远的哲思体悟,从这个意义上说,意境就是一个独特的"时空统一体"。在叶朗看来,中国园林的意境"就是突破小空间,进入无限的大空间。中国古典园林中的建筑物,楼、台、亭、阁,它们的审美价值主要不在于这些建筑物本身,而在于它们可以引导游览者从小空间进到大空间,从而丰富游览者对于空间的美的感受"[1]。如前所述,不啻空间,时间也是园林的重要因素。因此,对于游览者来说,园林的意境关键在于对无限时空的开启。接下来的问题是,园林如何开启无限时空?事实上,即便是造园大匠,其所能营构的园林时空都是有限的,无限的时空只能在现有时空结构或氛围的基础上经由游览者的二次建构才能获得。也就是说,造园者只能完成对自然时空与部分艺术时空的擘画与营构,而无法代替游览者运用心理时空对自然时空及艺术时空的塑形与重构。上文已就园林时空的构成及结构层次作了粗略的梳理论析,事实上这部分内容已然触及园林时空的意境问题,但尚未从园林时空的审美特质及审美效果的角度展开阐释,以下主要从这个角度对园林时空的意境略加论述。

相对于意象而言,意境更具有超越性。没有对现实物象、事象的超拔与飞越,"意"仅仅停留于"象"的尘表,"境"就无法真正开启。"象"是"有","境"是"无",但不是虚无之无,而是涵盖了众有之无,亦即老子所说的"道"。因此,园林的意境必定是对可见自然时空的超越,经由艺术时空及心理时空而臻达一个更为深邃幽谧或旷远阔大的时空之中。由此,园林时空的意境或称"境界时空"主要表现在两个方面:一是时空的无限开拓;二是宇宙生命气息的氤氲流布。前者主要表现在借用亭、台、窗、牖等观览点,将山岳、河湖、日月、星空等外界更为广阔的自然时空接引到园林之中,开启更为广阔的时空。计成《园冶》谓:"山楼凭远,纵目皆然;竹坞寻幽,醉心既是。轩槛高爽,窗户虚邻;纳千顷之汪洋,收四时之烂漫。"[2] 后者表现在

---

[1] 叶朗:《说意境》,《文艺研究》1998 年第 1 期。
[2] (明)计成:《园冶注释》,陈植注释,中国建筑工业出版社 1988 年版,第 51 页。

园林空间布局中的各种手法，包括空间的分隔组织，疏密、虚实、动静、节奏等空间关系的处理。宗白华说："无论是借景、对景，还是隔景、分景，都是通过布置空间、组织空间、创造空间、扩大空间的种种手法，丰富美的感受，创造了艺术意境。……概括说来，当如沈复所说的：'大中见小，小中见大，虚中有实，实中有虚，或藏或露，或浅或深，不仅在周回曲折四字也。'（《浮生六记》）这也是中国一般艺术的特征。"①

中国古典园林最注重对空间的开拓，宗白华认为，郭熙所说的山水"可行""可望""可游""可居"是园林艺术的基本思想。他说："园林中也有建筑，要能够居人，使人获得休息。但它不只是为了居人，它还必须可游，可行，可望。'望'最重要。一切美术都是'望'，都是欣赏。不但'游'可以发生'望'的作用（颐和园的长廊不但领导我们'游'，而且领导我们'望'），就是'住'，也同样要'望'。窗子并不单为了透空气，也是为了能够望出去，望到一个新的境界，使我们获得美的感受。……不但走廊、窗子，而且一切楼、台、亭、阁，都是为了'望'，都是为了得到和丰富对于空间的美的感受。"②山水画的意境主要体现在"远"，以高远、深远、平远出之，这三种形态的"远"均是立体的。所以，山水画要以平面的形式反映出类似于立体的层次感。孙过庭在论及草书与真书的区别时说，"真以点画为形质，以使转为性情；草以使转为形质，以点画为性情。"所谓形质，就是表面的形式；性情则是内在的品格、境界。这种区分同样适合于山水画与园林。在山水画中，平面是其形质，层次感则是其性情。而在园林中，由山石、建筑、花木所构筑的立体感是其形质，而类于山水画平面的整体空间布局以及气韵境界则是其追求的性情，这个性情就体现于宗白华所说的"望"。"望"即远看，它预示着对空间的无限开拓。园林"可望"，才会有意境。清代诗人尤侗晚年归隐苏州"亦园"，其《揖青亭记》中有一段话，将园林空间推到极为重要的位置：

---

① 宗白华：《艺境》，北京大学出版社1987年版，第350—351页。
② 宗白华：《艺境》，北京大学出版社1987年版，第348—349页。

亦园，隙地耳。问有楼阁乎？曰无有。有廊榭乎？曰无有。有层峦怪石乎？曰无有。无则何为乎园？园之东南，峭然独峙者，有亭焉。问有窗棂栏槛乎？曰无有。有帘幕几席乎？曰无有。无则何为乎亭？曰凡吾之园与亭，皆以无为贵者也。《月令》云："可以居高明，可以远眺望。"夫登高而望远，未有快于是者。忽然而有丘陵之隔焉，忽然而有城市之蔽焉，忽然而有屋宇林莽之障焉，虽欲首搔青天，眦决沧海，而势所不能。今亭之内，既无楼阁廊榭之类以束吾身；亭之外，又无丘陵城市之类以塞吾目，廓乎百里，邈乎千里，皆可招其气象，揽其景物，以献纳于一亭之中，则夫白云青山为我藩垣，丹城绿野为我屏袆，竹篱茅舍为我柴栅，名花语鸟为我供奉，举大地所有皆吾有也，又无乎哉？①

可见，园林的空间一定要与天地宇宙相沟通，才能获得无限的生机。当然，园林内部也要通过疏密、虚实、动静、节奏等空间关系的处理，为览者的"行""游""居""望"提供可能性。所以，园林在设计时，"为了适应厅堂楼馆的不同要求和各景区的不同事物，园内空间处理也有大小、开合、高低、明暗等变化。一般说，在进入一个较大的景区前，有曲折、狭窄、晦暗的小空间作为过渡，以收敛人们的视觉和尺度感，然后转到较大的空间，可使人感到豁然开朗"②。比如，留园的空间处理就颇有节奏感。从园门进入，先要经过一段狭窄的曲廊，两边为墙壁或密实的林木竹丛，景深不大。游人行走在长廊里，犹如在行进在一道长长的凹槽中，这种空间设计具有很强的导向性，它让游人产生略微逼仄、局促的感觉，使得游人急趋向前，急于想知道前面是什么样的景致。曲廊延伸至古木交柯附近，空间稍微开阔些，但由于墙壁的阻隔，空间基本上还是半封闭的状态。在粉白色的高墙之下，有圆柏、山茶各一株，两树交柯连理，并立于花台之上。柏翠凝碧，花红如火，在粉墙的映衬下，色彩明丽，争奇斗艳，春机一片。再绕行到绿荫轩，轩内

---

① （清）尤侗：《西堂集》一集卷八，清康熙刻本。
② 刘敦桢：《苏州古典园林》，中国建筑工业出版社2005年版，第15页。

可见留园中部水池，池边的假山、树木、水幢等，尽在目前，空间为之大开。再往东沿山池行至曲溪楼，空间复又变得紧凑曲折。再往北经过西楼、清风池馆，到达五峰仙馆，眼前陡然开阔许多，室内布置敞明整饬，雍容典雅。游人经过一段狭长曲折的游廊行至此地，顿时感觉空间开阔，心眼为之一亮。这种空间安排，与作诗行文颇为类似，最后都要达到一种韵律感。周维权说，园林的"诗情，……还在于借鉴文学艺术的章法、手法使得规划设计颇多类似文学艺术的结构。正如钱咏所说：'造园如作诗文，必使曲折有法，前后呼应；最忌堆砌，最忌错杂，方称佳构。'园内的动观游览路线绝非平铺直叙的简单道路，而是运用各种构景要素于迂回曲折中形成渐进的空间序列，也就是空间的划分和组合。划分，不流于支离破碎；组合，务求其开合起承、变化有序、层次清晰。这个序列的安排一般必有前奏、起始、主题、高潮、转折、结尾，形成内容丰富多彩、整体和谐统一的连续的流动空间，表现了诗一般的严谨、精炼的章法。在这个序列之中往往还穿插一些对比的手法、悬念的手法、欲抑先扬或欲扬先抑的手法，合乎情理之中而又出人意料之外，则更加强了犹如诗歌的韵律感"[①]。不同的空间被编织在一条游览线路上，在时间的延续中，依次产生不同的空间感，气息流动，前后通贯，达到气韵生动的审美效果。如此，园林意境就显现出来了。

综上，园林与建筑、雕塑、绘画、书法、音乐等一样，都属于艺术。既然是艺术，那就具有制作性。只不过其制作所用的材料、方法等与其他艺术不太相同。但其审美理想与精神旨归存在较大的相通性。园林与绘画尤其是山水画颇为相契，与书法、文学、音乐也有许多暗合的地方，与诗歌、音乐、绘画一样，园林的最终理想是要营造意境，表现在园林中，就是通过有限的空间、确定的时间，追求无限的时空。因此，在造型艺术之中，园林最为注重空间与时间的问题。如何通过叠山理水、架屋植树等物质手段来经营空间，是园林意境的关键。同时，季节、物候、气象等天时因素也直接参与到园林之中，形成整体性的自然时空。在园林中，文学、书法、绘画、雕塑、音乐

[①] 周维权：《中国古典园林史》，清华大学出版社1999年版，第16页。

等艺术共同构建了一个独立的艺术时空，其中尤以文学、书法最为关键，它以匾额楹联的方式，点染启示了园林的主题意境。园林要在有限的时空内创造无限的时空，但自然时空与艺术时空均是有限的，因此，游览者的联想与想象非常关键，审美主体的心理时空实际上是对自然时空的塑形和重构，对于园林时空的意境具有不可替代的重要意义。

结　语

　　时空是人们感知世界、体悟人生的重要方式，它不仅是科学研究的重要对象，也是哲学美学所包含的题中之义。西方哲学美学史上存在较为系统的时间空间观念，而有关这方面的中国美学研究则比较薄弱。从时空角度研究中国古代美学，有助于挖掘深藏于美学观念、范畴以及审美实践经验中的丰富意蕴，使之呈露出新的理论色彩，具备现代美学的品格，从而参与到世界美学的整体进程之中，与西方美学展开平等的交流对话。

　　中国古代时空美学研究的关键任务，是要确立并厘清中国古代审美时空观的理论构成、思想渊源、相关范畴、艺术表现等问题。审美时空不同于哲学时空、社会时空等形态，它是时空观念进入到审美领域之后所呈现出来的独特时空样态，具体包括"自然时空"（自然与社会）、"心理时空"（情感与心理）、"形式时空"（符号与形式）这三个理论维度。儒、道、释这三大思想文化传统对中国古代美学所产生的影响也不尽相同，在自然时空、心理时空、形式时空方面的贡献与启发也各有侧重。与此同时，诗歌、书法、绘画、音乐、园林等艺术审美领域也包含了审美时空观的三个基本构成维度，并呈现出更为鲜活、丰沛的审美时空体验。

　　先秦儒道有关时空问题的思考对中国美学产生了深远的影响。《周易》作为儒家群经之首，包含了丰富且深湛的时空思想，建构了一个涵盖"自然—秩序—符号"的易学时空体系。其"时—变""象—文"思想对中国古代时空美学影响深远。与此同时，儒家的"中和"思想也包含了深刻的时空意蕴，它从"情感""形式"两个维度规约了先秦儒家乃至后世的审美理想。儒家对"形式时空"的确立发挥了关键性的作用。老庄的时空观则从宇宙论向生命论延伸，对美学尤其是艺术产生了重大的影响。特别是庄子对时空视域的开拓，从思想旨趣与精神境界方面影响了中国美学与艺术的内在品格。老庄所阐发的"虚静"思想构成了后世审美心胸理论的开端，相对于儒家而言，老庄对"心理时空"的贡献最为突出。佛教禅宗对自然时空的构想宏阔奇幻，大乘教与禅宗将这种时空构想与心理时空密切关联起来，建构出与儒道迥异的"现象时空"。中国美学诗学中的"妙悟""现量""色空""空静"诸说，均与佛教禅宗的时空观有着密切的思想关联。相对于儒道而言，佛教对心理时空的开拓与挺进更为深入，其对时空的超越也更为彻底。研究中国古代审美时空观，从时空角度对中国古代美学中的重要范畴展开重新诠释也是很有必要的，具体包括物感、神思、形势、气韵、意象、境界等。这些范畴与审美时空观的三个维度（自然时空、心理时空、形式时空）均有不同程度的关联，其中，"境界"（"意境"）是中国古代美学的核心范畴，从时空角度来说，它表现为"境界时空"的营构。

从时空的角度来划分，艺术大致可以归为三类：一是时间性艺术，包括文学、音乐等；二是空间性艺术，包括书法、绘画、雕塑、建筑、园林等；三是时空综合艺术，包括舞蹈、戏曲等。为了研究的方便，本书选取了有代表性的几种艺术形态进行专题考察，具体包括诗歌、书法、绘画、音乐、园林等，以期对中国古代艺术中的审美时空问题有更为切实的了解与认识。需要说明的是，我们在研究这些艺术时，不能仅仅按照各自的时空特性进行单一的考察，而必须同时兼顾到时空两个方面。事实上，在中国古代艺术中，几乎所有的门类都同时涉及时间与空间，诗歌、书法、绘画、音乐、建筑等，无不如此。比如诗歌是以语言文字为载体的语言艺术，若按照西方美学的划分标准应归为时间性艺术，但中国诗歌的最高美学目标却是空间性的意境，就连纯时间性的音乐也不能完全脱离空间。按照古人的理解，音乐的制作取象于天，这一性质决定了音乐的空间意味。再如书法、绘画、建筑，都属于空间性的造型艺术，但离开了时间因素几乎无法领会到其中的精粹。① 之所以要将时空合一加以考察，原因有三：第一，在中国古代，尤其是先秦时期，人们对时间与空间问题的认识原本就是统一的，在他们的思维中，没有抽象的时间或空间，而只有统一的时空，人们将其称为"宙合"（《管子》）、"宇久"（《墨子》）、"宇宙"（《子华子》、《尸子》）。在先民那里，时间与空间相互表征与度量。如果将时间与空间割裂开来，专谈时间或空间，完全不符合早期先民的思维和文化心理。第二，中国古代时空合一的意识不断被加强，由经验性发展到哲学的高度②，所以即使在后世的哲学文化史中，时空问题也是被放在一起探讨的，哲学家往往将时空对举，并不像西方那样将时间、空间（主要是时间）拿出来进行专门化的分析。第三，这种时空合一的哲学思维传统对中国艺术影响甚深，已经全面渗透到人们的艺术审美观念、艺术创造及鉴赏的理论与实践当中。由此可见，中国古代的门类艺术均同时兼备时间性与空间性，只是表现程度不同而已。换言之，中国古代艺术中的形式兼涉时间与空间两个维度。那么，这种彼此交融渗透的形式时空来自哪里呢？如前所述，审美时空包含自然时空、心理时空、形式时空三个维度，这三个维度之间关系紧密，对于一个艺术文本而言，这三种时空同时存在，缺一不可。

譬如，面对一件书法作品，我们所能直接见到的只是点画、线条、字形以及作品的整体章法等外在的形式，这些形式包含空间与时间两个维度：就空间而言，就包含"字内空间"与"字外空间"，前者是指单字的内部结构，后者则是字与字、行与行、字幅的天头地尾、作品上的钤印等方面所共同形成的作品整体空间。就时间而言，则主要表现于书法线条的运动形迹、线条行进的节奏、笔墨形式对情感抒发的表现进程等，二者融为一体，也就是书法的"形式时空"。但是，这些可见的"形式时空"不是凭空而生的，它是书法家"胸中之竹"的直接外化。实际上，"胸中之竹"就是已然成形、呼

---

① 由此可以生发的进一步思考是，中国古代艺术的时空性质归属是否可以完全照搬西方美学及艺术理论的标准，即以莱辛、德索、卡瑞尔等人为代表的艺术划分标准。
② 参见朱良志：《中国艺术的生命精神》，安徽教育出版社2006年版，第52页。

之欲出的"形式"了，只是没有变成"手中之竹"罢了。问题的关键在于，书法家的"胸中之竹"是如何产生的。首先，书法家要排遣心中各种世俗的杂念，凝神静气，将心灵自放于广袤无边的时空之中，使之逍遥自在，无所拘束。这时，书法家就要开始构思布局作品的整体形式，甚至通过多次的练习，寻找那种"上手"的感觉。但即便如此还不能立即进行创作，因为这时人为的工巧布算有余，天然真趣不足。"胸中之竹"只是一个大概的雏形，书法家将这团"活的意思"养在心中，等到身安意适，心手双畅，笔墨互发之时，书法家不假思索，一挥而就，才真正将胸中之竹呈现为"手中之竹"。这个"疏瀹五脏、澡雪精神"，营构并蓄养"胸中之竹"的过程所对应的就是"心理时空"。这一过程一如庄子所说的"梓庆作鐻"，首先要斋戒静心，让心中无"庆赏爵禄""非誉巧拙"之念，等到嗒然忘身，然后再入山林审察木材，依其自然天性物理构想鐻的形式，待"成鐻在胸"方动斧斤，则可巧夺天工。更进一层的问题是，这里的"胸中之竹"（包括"手中之竹"）又从何而来呢？换言之，书法家心中所营构、笔下所呈现的笔墨形式最终来自哪里？这种独特的空间感与时间感的源头是什么？这一"形式时空"的来源有二：一是历代书法家所遗留下来的经典名作以及书法家、书论家总结出来的书写经验与书学思想；二是天地自然、社会人事等宇宙万象给书法家所带来的种种形式方面的启示，此即中国书法史上的"观象悟书"传统。前者是已有的"形式时空"，后者是亘古存在的"自然时空"（包含社会、历史时空），而前者也来源于后者。因此，形式时空的终极根源只有一个，那就是"自然时空"。古人作书，不仅要接受严格的师法传统，而且要仰观俯察，领受宇宙自然之大美，从中获得新的灵感。如果只是一味地在古人遗留下来的碑帖中讨生活，既没有山川之助，也没有学养根基，那就无法创造出具有原创性的书法形式。

诗歌的创造也涵盖了上述三个层面的时空。在日常的生存活动中，人们仰观俯察，远观近观，将自己投身于各种具体的自然与社会时空之中，如日月星辰、山川大地、田园郊野、都市庙堂、亭台楼阁等。其中随时随地发生着各种牵肠挂肚的事情，引发人们或持久或强烈的情感情绪，如山水游赏、田园归隐、边塞征战、闺中怀远、渡口送别、羁旅思乡等。这些现实时空是引发诗人独特情感体验的诱因与载体，也是构成诗词"意象""境界"的源头活水。依照中国古代诗歌所呈现的大概情形，可以概括出三类典型的现实空间：一是山水田园空间，二是边地关塞空间，三是羁游送别空间。在山水田园空间中，诗人或游览名山胜水，或归隐田园，或放浪形骸于山水之中，或静虑息心于田亩之间。在边地关塞空间中，诗人壮怀激烈，或抒报国之志，或诉戍边之苦。更为普遍的是宦游与送别，士人游学干名，贬谪升擢，总免不了辞亲远行，这种频繁的空间流动，不仅引发了诗人伤别怀远的思绪，也激发了更为深沉的生命体验。诗歌要抒情写志，必须诉诸精雅的符号形式，尤其是律诗，在形式时空方面的经营极为考究。中国古代的诗歌创作主要运用空间思维，表现为空间性，体现于赋比兴等修辞技法以及平仄、对仗、押韵、句法等形式法则之中。同时，空间与时间彼此协同、相互作用，空间规约时间，时间激发空间。律诗的美学追求表现在：通过有限的字词联句凝练成可激发"无限之境"的形式结构，使之具备"芥子纳须弥"式的涵具能力，包孕无限的情韵、意义、力量、态势等。

中国古代音乐美学思想非常重视天人关系，将乐与礼融为一体，体现出鲜明的政治性、社会性。古代乐论家以"中和"为审美的基本准则，尤其重视音乐的情感性、音律节奏、心理效应所带来的社会教化作用。中国古代音乐关涉到三个层面的时间：自然时间（天时）、情感时间（心理）、形式时间（节律）。"天时"亦即春夏秋冬四时，它影响到农耕、政治、祭祀、战争等重大的社会事务。古人认为，音乐具有"省风""宣气"的作用，也就是可以通过乐器所发出的声音来测定省察自然之风的方向、温度、湿度等情状，并依此指导农事。如果四时失序，风雨不节，就要借助音乐宣导疏通阴阳二气，使之流通，以保风调雨顺。西汉的《乐记》是中国古代音乐美学中的重要文献，其中提出了一个音乐"物动—心动—声动"的联动模式，"物动"涉及自然时间，"心动"关联到情感心理时间，"声动"涉及形式时间，这三者密切关联，有机统一，创建了一个"天时—人时—艺时"三者相互联动的音乐时间理论架构。一方面，"艺时"来源于"天时"的启发，从根源上说，音乐是对四时自然节律的模仿。另一方面，"艺时"与"人时"存在同构关系。在音乐审美过程中，生命时间（人时）从现实时间进程中抽身出来，进入到一个虚幻的审美时间之中。主体之我被音乐的形式自然裹挟，引起强烈的情感共鸣，心灵获得一种不可名状的自由感。这就是音乐美感的时间性秘密。当然，音乐虽以时间性为主要特质，但也暗含着某种空间性。中国古人制礼作乐，取象于天时，又利用音乐省风、宣气，指导各种社会活动，其中显然包含了空间因素在内。同时，我们在欣赏音乐的时候，心理时间被音乐的形式时空所同化，此时会在内心浮现出各种画面，这些画面就是音乐时间所唤起的审美空间。比如听古曲《高山流水》，脑海中就会呈现出伯牙临流抚琴、钟子期潜心听琴，默然心会的画面。正是因为这些空间的出现，才使得音乐能产生身临其境之感。

与音乐突出时间性因素不同，绘画的审美形式主要体现在空间性方面。其中以山水画为最。中国山水画虽归为空间性艺术，但与西方传统的绘画之间存在很大的差异。西方十九世纪之前的绘画以焦点透视原理为空间构成的依据，以在二维的画面上呈现视网膜成像的"真实"幻象为审美理想，追求逼真的审美效应。中国山水画受传统文化思想的影响，选取了一条迥异于西方的发展道路。总体而言，《周易》中"仰观俯察"的自然观照方式、庄子的"游观"思想、佛禅的色空观等，皆对山水画空间形式的确立产生了深远的影响。中国山水画以"远"作为空间布局的整体特征，主要包括"高远""深远""平远"（郭熙）、"阔远""迷远""幽远"（韩拙）等表现形式。正因为如此，山水画常给人以高古、清旷、萧疏、荒率、幽眇、淡寞等美感，合而言之，就是"静"，这构成了山水画的独特美学品格。但在"静"之外，山水画中还呈现出生气流布、往来赠答的形式动感，这种动感来源于天地宇宙的自然生机以及画家自身的生命活力与精神境界。如此一来，山水画就获得了与书法、舞蹈、音乐相通的时间性品格。一幅成功的山水画，一定是静中有动、动中含静的时空结合体。

相对于其他艺术形式来说，园林的时空构成显得比较特殊。园林时空主要包括自然时空、艺术时空、心理时空这三个维度。自然时空由两部分组成，一是建筑、山水、花木等物质要素；二是春夏秋冬、日月明晦、晴雨雾雪等季节物候因素。前者是空间因素，后者是时间因素（天时），两者相辅相成，彼此组合搭配，共同营构出独特的园林自然时空图景。由于园林中还包含了文学、书法、绘画、雕塑、音乐等艺术，这些艺术对于提高园林的整体文化氛围与精神品味起到了关键作用，可见，艺术是园林时空不可或缺的主要组成部分。心理时空产生于游览者对自然时空与艺术时空的审美感知与心理塑形过程之中，对于园林意境的最终生成具有重要的意义。园林的营造所用的大部分材料皆直接取自大自然，叠山理水、植树栽花等，均与自然中的山水花木没有本质上的区别。也就是说，园林艺术的语言材料与其他艺术存在很大差别，比如绘画用墨色、线条表现山水，文学用语言文字呈现世界等，这些艺术的符号形式与所呈现的对象世界并不直接同一。园林则不同，自然山水本身就是其表现手段，所指与能指是一体的。如此，园林的形式时空就暗含在自然时空之中，两者合二为一了。当然，我们游览欣赏园林的时候，仍然能发现造园家机杼自出的匠心设计。造园家要在有限的空间内营造出无限的空间感，这是园林意境生成的关键之处。具体来说体现在三个方面：一是对有形空间的开拓。园林中运用对比与衬托、借景与对景、增进深度与层次等方式拓展园林的空间，形成"咫尺山林"的效果。二是对无形空间的拓展。园林中的诗文、书法、绘画、雕塑、音乐等艺术给游览者以无尽的审美遐想，大大拓展了园林的精神空间。三是空间的时间化。游览者在行进的过程中，感受到园林景致的疏密、开阖、曲直、明暗、高低、远近等空间转换变化，使得有限的空间以一种节奏的形式呈现出来，此即空间的时间化。这三个方面相辅相成，相得益彰，共同营造出虚实变幻、抑扬中节、充满诗情画意的园林意境。

  当然，中国古代审美时空观并不局限于上述几个方面，诗、词、赋、神话、小说等文学作品中，也包含了独特的审美时空。雕塑、建筑、舞蹈、戏剧等艺术中也具备与之相应的审美时空观念，其中也有很多问题值得进一步深入研究。

参考文献

古籍类著作

蔡仲德注译：《中国音乐美学史料注译》，人民音乐出版社，1990年。
曹础基：《庄子浅注》，中华书局，2000年。
陈鼓应：《老子今注今译》，商务印书馆，2003年。
（清）陈梦雷：《周易浅述》，上海古籍出版社，1983年。
崔尔平选编点校：《历代书法论文选续编》，上海书画出版社，1993年。
丁福保：《佛学大辞典》，上海佛学书局，1994年。
（汉）董仲舒：《春秋繁露》，上海古籍出版社，1989年。
（清）段玉裁：《说文解字注》，上海古籍出版社，1988年。
范文澜：《文心雕龙注》，人民文学出版社，1958年。
方立天校释：《华严金师子章校释》，中华书局，1983年。
高亨：《（重订）老子正诂》，中华书局，1956年。
高明：《帛书老子校注》，中华书局，1996年。
顾颉刚、刘起釪：《尚书校释译论》，中华书局，2005年。
郭朋校释：《坛经校释》，中华书局，1983年。
（清）郭庆藩：《庄子集释》，中华书局，1961年。
郭绍虞：《沧浪诗话校释》，人民文学出版社，1961年。
郭绍虞主编：《中国历代文论选》，上海古籍出版社，1979年。
韩廷杰释译：《中论》，台湾佛光文化事业有限公司，1997年。
洪修平释译：《肇论》，台湾佛光文化事业有限公司，1996年。
（清）黄侃：《文心雕龙札记》，上海古籍出版社，2000年。
（清）惠栋：《易汉学》，上海古籍出版社，1990年。
（明）计成：《园冶注释》，陈植注释，中国建筑工业出版社，1988年。
（清）况周颐：《蕙风词话》，王幼安校订，人民文学出版社，1960年。
（清）黎翔凤：《管子校注》，中华书局，2004年。
李学勤主编：《十三经注疏》，北京大学出版社，1999年。

（宋）林希逸：《庄子鬳斋口义校注》，周启成校注，中华书局，1997年。
（清）刘宝楠：《论语正义》，高流水点校，中华书局，1990年。
妙音、文雄点校：《景德传灯录》，成都古籍书店，2000年。
潘运告编著：《汉魏六朝书画论》，湖南美术出版社，1997年。
（宋）普济：《五灯会元》，苏渊雷点校，中华书局，1984年。
上海书画出版社编：《历代书法论文选》，上海书画出版社，1979年。
尚秉和：《周易尚氏学》，中华书局，1980年。
石峻等编：《中国佛教思想资料选编》，中华书局，2014年。
（清）苏舆：《春秋繁露义证》，钟哲点校，中华书局，1992年。
汤用彤校注：《高僧传》，中华书局，1992年。
（魏）王弼：《王弼集校释》，楼宇烈校释，中华书局，1980年。
（清）王夫之：《船山全书》，岳麓书社，1996年。
（清）王夫之：《姜斋诗话》，舒芜校点，人民文学出版社，1961年。
王卡点校：《老子道德经河上公章句》，中华书局，1993年。
（明）吴廷翰：《吴廷翰集》，容肇祖点校，中华书局，1984年。
（南朝齐）萧统编：《文选》，李善注，中华书局，1977年。
徐元诰：《国语集解》，王树民、沈长云点校，中华书局，2002年。
徐志钧：《老子帛书校注》，学林出版社，2002年。
俞剑华：《中国古代画论类编》，人民美术出版社，2007年。
（宋）赜藏主编集：《古尊宿语录》，萧䓕父、吕有祥、蔡兆华点校，中华书局，1994年。
张少康：《文赋集释》，人民文学出版社，2002年。
智敏上师集注：《俱舍论颂疏集注》，上海古籍出版社，2014年。
（南朝梁）钟嵘：《诗品注》，陈延杰注，人民文学出版社，1961年。
周振甫：《文心雕龙今译》，中华书局，1986年。
周振甫：《周易译注》，中华书局，1991年。
朱谦之：《老子校释》，中华书局，1984年。
（宋）朱熹：《四书章句集注》，中华书局，1983年。
《诸子集成》，上海书店，1986年。

时空研究著作

白砥：《书法空间论》，荣宝斋出版社，2005年。
陈振濂：《空间诗学导论》，上海文艺出版社，1989年。
戴继诚：《心包太虚：佛教时空观》，宗教文化出版社，2009年。
邓伟龙：《中国古代诗学的空间问题研究》，中国社会科学出版社，2012年。
李烈炎：《时空学说史》，湖北人民出版社，1988年。
刘继潮：《游观：中国古典绘画空间本体诠释》，生活·读书·新知三联书店，2011年。
刘文英：《中国古代的时空观念》，南开大学出版社，2000年。

龙迪勇：《空间叙事学》，生活·读书·新知三联书店，2015年。
马也：《戏曲艺术时空论》，中国戏剧出版社，1988年。
史成芳：《诗学中的时间概念》，湖南教育出版社，2001年。
王爱和：《中国古代宇宙观与政治文化》，上海古籍出版社，2018年。
巫鸿：《"空间"的美术史》，上海人民出版社，2018年。
巫鸿：《时空中的美术》，生活·读书·新知三联书店，2009年。
巫鸿：《中国绘画中的"女性空间"》，生活·读书·新知三联书店，2019年。
吴国盛：《时间的观念》，中国社会科学出版社，1996年。
吴国盛：《希腊空间概念》，中国人民大学出版社，2010年。
詹冬华：《中国古代诗学时间研究》，中国社会科学出版社，2014年。
张红运：《时空诗学》，宁夏人民出版社，2002年。
张杰：《中国古代空间文化溯源》，清华大学出版社，2012年。
张世君：《〈红楼梦〉的空间叙事》，中国社会科学出版社，1999年。
仲霞：《梅洛—庞蒂绘画空间观探微》，人民出版社，2019年。
朱良志：《源上桃花无处无：倪瓒的空间创造》，浙江人民美术出版社，2020年。

〔德〕海德格尔：《存在与时间》，陈嘉映、王庆节译，生活·读书·新知三联书店，1999年。
〔法〕路易·加迪等：《文化与时间》，郑乐平、胡建平译，浙江人民出版社，1988年。

其他研究著作

蔡仲德：《中国音乐美学史》，人民音乐出版社，2003年。
曾祖荫：《中国佛教与美学》，华中师范大学出版社，1991年。
陈碧：《〈周易〉象数之美》，人民出版社，2009年。
陈鼓应：《老庄新论》，商务印书馆，2008年。
陈良运：《中国艺术美学》，江西美术出版社，2008年。
陈良运：《周易与中国文学》，百花洲文艺出版社，1999年。
陈世骧：《中国文学的抒情传统：陈世骧古典文学论集》，张晖编，生活·读书·新知三联书店，2015年。
陈望衡：《中国古典美学史》，武汉大学出版社，2007年。
陈振濂：《书法美学》，山东人民出版社，2006年。
成中英：《易学本体论》，北京大学出版社，2006年。
崔大华：《庄学研究》，人民出版社，1992年。
方立天：《佛教哲学》，中国人民大学出版社，1991年。
傅伟勋：《从西方哲学到禅佛教》，生活·读书·新知三联书店，1989年。
顾祖钊：《华夏文化与三元文学观》，北京大学出版社，2005年。
顾祖钊：《艺术至境论》，百花文艺出版社，1992年。

何乾三选编：《西方哲学家、文学家、音乐家论音乐》，人民音乐出版社，1983年。

黄河涛：《禅与中国艺术精神的嬗变》，商务印书馆国际有限公司，1994年。

黄意明：《道始于情：先秦儒家情感论》，上海交通大学出版社，2009年。

蒋孔阳：《蒋孔阳全集》，安徽教育出版社，1999年。

蒋述卓：《佛教与中国文艺美学》，广东高等教育出版社，1992年。

金开诚、王岳川主编：《中国书法文化大观》，北京大学出版社，1995年。

金学智：《中国园林美学》，中国建筑工业出版社，2005年。

李学勤、谢桂华主编：《简帛研究（2002、2003）》，广西师范大学出版社，2005年。

李泽厚：《美学三书》，天津社会科学院出版社，2003年。

李泽厚：《中国古代思想史论》，天津社会科学院出版社，2003年。

刘敦桢：《苏州古典园林》，中国建筑工业出版社，2005年。

刘纲纪：《〈周易〉美学》，武汉大学出版社，2006年。

刘继潮：《游观——中国古典绘画空间本体诠释》，生活·读书·新知三联书店，2011年。

刘梦溪主编：《中国现代学术经典·方东美卷》，河北教育出版社，1996年。

刘长林：《中国系统思维——文化基因探视（修订本）》，社会科学文献出版社，2008年。

牟宗三：《才性与玄理》，吉林出版集团有限责任公司，2010年。

庞朴：《儒家辩证法研究》，中华书局，2009年。

启功：《诗文声律论稿》，中华书局，2000年。

钱志熙：《唐前生命观和文学生命主题》，东方出版社，1997年。

钱锺书：《谈艺录》，中华书局，1984年。

邱振中：《神居何所：从书法史到书法研究方法论》，中国人民大学出版社，2005年。

邱振中：《书法的形态与阐释》，中国人民大学出版社，2005年。

石村：《因明述要》，中华书局，1986年。

陶水平：《审美态度心理学》，百花文艺出版社，2001年。

童庆炳主编：《现代心理学》，中国社会科学出版社，1993年。

涂光社：《因动成势》，百花洲文艺出版社，2001年。

王伯敏、童中焘编著：《中国山水画的透视》，天津人民美术出版社，1981年。

王博：《庄子哲学》，北京大学出版社，2004年。

王冬龄主编：《中国"现代书法"论文选》，中国美术学院出版社，2004年。

王力：《汉语诗律学》，中华书局，2021年。

王力：《诗词格律》，中华书局，2000年。

王小盾：《中国早期思想与符号研究——关于四神的起源及其体系形成》，上海人民出版社，2008年。

王元化：《文心雕龙讲疏》，上海三联书店，2012年。

王岳川：《大学中庸讲演录》，广西师范大学出版社，2008年。

王振复：《周易的美学智慧》，湖南出版社，1991年。

王镇远：《中国书法理论史》，上海古籍出版社，2009 年。
伍蠡甫：《中国画论研究》，北京大学出版社，1983 年。
伍蠡甫主编：《山水与美学》，上海文艺出版社，1985 年。
萧驰：《佛法与诗境》，中华书局，2005 年。
萧驰：《抒情传统与中国思想 —— 王夫之诗学发微》，上海古籍出版社，2003 年。
肖驰：《中国诗歌美学》，北京大学出版社，1986 年。
熊秉明：《中国书法理论体系》，天津教育出版社，2002 年。
徐梵澄：《老子臆解》，中华书局，1988 年。
徐复观：《中国人性论史·先秦篇》，上海三联书店，2001 年。
徐复观：《中国艺术精神》，华东范大学出版社，2001 年。
徐小跃：《禅与老庄》，浙江人民出版社，1992 年。
薛富兴：《东方神韵 —— 意境论》，人民文学出版社，2000 年。
阎国忠、徐辉、张玉安、张敏：《美学建构中的尝试与问题》，商务印书馆，2015 年。
叶朗：《中国美学史大纲》，上海人民出版社，1985 年。
叶舒宪：《庄子的文化解析》，湖北人民出版社，1997 年。
于民：《春秋前审美观念的发展》，中华书局，1984 年。
张岱年、成中英等：《中国思维偏向》，中国社会科学出版社，1991 年。
张国庆：《中和之美 —— 普遍艺术和谐观与特定艺术风格论》，中央编译出版社，2009 年。
张节末：《禅宗美学》，北京大学出版社，2006 年。
张乾元：《象外之意：周易意象学与中国书画美学》，中国书店，2006 年。
张锡坤、姜勇、窦可阳：《周易经传美学通论》，生活·读书·新知三联书店，2011 年。
张祥龙：《从现象学到孔夫子》，商务印书馆，2001 年。
张祥龙：《海德格尔思想与中国天道》，生活·读书·新知三联书店，1996 年。
周维权：《中国古典园林史》，清华大学出版社，1999 年。
朱光潜：《诗论》，北京出版社，2016 年。
朱良志：《大音希声 —— 妙悟的审美考察》，百花洲文艺出版社，2009 年。
朱良志：《生命清供：国画背后的世界》，北京大学出版社，2014 年。
朱良志：《中国艺术的生命精神》，安徽教育出版社，1995 年。
朱仁夫：《中国古代书法史》，北京大学出版社，1992 年。
宗白华：《艺境》，北京大学出版社，1987 年。
宗白华：《宗白华全集》，安徽教育出版社，1994 年。

〔波兰〕罗曼·英加登：《对文学的艺术作品的认识》，陈燕谷、晓未译，中国文联出版公司，1988 年。
〔德〕黑格尔：《美学》，朱光潜译，商务印书馆，1979 年。
〔德〕康德：《未来形而上学导论》，庞景仁译，商务印书馆，1978 年。
〔法〕程抱一：《中国诗画语言研究》，涂卫群译，江苏人民出版社，2006 年。

〔美〕方闻:《心印》,李维琨译,上海书画出版社,1993年。
〔美〕高友工:《美典:中国文学研究论集》,生活·读书·新知三联书店,2008年。
〔美〕苏珊·朗格:《情感与形式》,刘大基等译,中国社会科学出版社,1986年。
〔日〕阿部正雄:《禅与西方思想》,王雷泉、张汝伦译,上海译文出版社,1989年。
〔日〕笠原仲二:《古代中国人的美意识》,魏常海译,北京大学出版社,1987年。
〔英〕罗宾·乔治·柯林伍德:《艺术原理》,王至元、陈华中译,中国社会科学出版社,1985年。
〔英〕迈珂·苏立文:《山川悠远:中国山水画艺术》,洪再新译,岭南美术出版社,1989年。

论文

陈鼓应:《庄子内篇的心学(下)——开放的心灵与审美的心境》,《哲学研究》2009年第3期。
陈赟:《音乐、时间与人的存在——对儒家"成于乐"的现代理解》,《现代哲学》2002年第2期。
陈赟:《中国哲学中的时间问题》,《南通师范学院学报》2002年第4期。
程二行:《时间·变化·对策——老子道论重诂》,《武汉大学学报》2004年第2期。
傅道彬:《〈月令〉模式与中国文学的四时抒情结构》,《学术交流》2010年第7期。
傅新毅:《佛教中的时间观念》,《江苏社会科学》2003年第2期。
过常宝:《论先秦工匠的文化形象》,《北京师范大学学报》2012年第1期。
韩凤鸣:《佛教及佛教禅宗的时间哲学解读》,《哲学研究》2009年第8期。
韩立平:《"观象悟书"说的原型与流变》,《书法赏评》2014年第1期。
胡化凯:《先秦儒家对于工匠技术活动的认识》,《孔子研究》2011年第1期。
胡家祥:《气韵:艺术风格学研究的突破口》,《文艺研究》2009年第9期。
黄俊杰:《传统中国历史思想中的"时间"与"超时间"概念》,《现代哲学》2002年第1期。
蒋寅:《物象·语象·意象·意境》,《文学评论》2002年第3期。
李溪:《诠"势":意义结构与周易哲学》,《学术月刊》2014年第12期。
李学勤:《商代的四风与四时》,《中州学刊》1985年第5期。
李壮鹰:《"'势'字宜着眼"》,《文艺理论研究》2004年第1期。
刘广峰:《作为心灵显现的时间——禅宗时间观初探》,《武汉大学学报》(人文科学版)2010年第4期。
刘康德:《论中国哲学中的"农夫"与"工匠"》,《复旦学报》2009年第5期。
刘若愚:《中国诗歌中的时间、空间和自我》,载《古代文学理论研究》丛刊第四辑,上海古籍出版社1981年版。
蒙培元:《人是情感的存在——儒家哲学再阐释》,《社会科学战线》2003年第2期。
牛宏宝:《时间意识与中国传统审美方式——与西方比较的分析》,《北京大学学报》

2011年第1期。

孙立:《释"势"——一个经典范畴的形成》,《北京大学学报》2011年第6期。

童庆炳:《"意境"说六种及其申说》,《东疆学刊》2002年第3期。

童庆炳:《〈文心雕龙〉"循体成势"说》,《河北学刊》2008年第3期。

王齐洲:《从"观乎天文"到"观乎人文"——中国古代文学观念的视角转换》,《华中师范大学学报》2008年第4期。

王齐洲:《观乎天文:中国古代文学观念的滥觞》,《文艺研究》2007年第9期。

王岳川:《〈中庸〉在中国思想史上的地位——〈大学〉〈中庸〉讲演录·(之三)》,《西南民族大学学报》(人文社科版)2007年第6期。

杨春时:《论中国古典美学的空间性》,《中山大学学报》2011年第1期。

杨国荣:《说"势"》,《文史哲》2012年第4期。

杨儒宾:《技艺与道——道家的思考》,载《原道》(年刊)第十四辑,2007年12月版。

杨新宇:《时间与分别》,载《中国禅学》2004年第三卷,吴言生主编,中华书局。

叶朗:《说意境》,《文艺研究》1998年第1期。

叶秀山:《论"瞬间"的哲学意义》,《哲学动态》2015年第5期。

余英时:《"游于艺"与"心与道合"》,《读书》2010年第3期。

查正贤:《论"境"作为中国古代诗学概念的含义——从该词的梵汉翻译问题入手》,《文艺研究》2015年第5期。

张节末:《比兴、物感与刹那直观——先秦至唐诗思方式的演变》,《社会科学战线》2002年第4期。

张节末:《纯粹看与纯粹听——论王维山水小诗的意境美学及其禅学、诗学史背景》,《文艺理论研究》2005年第5期

张节末:《论禅宗的现象空观》,《天津社会科学》2000年第6期。

张节末:《先秦的情感观念》,《文艺研究》1998年第7期。

张黔:《先秦儒家美学中审美之"和"的三个层次》,《宁夏社会科学》,2003年第6期。

张锡坤:《"气韵"范畴考辩》,《中国社会科学》2000年第2期。

张祥龙:《孝意识的时间分析》,《北京大学学报》2006年第1期。

赵奎英:《从"文"、"象"的空间性看中国古代的"诗画交融"》,《山东师范大学学报》2003年第1期。

赵奎英:《从中国古代的宇宙模式看传统叙事结构的空间化倾向》,《文艺研究》2005年第10期。

赵奎英:《中国古代时间意识的空间化及其对艺术的影响》,《文史哲》2000年第4期。

郑慧生:《商代卜辞四方神明、风名与后世春夏秋冬四时之关系》,《史学月刊》1984年第6期。

郑瑞侠:《出入于崇道制器之间的工匠角色比量——论先秦文学中的匠人形象》,《社会科学家》2006年第1期。

朱志荣：《中国美学的时空观》，《文艺研究》1990 年第 1 期。

冯民生：《中西传统绘画空间表现比较研究》，南京艺术学院 2006 年博士学位论文。
徐学凡：《"远"——中国山水画空间建构研究》，南开大学 2012 年博士学位论文。
于忠华：《书写与真理——现象学视野下的中国书法艺术研究》，浙江大学 2012 年博士学位论文。
赵娟：《论〈周易〉的时间观念——一个文化史的视角》，复旦大学 2012 年博士学位论文。

后 记

本书是在我主持完成的国家社科基金项目"中国古代时空美学研究"(批准号：10CZW009)成果的基础上修改而成的。该课题从获批到结项，前后持续了将近六年时间。在课题设计之初，我怀揣宏大的学术抱负，拟从时空角度系统阐释中国古代美学，并在此基础上厘清"中国古代时空美学"的理论体系、基本观念、范畴命题等问题。但研究下来，结果半折心始。究其原因，是这个学术目标并非自己想象的那样简单，仅靠一本书可能无法全面深入该问题。课题提交匿名评审后，专家在充分肯定的同时，也提出了不少的宝贵意见。总览全书，主要解答了中国古代审美时空观的问题，本书遵照专家们的意见，对书稿作了一些调整和修改：将题目聚焦到"中国古代审美时空观研究"，将原稿中冗长累赘的部分作了大幅度的删改，同时增加了诗歌时空的相关内容。为了将该问题进一步引向深入，本人于2018年度申报获批了另一项国家社科基金项目"中国传统文艺的空间形式问题研究"(批准号：18BZW005)，该课题紧扣更为关键的空间维度，将研究对象聚焦到中国传统文艺的空间形式问题，对其构成维度、思想语境、形式要素及内部关联等问题展开探究，旨在提炼中国传统文艺空间形式的文化根性，为中西形式美学交流对话提供一个理论视角，该课题是对中国古代时空美学研究的深化。这两个课题与我的博士论文《中国古代诗学时间研究》(中国社会科学出版社2014年版)是一脉相承的，三者均涉及诗学、美学、艺术学等领域的时空问题，如顺利完成，可构成一个研究系列。

本课题在申报、研究、结题、出版的过程中，得到了许多同行专家和师友的大力支持，在此深表谢意！我的博士导师王岳川教授、硕士导师赖大仁教授多年来对我关爱有加，我的成长进步离不开两位恩师的帮助，他们始终是我前进路上的指路明灯。另外，尤其要感谢中国社会科学院文学所的党圣元先生对我的关爱和支持，在学术上他多次提掖鼓励，使我受益良多。本书能在商务印书馆出版，也归功于他的鼎力举荐；他又在百忙之中拨冗为本书作序，感念之情不能尽表。同时也非常感谢本书的编辑侯静老师为本书所付出的辛苦劳动。此前，课题成果中的部分内容已在《文艺研究》《美术研究》《文史哲》《中国书法》《美学与艺术评论》《汉语言文学研究》《河北师范大学学报》等刊物发表，有些文章被《新华文摘》、人大复印资料等刊物论点摘编或全文转载。感谢以上刊物编审对拙文的垂青，他们为拙文默默付出了许多辛劳汗水，借此表示由衷的感谢！最后，感谢江西师范大学社科处及文学院领导的关心和支持，本书出版获国家社科基金项目经费及文学院学科建设经费资助。

　　记得2012年为自己第一本著作写后记时，女儿快上小学了。而今为第四本书作结，女儿已经读高二了。一晃十年的光阴过去了，年岁越来越老大，学问还是青葱如旧。危楼斗室，一个人读书写字，思考创作，这样的生活慢慢地也习惯了。有意思的是，习惯一旦形成，会对有可能破坏它的种种外在因素保持警惕，它劝诫甚至逼迫内心恪守这种习惯。我平生第一次领会到，原来寂寞也是一种美。通过文字（包括书法）这条神奇的通道，与古人、贤人神交，寂寞但并不孤独。但就学问而言，耐住寂寞只是第一步。还要沉潜下去，让飞翔的心着陆于问题的腹地。与此同时，还有一个吞吐量的问题，就像船在水中航行一样，小舢小筏，排水量小，只能在港湾内沿漂行；排水量大的巨轮舰艇才可以出海远航。做学问也是这样，眼界不开阔，信息进出量不大，很难展开局面。最后更为关键的问题是，做研究为了什么？如果仅为眼前的名利，实在是太累了。如果处理不好，学问也会变成物，真正的学者应该是"应物而不累于物"。综言之，学问之道在于："寂寞之道，沉潜之功，吞吐之量，云水之度"。做到这十六个字，能进也能出，苦后有回甘。

《周易·鼎卦·象传》有言："正位凝命"，意谓君子要摆正自己的位置，认清并坚定自己的使命。如果研究并传递学问是自己的初心，那我一直在路上。任何一次小成，都是下一次出发的起点。学问也是自我修行，我祈望向各位前辈及同道学习求教，"行自未济"，恪尽所能，提升自己的精神高度。

　　是为记。

詹冬华
癸卯秋于未济书房